普通高等教育“十四五”规划教材

现代遥感地理信息技术及其应用

陆妍玲　姜建武　苏志鹏　韦晶闪　李景文　编著

输入刮刮卡密码
查看本书数字资源

北　京
冶　金　工　业　出　版　社
2024

内 容 简 介

本书全面、系统地介绍了现代遥感地理信息技术及其应用，全书共分10章，主要内容包括高光谱遥感图像信息处理技术、高分辨率卫星影像智能化处理技术、无人机测绘关键技术、InSAR变形监测技术、三维激光扫描技术、实景三维建模技术、众源时空数据采集与处理技术、自动驾驶的关键技术、机器视觉技术、智能室内机器人定位导航技术等。

本书可作为高等院校测绘地理信息遥感技术及相关专业的教材，也可供地理信息、遥感、测量等行业的工程技术人员和企业管理人员学习参考。

图书在版编目(CIP)数据

现代遥感地理信息技术及其应用／陆妍玲等编著．—北京：冶金工业出版社，2024.5

普通高等教育“十四五”规划教材

ISBN 978-7-5024-9797-2

Ⅰ.①现…　Ⅱ.①陆…　Ⅲ.①地理信息系统—高等学校—教材　②遥感技术—高等学校—教材　Ⅳ.①P208.2　②TP7

中国国家版本馆CIP数据核字(2024)第057781号

现代遥感地理信息技术及其应用

出版发行　冶金工业出版社　　**电　话**　(010)64027926
地　址　北京市东城区嵩祝院北巷39号　　**邮　编**　100009
网　址　www.mip1953.com　　**电子信箱**　service@mip1953.com

责任编辑　杜婷婷　美术编辑　吕欣童　版式设计　郑小利
责任校对　葛新霞　责任印制　禹　蕊
三河市双峰印刷装订有限公司印刷
2024年5月第1版，2024年5月第1次印刷
787mm×1092mm　1/16；16.5印张；399千字；252页
定价56.00元

投稿电话　(010)64027932　投稿信箱　tougao@cnmip.com.cn
营销中心电话　(010)64044283
冶金工业出版社天猫旗舰店　yjgycbs.tmall.com
(本书如有印装质量问题，本社营销中心负责退换)

前　言

近年来，遥感地理信息行业的内外部环境发生了较大变化，面临着技术转型升级的巨大挑战。国土空间规划、生态环境保护、防灾减灾、自动驾驶、疫情防控等应用领域对时空信息的精细程度、更新周期、服务方式和智能水平等提出了各种新需求，迫切需要研发和提供更多的多维、动态、高精时空数据产品，构建新型时空信息基础设施，从数据信息服务走向时空知识服务。面对全社会智能化转型的时代浪潮以及“第四次工业革命”的影响，如何审时度势，把握机遇，推动行业技术进步和企业转型升级，已成为地理信息行业关心的热门话题。在这个求变的过程中，高校承担着向遥感地理信息行业输送新型人才的责任，如何培养引领遥感地理信息行业发展的人才成为了高校工作者思考的问题。

鉴于此，本书立足泛在时代中的遥感地理信息技术的应用领域，在传统“3S”技术的基础上，围绕一个实际应用场景，对该应用场景所涉及的相关新技术进行深入浅出的讲解和论述，从具体应用到具体技术引发读者对现代遥感地理信息新技术的思考并加深理解，进而达到更好的学习效果。本书的主要特色体现在：

（1）引入应用场景，提高了学生对遥感地理信息新技术的认知能力；

（2）对地理信息数据获取、处理、分析技术（高空遥感、中低空飞机摄影、地面测量）进行了详细的介绍，阐明了各种技术的应用场景、原理及流程；

（3）以大量的插图、表格和公式形式说明了各项技术的内容、特点、程序步骤和技术要求；

（4）在兼顾教材系统性、逻辑性的同时，力求结构严谨、宽而不深、多而不杂、语言简练、文字流畅、内容精练、通俗易懂，注重对基本知识、基本技能、基本方法的介绍，以及对测绘新技术能力的培养，符合高等教育规律和高素质技能人才培养规律，适应教学改革的要求。

本书共10章，依次围绕应用场景介绍现代遥感地理信息新技术。第1章介绍了高光谱遥感图像分类、处理的基本原理和流程；第 2 章重点介绍了高分辨率卫星影像智能化处理技术；第 3 章重点介绍了无人机测绘技术的基本原理及其影像采集处理流程；第 4 章主要介绍了 InSAR 变形监测的方法和具体应用；第 5 章重点介绍了测绘三维激光扫描的基本概念、原理及如何使用其进行采集处理；第 6 章介绍了实景三维的数据采集、实景三维建模及单体化技术；第 7 章重点介绍了众源时空数据采集与处理技术的原理及技术流程；第 8 章介绍了自动驾驶的基本概念，以及实现自动驾驶的技术流程；第 9 章主要介绍了机器视觉技术的原理及其处理流程；第 10 章重点介绍了智能室内机器人定位与导航技术。

本书的出版和书中内容涉及的有关研究得到了国家自然科学基金项目（41961063）、广西自然科学基金创新研究团队项目（2019GXNSFGA245001）、广西一流学科“测绘科学与技术”、广西高等教育本科教学改革工程项目重点项目（2023JGZ133）的支持，在此表示感谢。本书由陆妍玲、姜建武、苏志鹏、韦晶闪、李景文编著，龚旭、朱博宽、王晗参与了部分章节的编写工作，孟效德、冯云飞、杨怡、蔡燕婷、唐文康、刘婷婷、吴微、张英男、罗思琦、潘硕、王博等团队成员参与了文字和图表的整理工作。本书参考了国内外相关领域作者撰写的文献、图书和资料，在此向有关作者表示衷心的感谢。

由于遥感地理信息技术发展迅速，涉及的技术面广，许多理论与实际问题有待进一步探讨更新，加之作者水平所限，书中不妥之处，敬请读者批评指正。

作 者

2023 年 10 月

目　　录

1 高光谱遥感图像信息处理技术

第 1 章课件

1.1 应用场景

近 40 年间，由于探测器工艺、电子科学技术、光学科技和遥感科学技术的进展，高光谱图像技术获得了迅速发展，已应用于优质农业监测、森林监视、矿产资源勘查、数字城市规划、海洋监测、生态环境监测、防灾减灾、军事侦察、海洋探索等方面。高光谱遥感技术的出现，是对遥感技术领域的一场变革，在国民经济建设中显现出了越来越关键的作用。高光谱遥感成像技术是在理论概念上与技术手段上的突破，利用遥感影像数据与光谱信息为地形特征的研究提供一种行之有效的方法，把光谱信息和图像数据融合，从而获得具有光谱特征的图像数据。

在目标检测领域，高光谱影像利用各种特征的独特光谱曲线特征，能够对多光谱影像中很多肉眼不能辨认的相似地物的特征加以辨认，由于受到气候、地理环境等各种因素的干扰，导致人们通常都很难及时获取目标类型的光谱信息，也没有能够利用其匹配信息找出必要的目标特征周围的地物，因此可以通过利用被探测对象同时拥有不同特征周围地物的光谱轮廓信息这一特点来实现目标探测与识别，尤其是在对战场上和伪装目标之间的辨认方面起了很大帮助。高光谱遥感技术是一项新技术，它使遥感影像由宏观数据向微观特征的研究扩展，广泛应用于地表覆盖分类、生态环境监测以及国防工程等领域，技术的流程如图 1-1 所示。

1.2 高光谱遥感图像处理的基础理论

1.2.1 高光谱遥感概述

地球上的各种元素及其化合物因其分子排列和结构而呈现出不同的光谱特征，光谱特征与地物特性之间存在着联系，这种光谱特征是遥感技术对地物进行识别的基础。20 世纪 60 年代以前，主要是基于可见光（即人眼所能看见的光）对地、对空进行观测，它是由 380~750 nm 波段的电磁波组成，经过棱镜分光后显示为单色光条带，按照波长（或频率）的顺序，将这些单色光构成了一个光谱。20 世纪 80 年代初，成像光谱技术的出现，使得光学遥感从全色摄影、彩色摄影、多光谱成像向高光谱成像发展。到了现代，随着航天或航空平台（如 NASA 的 World View 系列及我国的高分系列等）的发展，对特定电磁波的数字成像观测已成为地球科学研究和空间信息应用的核心技术，高空间、高光谱、高时间分辨率的成像技术也成为 21 世纪遥感领域的重要发展方向。光谱分析是人类认识世界的一种重要手段，高光谱遥感是采用光谱仪获取地物反射的光谱信息，通过对特定波长光

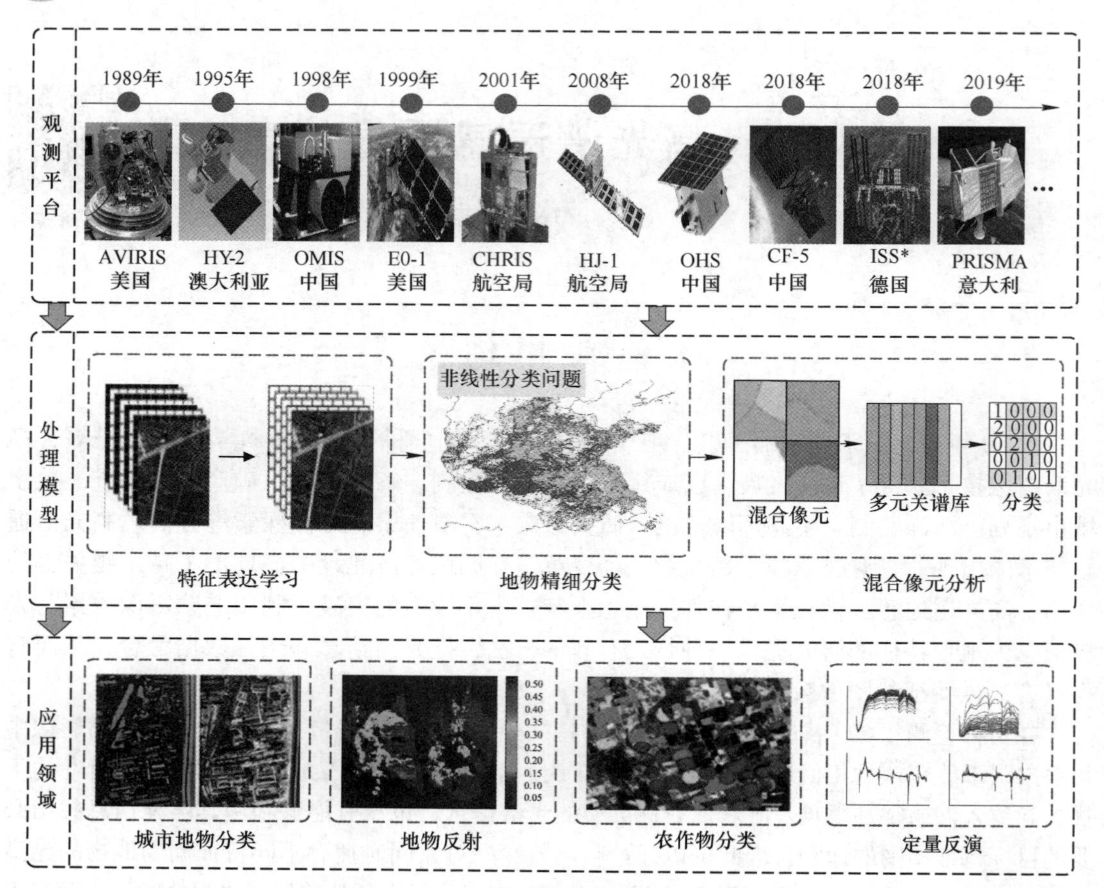

图 1-1　高光谱遥感图像观测技术流程

彩图

谱进行探测获取目标的信息。高光谱遥感技术在地表分类、农业监测、矿产测绘、环境管理、国防建设等方面有着广泛的应用。

1.2.2　高光谱遥感成像机理

高光谱遥感技术是以计算机、传感、航空航天等技术为核心，包括电磁波理论、物理学、几何光学、信息传播学、电子工程、地球科学、大气科学、海洋科学、农林等多学科交叉的高新技术。高光谱遥感成像光谱范围从紫外线到微波（见图 1-2），高光谱遥感成像基本原理就是利用电磁波与地球之间复杂的相互作用，精确地采集和记录了观测目标的高光谱影像数据。

高光谱遥感影像能够更好地记录更多的波段信息，突破了用颜色代表波段的局限性，以数据立方体的形式记录，每层代表在特定波长范围内所记录的电磁波能量。若将每个图像中相同的像素提取出来组成一个观察矢量，则该矢量按照频率（波段）的次序排列。若能在特定的频率中提取出许多细小的波段，则可获得一条近似连续的频谱曲线，不同的光谱曲线可以反映出不同的地物类型。

通常，高光谱遥感影像的光谱分辨率是 10 nm，通过成像光谱仪从几十个到几百个连续的光谱波段中提取出几十个或几百个连续的光谱信号，得到具有地物光谱特性的连续光

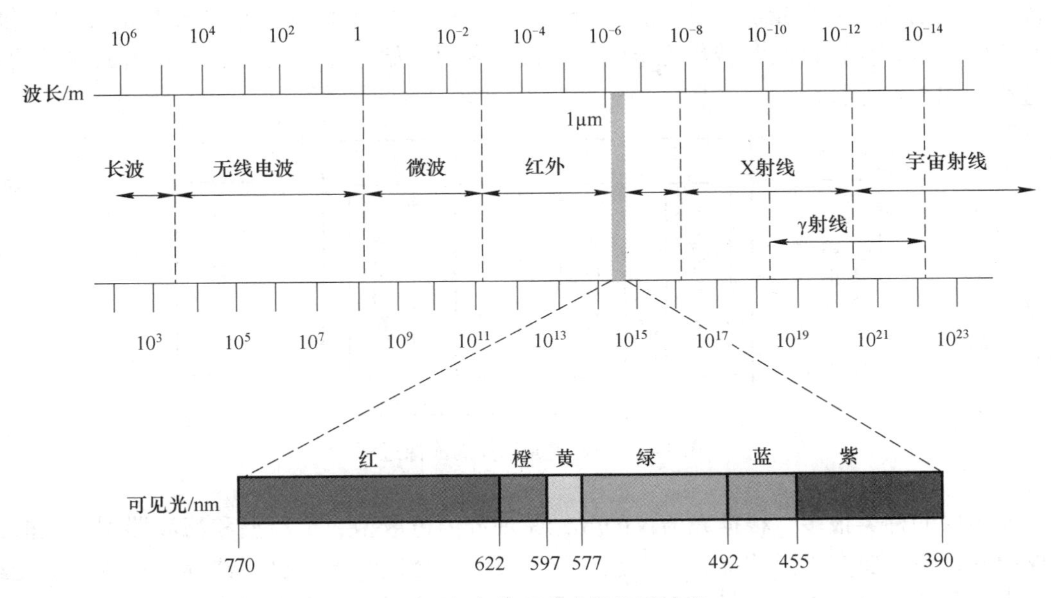

图 1-2 高光谱遥感成像范围波段

谱曲线。与多谱遥感影像相比，高光谱影像除了具有丰富的全色、彩色影像的空间信息外，还能提供更丰富、更精细的影像资料，使得影像的每一幅影像都呈现出一条光滑、完整的曲线。不同目标的光谱曲线也不尽相同，为进一步研究不同物质的光谱、形貌特征提供了依据。高光谱遥感影像的应用原理如图 1-3 所示。

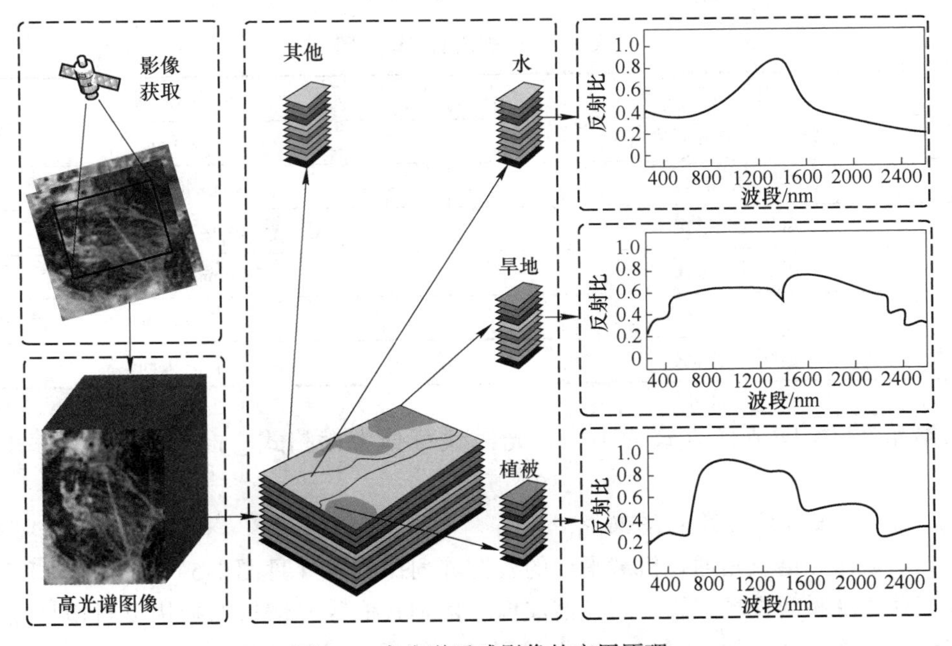

图 1-3 高光谱遥感影像的应用原理

太阳辐射经“太阳–大气–目标–大气–高光谱光谱仪”的路径，将目标信息通过电磁波传送到光谱仪的前级光学元件，再经分光系统分解为不同波长、近似连续的光谱信号，由对应的光电转换器接收并转化为电信号，最终获得原始高光谱信号。高光谱成像仪的成像过程如图 1-4 所示。

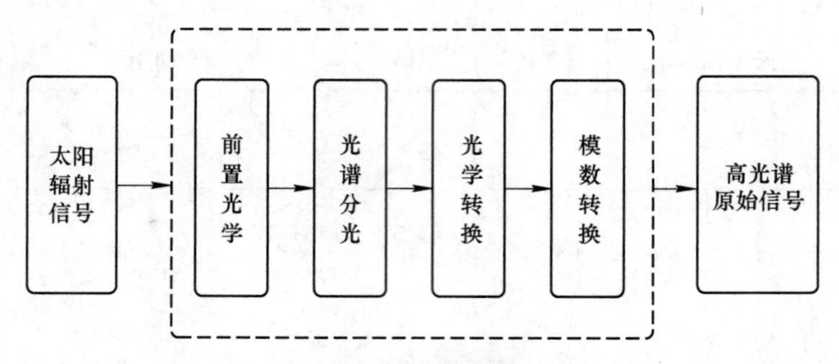

图 1-4 高光谱成像仪的成像过程

光谱仪的种类很多，根据光谱仪的分光原理分为色散型、干涉型和滤波器型。色散光谱仪中的设备主要有入射狭缝、准直镜、色散棱镜、物镜和光谱检测器等。每道入射光经过准直透射后，经过棱镜散射，获得分解后的光，再按照波长成像到入射光的位置。干涉式光谱仪是测量不同光程差条件下的地物反射干涉信息，对所采集到的像素辐射进行傅里叶变换，并利用像素的干涉和它的光谱曲线进行傅里叶变换，得到各像素的光谱分布。滤光片式成像光谱仪是将照相机和滤光器结合起来，采用滤光片选择性传输的原则，一次仅对一个像素的光谱波长进行一次测量，通过多次成像可以获得一个近似连续的光谱曲线。根据光谱仪可接收光的光谱范围进行分类，见表 1-1。

表 1-1 光谱仪的光谱范围

类 别	光谱范围
真空紫外（远紫外）光谱仪	6~200 nm
紫外光谱仪	185~400 nm
可见光光谱仪	380~780 nm
近红外光谱仪	780 nm~2. 5 μm
红外光谱仪	2. 5~50 μm
远红外光谱仪	50 μm~1 mm

根据光谱仪空间成像方式的不同，光谱仪可分为摆扫式、推扫式、窗扫式以及框幅式。

1. 2. 2. 1 摆扫式成像光谱仪

摆扫式成像光谱仪是通过机载平台的线性阵列探测器（见图 1-5）左右摆动和飞行平台向前移动实现瞬间视场二维空间光谱成像。摆扫式成像光谱仪的扫描反射镜呈 45°，由马达驱动可实现 360°转动。通过平台平行于地面飞行，且扫描反射镜对地左右扫描成像，使得线性阵列探测器扫描方向与遥感平台移动方向相垂直，从而使获得的影像具有光谱分辨率和空间分辨率。

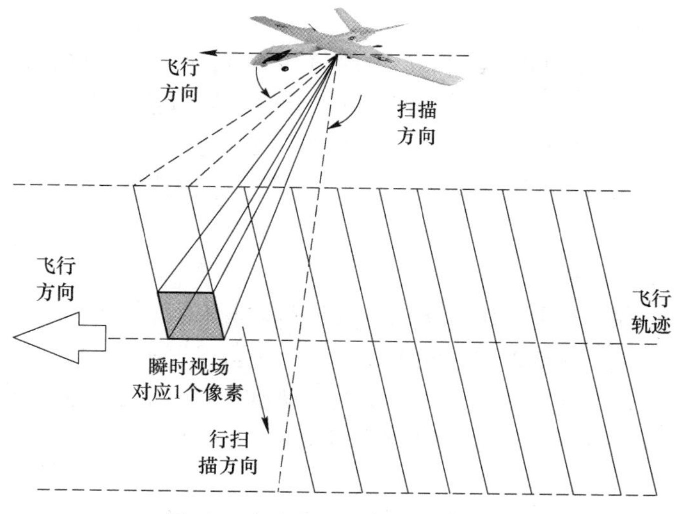

图 1-5 摆扫式成像光谱成像过程

从图 1-5 中可以看出，摆扫式成像光谱仪是逐像素成像，在某一特定时刻，光谱仪仅仅凝视一个像素并完成所有光谱维的数据获取，使得获取的数据比较稳定，且具有广泛的视场和广角成像的优势。但光机扫描使得每个像素的数据信息采集时间较短，严重制约着图像分辨率及信噪比的提高，而且由于跨轨方向扫描成像，造成跨轨方向图像边缘被压缩，且距离星下点越远则压缩畸变越严重，并会形成固有畸变。中国科学院上海物理研究所 OMIS、美国 AVIRIS 和 MODIS 等属于这一类型的光谱仪器。

1.2.2.2 推扫式成像光谱仪

推扫式成像光谱仪采用逐行成像（BIL，Band-interleaved-by-line）方式的面阵探测器获取二维空间列方向上空间像元所有波段光谱维信息，如图 1-6 所示。与摆扫式成像光谱仪逐像素成像的原理不同，推扫式成像光谱仪采用逐行采集的方式，成像过程中的曝光时间可增加 10^3 数量级，可获取更高的精度和信噪比。

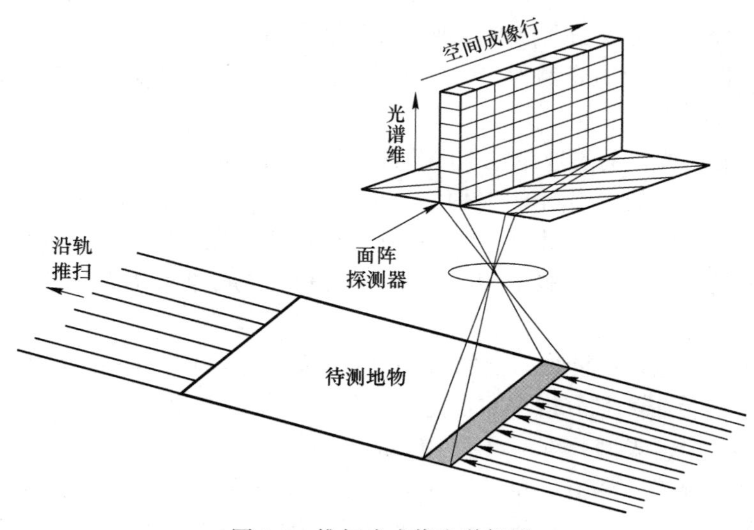

图 1-6 推扫式成像光谱仪器

1.2.2.3 窗扫式成像光谱仪

窗扫式成像光谱仪是在面阵探测器沿着轨道移动时，扫过整个视场区域，获取空间维度信息和各像素全频带光谱维信息，实现将光谱信息与影像信息相结合，从而获取一景的高光谱影像数据。在对窗口扫描式图像分光系统采集到的资料进行处理时，首先要对其进行数据重组，如美国 SBRC 系统和 TIRIS 系统、中国科学院西安光学精密仪器所 USPIIS 系统和 SVFIS 系统等。

1.2.2.4 框幅式成像光谱仪

框幅式成像光谱仪（BSQ，Band sequential）是利用面阵探测器对二维空间内的全部像元进行一次频谱记录，在成像时，该仪器不动且必须保证平台的稳定，一般用于固定对象观测。该系统在进行三维成像时，不需要使用动态反射镜，也不需要借助平台的轨道进行移动，但是这种成像方法是逐波段顺序采集数据，一次只能得到一幅影像的单波段数据，要得到所有的光谱信息需要较长的曝光时间，因此不适合对瞬变的物体进行测量。此外，为了确保成像时平台的稳定，成像机在采集各波段时必须始终保持一个状态。高光谱成像仪的分光技术与空间成像方法可按需选择，取长补短，组合成现实所需的成像光谱仪，见表 1-2。

表 1-2 光谱分光与空间成像方法组合

光谱分光	空间成像方法			
	摆扫式	推扫式	窗扫式	框幅式
色散型	棱镜、光栅	棱镜、光栅	二元分光、三维成像、计算机层析	—
干涉型	时间调整型	三角路型	时间调制型	三角路型
滤光型	—	—	空间线性可变、可调谐滤光片	滤光片

1.2.3 高光谱遥感图像的特点

在成像光谱仪未出现之前，遥感影像数据仅为全色与多光谱。全色图像采集的是一个单一频段的图像数据，可根据图像的纹理、灰度、空间分布特点进行处理与分析。常规的多光谱扫描系统仅有少量的光谱信道，一般会记录到十几个波段，其光谱分辨率通常在 100 nm 左右。

近年来，随着高光谱遥感成像技术的不断发展，高光谱成像光谱仪可采集数百个连续通道的光谱数据。常规的二维图像空间信息和光谱空间信息（见图 1-7），可利用它的影像空间来描述物体的空间分布，用光谱空间描述各个像素的光谱属性，从而使传统的图像空间特性与光谱特性相结合，克服了传统技术中存在的“成像无光谱”“光谱不成像”的问题。

高光谱遥感影像数据与传统的全色、多光谱遥感影像比较，有如下特征。

（1）光谱成像范围大且分辨率非常高。成像光谱仪的光谱范围从可见光延至中红外，其波段数多达几百个，光谱分辨率可达 10 nm。

（2）高光谱遥感数据含有大量的地物空间分布及光谱特征信息。高光谱遥感影像在二维空间图像的基础上，增加了一维光谱数据（每个像素的光谱数据对应一条光谱曲线），

彩图

图 1-7 高光谱遥感成像立方体

使整个数据形成一个立体数据。

（3）高光谱数据冗余性很大。由于高光谱数据由大量的相邻波段构成，它们存在空间相关、谱间相关、波段相关，这使得高光谱数据极易造成信息冗余。

（4）高光谱遥感具有非线性。其非线性主要有地物反射、太阳入射光和地物反射光在大气传播中互相干扰。

（5）信噪比低。高光谱数据的低信噪比使得处理更困难。

1.2.4 高光谱遥感影像数据表达

高光谱遥感影像数据可从图像空间、光谱空间、特征空间 3 个方面进行描述，各自有自己的特点，重点内容和应用领域也有所不同，如图 1-8 所示。

(a)

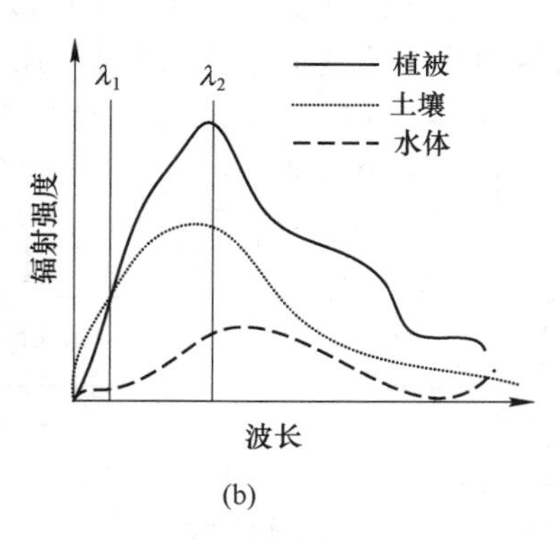

(b)

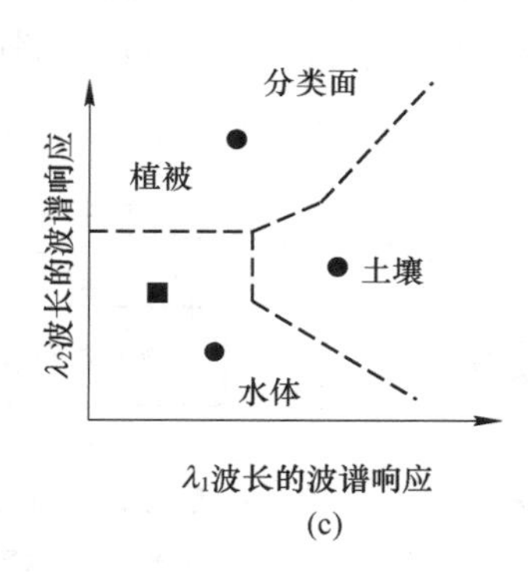

(c)

图 1-8 不同高光谱图像数据表达方式

（a）图像空间；（b）光谱空间；（c）特征空间

1.2.4.1 图像空间表达

图像是最直观、最自然的表达方法，可以清晰地反映图像中各像元的空间位置关系，从而为解译图像提供的地理空间分布信息提供一个直观的解释，更好地理解地物间的几何邻域关系。在高光谱影像的空间上，该方法类似于普通的二维影像，仅利用被测像素的光谱反射系数替代像素灰度值。在某些领域，高光谱图像应用前景良好。如基于对象空间尺寸的局部检测窗的设计方法，可以根据物体的空间大小来确定窗口的区域，从而达到更准确的检测。但是它的缺点是，只表达了一个波段的信息，而无法完全反映出高光谱遥感影像中各波段的相关性。

1.2.4.2　光谱空间表达

高光谱影像数据的光谱空间以波长和光谱反射率作为 X、Y 轴的二维坐标空间构成，表达各像素在不同波长范围内的光谱反射率的变化情况。在高光谱数据中，各像素光谱信息均由一条近似连续的光谱曲线组成。此时可根据获取的光谱曲线对应地物的特点用于地物分类。然而，在实际应用中，会受到多方面的干扰，尤其是噪声等因素，会导致地物的光谱曲线出现“同物异谱”和“异物同谱”的现象，使得高光谱图像处理结果极易出现错误。

1.2.4.3　特征空间表达

高光谱图像数据的特征空间以不同的形式表现数据的光谱特征，尤其是它的高维特征空间中几何关系反映了不同地物之间的差别。在数学上，该特征空间可以有效地利用像素的光谱信息，从而达到更好地识别结果。但在实际情况下，大部分的像素混合了多种信息，并在凸体处的任意位置反映出它们的组成成分及其比例。然而，特征空间这种间接的表示方法，使其难以描述各种地形的分布，从而增加了计算的复杂性。

1.3　高光谱图像预处理

高光谱图像具有光谱信息丰富、特征空间位数高、数据相关性强、图谱合一等优势，广泛应用在农业、军事、地质勘测及调查、生物医学、城市地物分类、定量反演等领域。高光谱影像质量直接关系到分析结果的精确度，因此，如何改善高光谱影像的质量，预处理则是重中之重。高光谱图像的预处理的基本思路如图 1-9 所示。

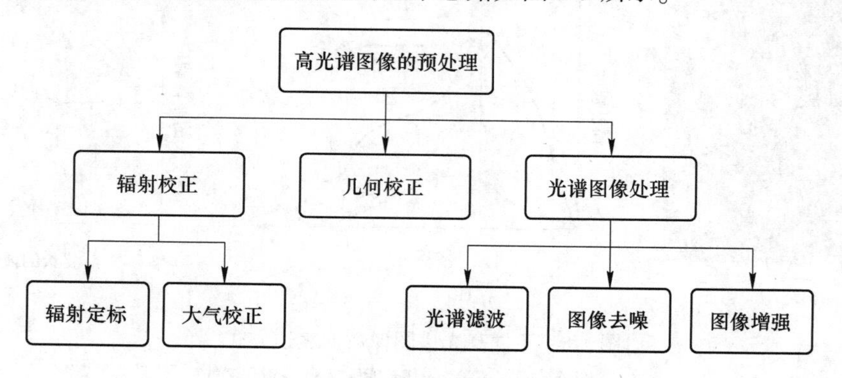

图 1-9　高光谱图像预处理框架图

1.3.1　辐射定标

辐射定标是指在计算地面物体的光谱反射率或光谱辐射强度时或不同时间、不同传感器采集到的影像对比时，将影像亮度灰度值转化为绝对辐射亮度。常用的辐射定标方法有反射率法、辐照度法、辐亮度法。

1.3.1.1 反射率法

反射率法是在卫星过顶时同步测量地表目标的反射率系数和大气光学参数（例如大气光学厚度、大气柱水蒸气等），再利用大气辐射传输模型计算入射点的辐照度，此方法可大大提升准确度。

1.3.1.2 辐照度法

辐照度法是改自反射率法，它是通过在地面测得的向下散射和总辐射度来计算出当前高度卫星的表面反射率，从而得到了该探测器入瞳的辐射强度。该算法采用解析逼近法进行反射率的计算，可以大幅度减少计算的时间和复杂度。

1.3.1.3 辐亮度法

辐亮度法采用严格的光谱和辐射校准的辐射仪，利用航测平台进行与卫星遥感器的几何形状近似的同步测量，以飞机辐射仪测得的辐射度作为已知量，对飞行中的遥感器进行校准，最终的辐射修正系数误差主要是辐射计的校准误差，只需对航空平台飞行高度以上的大气层进行修正，避免了底层大气的修正，有利于提高测量精度。

1.3.2 大气校正

由于大气的折射、散射的干扰，探测器获取的地表总辐射量并非是地表实际反射量，因而要对探测的数据进行大气校正。大气校正是指在通过数学计算消除了部分由大气效应产生的辐射误差，反演地表真实反射率的过程。大气校正常用的方法有基于图像特征的相对校正法、基于地面线性回归经验模型法、大气辐射传输模型法和大气校正综合模型法。

1.3.2.1 基于图像特征的相对校正法

在不具备地面同步观测条件时，利用统计学的方法实现图像的相对反射率变换。从理论上来说，可直接利用图像特征进行大气校正，对大气进行反演，而不需要地表光谱和大气环境实际参数参与校正计算。大气校正非常复杂，很多遥感领域并不需要进行绝对的辐射校正，利用这些图像特征相对校正也可以达到这个目的。

1.3.2.2 基于地面线性回归经验模型法

基于地面线性回归经验模型法是一种相对简单的定标算法。首先假设地表物体的反射率与遥感探测器的探测信号呈线性相关，通过影像上具体地物灰度真值与对应地物的反射光谱值建立两者之间的线性回归方程，并依据该线性方程对整个遥感影像进行校正。这种方法数学和物理理论明确，而且计算简便，但是需要在野外进行大量的测量，因而它的费用很高，且对现场工作有很大的依赖性，同时地面点的也应当稳定可观测。

1.3.3 几何校正

在光学成像的过程中，受环境因素和成像设备误差的综合影响，原始图像上地物的几何位置、形状、大小、尺寸、方位等特征与其地面对应的几何位置和特征出现变化，这种变化就是几何变形，如图 1-10 所示。

几何校正是指通过设定控制点、整体映射函数、采样内插等方法实现对原始影像数据的几何地理校正，步骤如下。

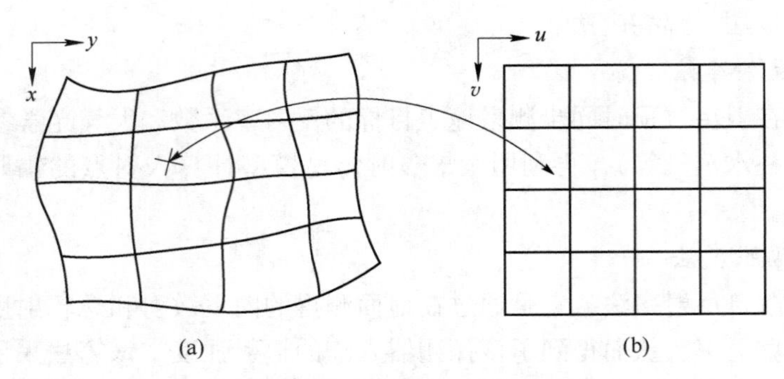

图 1-10　几何校正示意图

（a）校正前；（b）校正后

（1）设定控制点。在遥感图像和地面，各选取同名控制点，并设置在无遮挡且明显的位置，以建立图像和地面的映射关系。位置点一般选取在山坡顶、河滩等位置。

（2）整体映射函数。根据图像的几何变形特点及地面控制点数量，利用多项式方法、仿射变换方法等空间变换方法去建立几何校正数学模型，获取图像与地表之间的空间关系。

（3）采样内插。使校正后的图像像元与输入的未校正图像像元相对应，根据几何校正模型，对输入的图像数据重新排列。在重采样中，因计算的对应位置坐标不一定是整数值，所以要用插值的方法求出该位置新的像元值。常见的内插方法有最邻近法、双线性内插法和三次卷积内插法。

1.3.4　图像去噪

数字图像的数字化和传输往往会受到影像装置与外界的噪声的干扰，也就是所谓的噪声。一幅图像会有多种噪声，这些噪声产生于传输、量化等图像获取过程。在高光谱图像降噪中，一般采用主成分分析、最小噪声分离变换等方法进行降噪。

1.3.4.1　主成分分析

主成分分析是一种统计方法，即通过正交变换把一组可能相关的变量转化为一组不相关的变量。它含有大量的数据中的重要信息，所以主成分分析经常用于噪声消除。

对高光谱影像 $X=\{x_1, x_2, x_3, \cdots, x_n\}$ 的主成分分析，进行如下处理：

（1）去中心化，即每一个特征点减去各自的平均值；

（2）计算协方差矩阵 $\frac{1}{n}XX^T$；

（3）求解协方差矩阵的特征值与特征向量；

（4）对特征值降序排列，选取最大的 k 个值，然后将其对应的 k 个特征向量分别作为行向量组成特征向量矩阵 P；

（5）将数据转换到向量矩阵 P 构建的空间中，即 $Y=PX$。

1.3.4.2　最小噪声分离变换

利用最小噪声分解法对遥感影像数据的维度进行判断，并对其进行噪声分离，以降低后续处理时的计算量。最小噪声分离变换（MNF，Rotation，Minimum Noise Fraction Rotation）

实质上包含了两个叠加处理的主分量分析变换。首先是估算的噪声协方差矩阵，它的作用是对数据中的多余噪声进行分离和调整，得到的噪声数据仅保持最小方差，且噪声之间不再具有相关性。第二个变换是用标准的主分量转换来处理有噪声的白化数据。

（1）采用高通滤波器模板，对一幅影像或相同属性的图像进行滤波，获得噪声的协方差矩阵 $\boldsymbol{C}_{\mathrm{N}}$ ，并将其对角化成矩阵 $\boldsymbol{D}_{\mathrm{N}}$ ，即：

$$\boldsymbol{D}_{\mathrm{N}} = \boldsymbol{U}^{T}\boldsymbol{C}_{\mathrm{N}}\boldsymbol{U} \tag{1-1}$$

式中　$\boldsymbol{D}_{\mathrm{N}}$ —— $\boldsymbol{C}_{\mathrm{N}}$ 以降序排列的特征值对角阵；

$\boldsymbol{U}$ ——特征向量组成的正交矩阵。

进一步变换公式（1-1）可得：

$$\boldsymbol{I} = \boldsymbol{P}^{T}\boldsymbol{C}_{\mathrm{N}}\boldsymbol{P} \tag{1-2}$$

$$\boldsymbol{P} = \boldsymbol{U}\boldsymbol{D}_{\mathrm{N}}^{-0.5} \tag{1-3}$$

式中　$\boldsymbol{I}$ ——单位矩阵；

$\boldsymbol{P}$ ——变换矩阵。

当 $\boldsymbol{P}$ 应用于影像数据 X 时，通过 $Y = \boldsymbol{P}X$ 变换，可以将原始影像 X 映射到新的空间 Y 中，此时转换后图像中的噪声存在着单位方差，且波段间不相关。

（2）对噪声数据进行标准主成分变换。公式为：

$$\boldsymbol{D}_{\text{D-adj}} = \boldsymbol{P}^{T}\boldsymbol{C}_{\mathrm{D}}\boldsymbol{P} \tag{1-4}$$

式中　$\boldsymbol{C}_{\mathrm{D}}$ ——原始影像 X 的协方差矩阵；

$\boldsymbol{D}_{\text{D-adj}}$ ——经过 $\boldsymbol{P}$ 变换后的矩阵。

式（1-4）还可以进一步变换为对角矩阵：

$$\boldsymbol{D}_{\text{D-adj}} = \boldsymbol{V}^{T}\boldsymbol{C}_{\text{D-adj}}\boldsymbol{V} \tag{1-5}$$

式中　$\boldsymbol{D}_{\text{D-adj}}$ —— $\boldsymbol{C}_{\text{D-adj}}$ 的特征值按照降序排列的对角矩阵；

$\boldsymbol{V}$ ——由特征向量组成的正交矩阵。

通过以上两个步骤得到 *MNF* 的变换矩阵 $\boldsymbol{T}\_MNF = \boldsymbol{PV}$ 。

由此可以看出，*MNF* 变换具有主成分分析的特性，属于正交变换，变换后的向量中的各个要素相互独立。第一次变换包含了很多信息，波段数增加，影像质量会逐步降低，并根据信噪比大小递减。*MNF* 变形主要用于去除噪声、特征提取、变化检测、数据降维等。

1.3.5　光谱滤波

光谱滤波是一种处理光谱图的方法，它可以消除光谱曲线中的异常噪声，从而得到平滑光谱曲线。Savitzky-Golay 滤波器是目前应用最为广泛的一种滤波算法，它是一种利用局部最小二乘法进行时间域上的滤波。该滤波器的最大特征是能够保证图像尺寸不变，同时滤除噪声。

1.3.6　图像增强

图像增强是为了突出图像的全面性或局部性，把原本模糊的图像锐化，突出特定的特点，放大图像中各对象的特征差异，抑制不相关特征，从而提高图像质量和图像的判读、识别能力，以适应特定的分析要求。

通常，图像增强方法划分为空域和频域两种。基于空域的方法是直接处理图像；基于频域的方法是在特定的变换区域中对图像的变换系数进行校正，并将其反向转换为初始的空域。

1.3.6.1 线性灰度增强

利用线性灰度转换函数对图像中的一点进行灰度转换。当曝光不足或过高时，影像的灰度会被限制在较小的区域内，此时影像会变得模糊。通过对每个像素进行线性扩展，可以提高图像的可视化程度。

1.3.6.2 均值滤波

均值滤波是一种经典的线性滤波方法，它是将一个包含目标像素（以目标像素为中心的9个像素组成一个过滤矩阵），然后将原矩阵中心的像素值替换为矩阵中所有像素的平均值。但该方法对于有噪声的图像，尤其是具有大孤立点的图像，其灵敏度很高，即使有少量的测量点有很大的差别，也会引起很大的波动。

1.4 高光谱遥感数据处理与信息提取方法

与传统多光谱遥感数据相比，高光谱遥感数据具有波段多、光谱分辨率高、空间分辨率低等特点，这导致高光谱遥感图像存在像元内部地物混杂、噪声干扰等诸多问题，可以通过高光谱遥感数据处理和创新算法模型解决相关问题。

1.4.1 端元波谱的提取

在高光谱遥感图像中，由于成像光谱仪分辨率的限制，以及自然地形的复杂性、多样性等因素的影响，导致图像像元大都是混合像元，已成为对其高精度解译的不可忽视的问题。在单个像素中，存在着不同光谱特征曲线，就会出现混合像元，混合像元散点图如图1-11所示。混合像元并不是单一属性，为了提高分类精度和遥感精度，必须将混合像元分解为单一类型的像元。混合像元分解技术是实现图像混合分析的一种主要方法，是实现遥感定量化的关键技术。

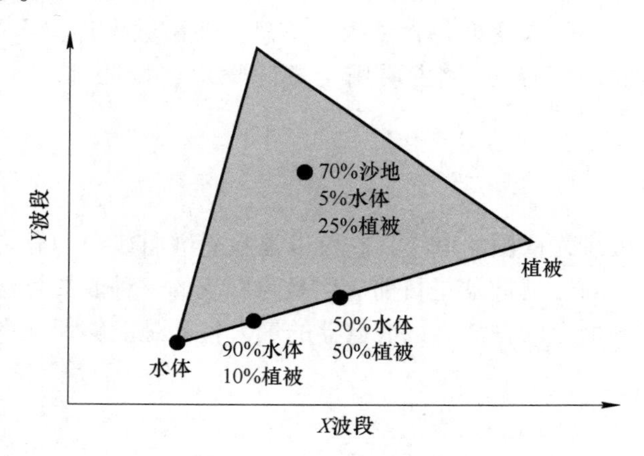

图1-11 混合像元散点图

混合像元分解模型：由地面上的若干个端元（地物）组成一个场景中，而且它们的光谱特征比较稳定，故可以用图像的像元反射率来表达端元的光谱特征与该区域丰度的关系。

在图像预处理完毕（如几何校正、大气校正、图像去噪）的情况下，将图像进行综合分解：首先获取端元波谱，输入分解模型中，得到各个像素的相对丰度曲线，再从丰度图中得到各成分比例的像元。

1.4.1.1 基于几何顶点的端元提取

利用主成分分析、最小噪声分离变换等方法将相关性很小的图像前两个波段作为坐标轴，构成二维散点图。在理想状态下，散点图形状为三角形，其三个顶点分别为线性混合模型的纯净端元几何位置，内部各点位置则是三个顶点之间的线性组合结果，即为混合像元，如图 1-11 所示。基于此原理，可在二维散点图上选取端元波谱，通常会选取散点图突出的部分，然后将该区域原始图像的平均波谱作为其最终的端元波谱。

1.4.1.2 基于连续最大角凸锥的端元提取

连续最大角凸锥（SMACC，Sequential Maximum Angle Convex Cone）可以从图像中提取出丰度图像和端元波谱。简单地说，SMACC 算法先找出最明亮的像元，再找出与最明亮的像素差值最大的像元；接下来，就是寻找和前面两个不同的像元了。重复这个过程，直到发现了之前发现的像元，或者端元波谱数量达到要求。该方法可以快速、自动化地获得端元波谱，但其结果具有近似且精度低。

1.4.2 常见的高光谱图像混合像元分解

常见的混合像元分解方法主要包括线性波段预测、线性波谱分离、匹配滤波、混合调谐匹配滤波、最小能量约束、自适应一致估计、正交子空间投影等。

1.4.2.1 线性波段预测

线性波段预测法（Linear band prediction）采用拟合法处理数据集，寻找异常波段响应区域并进行预测。首先计算出输入数据的协方差，然后将其用于预测选择的波段，并将其作为预测波段的一个值。再运算真实波段与模拟波段的残差，并将其输出成一张图像，而残差值较大的像元（不管是正还是负）代表无法预测。

1.4.2.2 线性波谱分离

线性波谱分离（Linear spectral unmixing）可从光谱图像中获取目标的丰度信息，也就是所谓的“混合像元分解”。该技术按照丰度信息分配像元中每个端元的权重值。假设单一像元的反射系数是像元内各端元波谱线性组合值，如：某像元 A 物质占 25%，B 物质占 25%，C 物质占 50%，则该像元的波谱就是三种物质波谱的一个加权平均值，即 0.25A+0.25B+0.5C。

线性波谱分离的结果是一系列端元波谱的丰度图像，该图像的像元值即为该端元波谱在的整个像元波谱中所占的百分比。例如，某像元丰度图像的端元波谱 A 像元值为 0.45，则表示该像元 A 占比 45%。丰度图像最终结果有可能不等于 1，这是由于所选的端元波谱无显著特征或缺少关键波谱。

1.4.2.3 匹配滤波

匹配滤波（MF，Matched Filtering）是最佳线性滤波器的一种，作用是使输出图像的信噪比最大。利用匹配滤波器对已知的端元波谱信号进行最大限度放大，抑制未知背景噪声，最后“匹配”已知的波谱。这种方法不需要知道图像的全部端元波谱，就能迅速地检测出某些元素。通过匹配滤波器，可实现对各个像素匹配滤波的端元波谱进行比较。浮点类型的结果可以得到像元与端元波谱之间的匹配程度，近似于混合单元的丰度，这使得该技术能够发现某些未曾查明的物质。

1.4.2.4 混合调谐匹配滤波

输出混合调谐匹配滤波（MTMF，Mixture Tuned Matched Filtering）结果后，将不可行性（Infeasiblility）图像加入匹配结果，并再次匹配。不可行性图像是用来降低使用匹配滤波时产生的“伪正”像元，高不可行性的像元称为“伪正”像元，精确绘制的像元具有MF值（比背景分布值大）与低不可行性值。不可行性值的单位是sigma噪声，其与MF的DN值成比例关系，如图1-12所示。

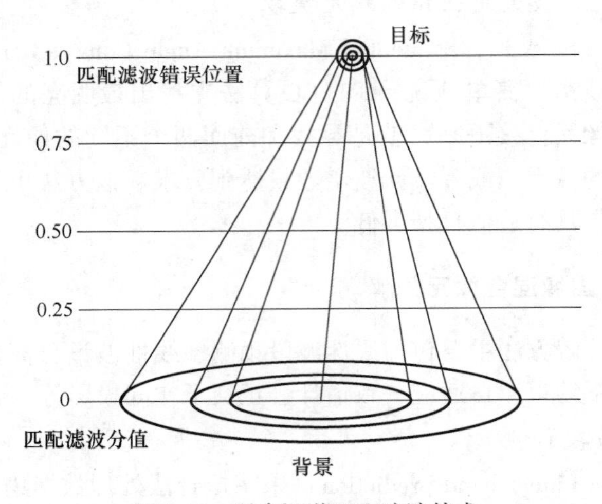

图1-12 混合调谐匹配滤波技术

1.4.2.5 最小能量约束

最小能量约束（CEM，Constrained Energy Minimization）利用脉冲响应线性滤波器（FIR，Finite Impulse Response）的方式及约束条件，最小化平均输出能量，用于抑制图像噪声和非目标端元波谱信号，再用约束条件提取目标。最小能量约束法得到的结果是各像元的端元灰度图像。像元值越大代表处理后的像元信号越接近目标光谱信号。

1.4.3 传统的机器学习方法

高光谱遥感图像分类算法有很多种，如依据其是否使用数据标签进行分类，划分为监督和无监督两种。无监督分类是在分类过程中直接对样本进行分类，无需先验知识的判断，其优点就是实验结果受人为干预的影响较少，无需烦琐的预训练过程，并且对算法的设计参数相对较少；缺点是当异类地物间的差距较小时，分类效果较差。无监督分类中经常使用的算法有K-means聚类、ISODATA分类等。监督分类算法是在对数据分类进行前需要预先对算法模型进行训练，当算法模型特征参数被确定好后再对测试样本分类。其优点是算法模型通过对先验知识的学习，可以得到较高的分类精确度，训练样本数量可以控制；缺点是受人为因素的影响较大，分类精确度的高低在一定程度上受训练样本数量设定的影响。在监督算法中经常被用于高光谱遥感数据分类的算法有随机森林算法、决策树分类算法与支持向量机分类算法等。

1.4.3.1 K-means 聚类算法

K-means 聚类算法是一种传统的聚类算法，不需要任何训练样本，直接利用影像数据迭代聚类完成分类。其准则是使每一聚类中多模式点到该类别的中心距离的平方和最小。一般先按需求选择一些显著点作为聚类的初始核心，然后把剩余待分点按分类规则划分到各类中，完成初始分类。在完成了初始分类之后，重新计算聚类中心，并进行首次迭代，然后聚类等待下一次迭代计算。这种修正方式有两种，即逐点修正和逐批修正。逐点修正聚类中心是指将像元样本按预定规则归入某个类别后，再对该类别进行平均化，然后将该类别的平均值作为该群集的中心点。逐批修正聚类中心是指将所有像元样本按照类别中心进行分类，然后计算出每类的平均值，并将其作为下次分类的中心。

1.4.3.2 ISODATA 分类算法

迭代自组织数据分析算法（ISODATA，Iterative Self Organizing Data Analysis Techniques Algorithm）是一种被广泛使用的无监督学习聚类算法，它在 K-means 算法的基础上加入了“合并和分离”运算，每次迭代后，通过比较标准偏差和控制分离的参数来确定是否进行分离运算，然后再根据距离的大小和控制合并的参数来确定是否进行合并运算，不断进行迭代自组织，直到所有参数满足要求，并且类内平方距离和最小可以使聚类结果更加接近实际的情况。

1.4.3.3 决策树分类算法

决策树分类算法是一种基于已知事件发生概率构造的图解法，以确定总收益的期望值的概率，并用于评估风险，判断可行性的决策分析方法。因为这个决定树枝的形状和树枝很相似，所以被称为决策树。决策树是机器学习中的一种预测模型，它反映了物体的属性和目标的价值，每一个内部节点都代表对象属性与对象值之间的映射关系，而每一根分支则代表一种类型的输出结果，每个叶节点代表一种类别。

1.4.3.4 随机森林算法

随机森林算法是使用多棵决策树进行训练与分类预测的算法。它分类的思想是随机选择若干特征向量构成对应的决策树，当样本输入决策树会给出分类预测结果，最后随机森林对预测结果进行统计，按一定的算法计算最终输出结果。从直观角度来看，每个决策树都是一个分类器，因此，决策树的数量就是分类结果数量。随机森林综合了所有的分类的结果，并将最多的类别作为最后的输出。

1.4.3.5 支持向量机分类算法

支持向量机（SVM，Support Vector Machine）分类算法属于机器学习方法之一，其实质是用给定的样本，运用统计方法尽可能拟合目标函数并形成分类。该方法通过构造一个超平面，把样本划分成两个类型，使得两个类别之间的特征距离最大。SVM 是一种浅层学习与分类方法，输入信号经过相对有限的几层线性或者非线性处理完成学习与拟合。目前，支持向量机在遥感方面的应用仍然是以多光谱和高光谱遥感图像为研究对象。对于遥感影像，即使不同地物类别的光谱特征差异较小，SVM 算法依然可以通过样本完成分类，其特性非常适合地表覆盖分类任务。

1.4.4　深度学习方法

深度学习是一种基于神经网络的机器学习方法，其网络层次较深，抽象能力较强。深度学习的典型结构模型有卷积神经网络（CNN，Convolutional Neural Network）、基于自编码网络（AE）的栈式自编码网络（SAE）、基于受限玻耳兹曼机（RBM，Restricted Boltzmann Machine）的深度置信网络（DBN）、递归神经网络（RNN，Recurrent Neural Networks）等。当前在高光谱影像分类常用的有 CNN、SAE 及 DBN 三种方法。

1.4.4.1　卷积神经网络

卷积神经网络（CNN）不像传统的神经网络那样，必须将特征矢量作为输入信息，而是将二维图像输入到神经网络中，使得 CNN 在图像处理中更易操作且精度更高。CNN 的应用包括人体行为识别、图像分类、目标检测、目标跟踪、基于单个图像的景深估计和超分辨重建等。卷积神经网络的特征提取分为输入层、卷积层、池化层、激活函数层、全连接层和输出层七个阶段。输入层主要接收输入遥感图像训练集以及测试集；卷积层是整个网络模型的核心，它的功能是提取出遥感图像的特征信息；池化层可以减小卷积层提取到的特征图的大小，且并不改变特征图里面的特征信息，可以有效地保留遥感图像的特征信息；激活函数层利用非线性函数映射出图像的特性，并能有效地消除过度拟合；全连接层对之前提取到的图像进行了降维处理，便于分类器进行图像分类得出最终的分类结果；输出层是将全连接层的结果进行输出。卷积神经网络结构如图 1-13 所示。

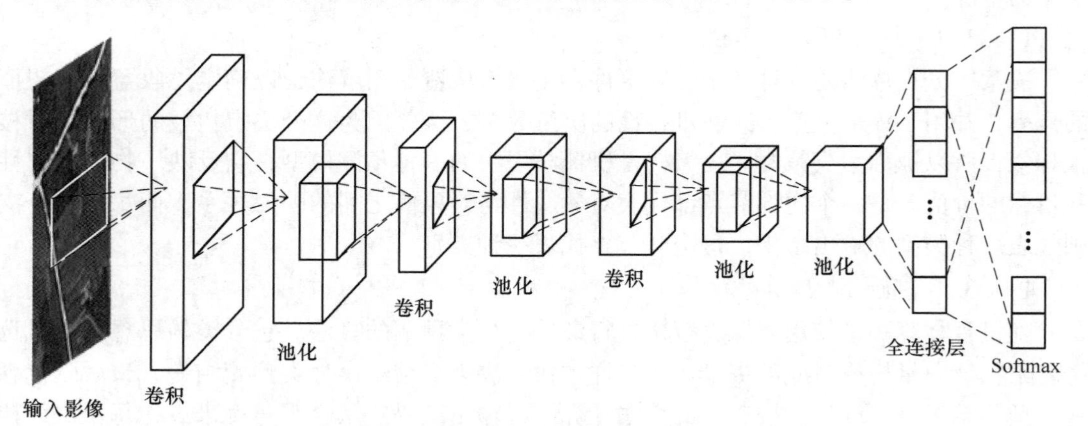

图 1-13　卷积神经网络整体结构

随着数据量和网络维度的增加，CNN 在处理特定任务时，由于数据的大小和数量的增多而带来了相应的困难。基于“卷积层-池化层-全连接层”结构的 CNN 模型，有许多改进模型，如 Network in network（MIN）、VGGNet、SPPNet、ResNet 及 Fully convolutional networks（FCN）等。

1.4.4.2　栈式自编码网络

栈式自编码网络（SAE）是由多个 AE 结构堆建起来的，其结构如图 1-14 所示。网络正向传播运算时，图像数据从底层输入初始 AE 网络，将初始 AE 网络结果再输入下一个 AE 网络，逐层计算，最后得到输出结果。

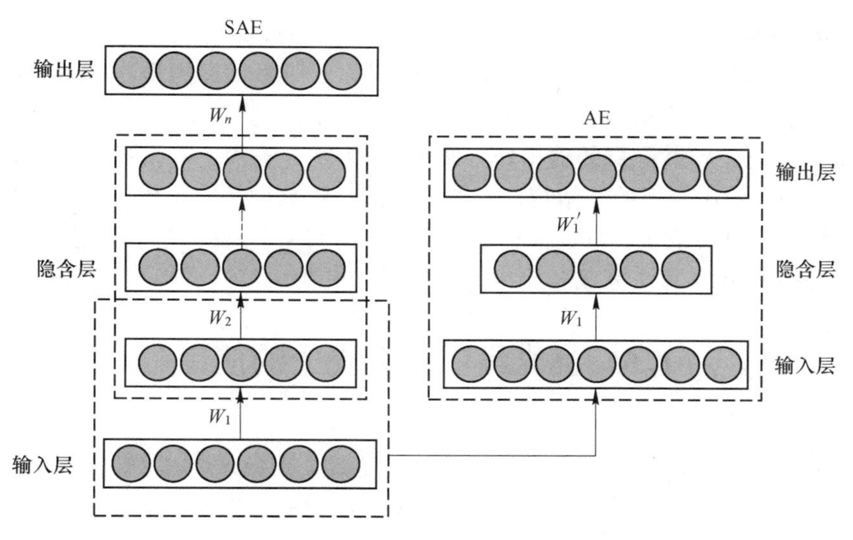

图 1-14　SAE 网络结构

根据训练的先后次序，将网络训练分为预训练、微调两个阶段。在预训练阶段，先从底层开始，逐层分别进行训练，目的是使 AE 的输入层与重建层之间的差别最小，在 AE 无监督的训练结束后，去除重构层的一部分，把隐藏层的输出数据当作更高层次 AE 的输入，然后再训练高层次的 AE，反复进行直至整个网络达到一个预定的深度。在微调阶段，SAE 采用分层训练，无须使用标记信息，采用无监督学习（Unsupervised learning），将预训阶段获得的各个层次的加权和偏移作为 SAE 网络的初始权值和偏压，以数据标记（标记信息）为监测信号，采用 BP 算法进行分层错误的求解，最后采用 SGD 算法对各个层次的加权和偏置进行修正。

1.4.4.3　深度置信网络

类似于 SAE，深度置信网络（DBN）是由多个 RBM 逐层构建起来的，其结构如图 1-15

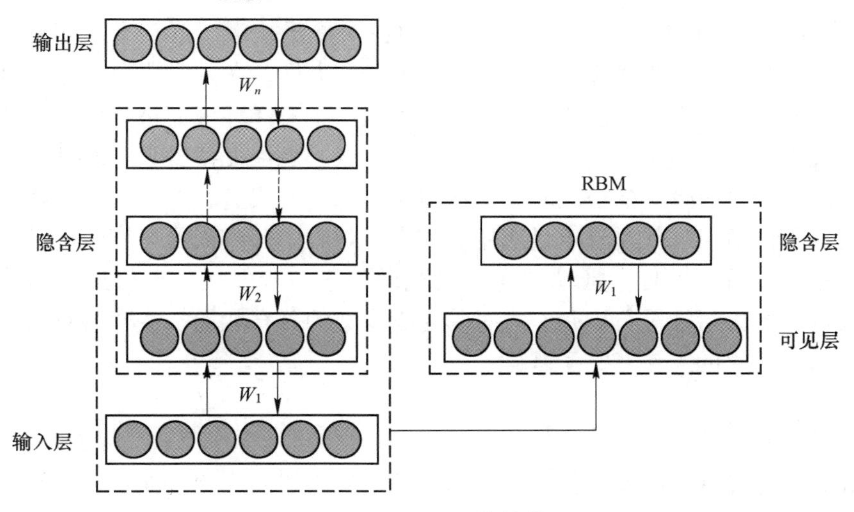

图 1-15　DBN 网络结构

所示，正向运算过程与SAE网络的正向运算过程类似，训练过程也分为预训练和微调两个阶段。预训练阶段，从底层开始每个RBM单独训练，训练目标为最小化RBM网络能量，在可见层和隐层之间构建稳定的映射关系，训练采用无监督的对比散度算法。低层的RBM训练完成之后，将其隐层的输出作为高一层RBM的输入，再训练高一层的RBM，重复该过程，直到构建出合适的网络规模。微调阶段，将预训练阶段确定的各层的权值及偏置作为初始化的权值及偏置，以数据标签为指导信号计算网络误差，利用BP算法计算各层误差，最后利用SGD算法完成各层权值及偏置的更新。

1.5 高光谱图像分类中的应用

1.5.1 矿物分析

矿物分析中，高光谱应用主要包括矿物分类、矿物成分探测、矿物丰度信息提取。通过对矿物光谱细微特性与矿物微观信息相关性的研究，不但利于进一步分析矿物成分、划分矿物类型，而且可用于其地质生成环境研究。同时，利用高光谱矿物精细识别技术，将地质标志的特征物质状况进行了有效的关联，从而使其在基础地质、矿产资源评价、矿区环境污染监测等方面得到了进一步的发展。

1.5.2 基于高光谱的地质成因环境探测

利用高光谱图像，可以很容易地探测某些元素（例如Al、Ca）的分布范围及含量随着地质活动而变化。因而可以利用矿物的特征光谱变化就可以表述地质活动的类型及预测演变方向。如在地质活动期间，白云母中的Al与（Fe、Mg）置换，生成钠云母、白云母、多硅白云母、富铝白云母等。通过“捕捉”这些光谱特征变化，就能做出相应的鉴别。

1.5.3 高光谱遥感在海洋中的应用

海洋遥感技术是20世纪末海洋科学发展的一项重要技术。近年来，随着科技水平的进步，高光谱遥感已经成为海洋遥感的一个重要研究方向。尤其是中分辨率成像光谱仪的光谱覆盖范围广、分辨率高、波段多等优点特别适用于海洋环境而被广泛应用于海洋遥感监测。该系统不但可以用于检测海洋中的叶绿素浓度、悬浮泥沙含量、某些污染物和表面温度，还可以用于海岸带等的检测。在海洋遥感技术的发展过程中，初期采用的传感器频段较小，已经不能适应现代遥感定量应用的需求。随着中分辨成像光谱仪的使用，不但推动了高维数据的分析，而且还推动了海洋高光谱的进一步发展，也促进了对海洋光谱结构、各种成分的光谱特征进行识别，并对其光学参数的分布状况、变化规律进行初步的研究，为今后海洋遥感的工作奠定了基础。

1.5.4 高光谱遥感在军事上的应用

由于高光谱影像携带的丰富信息而在军事上得到广泛的应用。在军事侦察和识别伪装方面，可采用成像光谱仪，获取伪装对象与周围环境的异常光谱特征，可以实现对伪装对象的自动识别。在武器生产中，超光谱成像仪不仅能检测出物体的光谱特征、存在状态，还能对其物质组成进行分析，以确定其是否为主要的杀伤力。在海上作战中，美军目前研制的超光谱成像仪，能够提供0.14~215 μm光谱范围内数据，可以用于获取海洋透明度、深度、潮汐、海底状况、生物、水下危险物等的状况。

参 考 文 献

[1] 陈小花，陈宗铸，雷金睿，等．高光谱遥感的森林信息应用研究进展［J］．热带林业，2021，49（2）：55-59.

[2] 张影．卫星高光谱遥感农作物精细分类研究［D］．北京：中国农业科学院，2021.

[3] 余鹏明．基于高光谱遥感的再生水水质指标反演模型研究［D］．咸阳：西北农林科技大学，2021.

[4] 万亚玲，钟锡武，刘慧，等．卷积神经网络在高光谱图像分类中的应用综述［J］．计算机工程与应用，2021，57（4）：1-10.

[5] 张辉．空谱特征融合的高光谱遥感影像分类研究［D］．阜新：辽宁工程技术大学，2020.

[6] 宿虎，陈美媛，杨晓辉，等．高分五号卫星高光谱遥感数据地质找矿初步应用——以阿尔金东段柳城子一带为例［J］．甘肃地质，2020，29（Z1）：47-57.

[7] 林勇，易扬，张桂莲，等．高光谱遥感技术在城市绿地调查中的应用及发展趋势［J］．园林，2020（6）：70-75.

[8] 刘浩，彭桢．高光谱遥感在监测植被生理参数的应用综述［J］．内蒙古煤炭经济，2020（5）：183，185.

[9] 李斐斐．高光谱遥感影像技术发展现状与应用［J］．现代营销（下旬刊），2018（3）：92.

[10] 胡杰．高光谱遥感影像三维空谱特征提取与小样本分类技术研究［D］．深圳：深圳大学，2017.

[11] 徐皓．基于多目标优化的高光谱遥感影像端元提取技术研究［D］．西安：西安电子科技大学，2017.

[12] 刘浩．高光谱遥感在反演植被生理参数的应用综述［J］．中小企业管理与科技（下旬刊），2017（5）：182-184.

[13] 沈雪婷，凌平，彭桃军，等．高光谱遥感技术在烟草中的应用综述［J］．江西农业学报，2016，28（7）：78-82.

[14] 郭观明．基于改进支持向量机的高光谱遥感影像分类方法研究［D］．赣州：江西理工大学，2016.

[15] 张莉娜．土壤表层有机质空间分析的遥感技术应用综述［J］．安徽农学通报（上半月刊），2010，16（17）：188-191.

[16] 黄玮．高光谱遥感分类与信息提取综述［J］．数字技术与应用，2010（5）：134-136.

[17] 李志忠，杨日红，党福星，等．高光谱遥感卫星技术及其地质应用［J］．地质通报，2009，28（Z1）：270-277.

[18] 孙琦，郑小贤，刘东兰．高光谱遥感获取伐区调查数据的应用综述［J］．林业资源管理，2006（5）：92-96.

[19] 王强．航空高光谱遥感光谱域噪声滤波应用研究［D］．上海：华东师范大学，2006.

[20] 申广荣，王人潮．植被高光谱遥感的应用研究综述［J］．上海交通大学学报（农业科学版），2001（4）：315-321.

[21] 杨吉龙，李家存，杨德明．高光谱分辨率遥感在植被监测中的应用综述［J］．世界地质，2001（3）：307-312.

2 高分辨率卫星影像智能化处理技术

第 2 章课件

2.1 应用场景

近年来，随着遥感技术的不断发展，对地面目标更精准的识别技术已经在城市规划、抢险救灾、战略部署、资源调查、环境监测、生态保护、农业生产等领域得到广泛应用。相比于经典机器学习算法，深度学习不需要人工设计特征的环节，而是能够根据损失函数自动提取与目标任务最相关的特征，具有鲁棒性强、模型易于迁移等优势，成为了遥感领域的一个研究热点，并已经应用在城市土地利用分类、滨海湿地土地覆被分类、作物精细分类、道路及建筑等专题要素制图领域。

本章首先介绍我国高分卫星影像、人工智能与深度学习的相关知识，包括卷积神经网络、循环神经网络等常用网络模型；然后从样本角度出发，对现有的土地利用/覆被遥感分类样本集进行综述；其次从深度学习模型的角度出发，综述土地利用/覆被遥感分类中用到的各种深度神经网络模型；再次从模型泛化能力的角度出发，对稀疏样本下深度学习模型的学习策略进行综述，深度学习样本库-模型-算法总体框架如图 2-1 所示。

2.2 深度学习

深度学习可以看作经典人工神经网络的“深度”版本，通过增加隐含层数量，从而提高特征学习和表达能力。常用的深度学习模型包括卷积神经网络、循环神经网络、生成对抗网络和用于语义分割的全卷积神经网络、基于编码与解码的神经网络、用于目标检测的 R-CNN、Fast R-CNN，以及 yolo 系列等网络，这些经典的神经网络对于遥感图像的分类提供了巨大的帮助。

2.2.1 卷积神经网络

卷积神经网络（CNN，Convolutional Neural Network）主要用于计算机视觉领域，其相关内容已在 1.4.4.1 节讲述，此处不再赘述。

2.2.2 循环神经网络

循环神经网络（RNN，Recurrent Neural Network）的输入一般为序列数据（如文本、

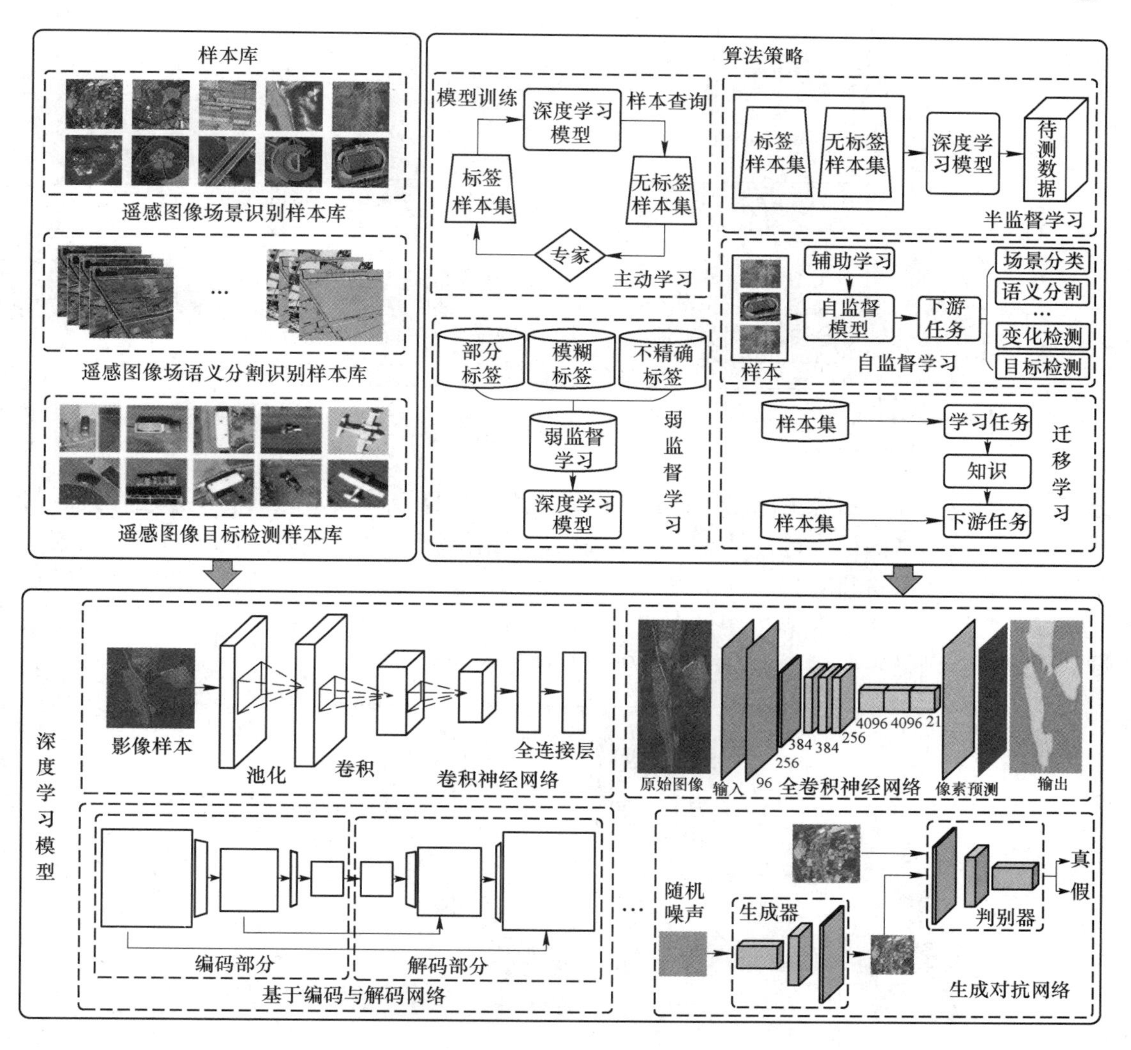

图 2-1 深度学习样本库-模型-算法框架图

视频等)，其隐含层之间是存在连接，t 时刻隐含层的输入不仅来自输入层，同时来自 $t-1$ 时刻隐含层的输出。循环神经网络的输入是一个序列数据 X，t 时刻隐含层的输出是 h，t 表示循环神经网络当前的状态，如图 2-2 所示。常用的循环神经网络包括长短时记忆网络（LSTM，Long Short Term Memory）、门控循环单元（GRU，Gated Recurrent Unit）、Transformer 等。由于循环神经网络在处理序列数据方面具有天然的优势，已经被应用在多时相遥感影像分析、高光谱图像分类中，用于建模多时相数据之间以及高光谱不同波段之间的相互依赖关系。

2.2.3 生成对抗网络

生成对抗网络（GAN，Generative Adversarial Network）包括生成器（G，Generator）和判别器（D，Discriminator），如图 2-3 所示。其中，生成器 G 主要用来学习真实图像的

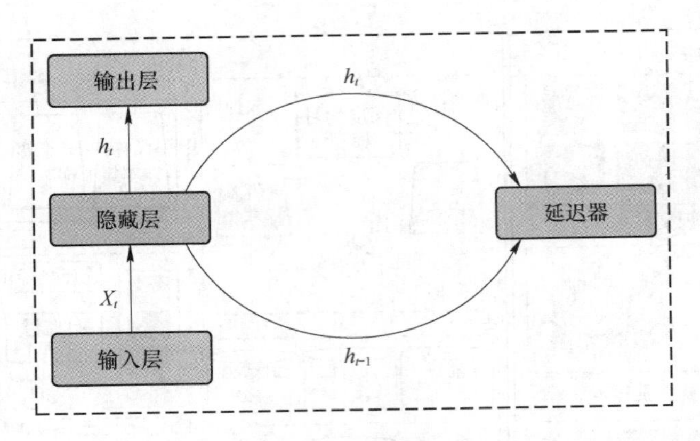

图 2-2　循环神经网络结构图

分布，从而使生成的图像更加接近于真实图像，而判别器 D 主要对生成的图像进行真假判断。生成对抗网络的训练过程是一个 min-max 的优化问题，随着网络的迭代训练，生成器 G 与判别器 D 不断进行对抗，并最终达到一种动态平衡。生成器 G 生成的图像十分接近真实情况，判别器 D 无法判断出图像真假，对于给定图像预测为真的概率为 50%。在遥感领域，生成对抗网络主要用于模拟样本的生成和模型的对抗训练。

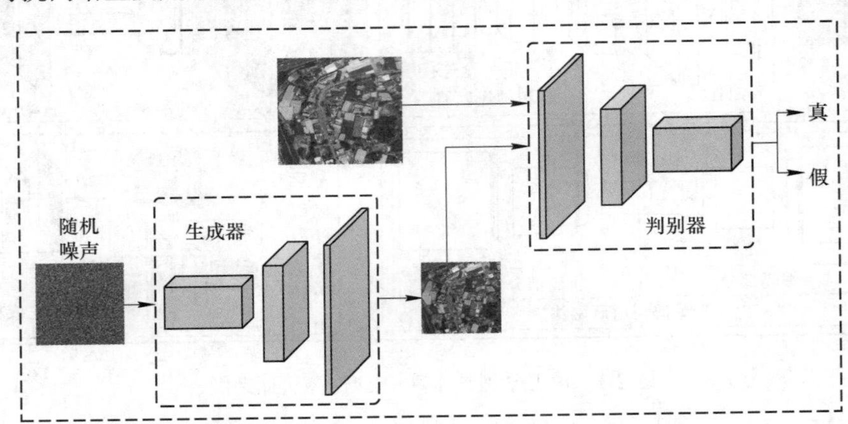

图 2-3　生成对抗网络的结构图

2.2.4　全卷积神经网络

全卷积神经网络（FCN，Fully Convolutional Network）是深度学习卷积神经网络应用于图像语义分割的最早模型之一，它将用于图像分类的深度卷积神经网络的全连接层修改为卷积层，是一个端到端的语义分割网络模型，如图 2-4 所示。在图像分类的卷积神经网络中，池化层被用来增大感受野，降低计算量和降低输出特征图的分辨率。这对图像分类任务非常有用，但是对于与像素空间位置紧密相关的图像语义分割任务来说是不利的，这是因为池化操作降低了特征图的分辨率，造成了空间信息的丢失。为了解决这个问题，输出原图大小的特征图，得到相同分辨率的特征图，然后将相同分辨率的深层和浅层特征叠加融合从而恢复在特征提取阶段降低分辨率导致的空间信息的丢失。

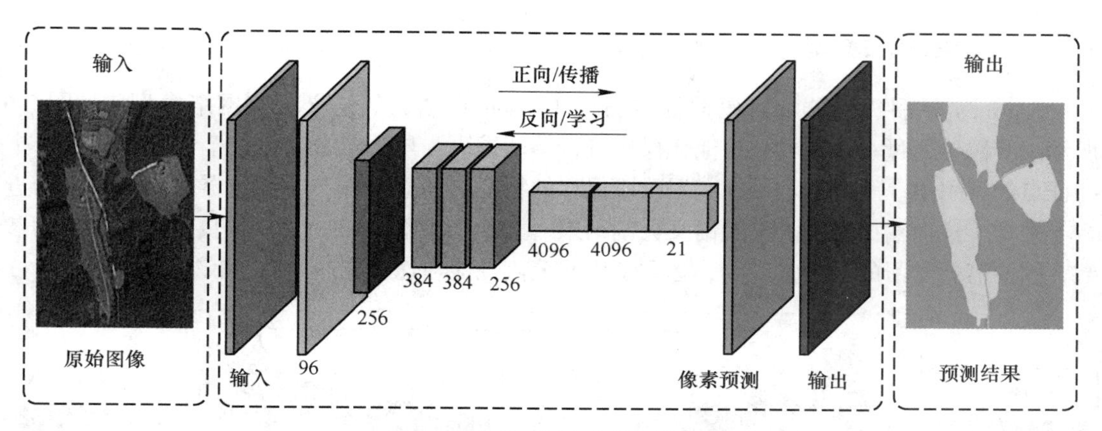

图 2-4　全卷积神经网络结构图

虽然 FCN 在图像语义分割上取得了比较好的效果，但是其得到的预测结果还是不够精细，没有考虑像素与像素之间的关系。

2.2.5　U-Net 网络模型

U-Net 也是一种编码器-解码器结构的语义分割网络，它采用了一种对称的 U 形结构并使用跳跃连接的方式来融合相同分辨率的编码器的特征与对应解码器的特征，如图 2-5 所示。U-Net 将编码器中每个阶段的特征图与解码器中相同大小的特征图进行叠加融合上采样后，自下而上将深层和浅层的特征逐层叠加，进而充分利用各层的特征以输出更为精细的语义分割结果。虽然 U-Net 最初用于医学图像分割领域，但由于其实用性和从小样本数据中学习的能力，现在已广泛应用于其他领域，如卫星图像的分割、工业瑕疵检测等。

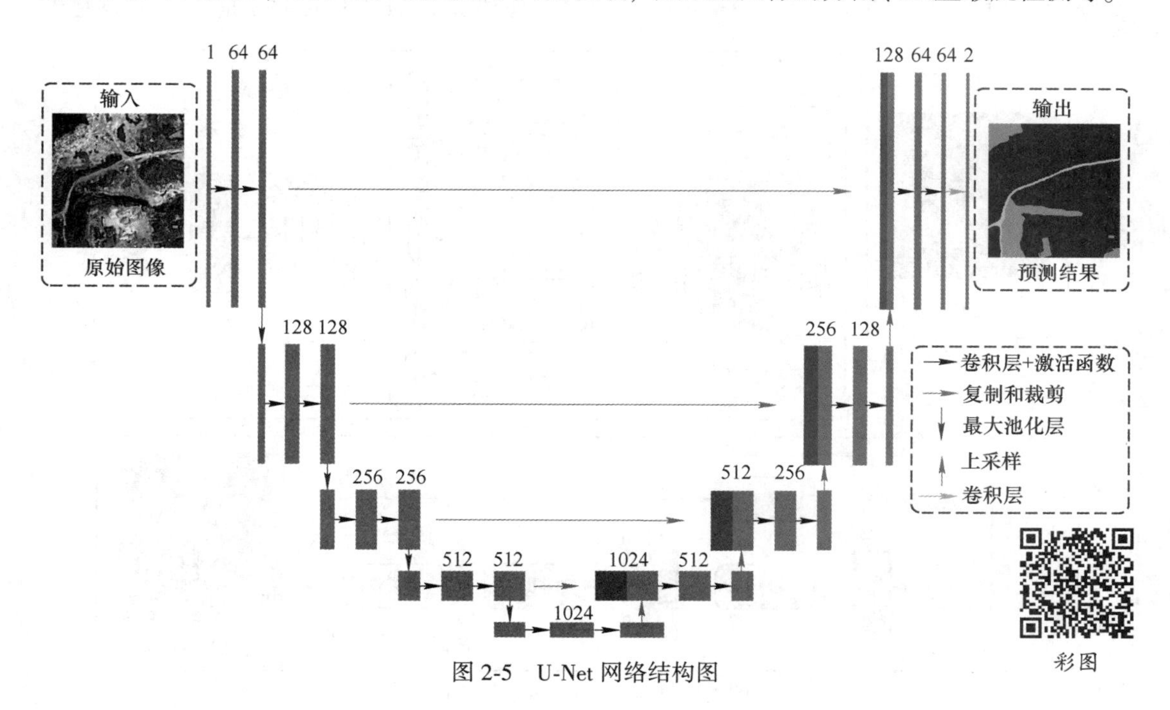

图 2-5　U-Net 网络结构图

2.2.6 SegNet 网络模型

SegNet 是一种编码器和解码器（Encoder-Decoder）结构的语义分割网络模型，如图 2-6 所示。编码器通过一系列卷积核池化操作进行特征提取，与此同时保存每个池化操作中每个特征点的索引值。解码器利用在编码阶段保存的特征点的索引值，对编码器输出的特征图进行上采样，进而输出原图大小的语义分割结果。与 FCN 相比，SegNet 不需要学习上采样的参数，因而需要学习的参数量较少，达到了语义分割性能与速度之间的一个较好的平衡。

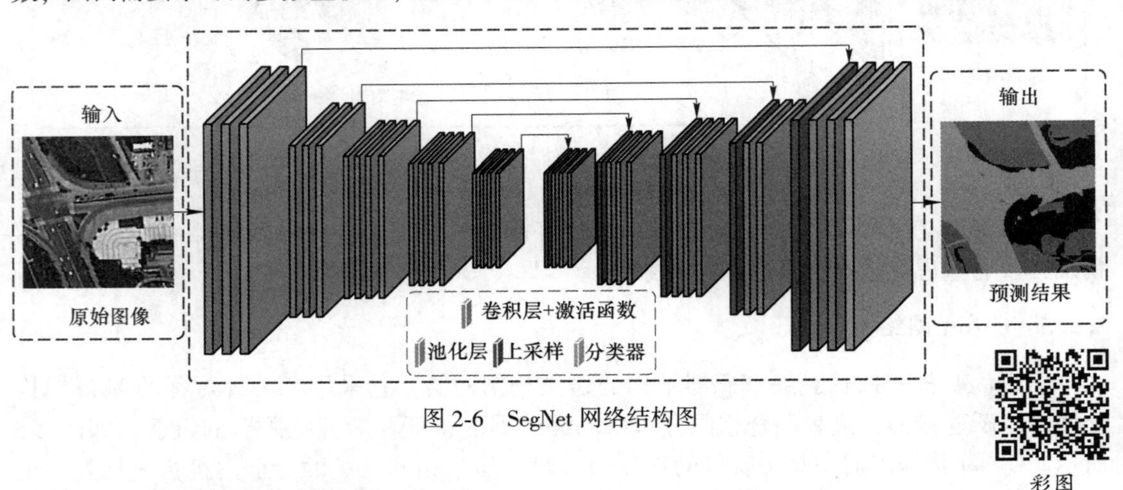

图 2-6　SegNet 网络结构图

彩图

2.2.7 DeepLabV3+网络模型

DeepLabV3+是 DeepLab 系列语义分割网络模型中性能最好的一个，它也采用了编码器-解码器的结构，如图 2-7 所示。DeepLab 系列对图像语义分割最大的贡献是其将空洞卷积

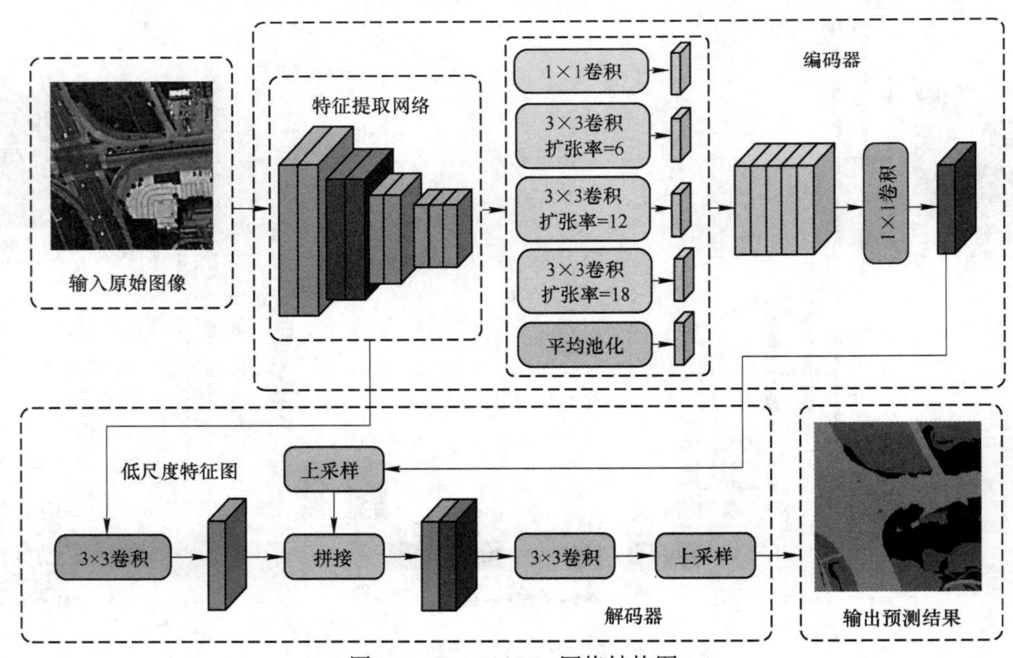

图 2-7　DeepLabV3+网络结构图

应用于图像语义分割。空洞卷积在不降低输出特征图分辨率的情况下不增加网络训练的参数，扩大了感受野。DeepLabV3+中采用的 ASPP 模块为多个不同尺度的空洞卷积核，并行地对输入特征图进行特征提取以获取不同感受野大小的特征图，然后将这些不同尺度的特征进行融合以获取更精细的深层语义特征。DeepLabV3+将编码器输出的浅层特征与 ASPP 模块输出的深层特征进行融合，浅层特征能够提供更好的物体的细节信息，深层特征能够提供更抽象的物体的语义信息和位置信息，这两部分特征进行融合能够使 DeepLabV3+取得最优的分割结果。

2.3 遥感图像分类的开源样本集

随着深度学习的快速发展，卷积神经网络、循环神经网络、全卷积神经网络等模型均被应用到土地利用/覆被遥感分类中。各国学者、机构发布了一系列土地利用/覆被遥感分类样本数据集，涵盖了不同尺度、传感器类型、时间/空间/光谱分辨率等，为相关研究提供了基准数据支持。

2.3.1 遥感场景分类样本集

遥感场景识别通常指对图像整体的常见语义分析和理解，是计算机视觉领域标志性任务之一，在对象识别的基础上，场景识别能够结合上下文信息，从而实现场景主要内容的精确识别。基于图像块的土地利用/覆被样本集，标注过程表现为对一个 $N \times N$ 的图像块赋以特定的土地利用/覆被类别，如图 2-8 所示。该样本集对应的深度学习模型多为基于 CNN 或 RNN 的图像分类模型，其标注过程简单，劣势是并不能获取特定地物的边界信息。

在表 2-1 中，列举了使用广泛、影响力较大的遥感图像场景分类数据集和相关元数据。遥感场景数据集主要包括高分辨率卫星影像数据集（UC Merced、SAT-4/SAT-6 等）、航空影像数据集（AID、WHU-RS19 等），空间分辨率大多为 0.3~2 m，光谱分辨率较低，多为 RGB 或 RGB-NIR 影像。考虑到深度学习模型训练对于海量标签样本的需求，数据集整体呈现出样本数量不断增加的趋势，从几千发展到几十万不等。此外，少部分数据集以 Sentinel-2 等多光谱卫星影像作为数据源，其光谱分辨率有所提升，然而其空间分辨率相对较低。

表 2-1 遥感图像场景分类数据集

数 据 集	发布年份	数据源	数 量	尺寸/像素×像素	空间分辨率/m
UC Merced	2010	航空影像	2100	256×256	0.3
WHU-RS19	2010	地图	1005	600×600	0.5
RSSCN7	2015	地图	2800	400×400	0.25~0.2
SAT-4/SAT-6	2015	航空影像	5000000	28×28	1
SIRI-WHU	2016	地图	2400	200×200	2
AID	2017	地图	10000	600×600	2
EuroSAT	2019	Sentinel-2	27000	64×64	10/20/60

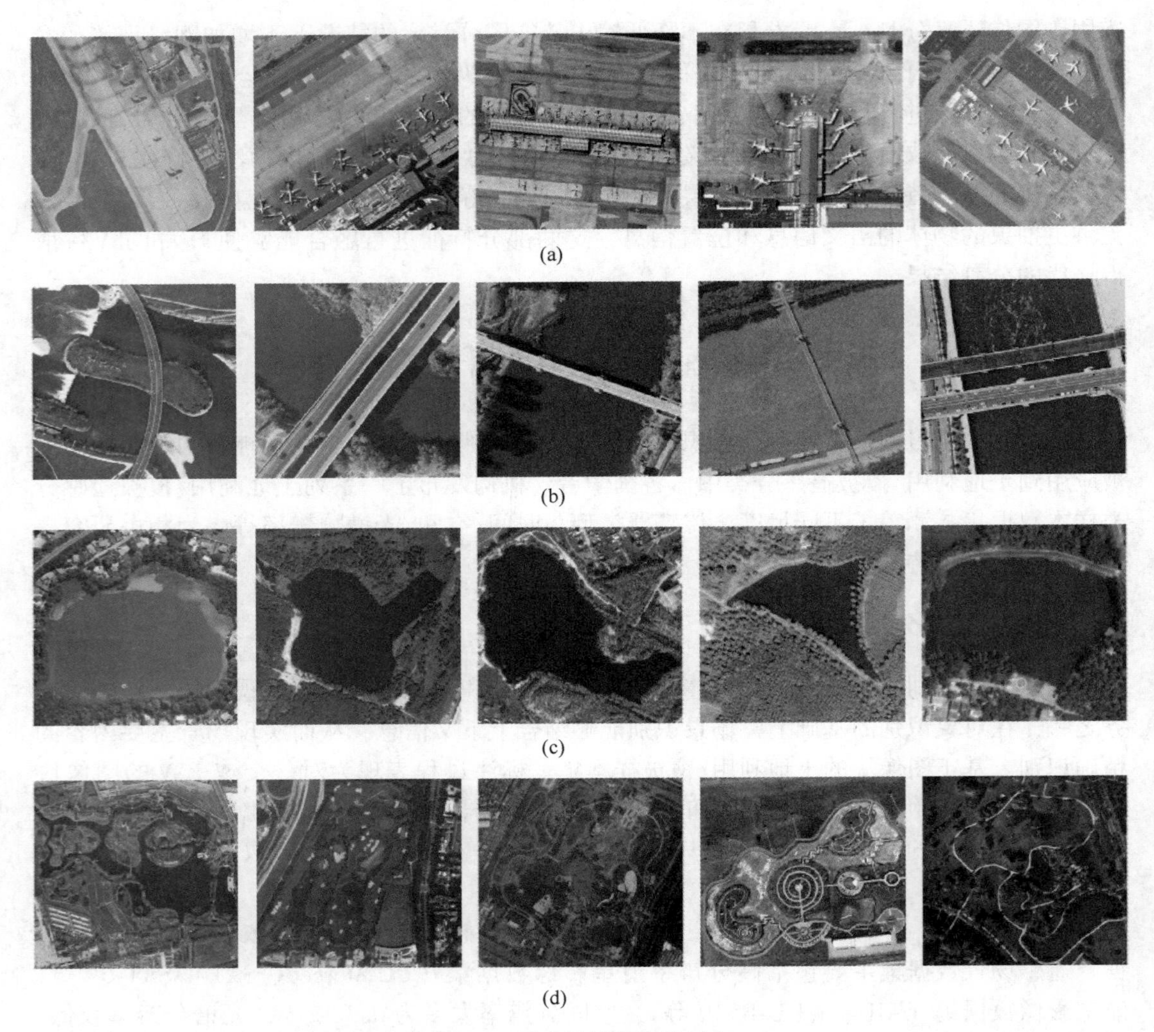

图 2-8 遥感场景分类数据集

（a）飞机场；（b）桥；（c）池塘；（d）公园

上述样本集在土地利用/覆被类别数量的设定上存在两种分化：一方面，部分数据集只关心少数概要性的地物类别，如 SAT-4 数据集仅包含裸地、森林、草地和其他四类土地覆被类型；另一方面，部分数据集则更关注土地利用/覆被的精细分类，如 UC Merced、WHU-RS19、AID 等包含几十种具有特定语义的土地利用/覆被类别。

2.3.2 遥感图像语义分割数据集

遥感图像语义分割数据集对某一特定地物涵盖的所有像素进行标注，对应的深度学习模型多为语义分割模型，优势是可以获取地物的准确边界，劣势是标注工作量较大。因为受到光谱分辨率的制约，这类数据集的空间分辨率较低，且大部分数据集仅为指定研究区内的单幅影像与标注，只有一些最近发布的数据集（如 DeepGlobe、GID）其样本数量和空间分辨率较高，但仅为一般的 RGB 或 RGB-NIR 影像，光谱分辨率较低。

2.3.2.1 Gaofen Image Dataset

Gaofen Image Dataset（GID）是一个用于土地利用和土地覆盖（LULC）分类的大型数据集。它包含来自中国60多个不同城市的150幅高质量高分二号（GF-2）图像，GF-2卫星包括了空间分辨率为1 m的全色图像和4 m的多光谱图像，图像大小为6908×7300像素。这些图像覆盖的地理区域超过了5万平方千米。GID图像具有较高的类内多样性和较低的类间可分离性。多光谱提供了蓝色、绿色、红色和近红外波段的图像。GF-2已被用于土地调查、环境监测、作物估算、建设规划等重要领域。部分GID数据集样本如图2-9所示。

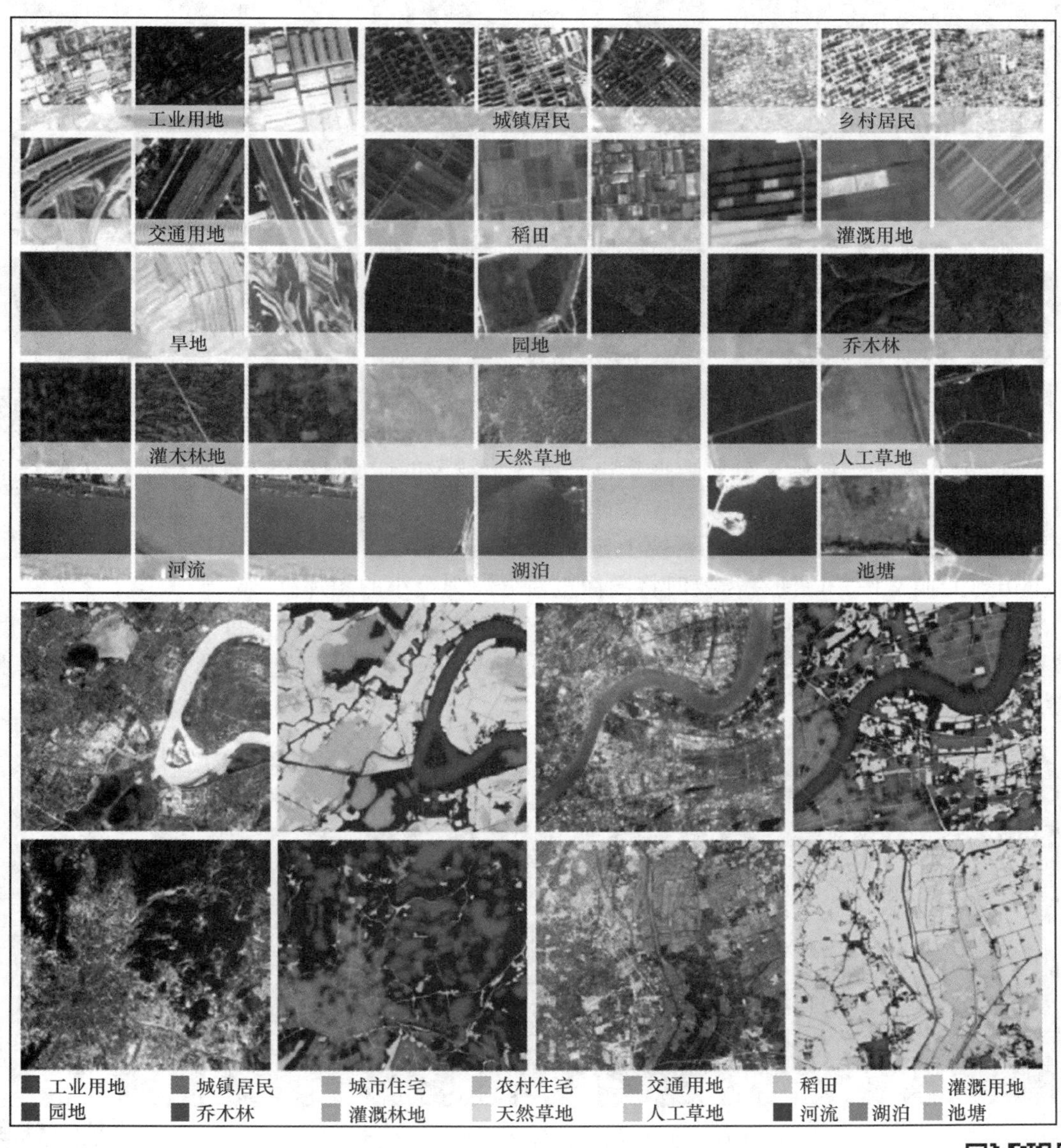

图2-9 部分GID数据集样本

彩图

2.3.2.2 ISPRS城市分类遥感图像语义分割数据集

ISPRS提供了城市分类和三维建筑重建测试项目的两个最先进的机载图像

数据集。该数据集采用了由高分辨率正交照片和相应的密集图像匹配技术产生的数字地表模型（DSM）。Vaihingen 遥感图像语义分割数据集，包含 33 幅不同大小的遥感图像，每幅图像都是从一个更大的顶层正射影像图片提取的，如图 2-10 所示。顶层影像和 DSM 的空间分辨率为 9 cm。遥感图像格式为 8 位 TIFF 文件，由近红外、红色和绿色 3 个波段组成，DSM 是单波段的 TIFF 文件，灰度等级（对应于 DSM 高度）为 32 位浮点值编码。

图 2-10　部分 Vaihingen 遥感图像语义分割样本集

彩图

Postdam 遥感图像语义分割数据集也是由 3 个波段的遥感 TIFF 文件和单波段的 DSM 组成的，如图 2-11 所示。每幅遥感图像区域覆盖大小是相同的，遥感图像和 DSM 是在同一个参考系统上定义的（UTM WGS84），每幅图像都有一个仿射变换文件，以便在需要时将图像重新分解为更小的图片。

除了 DSM，数据集还提供了归一化 DSM，即在地面过滤之后，每个像素的地面高度被移除，从而产生了高于地形的高度表示。这些数据是使用一些全自动过滤工作流产生的，没有人工质量控制。

图 2-11　部分 Postdam 遥感图像语义分割样本集

彩图

2.3.2.3　Aerial Image Segmentation Dataset

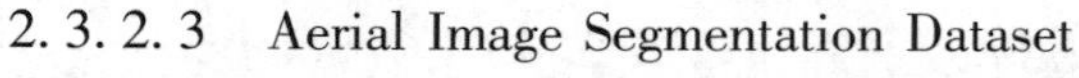

Aerial Image Segmentation Dataset 航空图像分为来自地图的航空遥感图像和

来自 OpenStreetMap 的像素级的建筑、道路和背景标签，覆盖区域为柏林、芝加哥、巴黎、波茨坦和苏黎世。像素级标签以 RGB 顺序作为 PNG 图像提供，标记为建筑物、道路和背景的像素由 RGB 颜色［255，0，0］、［0，0，255］和［255，255，255］表示。部分 Aerial Image Segmentation Dataset 样本集如图 2-12 所示。

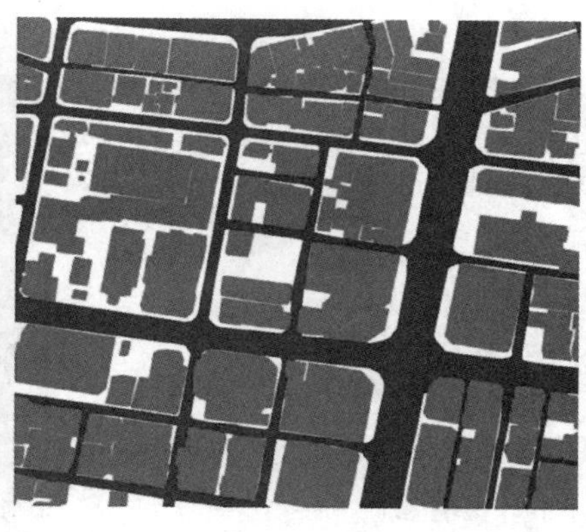

彩图

图 2-12　部分 Aerial Image Segmentation Dataset 样本集

2.3.2.4　EvLab-SS Dataset

EvLab-SS Dataset 来源于中国地理条件调查和绘图项目，每幅图像都有地理条件调查的完整注释。数据集的平均大小约为 4500 像素×4500 像素，如图 2-13 所示。EvLab-SS Dataset 包含 11 个大类，分别是背景、农田、花园、林地、草地、建筑、道路、构筑物、挖孔桩、沙漠和水域，目前包括由不同平台和传感器拍摄的 60 幅图像。该数据集包括 35 幅卫星图像，其中 19 幅由 World-View-2 卫星采集，5 幅由 GeoEye 卫星采集，5 幅由 Quick Bird 卫星采集，6 幅由 GF-2 卫星采集。该数据集还有 25 幅航空图像，其中 10 幅图像的空间分辨率为 0.25 m，15 幅图像的空间分辨率为 0.1 m。

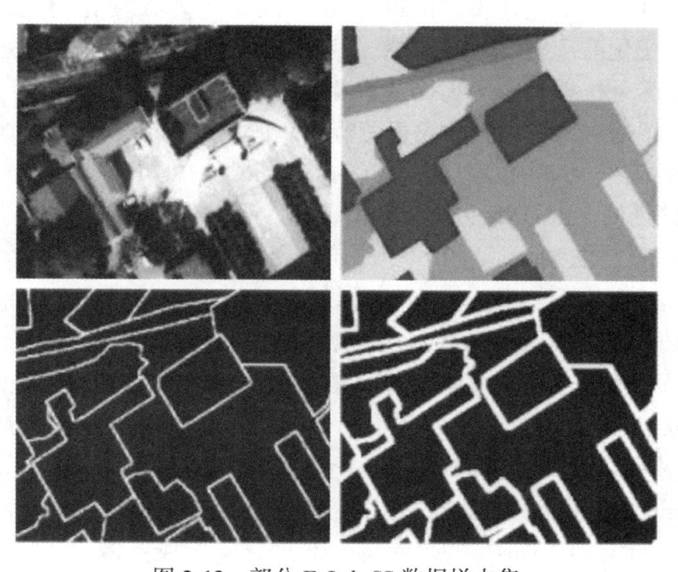

图 2-13　部分 EvLab-SS 数据样本集

2.3.2.5　DeepGlobe Land Cover Classification Challenge

DeepGlobe Land Cover Classification Challenge 是一个公共数据集，提供高分辨率亚米卫星图像，重点是农村地区，如图 2-14 所示。该数据集共包含 10146 幅卫星图像，大小为 20448 像素×20448 像素，分为训练/验证/测试集，每组图像为 803 幅/171 幅/172 幅（对应 70%/15%/15%）。

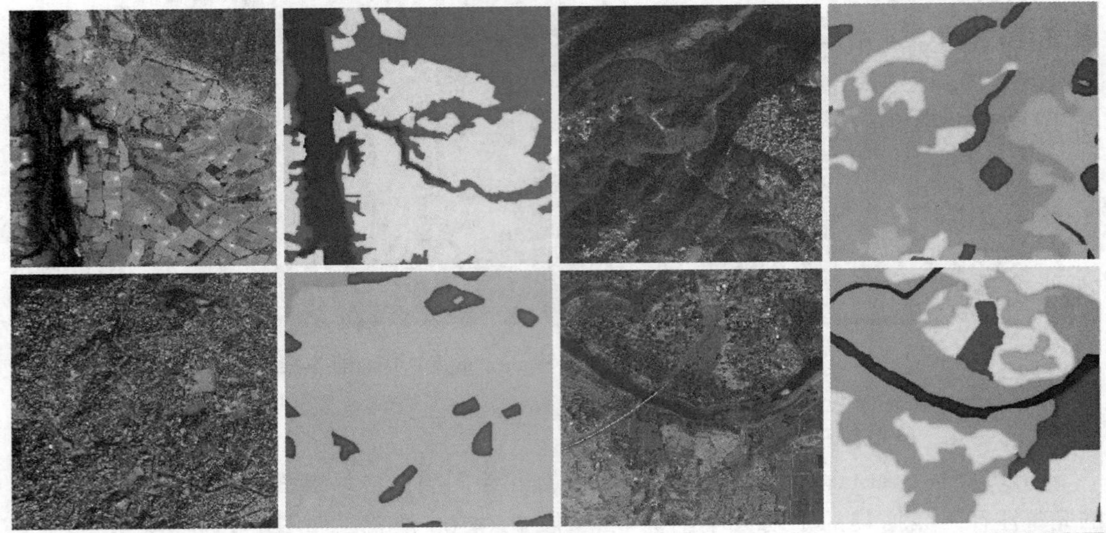

图 2-14　部分 DeepGlobe Land Cover Classification Challenge 数据样本集

彩图

2.3.3　遥感图像变化检测数据集

遥感变化检测任务是利用多时相的遥感数据，采用多种图像处理和模式识别方法提取变化信息，并定量分析和确定地表变化的特征与过程。它涉及变化的类型、分布状况与变化量，即需要确定变化前、后的地面类型、界线及变化趋势，进而分析这些动态变化的特点与原因。变化检测是根据对同一物体或现象在不同时间的观测来确定变化区域的方法，是更新地理数据、评估灾害、地理现象探测等应用的重要基础。遥感图像变化检测数据集主要有 MtS-WH 数据集、Synthetic and real season-varying RS images 数据集、HRSCD 数据集、LEVIR-CD 数据集、SECOND 数据集等。

2.3.3.1　MtS-WH 数据集

Multi-temp Scene Wuhan（MtS-WH）数据集主要用于进行场景变化检测的方法理论研究与验证。本数据集主要包括两张由 IKONOS 传感器获得的 VHR 图像，是大小为 7200 像素×6000 像素的大尺寸高分辨率遥感影像，覆盖范围为中国武汉市汉阳区，如图 2-15 所示。影像分别获取于 2002 年 2 月和 2009 年 6 月，经过 GS 算法融合，分辨率为 1m，包含 4 个波段（蓝、绿、红和近红外波段）。

2.3.3.2　Synthetic and real season-varying RS images 数据集

Synthetic and real season-varying RS images 数据集有合成图像（无物体相对移位）、物体相对移位小的合成图像、真实季节变化遥感图像三种类型，如图 2-16 所示。真正的季节变化遥感图像有 16000 个图像集，图像大小为 256 像素×256 像素（10000 个列车集和 3000 个测试和验证集），空间分辨率为 3~100 cm/px。

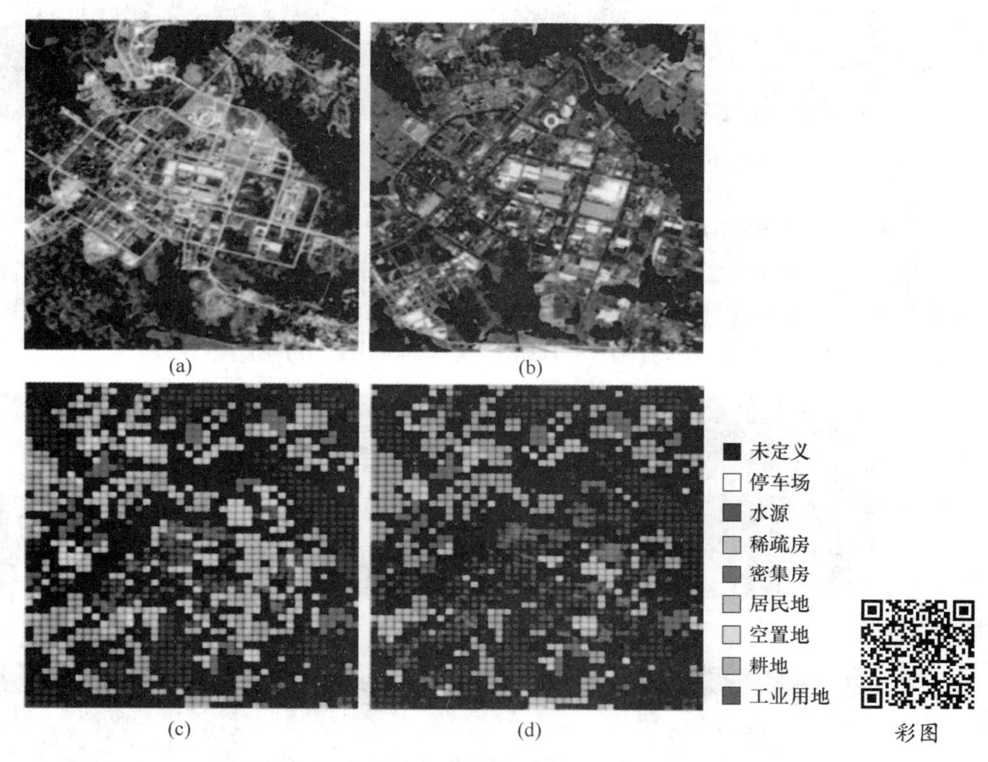

图 2-15　部分 MtS-WH 数据集样本
（a）汉阳 2002 年伪彩色图；（b）汉阳 2009 年伪彩色图；（c）汉阳 2002 年场景类别标签；（d）汉阳 2009 年场景类别标签

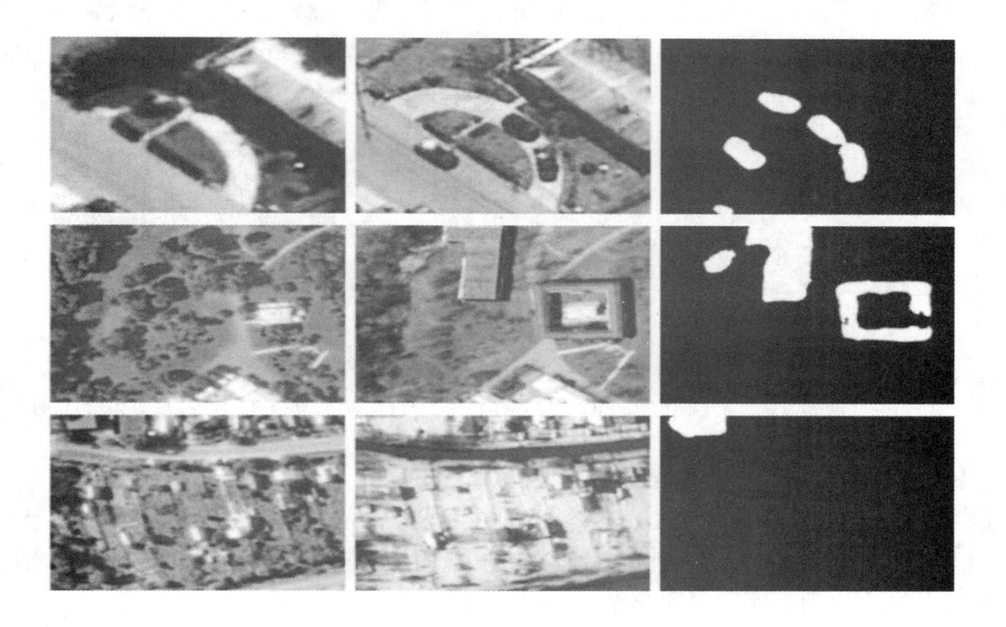

图 2-16　部分 Synthetic and real season-varying RS images 数据集样本

2.3.3.3　HRSCD 数据集

HRSCD 数据集包含来自 IGS 的 BD ORTHO 数据库中的 291 个 RGB 航空图像对。像素级变化和土地覆盖注释，由 2006 年城市地图集、2012 年城市地图集和城市地图集 2006—2012 年地图绘制生成。部分 HRSCD 数据集样本如图 2-17 所示。

图 2-17　部分 HRSCD 数据集样本

（a）图 1；（b）图 2；（c）不准确边界；（d）图 1；（e）图 2；（f）假负；（g）图 1；（h）图 2；（i）假正

2.3.3.4　LEVIR-CD 数据集

LEVIR-CD 数据集由 637 个高分辨率（VHR，0.5 m/px）的地球图像对组成，大小为 1024 像素×1024 像素，时间跨度为 5～14 年。LEVIR-CD 涵盖各种类型的建筑，如别墅住宅、高大公寓、小型车库和大型仓库，如图 2-18 所示。

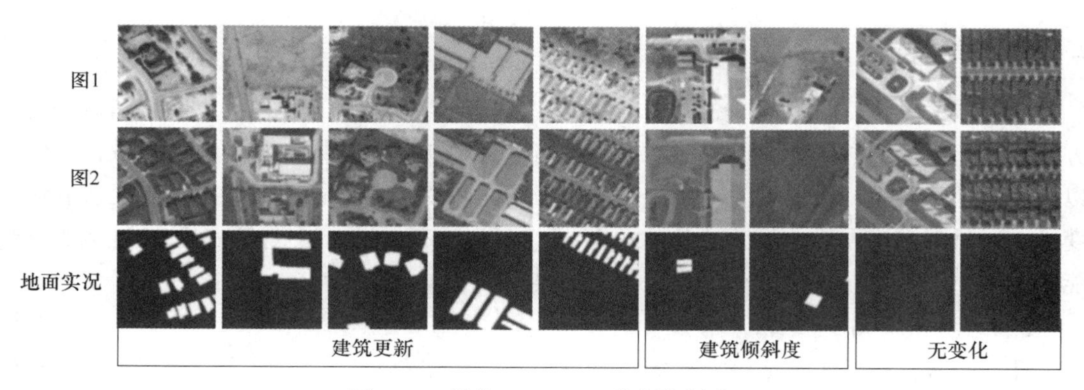

图 2-18 部分 LEVIR-CD 数据集样本

2.3.3.5 SECOND 数据集

SECOND 数据集是一个良好注释的语义变化检测数据集，从多个平台和传感器收集 4662 对航空图像，这些图像组合分布在杭州、成都和上海等城市。每个图像的大小为 512 像素×512 像素，并在像素级别进行注释。第二类侧重于 6 个主要的陆地覆盖类，即非植被地表、树木、低植被、水、建筑和游乐场。部分 SECOND 数据集样本如图 2-19 所示。

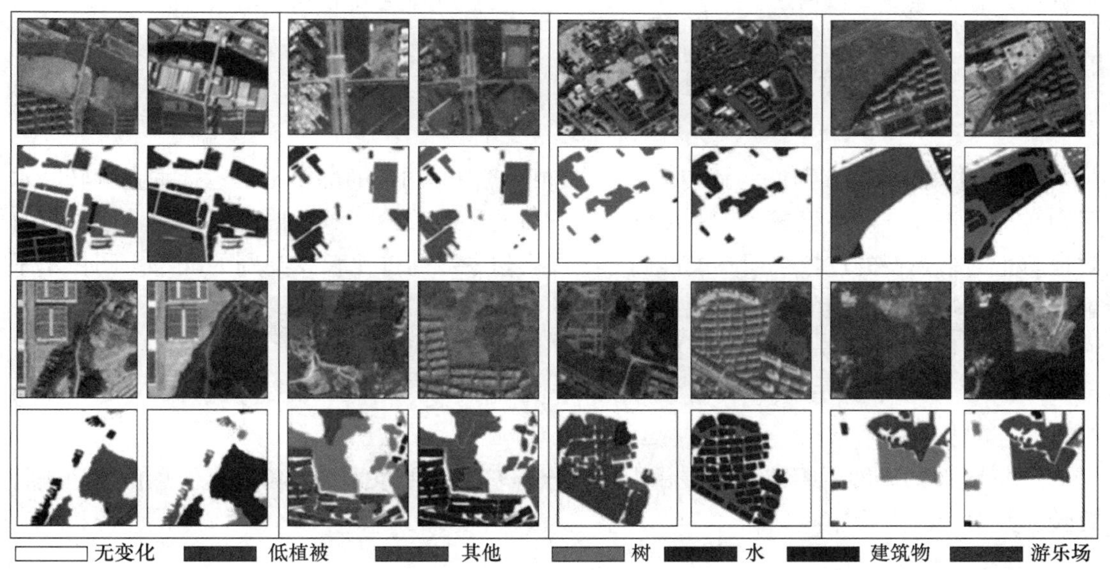

图 2-19 部分 SECOND 数据集样本

2.4 高分辨率卫星影像智能处理过程

由于高分辨率卫星影像类别分布极其不均匀，所以高分辨率卫星影像进行智能化处理之前，需要对影像数据集进行初步的处理，例如对影像进行切割、数据的标准化以及数据的增强，其中，数据的增强包括几何变换增强和像素变换增强。

2.4.1 数据增强

数据增强（Data augmentation），又称为数据扩充或数据增广，它主要通过图像处理的方法，基于有限的数据生成更多的数据，从而达到增加样本的数量及多样性。数据增强可以大大降低网络模型过拟合的现象，本章所采用图像的增强方法主要包括几何变换和像素变换。通过对遥感图像数据集进行数据增强，可以有效地提高图像语义分割模型的泛化能力。

2.4.1.1 几何变换增强

几何的数据增强主要通过变换矩阵来实现不同程度的变换。假设高分辨率卫星影像的原始坐标为（x，y），几何变换后的坐标为（x'，y'），$\boldsymbol{H}$ 为不同方式的几何增强变换矩阵，则影像几何变换的通用公式见式（2-1）。

$$\begin{bmatrix} x' \\ y' \\ 1 \end{bmatrix} = \boldsymbol{H} \begin{bmatrix} x \\ y \\ 1 \end{bmatrix} \tag{2-1}$$

（1）图像的平移。高分辨卫星图像的平移是指所有像素在 x 和 y 方向上的平移之和。平移可以有效地增大数据量，平移的变换对应的数学矩阵见式（2-2）。

$$\boldsymbol{H} = \begin{bmatrix} 1 & 0 & d_x \\ 0 & 1 & d_y \\ 0 & 1 & 1 \end{bmatrix} \tag{2-2}$$

（2）图像的翻转。图像的翻转也称为图像的镜像，图像的翻转主要包括垂直翻转、水平翻转。由于高分辨率卫星数据集部分类别所占的比例较少，对数据的图像翻转，可以有效地防止网络模型的过拟合而不能准确分类出影像中数据占比较少类别的现象。图像水平翻转、垂直翻转的变换的公式见式（2-3）。

$$\boldsymbol{H}_{水平} = \begin{bmatrix} -1 & 0 & 0 \\ 0 & 1 & 0 \\ 0 & 0 & 1 \end{bmatrix},\ \boldsymbol{H}_{垂直} = \begin{bmatrix} 1 & 0 & 0 \\ 0 & -1 & 0 \\ 0 & 0 & 1 \end{bmatrix} \tag{2-3}$$

（3）图像的旋转。图像的旋转是指以高分辨率卫星影像的左上角进行任意角度地进行旋转，其对应的变换矩阵见式（2-4）。

$$\boldsymbol{H} = \begin{bmatrix} \cos\theta & -\sin\theta & 0 \\ \sin\theta & \cos\theta & 0 \\ 0 & 0 & 1 \end{bmatrix} \tag{2-4}$$

在图像的旋转过程中，旋转的坐标计算公式是按照同一个点旋转计算的，旋转的最后需要统一图像坐标系，因此以遥感图像的左上角为原点建立坐标系，图 2-20 为图像旋转的过程。

（4）图像的缩放。图像的缩放是对高分辨卫星影像进行任意缩放的操作。本章采用缩放图像的增强方法对训练图像进行处理，进行缩放后的影像类别占比较少的地表覆盖的大小、数量和位置具有多样性。其变换矩阵见式（2-5）。

$$
\boldsymbol{H}=\begin{bmatrix} d_x & 0 & 0 \\ 0 & d_y & 0 \\ 0 & 0 & 1 \end{bmatrix} \tag{2-5}
$$

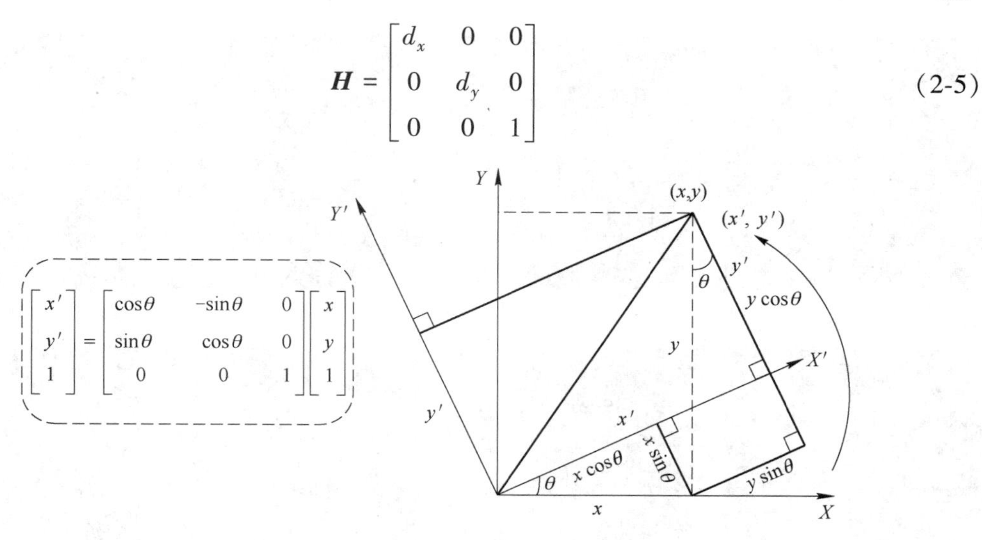

图 2-20 图像旋转过程

（5）图像的裁剪。图像的裁剪操作是将图片调整为一个固定的分辨率。这种操作主要目的有两个：1）随机缩放后的遥感卫星图像的分辨率会发生改变，进行裁剪操作后的图像恢复到原来的大小，而只是高分辨率卫星影像的大小与位置发生了改变；2）固定分辨率的图片便于批量处理，提高数据处理的效率。裁剪的具体操作是将高分辨卫星影像缩放到原图的 1.1 倍，接着在缩放后的图像上进行裁剪操作。

经过以上的几何变换矩阵的公式，对于原始的高分辨率卫星影像几何变换，操作每张图像进行平移操作、水平翻转、垂直翻转、以图像旋转左上角为中心点进行旋转，并通过裁剪方式裁剪出正方形的图像作为训练的数据集，部分遥感图像数据几何增强后的结果如图 2-21 所示。

2.4.1.2 像素变换增强

像素变换增强主要包括像素亮度的变换、对比度变换、高斯噪声、高斯模糊变换、调整饱和度、调整亮度。但是对于高分辨率卫星遥感影像的语义分割，比较适宜采用颜色干扰（调整亮度、调整对比度、调整饱和度）等方式来进行数据集的增强。

调整图像亮度、调整对比度的操作，简称图像处理的点操作，主要是通过输入图像像素值，来计算相应输出的值。因为高分辨率卫星拍摄的过程中，太阳的照射时间不同导致图像出现不同的亮度、色彩度，且高分辨率卫星影像数据集的亮度、对比度单一，与实际的场景中的遥感影像亮度差别较大，所以网络模型训练的过程中，有限的数据无法解决网络模型的泛化能力，因此需要通过遥感卫星影像进行随机亮度、对比度的增强，模拟生成不同时间段的影像图。该数据增强的方法主要目的是解决遥感影像采集过程中图像的亮度、对比度差异较大而导致卷积神经网络不能正确地分割地表覆盖有效区域分类的问题，像素变换增强效果如图 2-22 所示。

遥感图像的数据增强可以有效扩大训练样本的数据集。通过几何样本的增强可以扩充类别较少的数量，通过像素的变换增强可以有效地模拟出不同时间段的遥感图像。这两种数据增强方式保证了训练数据集的完整性与多样性，使得图像语义分割模型具有更强的泛化能力。

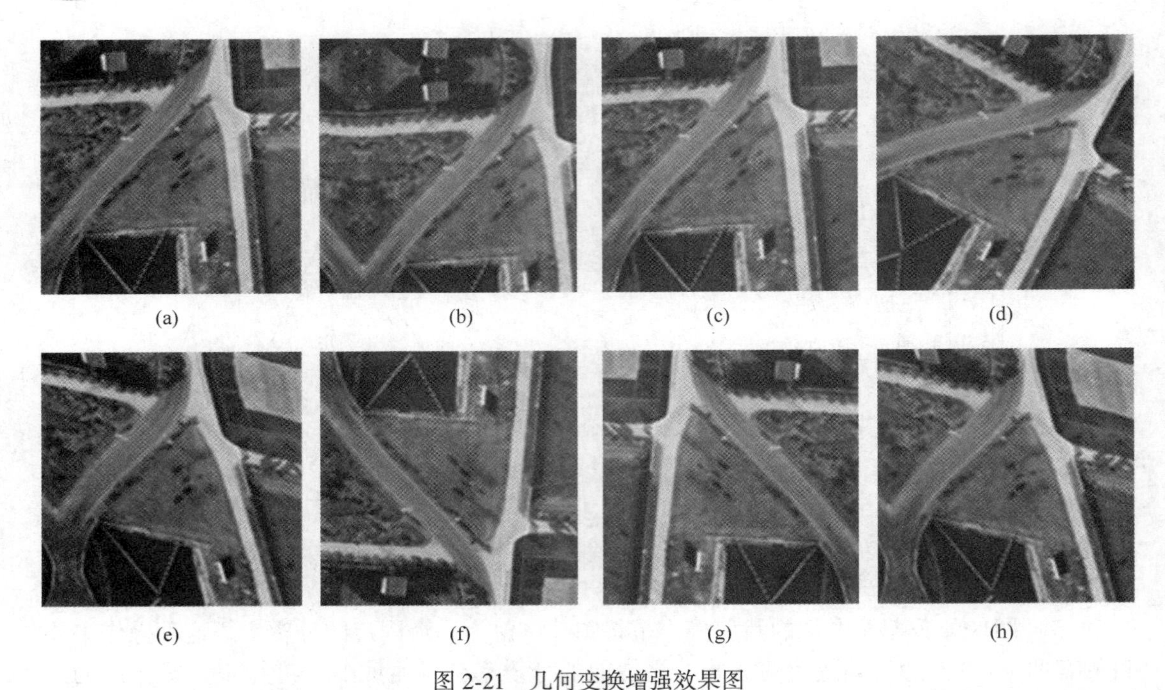

图 2-21 几何变换增强效果图
(a) 原始影像；(b) 平移；(c) 缩放；(d) 旋转；(e) 裁剪；(f) 垂直翻转；(g) 水平翻转；(h) 翻转 45°

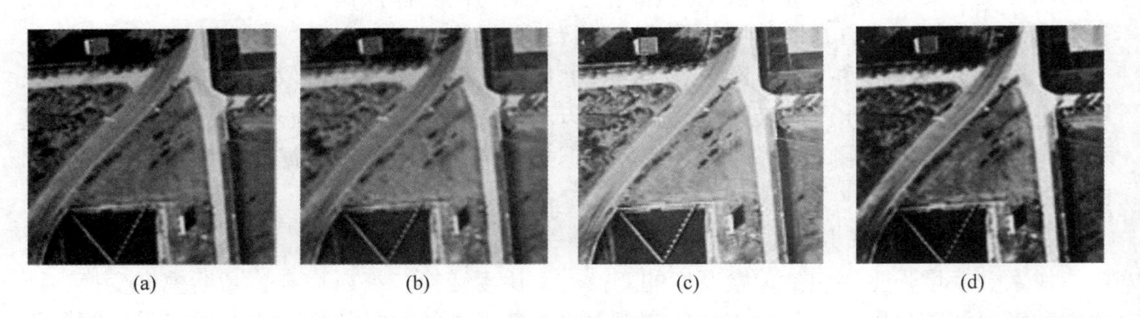

图 2-22 像素变换增强效果图
(a) 原始影像；(b) 饱和度变换；(c) 亮度变化；(d) 对比度变化

彩图

2.4.2 基于卷积神经网络的图像识别

基于卷积神经网络的图像的分类实质是在像素级别上的分类，属于同一类的像素都要被归为一类，因此语义分割是从像素级别来理解图像的。高分辨率卫星影像的分类、信息的智能提取也适合用语义分割方法。

本节介绍遥感影像中使用语义分割的全流程，包括环境搭建、数据集制作、模型训练、模型预测四个主要步骤。遥感图像的智能化分类的框架有 TensorFlow、Pytorch、Keras 以及 PaddleSeg 等，本节使用的框架是百度的 PaddleSeg。

2.4.2.1 环境搭建

首先需要一台带 GPU 的电脑，安装好 cuda 和 cudnn，才能方便开展后面的工作，包括安装 conda、PaddleSeg、gdal 等内容。PaddleSeg 是基于飞桨（PaddlePaddle）开发的端到端图像分割开发套件，涵盖了高精度和轻量级等不同方向的大量高质量分割模型。通过模块化的设计，提供了配置化驱动和 API 调用两种应用方式，帮助开发者更便捷地完成从训练到部署的全流程图像分割应用。

（1）安装 conda。可以是 miniconda 或者 anaconda，安装完成后创建一个虚拟环境，并在这个虚拟环境下安装其他的包。推荐使用 miniconda，更加轻量。

（2）安装 PaddleSeg。

（3）安装 gdal。便于读写遥感影像，在 Linux 下可以使用下面的命令安装：conda install-c conda-forge gdal。Windows 下可以在网站上找到自己需要的库，使用 pip 命令进行安装。

2.4.2.2 数据集制作

在深度学习的开始前，需要制作深度学习训练数据集。现今有很多公开的已经制作好的数据集，如本节中阐述的各类型的数据集。但是在实际工作中，根据特定的业务需求，还是需要学会自己制作数据集。数据集可以在 Windows 系统电脑下制作完成。

如何利用高空间分辨率的无人机影像或遥感影像来创建一个合适的数据集？对大量的影像进行标注的工作是必不可少的，但是现在流行的图像标注软件，例如 labelimg、labelme 等软件并不适合遥感影像数据集的标注工作。原因主要有两个：一是，主流的标注软件是对已经裁剪好的图片进行打标签，而遥感影像要保证样本的数据量通常需要设置比较高的重叠度去对影像裁剪，这就使得如果用 labelimg 去打标签的话，同一个样本需要打多次标签；二是，对于同一个地方的遥感影像通常会有多时段的数据样本，如果每次都按照传统的打标签方法会导致工作量呈倍数增长。

因此，使用 Arcgis Pro 对遥感影像进行标注能够很好地解决这两个问题。使用 Arcgis Pro 进行数据标注可以在对一整幅遥感影像的样本处理好后再进行切片导出，可以按照重叠度导出，轻松增加多倍的样本数据量。使用 Arcgis Pro 进行标注还有一个好处就是可以导出当前不同深度网络使用的不同数据集。制作流程如图 2-23 所示。

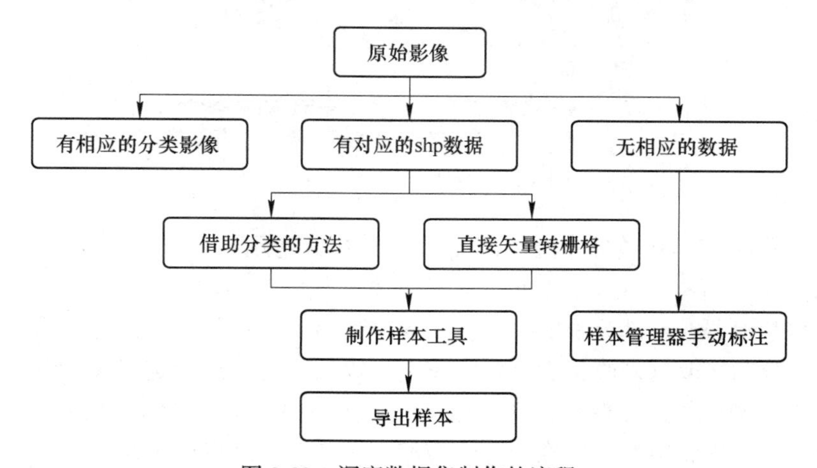

图 2-23 深度数据集制作的流程

A　创建方案

（1）单击功能区上的影像选项卡，在影像分类组中，单击分类工具并选择训练样本管理器。窗口默认显示国家土地覆被数据库（NLCD2011）的分类方案。这里创建一个新方案，只有一类就是我们感兴趣的建筑。

（2）在影像分类窗口，单击创建新方案。移除 NLCD2011 方案，重命名新建方案并向其中添加一个建筑类。

（3）右键点击新建方案并选择编辑属性，名称输入“建筑”，单击“保存”。

（4）选择“建筑”方案后，单击添加新类按钮，如图 2-24 所示。

图 2-24　训练样本管理器

在添加新类的窗口中，设置以下参数：名称设置为“建筑”；值输入“5”；颜色选择“红色”。

B　创建样本训练样本

（1）在训练样本管理器窗口中，选择“建筑”类，单击“面工具”绘制建筑物轮廓，如图 2-25 所示。

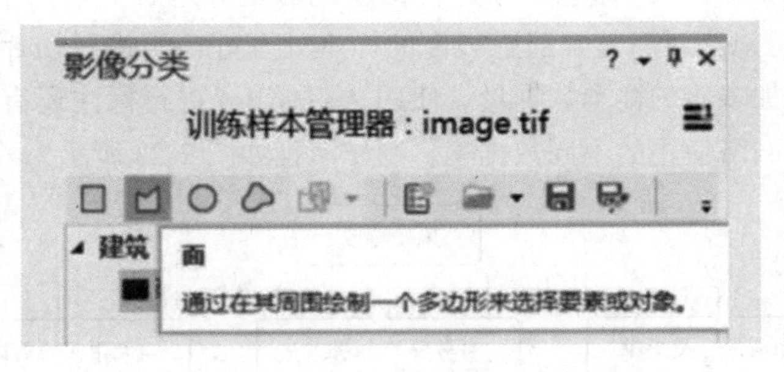

图 2-25　样本管理器“面工具”

（2）在影像中根据建筑外轮廓绘制面，如图 2-26 所示。

（3）将影像内所有的建筑物都创建训练样本，如图 2-27 所示。

训练样本管理器窗格部分中的训练样本表中列出了表示每个类的样本数量和像素百分比。如果使用分割选取器来收集训练样本，则样本数是选择用于定义类的分割数量。当使用统计分类器（例如最大似然法）时，这一点尤为重要，这是因为分割数量代表了样本的总数量。例如，如果收集八个段作为一个类的训练样本，则可能不是一个用于生成可靠分类的具有统计显著性的样本数量。但是，如果收集相同训练样本作为像素，则训练样本可

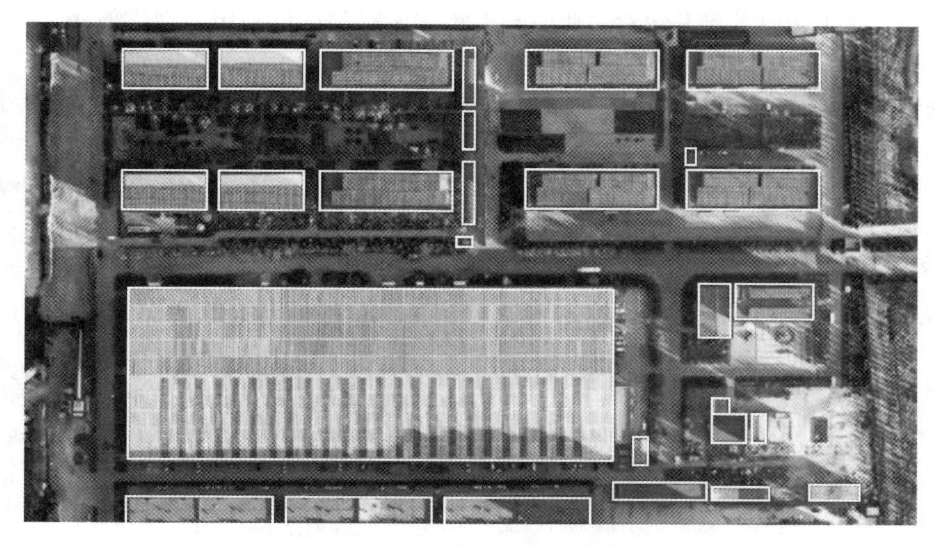

图 2-26 绘制建筑物的外轮廓

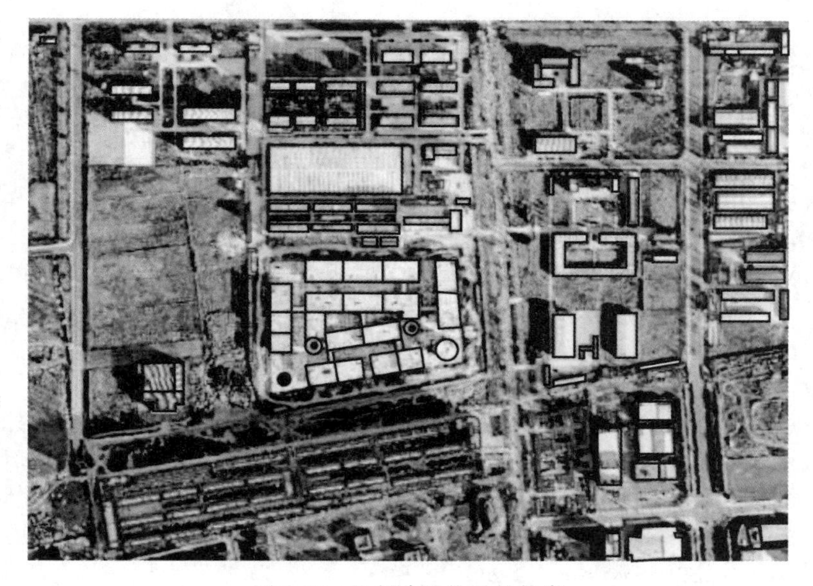

图 2-27 绘制建筑物的外轮廓

能由数百或数千个像素表示，那么这就是具有统计显著性的样本数量。当使用非参数机器学习分类器时（例如随机树和支持向量机），训练样本的数量和百分比则不太重要。

（4）保存样本文件，将要素类命名为“建筑”，并保存到 gdb 数据库中。

（5）从 gdb 数据库加载刚保存的建筑要素类打开属性表中会根据训练样本管理器中设置的类别参数，创建 Classcode、Classname、Classvalue 和 RGB、Count 等字段。其中，Classvalue 是后续导出样本所参考的重要字段。

2.4.2.3 模型训练

面对遥感图像语义分割的任务，可以选取的经典网络有很多，比如 FCN、U-Net、

SegNet、DeepLab 等这些都是非常经典而且在很多比赛都广泛采用的网络架构。因此，选取了 SegNet 作为主体网络进行模型的训练。

SegNet 不是一个最新、效果最好的语义分割网络，但是它胜在网络结构清晰易懂，训练速度快，因此可以采取它来做同样的任务。SegNet 网络结构是编码器-解码器的结构，非常优雅，值得注意的是，SegNet 做语义分割时通常在末端加入 CRF 模块做后处理，旨在进一步精修边缘的分割结果。

现对 SegNet 网络的核心代码进行讲解。首先定义好 SegNet 网络结构，如下所示。

```
def SegNet():
  model=Sequential()
  #encoder

model.add(Conv2D(64,(3,3),strides=(1,1),input_shape=(3,img_w,img_h),padding='same',activation=
'relu'))
   model.add(BatchNormalization())
   model.add(Conv2D(64,(3,3),strides=(1,1),padding='same',activation='relu'))
   model.add(BatchNormalization())
   model.add(MaxPooling2D(pool_size=(2,2)))
   #(128,128)
   model.add(Conv2D(128,(3,3),strides=(1,1),padding='same',activation='relu'))
   model.add(BatchNormalization())
   model.add(Conv2D(128,(3,3),strides=(1,1),padding='same',activation='relu'))
   model.add(BatchNormalization())
   model.add(MaxPooling2D(pool_size=(2,2)))
   #(64,64)
   model.add(Conv2D(256,(3,3),strides=(1,1),padding='same',activation='relu'))
   model.add(BatchNormalization())
   model.add(Conv2D(256,(3,3),strides=(1,1),padding='same',activation='relu'))
   model.add(BatchNormalization())
   model.add(Conv2D(256,(3,3),strides=(1,1),padding='same',activation='relu'))
   model.add(BatchNormalization())
   model.add(MaxPooling2D(pool_size=(2,2)))
   ....
   #(256,256)
   model.add(Conv2D(64,(3,3),strides=(1,1),input_shape=(3,img_w,img_h),padding='same',
activation='relu'))
   model.add(BatchNormalization())
   model.add(Conv2D(64,(3,3),strides=(1,1),padding='same',activation='relu'))
   model.add(BatchNormalization())
   model.add(Conv2D(n_label,(1,1),strides=(1,1),padding='same'))
   model.add(Reshape((n_label,img_w*img_h)))
   #axis=1 和 axis=2 互换位置,等同于 np.swapaxes(layer,1,2)
```

```
model.add(Permute((2,1)))
model.add(Activation('softmax'))
model.compile(loss='categorical_crossentropy',optimizer='sgd',metrics=['accuracy'])
model.summary()
return model
```

接下来需要读入数据集，读完数据集之后，定义一下训练的过程，在这个任务上，把batch size 定为 16，epoch 定为 30，每次都存储最佳 model （save_best_only=True），并且在训练结束时绘制 loss/acc 曲线，并存储起来。经过漫长的训练时间，得出最终的训练模型。

2.4.2.4 模型预测

训练模型时选择的图片输入是 256×256，因此预测遥感图像时也要采用 256 像素×256 像素的图片尺寸送进模型预测。现在要考虑一个问题，该怎么将这些预测好的小图重新拼接成一个大图，这里给出一个最基础的方案：先给大图做 padding 0 操作，得到一幅 padding 过的大图，同时生成一个与该图一样大的全 0 遥感图像，把图像的尺寸补齐为 256 的倍数，然后以 256 为步长切割大图，依次将小图送进模型预测，预测好的小图则放在全 0 遥感图像的相应位置上，依次进行，最终得到预测好的整张大图，再做图像切割，切割成原先图片的尺寸，完成整个预测流程。遥感图像预测核心代码如下，预测结果如图 2-28 所示。

```
def predict(args):
  #load the trained convolutional neural network
  print("[INFO] loading network...")
  model=load_model(args["model"])
  stride=args['stride']
  for n in range(len(TEST_SET)):
    path=TEST_SET[n]
    image=cv2.imread('./test/' + path)
    #pre-process the image for classification
    #image=image.astype("float")/ 255.0
    #image=img_to_array(image)
    h,w,_=image.shape
    padding_h=(h//stride + 1) * stride
    padding_w=(w//stride + 1) * stride
    padding_img=np.zeros((padding_h,padding_w,3),dtype=np.uint8)
    padding_img[0:h,0:w,:]=image[:,:,:]
    padding_img=padding_img.astype("float")/ 255.0
    padding_img=img_to_array(padding_img)
    print 'src:',padding_img.shape
    mask_whole=np.zeros((padding_h,padding_w),dtype=np.uint8)
```

```
for i in range(padding_h//stride):
  for j in range(padding_w//stride):
    crop=padding_img[:3,i * stride:i * stride+image_size,j * stride:j * stride+image_size]
    _,ch,cw=crop.shape
    if ch ! =256 or cw !=256:
      print 'invalid size!'
      continue
    crop=np.expand_dims(crop,axis=0)
    #print 'crop:',crop.shape
    pred=model.predict_classes(crop,verbose=2)
    pred=labelencoder.inverse_transform(pred[0])
    #print (np.unique(pred))
    pred=pred.reshape((256,256)).astype(np.uint8)
    #print 'pred:',pred.shape
    mask_whole[i * stride:i * stride+image_size,j * stride:j * stride+image_size]=pred[:,:]
  cv2.imwrite('./predict/pre'+str(n+1)+'.png',mask_whole[0:h,0:w])
```

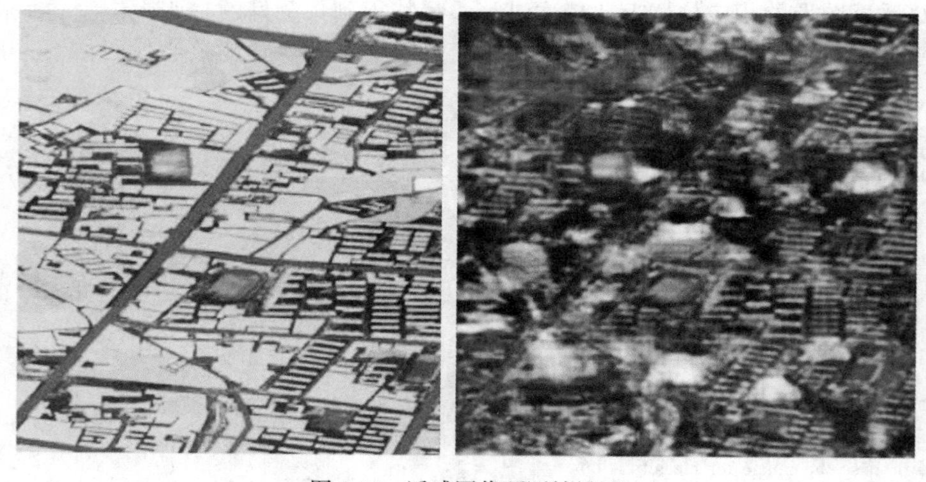

图 2-28　遥感图像预测结果图

对于这类遥感图像的语义分割，还可以采取其他的经典语义分割模型，或者将各种语义分割经典网络都实现一下，看看哪个效果最好，再做模型融合，只要集成学习做得好，效果一般都会很不错的。

2.4.3　遥感图像语义分割的评价指标

遥感影像的语义分割之后需要选取一种指标进行实验模型评价，可以选用总体精度（OA，Overall Accuracy）、准确率（Acc）、Kappa 系数、交并比 MIoU 等作为评价指标。

（1）总体分类精度表示的是正确的遥感影像分类的像素数占总像素的比例。OA 能够有效地验证模型的分类精度，但当类别的图像的像素比例较少时，整体的 OA 值不能有效地表达出该类别的分类的情况，总体分类精度具体计算公式为：

$$\mathrm{OA} = \frac{\sum_{i=1}^{N} n_{ii}}{\sum_{i=1}^{N}\sum_{j=1}^{N} n_{ij}} \times 100\% \tag{2-6}$$

式中 n_{ij}——第 i 类别分类为第 j 类的像素数；

N——遥感语义分类的类别的总数。

（2）提取出遥感图像各类别准确率。Acc 指的是某一类别提取准确的像素类别所占该类别的总数的比例，计算公式如下：

$$\mathrm{Acc} = \frac{n_{ii}}{\sum_{j=1}^{N} n_{ij}} \times 100\% \tag{2-7}$$

（3）交并比 MIoU。每一个类别正确预测的集合和真实值集合的交集和并集的比值，具体计算公式如下：

$$\mathrm{MIoU} = \frac{\sum_{i=1}^{N} n_{ii}}{\sum_{i=1}^{N}\left(m_i + \sum_{j=1}^{N} n_{ji} - n_{ii}\right)} \times 100\% \tag{2-8}$$

（4）Kappa 系数主要是用于进行一致性检测的指标，计算公式如下：

$$\mathrm{Kappa} = \frac{\dfrac{\sum_{i=1}^{2} n_{ii}}{\sum_{i=1}^{2}\sum_{j=1}^{2} n_{ij}} - \dfrac{\sum_{i=1}^{2} n_{ii}\sum_{j=1}^{2} n_{ij}}{\left(\sum_{i=1}^{2}\sum_{j=1}^{2} n_{ij}\right)^2}}{1 - \dfrac{\sum_{i=1}^{2} n_{ii}\sum_{j=1}^{2} n_{ij}}{\left(\sum_{i=1}^{2}\sum_{j=1}^{2} n_{ij}\right)^2}} \times 100\% \tag{2-9}$$

由于总体精度（OA）、准确率（Acc）、Kappa 系数、交并比 MIoU 等评价指标都具有简洁性、代表性强等特点，因此被广泛应用作为遥感图像语义分割精度评价的指标，这四个指标都处于（0，1）之间，指标值越接近 1，则表示遥感图像语义分割的效果越好。

2.5 我国高分辨率卫星遥感影像

航天光学遥感是一种被动式的对地观测技术，它使用人造卫星、空间站或航天飞机等平台，搭载光学传感器以获取地面反射到空间站的辐射能量，经过数据处理后可以获取地物的光谱信息，进而形成遥感影像。

2.5.1 高分一号卫星影像

作为我国高分辨率对地观测系统的首发星，高分一号卫星肩负着我国民用高分辨率遥感数据实现国产化的使命，主要用户为自然资源部、农业农村部和生态环境部。高分一号卫星突破了高时间分辨率、多光谱与宽覆盖相结合的光学遥感等关键技术，在分辨率和幅宽的综合指标上达到了目前国内外民用光学遥感卫星的领先水平。高分一号卫星如图 2-29 所示。

图 2-29　高分一号卫星

高分一号搭载 2 台高分辨率（2 m 分辨率的全色和 8 m 分辨率的多光谱）相机和 4 台 16 m 分辨率的多光谱相机，具备高空间分辨率、高时间分辨率、多光谱与宽覆盖对地观测能力。卫星的设计寿命为 5~8 年，是我国首颗设计、考核寿命要求长于 5 年的低轨卫星。卫星采用太阳同步轨道，可实现每天 8 轨成像、侧摆 35°成像，最长成像时间为 12 min，见表 2-2。图 2-30 为高分一号多光谱与全色产品。

表 2-2　高分一号有效载荷技术指标

<table>
<tr><th>载　荷</th><th>谱段号</th><th>谱段范围/μm</th><th>空间分辨率/m</th><th>幅宽/m</th><th>侧摆能力</th></tr>
<tr><td rowspan="5">全色多光谱相机</td><td>1</td><td>0. 45~0. 90</td><td rowspan="5">2</td><td rowspan="5">16
（2 台相机组合）</td><td rowspan="9">±35°</td></tr>
<tr><td>2</td><td>0. 45~0. 52</td></tr>
<tr><td>3</td><td>0. 52~0. 59</td></tr>
<tr><td>4</td><td>0. 63~0. 69</td></tr>
<tr><td>5</td><td>0. 77~0. 89</td></tr>
<tr><td rowspan="4">多光谱相加</td><td>6</td><td>0. 45~0. 52</td><td rowspan="4">16</td><td rowspan="4">8
（4 台相机组合）</td></tr>
<tr><td>7</td><td>0. 52~0. 59</td></tr>
<tr><td>8</td><td>0. 63~0. 69</td></tr>
<tr><td>9</td><td>0. 77~0. 89</td></tr>
</table>

高分一号卫星发射成功后，能够为国土资源部门、农业部门、气象部门、环境保护部门提供高精度、宽范围的空间观测服务，在地理测绘、海洋和气候气象观测、水利和林业资源监测、城市和交通精细化管理、疫情评估与公共卫星应急、地球系统科学研究等领域发挥重要作用。

2. 5. 2　高分二号卫星影像

高分二号（GF-2）卫星是我国自主研制的首颗空间分辨率优于 1 m 的民用光学遥感卫

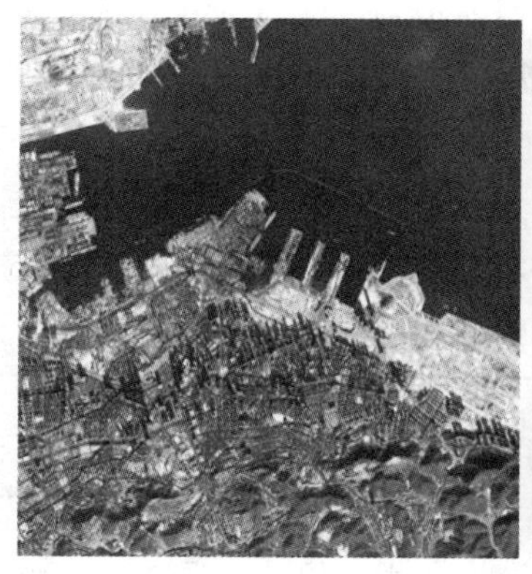 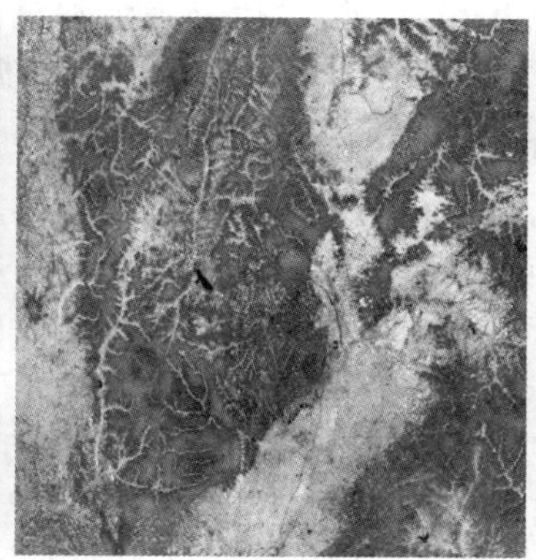 

图 2-30 高分一号多光谱与全色产品

彩图

星，搭载两台高分辨率 1 m 全色、4 m 多光谱相机，具有亚米级空间分辨率、高定位精度和快速姿态机动能力等特点，有效地提升了卫星综合观测效能，达到了国际先进水平。高分二号卫星于 2014 年 8 月 19 日成功发射，8 月 21 日首次开机成像并下载数据。这是目前我国分辨率最高的民用陆地观测卫星，星下点空间分辨率可达 0.8 m，标志着我国遥感卫星进入了亚米级“高分时代”。主要用户为自然资源部、住房和城乡建设部、交通运输部和国家林业和草原局等部门，同时还将为其他用户部门和有关区域提供示范应用服务。高分二号卫星基于资源卫星 CS-L3000A 平台开发，质量为 2100 kg，设计寿命为 5~8 年，运行轨道为高度 631 km、倾角 97.9°，装载两台 1 m 全色、4 m 多光谱相机实现拼幅成像，星下点分辨率全色为 0.81 m、多光谱为 3.24 m，成像幅宽为 45 km。设计具有 180 s 内侧摆 35°并稳定的姿态机动能力，能每天成像 14 圈、每圈最长成像 15 min，能实现 69 天内对全球的观测覆盖，即 5 天内对地球表面上任一区域的重复观测。高分二号卫星有效载荷技术指标见表 2-3。

表 2-3 高分二号有效载荷技术指标

载 荷	谱段数	谱段范围/μm	空间分辨率/m	幅宽/m	侧摆能力
全色多光谱相机	1	0.45~0.90	1	45（2 台相机组合）	±35°
	2	0.45~0.52	4		
	3	0.52~0.59			
	4	0.63~0.69			
	5	0.77~0.89			

2.5.3 高分四号卫星影像

高分四号卫星是由中国航天科技集团公司空间技术研究院（航天五院）研制的一颗 50 m 分辨率地球同步轨道光学卫星，设计参数见表 2-4。高分四号运行在距地 36000 km 的地球静止轨道，与此前发射的运行于低轨的高分一号、高分二号卫星组成星座，具备高时间分辨率和较高空间分辨率的优势。高分四号卫星是中国第一颗地球同步轨道遥感卫星，采用面阵凝视方式成像，具备可见光、多光谱和红外成像能力，可见光和多光谱分辨率优于50 m，红外谱段分辨率优于400 m，设计寿命8年，通过指向控制，实现对中国及周边地区的观测。2016年6月13日，我国首颗地球同步轨道高分辨率对地观测卫星高分四号正式投入使用。

表2-4 高分四号卫星轨道参数

参 数	指 标
轨道类型	地球同步轨道
轨道高度	36000 km
定点位置	105.6°E

高分四号卫星在监测森林火灾、洪涝灾害等方面发挥重要作用，可为我国减灾、林业、地震、气象等应用提供快速、可靠、稳定的光学遥感数据，为灾害风险预警预报、林火灾害监测、地震构造信息提取、气象天气监测等业务补充了全新的技术手段，开辟了我国地球同步轨道高分辨率对地观测的新领域。同时，高分四号卫星在环保、海洋、农业、水利等行业以及区域应用方面，也具有巨大潜力和广阔空间。

2.5.4 高分五号卫星影像

高分五号卫星是生态环境部作为牵头用户的环境专用卫星，也是国家高分重大科技专项中搭载载荷最多、光谱分辨率最高、研制难度最大的卫星。作为高分专项里的第五颗卫星，高分五号卫星是世界上第一颗同时对陆地和大气进行综合观测的卫星，它的设计寿命高达8年，因此还是中国设计寿命最长的遥感卫星。全谱段光谱成像仪具有谱段范围宽、空间分辨率高、辐射定标精度高的技术特点，其中，大气环境红外甚高光谱分辨率探测仪具有光谱分辨率高、太阳跟踪精度高、光谱定标精度高的技术特点。与国内外同类载荷相比，两台载荷都达到了国内领先、国际先进的技术水平，使中国在空间高光谱分辨率和高精度观测能力上有了大幅提升。

高分专项自2010年正式启动以来，为国家经济建设、国家安全、科技发展和社会进步做出了突出贡献。其中，天基系统高分一号、高分二号两颗卫星分别于2013年、2014年成功发射，已正式投入使用，高分四号于2015年12月29日成功发射；航空观测系统完成5型载荷立项及初样研制；地面系统完成了与天基系统实施进度匹配，建成了满足现阶段任务需求的地面设施；应用系统基本形成了高分一号到高分五号卫星行业示范能力，开展了18个行业应用示范和两个区域示范应用，成立了高分专项应用技术中心和21个省级区域数据与应用中心，建立了高分应用综合信息服务共享平台；制定并下发了卫星遥感数据管理办法、地面系统运行管理办法等政策措施。高分专项在行业应用、产业化推广、应急救灾、国际合作等方面发挥了重要作用。

2.5.5 高分六号卫星影像

高分六号卫星配置2 m全色、8 m多光谱高分辨率相机、16 m多光谱中分辨率宽幅相机，2 m全色、8 m多光谱相机观测幅宽90 km，16 m多光谱相机观测幅宽800 km，是一颗低轨光学遥感卫星，也是我国首颗精准农业观测的高分卫星，具有高分辨率、宽覆盖、高质量成像、高效能成像、国产化率高等特点，设计寿命 8 年。高分六号卫星是国家高分辨率对地观测系统重大专项的重要组成部分，与已发射的高分一号卫星组成行程“2 m/8 m 光学成像卫星系统”，其图像数据主要应用于农业、林业和减灾业务领域。高分六号卫星如图 2-31 所示，卫星有效载荷参数见表 2-5。

图 2-31　高分六号卫星

表 2-5　高分六号卫星有效载荷参数

载　荷	谱段号	谱段范围/μm	空间分辨率/m	幅宽/m	侧摆能力
全色多光谱相机	1	0. 45～0. 90	2	16（2 台相机组合）	±35°
	2	0. 45～0. 52			
	3	0. 52～0. 59			
	4	0. 63～0. 69			
	5	0. 77～0. 89			
多光谱相加	6	0. 45～0. 52	16	8（4 台相机组合）	
	7	0. 52～0. 59			
	8	0. 63～0. 69			
	9	0. 77～0. 89			

参 考 文 献

[1] 谢敏，龚直文．基于高分辨率卫星影像的森林资源动态变化监测与驱动力分析［J］．中南林业科技大学学报，2019，39（5）：30-36.

[2] 汪思妤，艾明，吴传勇，等．高分辨率卫星影像提取 DEM 技术在活动构造定量研究中的应用——以库米什盆地南缘断裂陡坎为例［J］．地震地质，2018，40（5）：999-1017.

[3] 康一飞，潘励，孙明伟，等．基于高斯混合模型法的国产高分辨率卫星影像云检测［J］．武汉大学学报（信息科学版），2017，42（6）：782-788.

[4] 曹金山，龚健雅，袁修孝．直线特征约束的高分辨率卫星影像区域网平差方法［J］．测绘学报，2015，44（10）：1100-1107，1116.

[5] 刘世杰，晏飞，王卫安，等．一种改进的高分辨率卫星影像数字表面模型生成方法［J］．同济大学

学报（自然科学版），2015，43（9）：1414-1418.

[6] 段光耀，宫辉力，李小娟，等．结合特征分量构建和面向对象方法提取高分辨率卫星影像阴影［J］．遥感学报，2014，18（4）：760-770.

[7] 许妙忠，尹粟，黄小波．高分辨率卫星影像几何精度真实性检验方法［J］．测绘科学技术学报，2012，29（4）：244-248.

[8] 刘珠妹，刘亚岚，谭衢霖，等．高分辨率卫星影像车辆检测研究进展［J］．遥感技术与应用，2012，27（1）：8-14.

[9] 王正军，张鹰，陈理凡，等．从高分辨率卫星影像挖掘海岸冲淤变化信息的方法［J］．海洋科学进展，2012，30（1）：63-68.

[10] 唐静，吴俐民，左小清．面向对象的高分辨率卫星影像道路信息提取［J］．测绘科学，2011，36（5）：98-99.

[11] 李杰，周智海，张莹，等．基于高分辨率卫星影像海洋 WebGIS 原型设计与应用［J］．海洋技术，2009，28（4）：63-67，71.

[12] 郑宏，胡学敏．高分辨率卫星影像车辆检测的抗体网络［J］．遥感学报，2009，13（5）：913-927.

[13] 鲍文东，祁桂华，陈旭．基于 SPOT5 高分辨率卫星影像的土地利用更新调查方法研究［J］．山东农业大学学报（自然科学版），2007（2）：311-316.

[14] 陈巧，陈永富．应用高分辨率卫星影像监测退耕地植被的覆盖度［J］．林业科学，2006（S1）：5-9.

[15] 张西宁，吴永红，赵安成，等．高分辨率卫星影像在土地利用调查中的应用［J］．人民黄河，2006（8）：80-81.

[16] 刘军，张永生，王冬红．基于 RPC 模型的高分辨率卫星影像精确定位［J］．测绘学报，2006（1）：30-34.

[17] 朱雷，潘懋，李丽勤，等．高分辨率卫星影像上被行道树遮蔽的主干道的提取［J］．计算机工程与应用，2005（36）：217-219.

[18] 张娅香．基于高分辨率卫星影像的城市土地利用调查研究——以扬州市建成区为例［J］．江苏农业科学，2005（6）：130-133.

[19] 张桂芳，单新建，尹京苑．高分辨率卫星影像图在震害快速预估中的应用［J］．大地测量与地球动力学，2005（2）：63-68.

[20] 袁中夏，王兰民．利用高分辨率卫星影像进行地震损失评价所需的城市特征识别［J］．世界地震工程，2004（3）：135-140.

[21] 张金盈，崔靓，徐凤玲，等．海量国产高分辨率卫星影像优化处理研究［J］．山东国土资源，2020，36（9）：65-69.

[22] 李敬园，柴中，夏治国．高分辨率卫星影像在高海拔积雪覆盖区线路中的应用［J］．电力勘测设计，2020（S1）：180-182.

[23] 林璐，王爽，杨晓锋，等．基于 PixelGrid 快速处理高分辨率卫星影像的方法［J］．测绘标准化，2016，32（2）：26-27.

[24] 许有田，任琦，刘杨．高分辨率卫星影像处理及应用［J］．江西科学，2008，26（6）：954-956.

[25] 马廷．高分辨率卫星影像及其信息处理的技术模型［J］．遥感信息，2001（3）：6-10.

[26] 朱明．卷积神经网络在高分辨率卫星影像地表覆盖分类中的应用研究［D］．北京：中国地质大学（北京），2020.

[27] 余岸竹．高分辨率遥感影像几何定位精度提升技术研究［D］．郑州：战略支援部队信息工程大学，2017.

[28] 王伟．高分辨率立体测绘卫星影像质量提升和典型要素提取［D］．武汉：武汉大学，2017.

[29] 叶江．面向青藏高原矿集区三维场景的高分辨率卫星影像精处理方法［D］．成都：西南交通大学，2017.
[30] 朱红．多尺度细节增强的时空遥感影像超分辨率重建［D］．阜新：辽宁工程技术大学，2017.
[31] 胡堃．高分辨率光学卫星影像几何精准处理方法研究［D］．武汉：武汉大学，2016.
[32] 朱映．高分辨率光学遥感卫星影像平台震颤处理方法研究［D］．武汉：武汉大学，2016.
[33] 戴激光．渐进式多特征异源高分辨率卫星影像密集匹配方法研究［D］．阜新：辽宁工程技术大学，2013.

3 无人机测绘关键技术

第 3 章课件

3.1 应用场景

随着遥测遥控技术、通信技术、导航定位技术、影像处理技术的不断完善，以及无人机测绘技术在航天遥感、摄影测量等方面的不断发展，无人机测绘技术正逐步发展成为与航空摄影测量、大飞机航空摄影测量同等重要的技术。与航天摄影测量和大飞机航空摄影测量相比较，无人机测绘平台建设简单，运行维护费用低，体积小，质量轻，操作简单，灵活性高；由于其工作周期时间较短，在较小的地区进行航测具有较大的优越性，可以迅速获取高质量、高分辨率的遥感图像，是今后航空摄影测量的一种重要手段，也是我国航空遥感系统的一个重要组成部分。在我国高、中、细分辨率互补的立体监控系统中，无人机测绘技术是不可或缺的一项关键技术（见图 3-1），尤其是在中小规模的农业遥感中，它可以起到更大的作用，获得更准确的农情资料。本章将详细地介绍无人机测绘技术。

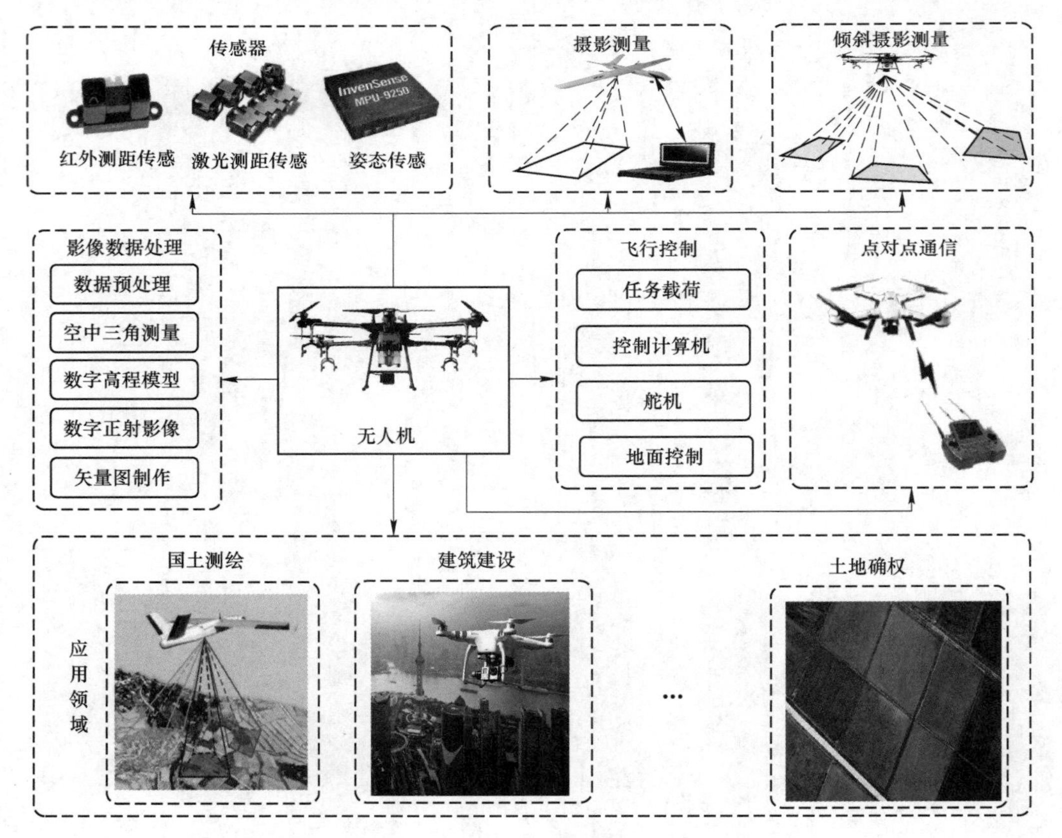

图 3-1　无人机测绘关键技术

目前，世界上用于测绘的无人机已达数百种，续航时间和载荷质量也有显著提升，为搭载多种传感器、执行多种测绘任务创造了条件，因此无人机测绘技术逐步用于基础地理信息测绘、国土测绘、城市工程变化监测、土地确权保护、自然灾害监测与评估、智慧城市建设、城市建设规划管理等领域。

3.2 无人机测绘技术概述

3.2.1 无人机测绘基本概念

无人机测绘技术的应用目的是采集高精度的数字图像，以高精度的数码摄像机等设备为传感器，以无人驾驶飞机为飞行平台，整合 RS、GPS、GIS 等技术在测绘系统中的应用，最终实现获取遥感对象区域的真彩色、大比例尺、时效性强的遥测遥感数据资料的一门技术。它能以大范围、高精度、高清晰的方式全方位感知对象，能较好地反映复杂地形的外观、高度、位置等因素，从而确保实际的测量结果和测量级别的精度。

3.2.2 无人机测绘的特点

无人机测绘作为卫星遥感与普通航空摄影不可缺少的补充，主要有以下优点。

（1）灵活机动、无人员伤亡的风险。无人机进行测绘任务具有灵活、机动的特点，受空中管制和气候的影响较小，即便是在对人的生命有害的危险环境下也能够直接获取影像，即使是设备出现故障，发生了坠机故障，也不会出现人员的伤亡，具有极高的安全性。

（2）低空飞行模式，高时间分辨率。无人机在空中进行测绘工作时，由于其飞行高度较低，能够在云下飞行，特别适用于城市建筑密度较大的区域，弥补了卫星光学遥感、常规航空摄影受云层遮挡难以获得图像的不足。一方面，低空拍摄图像的分辨率要高于卫星遥感和常规航空摄影，其成像精度达到 1：100；另一方面，利用低空多角度成像技术可以获得建筑物多个平面的高分辨率纹理图像，解决了卫星遥感、常规航空摄影获取城市建筑物所遇到的高层建筑物遮挡问题，能够满足城市建设精细测绘的需要。

（3）费用低廉，操作简便。无人机测绘采用低成本、低消费的航摄系统，这种航摄系统对操作者培训时间短。它是目前唯一一种将摄影和测量结合在一起的航空摄影技术，能够满足测绘单位生产的需要。

（4）工作时间短，效率高。在大尺度的区域（10~100 km）测量任务中，由于地域和气象条件的制约，大飞机的航拍测量费用很高；利用全野外数据采集方式进行制图，不仅工作量大，而且费用高。而无人机测绘技术，则可以充分发挥其机动、快速、经济等优势，在阴天、轻雾天气都能获得满意的图像，使大量的野外工作转移到室内进行内业处理，减少了工人的工作量，缩短了工作时间；同时也可以提高工作的效率和准确度。

3.3 无人机测绘系统组成

无人机测绘系统是一个复杂的空地大系统，由多个子系统组成，主要包括一架或多架无人机、控制站、发射与回收系统、数据链路、模块化任务载荷设备、地面支持与保障设备、操作与维护人员，如图3-2所示。

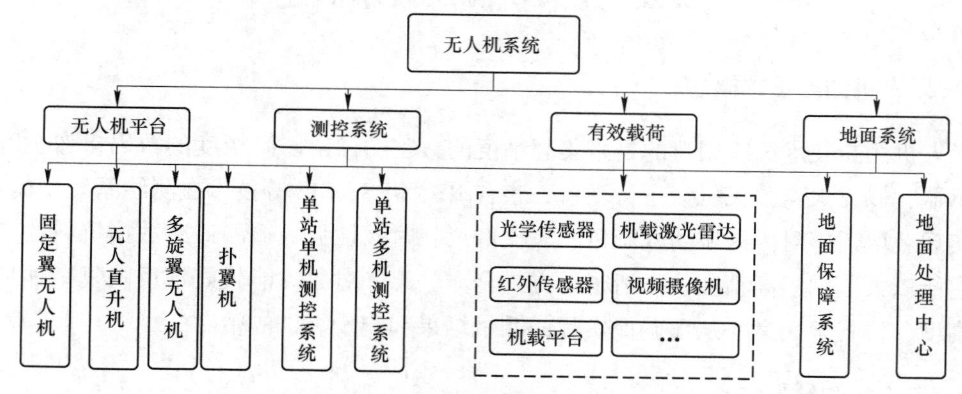

图3-2 无人机测绘系统组成框图

3.3.1 无人机平台

3.3.1.1 无人机基本概念

无人机（UAV，Unmanned Aerial Vehicle）是指由控制站管理（包括远程操纵或自主飞行）的航空器，也称为远程驾驶航空器。通俗地说，驾驶员或控制员不在飞机座舱内的能自由飞行的飞行器，称为无人机。

3.3.1.2 无人机按功能分类

无人机按功能分类具体可以分为军用无人机、民用无人机两大类。

（1）军用无人机。主要包括信息支援、信息对抗、火力打击等几大类。

（2）民用无人机。遥感测绘方面的民用无人机，主要用于地质遥感遥测、农业植保、观察野生动物、城市规划、交通监控、电力巡检、矿藏勘测等方面。

3.3.1.3 无人机按外观特征分类

无人机按外观特征进行分类主要分为固定翼无人机、无人直升机、多旋翼无人机、扑翼机式无人机。

（1）固定翼无人机。固定翼无人机相对成熟，其飞行过程安全，飞行距离远，对于航程远，大范围、长时间的地图测绘具有独特优势，如图3-3（a）所示。

（2）无人直升机。无人直升机优势是起降受场地限制小，航速适中，可以做到随时悬停，载荷和续航这两方面都还可以，其应用也相对广泛，如图3-3（b）所示。

（3）多旋翼无人机。多旋翼无人机是一种新型的主流无人机，其优点很明显，如起飞、降落可像无人直升机一样方便，而且技术简单，成本低廉，操作方便，飞行时震动非常小，因此实际应用多种多样，但由于其体积较小，航时和载重受到了局限，如图3-3（c）所示。

（4）扑翼机式无人机。扑翼机也被称为仿生物无人机，其机翼能像鸟和昆虫的翅膀那样上下扑动。这类飞行器是人类通过仿造鸟类和昆虫而来的，其小型翼翅具有可变形的功能。它可以利用如肌肉一般的驱动器代替电动机。在和平时期，微型无人机在测绘方面也有许多应用，如探测和生化污染、搜寻灾难幸存者等，如图 3-3（d）所示。

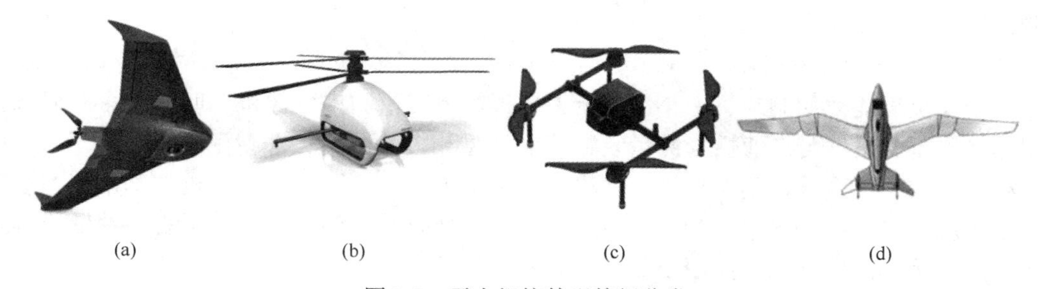

(a)　(b)　(c)　(d)

图 3-3　无人机按外观特征分类

（a）固定翼无人机；（b）无人直升机；（c）多旋翼无人机；（d）扑翼机式无人机

3.3.1.4　无人机按尺度分类

依据 2018 年发布的《无人驾驶航空器飞行管理暂行条例》将民用无人机分为微型、轻型、小型、中型、大型。

（1）微型无人机。空机质量小于 0.25 kg，设计性能同时满足飞行真高不超过 50 m，最大飞行速度不超过 40 km/h，无线电发射设备符合微功率短距离无线电发射设备技术要求的遥控驾驶航空器。

（2）轻型无人机。同时满足空机质量不超过 4 kg，最大起飞质量不超过 7 kg，最大飞行速度不超过 100 km/h，具备符合空域管理要求的空域保持能力和可靠被监视能力的遥控驾驶航空器，但不包括微型无人机。

（3）小型无人机。空机质量不超过 15 kg 或者最大起飞质量不超过 25 kg 的无人机，但不包括微型、轻型无人机。

（4）中型无人机。最大起飞质量超过 25 kg 不超过 150 kg，且空机质量超过 15 kg 的无人机。

（5）大型无人机。最大起飞质量超过 150 kg 的无人机。

3.3.2　任务载荷

在无人机测绘系统中，无人机任务载荷是最昂贵的子系统，它由红外传感器、光学传感器（非测量型、量测型等）、倾斜摄影相机、视频摄像机、机载激光雷达、机载稳定平台等组成。在无人机测绘工作中，根据测量任务的不同，配置与其对应的任务载荷。任务载荷及其控制系统主要由飞行控制计算机、机载任务载荷、稳定平台及任务设备控制计算机系统等组成，如图 3-4 所示。

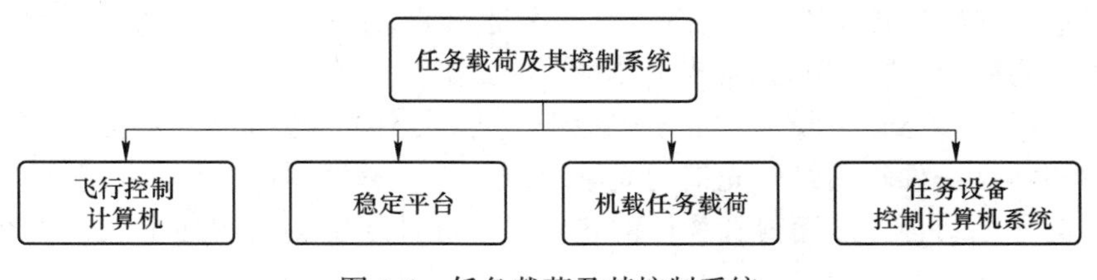

图 3-4　任务载荷及其控制系统

在无人机测绘中，现有高精度航测设备存在的最大问题是体积大、质量大，只有少数载荷大的大型无人机才能使用，造成了测绘装备使用的局限性。随着控制技术和成像技术的发展，一些非专业的测量设备（如民用相机）也能满足专业的测量任务需求，并在无人机测绘中得到广泛应用。

3.3.2.1 光学传感器

由于受负载能力的制约，中小型的无人机很难携带量测型摄像机，所以很多时候都是使用非量测型相机。与专业摄影测量装置（量测型相机）相比，非量测型相机属于一般的民用相机，它主要由普通单反相机、微单相机和由单个一般民用数码相机的基础上组合的中画幅单反相机等组成，如图 3-5 所示。它具有空间分辨率高、价格低廉、质量轻等优点；由于其操作简便，已广泛用于数字摄影测量领域。

(a) (b) (c)

图 3-5 非量测型数码相机

（a）普通单反相机；（b）微单相机；（c）中画幅单反相机

量测型相机是专门为航空摄影测量定制的，具有几何测量精度高的特点，镜头中心与成像面具有固定而精确的距离。在航空摄影时，由于无人机的飞行速度非常快，地物在成像面上的投影将在航线方向上产生位移，从而导致影像模糊。为了消除这一缺点，在测量型相机上又加装陀螺稳定平台和像点位移补偿装置，因此量测型相机较重，多搭载于大型无人机平台上。

3.3.2.2 红外传感器

红外热成像技术是一种以红外线作为媒质的红外传感器，根据其作用分为以下五大类：

（1）对红外目标进行搜索、追踪、定位和追踪；

（2）一种用于测定光谱和辐射的辐射仪；

（3）红外定位与通信；

（4）能生成全目标红外辐照的热像仪；

（5）混合体系，是指两种或多种上述体系的结合。

红外传感器按其探测机制可分为两类：一类是光子类；另一类是热类。其中，热探测器的工作原理是利用探测器件吸收入射光的热量，使其温度上升，产生温差电动势、电阻、体积等物理特性，从而检测到入射光强。光子式检测器是由红外光和内部光效应构成的检测器。

红外感测器是一种利用红外光谱的光学成像器件，它可以把物体的入射光与其相应的像素的电子信号相结合，从而得到物体的热辐射。红外线感应器增强了无人机在夜晚和严酷的环境中执行任务的能力。

3.3.2.3 机载激光雷达

激光探测及测距系统（LiDAR，Light Detection And Ranging）简称激光雷达。激光雷达根据其应用原理可分为测距激光雷达（range finder LiDAR）、差分吸收激光雷达及多普勒激光雷达三类。

机载激光雷达以飞机为观测平台，其系统组成主要包括激光测距单元、光学机械扫描装置、动态差分 GPS 接收机、惯性测量单元和成像装置等。其中，激光测距单元包括激光发射器和接收机，用于测定激光雷达信号发射参考点到地面激光脚点间的距离；光学机械扫描装置与陆地卫星的多光谱扫描仪相似，只不过工作方式完全不同，激光属于主动工作方式，由激光发射器发射激光，由扫描装置控制激光束的发射方向，在接收机接收发射回来的激光束后由记录单元进行记录；动态差分 GPS 接收机用于确定激光雷达信号发射参考点的精确空间位置；惯性测量单元用于测定扫描装置的主光轴的姿态参数；成像装置一般多为 CCD 相机，用于记录地面实况，为后续的数据处理提供参考。

激光雷达的工作原理与无线电雷达非常相近，是一种主动遥感技术，不同的是，激光雷达发射信号为激光，与普通无线电雷达发送的无线电波乃至毫米波雷达发送的毫米波相比，波长要短得多。

图 3-6 是机载激光扫描原理图。由激光器发射出的脉冲激光从空中入射到地面上，传到树木、道路、桥梁、房子上引起散射。一部分光波会经过反射返回到激光雷达的接收器中，接收器通常是一个光电倍增管或一个光电二极管，它将光信号转变为电信号，并记录下来，同时由所配备的计时器记录同一个脉冲光信号由发射到接收的时间 t。于是，就能够得到飞机上的激光雷达到地面上的目标物的距离 R 为：

$$R = \frac{ct}{2} \tag{3-1}$$

式中 c——光速。

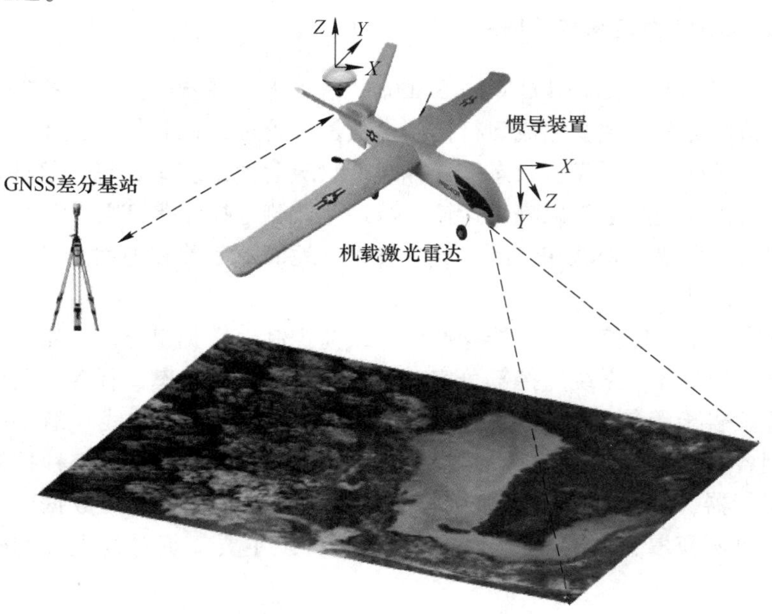

图 3-6 机载激光扫描原理图

通过处理每个脉冲返回传感器的时间，解算传感器和地面（或目标）之间的距离。

若空间有一向量，可依据式（3-1）得到其模为 R，方向为（φ，ω，κ），如果能测出起点的坐标（X_S，Y_S，Z_S）：

$$
\begin{aligned}
X &= R\cos\varphi + X_S \\
Y &= R\cos\omega + Y_S \\
Z &= R\cos\kappa + Z_S
\end{aligned}
\tag{3-2}
$$

式中 （X_S，Y_S，Z_S）——起点坐标（即传感器空间位置），可利用动态差分 GPS 高精度地测定；

R——向量的模，用激光测距仪通过计算激光回波的时间精确测量得到；

（φ，ω，κ）——飞行姿态角，可以利用 IMU 精确测量。

通过搭载机载平台进行移动及扫描，激光探测便可以得到地物目标的三维地形数据。无人机载 LiDAR 已得到广泛关注，但由于无人机载荷能力、飞行姿态稳定性等条件的制约，如何实现 LiDAR 设备的轻小化，提高 LiDAR 数据处理能力等问题还有待进一步研究。

3.3.2.4 机载稳定平台

为解决无人机测绘任务载荷在工作过程中出现光轴晃动的现象，在载荷满足要求的情况下可以考虑加载稳定平台。通常使用稳定平台解决载荷光轴晃动的问题和获取更佳的姿态，以确保获得高质量无人机测绘影像。稳定平台有三轴和单轴两种，一般采用三轴三框架结构形式，其中两轴两框架稳定下视。该系统由俯仰轴系、横滚轴系和方位轴系三部分构成，包括陀螺、驱动电机和角度载荷。俯仰轴系和横滚轴系采用力矩电机直接驱动，具有结构简单、低速性能好和传动精度高的特点；方位轴系通过齿轮直流电机驱动。多光谱成像仪、红外成像仪、高光谱相机、面阵相机等测绘任务载荷和陀螺安装于内框架上。

3.3.3 测绘无人机地面控制与处理站

地面控制站（GCS，Ground Control Station）是无人机系统的指挥、控制中心，是无人机系统的重要组成部分，主要完成飞行控制、数据链管理、机载任务设备控制，同时监控无人机系统运行状况，包括飞行状态、任务载荷状况动力系统参数等。这些功能也可以集成到地面移动指挥控制车上，以满足运输、修理、监测、控制等需要。地面处理站指专门完成无人机测绘数据快速处理和产品生成的设备。地面控制站和地面处理站通常集中在一起，可统称为地面站。

地面站通常由系统监控、飞行器操控任务载荷控制、数据链终端、数据处理、数据分发等几个主要部分组成。系统监控部分实时监视飞行器飞行状态、任务执行情况、燃料与电池消耗、危险告警等信息。飞行器操控部分控制飞行姿态、航线、航迹等。任务载荷控制部分控制各种任务载荷的运行参数和工作状态。数据链终端将各种控制命令经上行链路发送至飞行器，并通过下行链路接收无人机运行参数和获取的数据。数据处理部分主要完成无人机所获取数据的处理与分析。数据分发主要负责对处理过的数据进行分发服务。

大、中、小型无人机系统的地面站在结构组成和规模大小上有所区别。大中型无人机系统的地面站一般包括多个操作台的控制方舱，同时还可能包括操作控制分站；而小型无人机系统的地面站可能只是一台便携式的笔记本电脑，如图 3-7 所示。

图 3-7　小型地面站

地面站的主要功能包括跟踪控制、领航控制、飞行控制、任务控制、数据处理和信息传输六大类。

3.3.3.1　跟踪控制

跟踪控制台完成天线定标、测距校零、引导天线等跟踪控制功能。

3.3.3.2　领航控制

航迹规划问题是在考虑地形、威胁因素和任务要求的前提下，寻找从起始到结束的一条可飞行路线。一般可以用以下几个问题来说明，即给定起始位置开始：一系列约束条件，如机动能力、航空时间等；一组要完成测绘工作的目标地区；另一组完成危险或障碍区域；终止位置。

3.3.3.3　飞行控制

一旦完成任务规划，地面站就要转变到对任务执行期的无人机系统所有要素进行控制这一基本功能上，这些基本功能包括：

(1) 发射过程中飞行器的控制及下达飞行器发射指令；

(2) 飞行途中对飞行器的控制，监控飞行器相对于任务规划的位置和飞行状态；

(3) 维护新修改的任务规划，要考虑新修改的任务规划与预规划任务的偏差并确保没有超出系统的承受范围（留有足够的燃油让飞行器到达回收区域、飞行路线上没有高山阻挡及不会飞入禁飞区等）；

(4) 对任务有效载荷的控制；

(5) 控制有效载荷数据的接收、显示及记录；

(6) 有效载荷数据（实际数据或根据数据得出的信息）向用户的传输；

(7) 回收过程中对飞行器的控制。

3.3.3.4　任务控制

任务控制指任务设备操控员通过任务控制台的键盘和任务操控杆完成对机载任务设备的指挥控制，主要完成拍照间隔设置、录像设置以及目标跟踪定位等控制操作。通过任务操控杆实现目标的锁定与跟踪，对于识别和定位目标具有重要意义。

3.3.3.5　数据处理

测绘无人机系统的地面站一般还应包括大量的数据处理功能。这些内容作为本章的重点，将在后续小节详细介绍。

3.3.3.6 与其他应用系统的信息传输

将无人机采集到的信息、数据处理结果快速地传给其他指挥系统、应用系统，这一过程不仅要完成任务，还要对采集到的数据进行多层面的分析、处理，并通过无线、有线通信系统向用户发送信息，获得用户的反馈，然后由飞行员对预定的任务进行修正，从而提高地面通信的效率。

3.3.4 无人机数据链路

无人机的数据链路用于无人机整个飞行过程，是连接无人机平台和地面操控指挥人员与设备的信息桥梁，以实现地面控制站与无人机之间的数据收发，能够根据要求间断或持续地提供双向通信。数据链路的基本功能是向无人机传递地面遥控指令，遥测接收无人机的飞行状态信息和传感器获取的各类数据。数据链包括安装在无人机上的机载数据终端和设置在地面的地面数据终端。无人机数据链可分为上行和下行两路信道（链路），如图 3-8 所示。

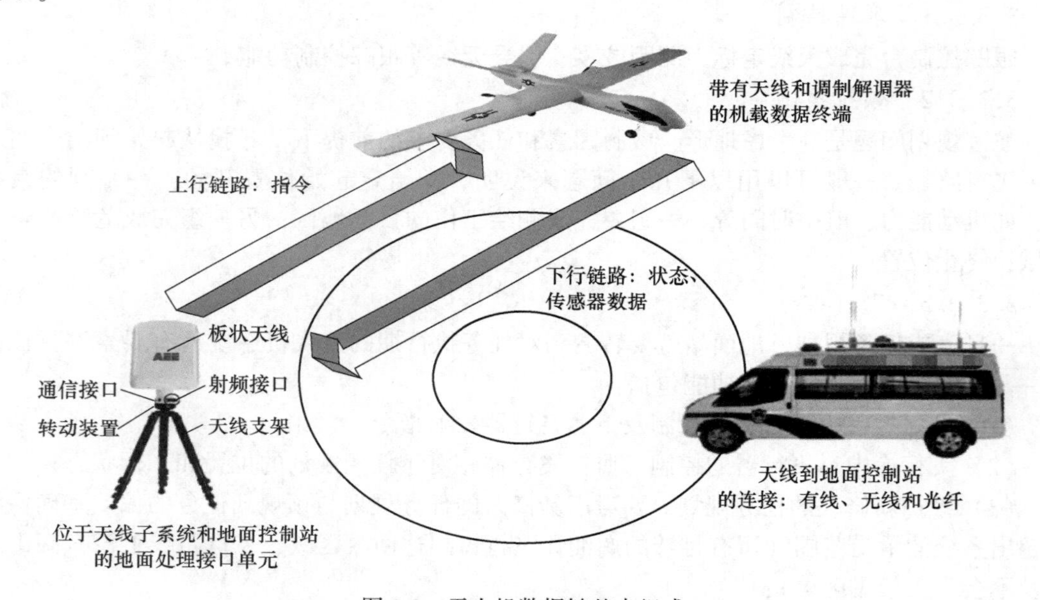

图 3-8 无人机数据链基本组成

（1）上行链路可以控制无人驾驶飞机的飞行路径和向其有效的任务负载发出命令，也可以称作远程链路，它具有数千赫兹的频带。在地面控制台发出指令时，应确保上行链路能够在任何时候都能启动。但是，在无人飞行器执行之前的指令（例如，在自动驾驶器的控制下，从 1000 个点到另 1 个点）的过程中，可以保持沉默。

（2）下行链路主要负责对无人机的探测数据进行采集和发送。下行链路主要完成无人机至地面终端的遥测数据，用于传送无人机的姿态、位置、机载设备的工作状态、当前遥控指令等，进行信息红外或电视图像的发送和接收，以及跟踪定位信息的传输，并可用其来进行测距。

由于数据链路的数据传输能力存在显著的非对称性，在上下行通道中，用于发送任务传感器信息和遥测数据的下行链路的数据速率要比发送远程遥控指令的上行链路高得多。数据传输距离、传输速率、抗干扰性是数据链最重要的技术指标。

作用距离是影响无人机任务范围的重要因素。根据作用距离，有近程、短程、中程、远距离无人机数据链路。机载数据终端与地面数据终端之间的通信必须符合无线通信条件，在没有无线通信条件的情况下，只能通过中继方式传输，因此按照中继方式，可以将数据链分成视距数据链、地面中继数据链、空中中继数据链、卫星中继数据链和一站多机数据链。其中，以飞机为空中中继传输装置，地面站、中继飞机和无人机构成超视距通信网络。它具有机动性强、移动速度快、无线电波受空间约束小、造价低廉等优点，但是由于其抗击性差，使用该方法的可靠性不高。

图 3-9 所示的卫星中继数据链是以通信卫星（或数据中继卫星）为中继转送装置，其上装有固定大小的追踪天线，而机载天线则以数字应道点对准卫星，通过自追踪的方法追踪卫星。与传统的飞机中继相比，卫星中继具有更大的覆盖面积、更好的信道性能、更高的频带、更大的通信能力。按照发送信号的方式，数据链路可以分为模拟和数字两种。

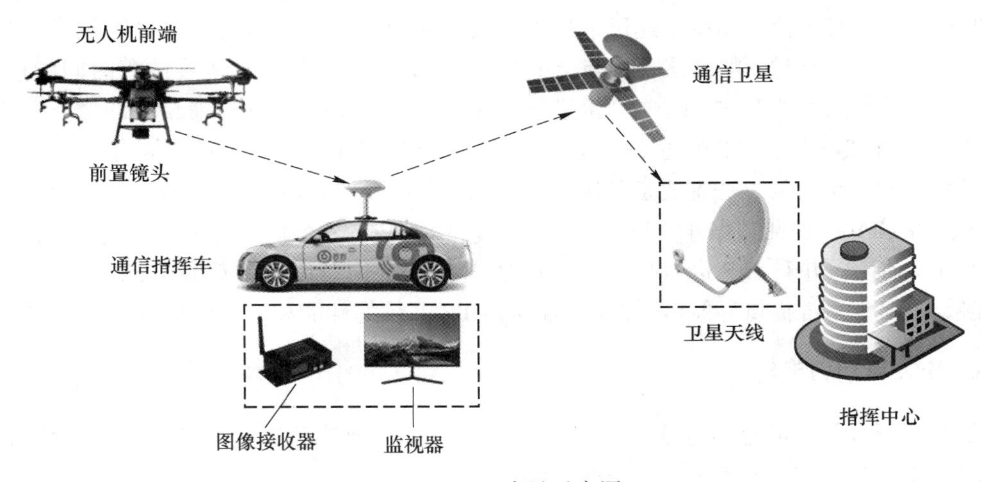

图 3-9　卫星中继示意图

在战场上，无人机系统可能面临各种电磁威胁，如锁定地面数据终端辐射源的反辐射武器，下传信息的电子欺骗、电子截获和情报利用，对数据链的无意干扰和蓄意干扰。因此，数据链需要有良好的电磁兼容性、低截获概率、高安全性和抗击电磁干扰的能力。

3.3.5　无人机位置姿态测量装置

位置姿态测量装置用来记录成像时相机的姿态参数。位置姿态测量装置的作用如下。

（1）用于满足影像地面采样距离、重叠度和基高比等要求。无人机测绘对地摄影时，要事先规划好无人机飞行航线和相机曝光位置，并通过设置曝光时间实现航摄区域覆盖。为了便于后续的摄影质量检查和立体测绘处理，需要记录飞行航线和相机曝光位置。另外，安装有自动曝光控制单元的航空摄影机也需要位置姿态测量装置。

（2）得到具有较低倾斜度的近似水平图像。在无人机测绘对地拍摄中，拍摄物镜的主光轴与垂直线之间的角度称为航拍图像倾斜。在实际航拍中，要尽量获得具有较低倾角的近似水平图像，这是由于采用横向图像进行地图绘制要比使用倾斜图像更加容易。传统的航拍需要将图像倾斜度控制在3°以下。

（3）利用无人机对地面目标进行快速定位。位置姿态测量装置可以动态快速地给出反映载体运动的运动参数，据此可以连续测量成像时传感器的位置和姿态，而不必通过控制点解算影像的外方位元素。这为无人机目标快速定位提供了一种全新的技术途径，可以极大地提高目标快速定位的效率。

在航天遥感领域中，GPS是一种重要的导航和姿态测量系统。GPS的基本定位原则是通过不断地将自己的星历参数和时序信息传递给使用者，由使用者通过运算得到接收器的三维坐标、运动速度、时间等信息。INS姿态测量系统采用了IMU检测无人机飞行器的加速度，并通过积分等方法计算出载体的速度、位置和姿态。

GPS测量传感器的定位、速度、准确度、误差不会随着时间的推移而累积，但是在动态环境中，它容易受到干扰，在动态环境中可靠性差（易失锁定），而且输出频率较低，无法测量瞬时、瞬时、瞬时、无测量功能。INS具有姿态测量功能，具有完全自主、高度保密的特点，具有定位、速度、速度、速度、姿态信息等特点，具有测量姿态信息的特点，但其主要缺点是随着时间的推移，误差会不断累积、增加；导航的精确度随着时间的推移而变化，无法长期独立地工作，需要经常进行校正。GPS和INS具有相辅相成的优点和不足，通过将GPS和INS所获取的信息进行综合，可以得到较高的定位、速度、姿态等数据。

GPS和INS结合的方法主要是利用卡尔曼滤波器进行的。将INS系统的误差方程作为状态方程，将GPS的观测数据作为观测方程，并使用线性卡尔曼滤波器对INS系统的误差进行最小方差估计，并对INS进行估计，从而使INS的定位精度得到改善。同时，修正后的INS能够为GPS系统提供导航信息，从而帮助GPS系统的性能和可靠性得到进一步的改善。

3.3.6　无人机动力系统

无人机动力系统可分为电池、电机（汽油机）和调速器、螺旋桨三个部分。目前无人机的动力装置有活塞航空发动机、转子发动机等。

3.3.6.1　活塞航空发动机

活塞航空发动机（见图3-10）是一种四冲程（依次为进气、压缩、膨胀和排气）由火花塞点火的发动机，其工作原理如图3-11所示。随着对无人机研究的深入，大功率四缸、四冲程活塞式发动机在高空长航时无人机上的应用显得日益突出。

图3-10　活塞航空发动机

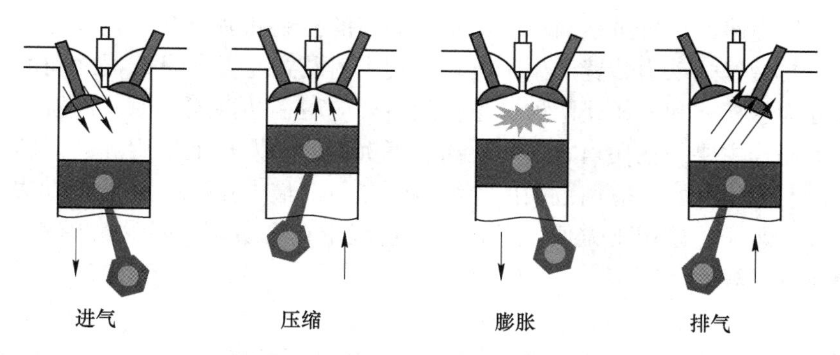

图 3-11 活塞航空发动机工作原理

活塞航空发动机体积小、成本较低、工作可靠，它通过螺旋桨旋转产生推进力，使无人机能在空中稳定飞行，适合于低速、低空小型无人机使用。

3.3.6.2 转子发动机

转子发动机采用三角转子旋转运动来控制压缩和排放，与传统的往复活塞式发动机的直线运动迥然不同。往复式发动机和转子发动机都依靠空气燃料混合气燃烧产生的膨胀压力以获得转动力。两种发动机的结构差异在于使用膨胀压力的方式。在往复式发动机中，产生在活塞顶部表面的膨胀压力向下推动活塞，机械力被传给连杆，带动曲轴转动。转对于转子发动机，膨胀压力作用在转子的侧面，从而将三角形转子的三个面之一推向偏心轴的中心。这一运动在两个分力的力作用下进行。一个是指向输出轴中心的向心力，另一个是使输出轴转动的切线力（F_t）。

一般发动机是往复运动式发动机，工作时活塞在气缸里做往复直线运动，为了把活塞的直线运动转化为旋转运动，必须使用曲柄滑块机构。转子发动机则不同，它直接将可燃气的燃烧膨胀力转化为驱动扭矩。与往复式发动机相比，转子发动机取消了无用的直线运动，因而同样功率的转子发动机尺寸较小，质量较轻，而且振动和噪声较低，具有较大优势。

3.3.7 无人机的发射与回收

无人机的发射和回收系统是无人机机动灵活、可重复使用和高生存率的关键技术保障。从物理上讲，无人机的发射和回收都是对无人机进行做功的过程，在起飞的过程中，它会为无人机提供动力，而在回收的过程中，它会吸收无人机的能量。

3.3.7.1 发射技术

无人机发射技术主要有火箭助推发射、弹射起飞、地面滑跑起飞、空中发射等。

A 火箭助推发射

火箭助推发射是以助推器为动力，使无人机在较短的时间内达到某一高度和速度，通常采用零长发射和短轨发射方式。根据火箭助推器的数目和在无人机上连线布置形式的不同，可以将其分为单发共轴式、单发夹角式、双发夹角式、箱式自动连续发射等。共轴式推进器的推力线与机身轴线相同，使得无人机具有快速的加速度，易于控制和调节推力线，但是推力座的设置比较复杂，尤其是后置式动力装置协调困难。夹角助推式与机身轴线呈一直线，推力座的设置虽然简单，但是推力线的控制和调节要求比较复杂，而且在脱离过程中容易与后置式动力装置产生干扰。根据发射装置与无人飞行器之间的相对位置关系，可将其分为悬挂式和下托式两种。悬挂式主要应用在共轴式发射、离轨沉降量大的无人机上；而下托式主要是在夹角式发射、离轨下沉少的无人机上使用。火箭助推器的发射具有机动灵活、通用性好、应用范围广等特点，是目前最常见的一种发射方法。其不足之处在于其贮存、运输、使用不方便，且在发射过程中存在着强烈的物理特性，如声、光、烟等，易暴露发射阵地。

B 弹射起飞

弹射起飞的主要原理是将液压能、气压能或弹性势能等不同形式能量转换为机械动能，使无人机在一定长度的滑轨上加速到安全起飞速度。按发射动力能源的不同形式，可分为液压弹射、气压弹射、橡筋弹射、电磁弹射等。

（1）起飞速度小于 25 m/s，起飞质量小于 100 kg，通常采用橡筋弹射方式；

（2）起飞速度约为 45 m/s，起飞质量小于 400 kg，通常采用气压或液压弹射方式，如美国的银狐无人机小于 25 m/s（气压弹射），英国“不死鸟”无人机。

无人机橡筋弹射方式原理简单、机构简便，但仅限于低速、微小型无人机发射。气压和液压弹射方式除工作介质（高压气体或高压油）不同外，工作原理基本相同。但气压弹射能量特性受环境温度影响较大，且安全性较差。目前，中小型低速无人机多采用液压弹射技术。弹射起飞方式优点是机动灵活、安全性和隐蔽性好；缺点是发射质量受限制，滑轨不能太长，一般只适用于中小型低速无人机。

C 地面滑跑起飞

地面滑跑起飞的原理，就是借助无人机引擎的动力，让它在跑道上快速的起飞，分为起飞车滑行和轮式起落架滑行。地面滑跑起飞的优势在于发射系统部件简单、可靠性高、地面保障设施少、加速时过载较小；它的不足之处在于对跑道和良好的地面环境要求高，机动性差，且起落架的结构部件要占用无人机一定的空间和质量。

D 空中发射

空中发射是由装载机将无人驾驶飞机送上天空，并借助其本身的速度，使其与飞机进行分离，并自行飞行。它的发射方式有滑轨和投放两种。滑轨发射是把无人飞行器固定在滑轨上，依靠自已的动力从轨道上滑行。投放发射是在载机上加装悬挂装置，使载机在抛出飞机后，依靠自身的动力进行飞行。按照无人机的启动时间，可以分为投放前和投放后启动两种方式。

3.3.7.2 回收技术

A 降落伞回收

降落伞回收技术已发展成熟，应用非常广泛，目前大部分的无人机都是以降落伞为主要的回收设备。即便是使用其他的回收方式，紧急回收系统也会使用降落伞。为了减少无人机降落时的撞击，降落伞回收系统一般都是以伞降加末端缓冲器装置结合的方式来实现降低撞击。末端回收装置有两种方法：一是气囊减冲；二是反擎火箭缓冲。降落伞回收也有其不足之处。例如：在回收过程中，如果遭遇侧向风，会产生横向漂移，从而降低降落精度，同时，着陆点地形也会直接影响无人机降落受到的损伤。在高过载条件下，为了减小降落速度，必须增加伞罩的覆盖面积和减小回收精度。

B 着陆滑跑回收

着陆滑跑回收主要利用无人机在起落架或在地面上滑行，利用滑行摩擦阻力或其他阻拦设备（拦阻网、拦阻索或拖曳伞），使无人驾驶飞机在地面上逐渐减速直到停下来。小型无人机可以滑行数十米，而大型无人机则可滑行 100~300 m。地面滑行回收方法的优势在于：回收系统本体结构简单，地面保障设施较少，着陆碰撞过载较低，对机身及机载设备的损害较低；在完成回收后，可以迅速为下一次起飞做好准备。但其不足之处在于，要求跑道环境更佳，且回收机动性差。

C 撞网回收

撞网回收是一种非常理想的无伞降落方法，尤其适用于小型回收场地和船舶。关键在于，如何让无人机精准地朝着拦截网的方向飞行，以及在接触到网后，要怎么柔和地吸收能量。该方法适合于体积小的无人机，具有较高的可靠性、较少的回收空间和成本。

3.4 无人机测绘技术流程

无人机测绘成图技术以无人飞行器为飞行平台，一般以非量测型成像设备为传感器，直接获取摄影区域高分辨率的数字影像，经过一系列的后处理，生成覆盖该区域的影像图产品，具有灵活机动、快速反应等特点，是一种新兴的技术先进的测绘手段。目前，处理的方法为基于数字摄影测量的处理，对应的产品为数字正射影像图。

3.4.1 无人机摄影测量概述

摄影测量学是利用光学摄影机获得的相片，研究和确定被摄物体的形状、大小、位置、性质和相互关系的一门学科和技术。它包含获取被摄物体的影像、单幅和多幅相片影像的处理方法，也包括理论、设备和技术方法，以及将所处理和测量得到的结果以图解或者数字形式输出的方法和设备。

传统的摄影测量三维模型重建也考虑物体表面纹理的表达，例如，地面的正射影像就是地表的真实纹理，但在大多数的应用中，较少考虑物体表面纹理的表达。随着社会、经济、科技的发展，三维模型真实纹理的重建在摄影测量的任务中变得非常重要。在一些应用中，需要利用不同的摄影方法才能完成真实的纹理重建，如城市的三维建模，可能需要航空摄影测量与近景摄影测量相结合才能完成，如图 3-12 所示。

3.4.2 无人机航空摄影操控

无人机测绘中重要的一个步骤便是无人机航空摄影，无人机航空摄影飞行流程图如图 3-13 所示。

在进行无人驾驶飞机航空航摄前，必须进行技术准备。技术准备包括数据采集和技术设计。

3.4.2.1 数据采集

数据采集包括：地形图、规划图、卫星图像、航空影像等；地形地貌、气候条件、机场、主要设施等。

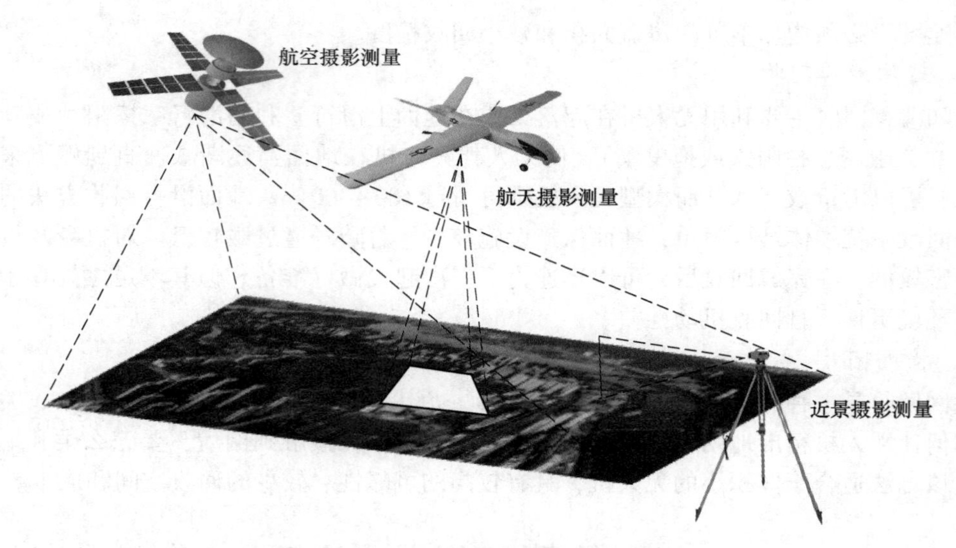

图 3-12 无人机摄影测量

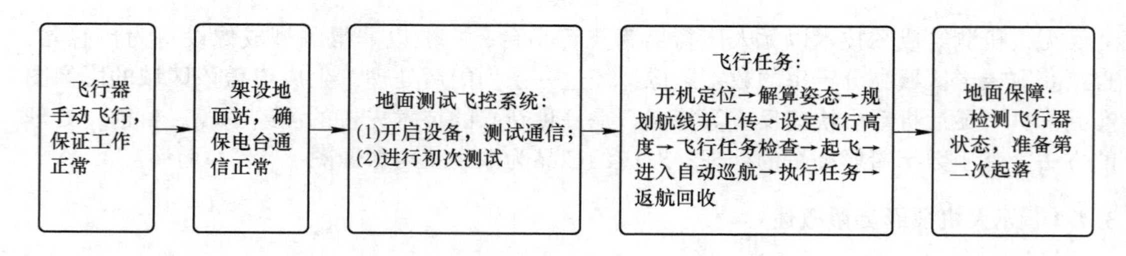

图 3-13 飞行流程图

数据采集的目标是：

（1）判断仪器是否适合拍摄场地；

（2）对飞行环境的判定；

（3）进行航空摄影技术的设计；

（4）制订具体的工程计划。

采集数据时，工作人员应到摄区或摄区附近进行实地考察，采集地形地貌、地表植被、机场、重要设施、城镇布局、道路交通、人口密度等信息可以为起降场地的选择、航线规划、应急预案的制定等提供参考。现场勘察时，应携带手持式或车载 GPS 装置，对降落地点及主要目标进行定位，并与现有地图或图像数据相结合，计算出起降场地的高度；根据起飞和降落地点确定航拍飞行高度。

3.4.2.2 技术设计

技术设计要求有：

（1）无人机的飞行高度必须在拍摄区域和航线的最高处 100 m 以上；

（2）飞行距离不能超过无人机所能达到的最大距离；

（3）根据地面分辨率和航拍范围的需要，进行航拍时间、航路布置、影像重叠度、区域划分等。

针对无人机的起飞和降落模式，选择合适的起飞降落场地，进行常规航空摄影，其起降地点必须符合下列条件：

（1）距离军用和商用机场 10 km 以上；

（2）起降地点地势较平坦，视野较好；

（3）远离人群密集地区，半径 200 m 以内不得有高压线、高大建筑物、重要设施等；

（4）地表不应有突出的岩石、土坎、树桩、水塘、大水沟等；

（5）周围不能有雷达站、微波中继、无线通信等干扰源，如果不能确定，则要对其频率、强度等进行检测，以免对系统设备造成影响；

（6）滑跑起飞、滑行降落时，滑跑路面状况必须符合其性能指标。

3.4.3 无人机影像数据处理

无人机影像数据处理是利用摄影测量软件处理无人机影像数据，解求影像的精确外方位元素，获取数字测绘产品的过程。与传统的机载航空影像的数据处理过程相比，低空无人机航摄大多搭载 GPS 系统，可获取初始的外方位元素用于辅助空中三角测量。但是由于无人机机身轻，受惯性影响大，姿态不稳定，GPS/IMU 系统精度不高，生产高精度、大比例尺的测绘产品尚需依赖少量地面控制点。同时，由于无人机、搭载相机属于非量测数码相机，在摄影测量影像数据处理时无须内定向，但是需进行相机检校，解求相机畸变差，进行影像改正。除此之外，其他的数据处理过程与传统的航空影像数据处理相差不大，基本流程如图 3-14 所示。

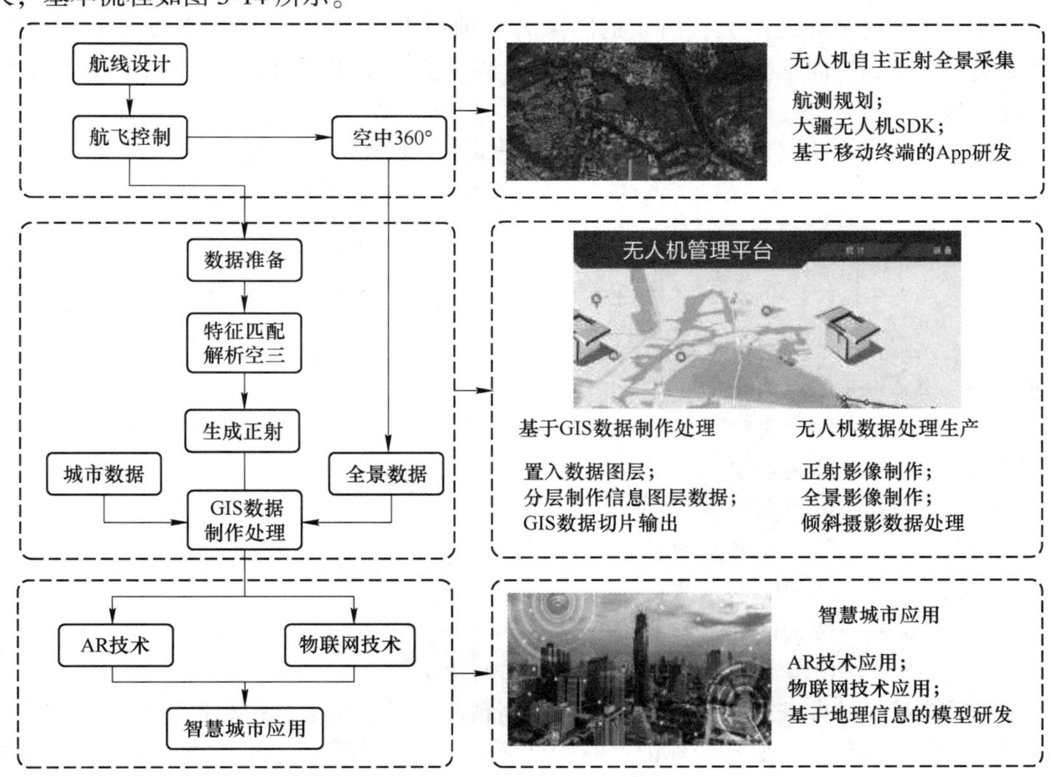

图 3-14 无人机影像数据处理流程

3.4.3.1 数据预处理

由于地形起伏、大气散射、空气冷热分布不均匀等原因，导致采集到的原始图像受到了噪声的干扰；另外，在图像质量方面，镜头畸变是一个不可忽略的问题。为防止图像的噪声和镜头畸变的扩散传播，确保后续的处理效果，需要对图像进行预处理。图像预处理主要包括图像的滤波处理、对镜头畸变进行校正。

A 滤波处理

消除数字图像中的噪声的方法称为滤波处理。数字影像的噪声主要来自图像的采集（数字化）和数据的传递。在采集过程中，环境状况以及传感元件自身的品质都会影响到图像传感器的工作状态。以 CCD 摄像机为例，在采集过程中，光强、传感器温度等是造成图像中噪声较多的重要原因；在传输时，由于传输通道的干扰，造成了图像的噪声污染。数字图像噪声的生成是一种随机过程，以高斯噪声、椒盐噪声、泊松噪声、瑞利噪声为主。空域滤波和频率滤波是滤波处理的主要方法。

B 镜头畸变校正

由于无人机的有效载荷质量和有人机相比较轻，所以其所携带的航拍测量仪器多为非量测型，镜头有不同程度的畸变。透镜畸变是光学透镜的固有透视失真的统称，它能影响物方点、投影中心和对应像点的共线关系，导致像点坐标发生偏移，从而降低空间后向的交点精度。这将会对飞机的三角测量结果造成很大的影响，而且还会造成数字投影图像的畸变。镜头畸变主要有径向形变（例如枕形）、偏心形（例如圆筒形）和切向形变。

径向形变主要是由于透镜径向曲率偏差，使像主点发生了径向位移，并且随着距离中心的增大，其形变也随之增大；由于遥感系统的轴心不共线和 CCD 面阵列的布置误差，导致了偏心形变和切向形变。三种形变是遥感影像失真的主要原因。图像畸变校正的数学模型表示为：

$$\begin{cases} \Delta x = (x - x_0)(k_1 r^2 + k_2 r^4) + p_1[r^2 + 2(x - x_0)^2] + \\ \qquad 2p_2(x - x_0)(y - y_0) + \alpha(x - x_0) + \beta(y - y_0) \\ \Delta y = (y - y_0)(k_1 r^2 + k_2 r^4) + p_2[r^2 + 2(y - y_0)^2] + \\ \qquad 2p_1(x - x_0)(y - y_0) + \alpha(x - x_0) + \beta(y - y_0) \\ r = \sqrt{(x - x_0)^2 + (y - y_0)^2} \end{cases} \tag{3-3}$$

式中 Δx，Δy——像点改正值；

(x, y)——像点坐标；

(x_0, y_0)——像主点坐标；

r——像点向径；

k_1，k_2——径向畸变系数；

p_1，p_2——切向畸变系数；

α——像素的非正方形比例因子；

β——CCD 面阵列排列非正交性的畸变系数。

修正镜头畸变的办法是：在检校场上设置高精度的标志点坐标；利用待检校验的数字摄像机进行图像采集，获取多个标记点的像点坐标；在此基础上，利用共线方程，通过透视转换，得到了控制点的理想影像坐标，设为无误差的图像坐标，而后代入图像畸变修正模型公式（3-3）中，就可以得到畸变修正的参数，从而修正镜头畸变。

3.4.3.2　空中三角测量

空中三角测量是根据航空摄影与拍摄的空间表面目标之间的几何关系，进行数据处理加密控制点的方法，又称空三加密。在航拍中，结合野外几个摄影控制点，同一路线与航拍相邻的方法线路所有设计都有一定的重叠，在没有航空空白的情况下，基准要求选择地图控制点和现场测量，计算加密点的平面坐标和高程坐标。下面介绍几种三角测量方法。

目前，空中三角主要模式根据自动化程度分为半自动模式和全自动模式两种模式，它们的优点和缺点是显而易见的。全自动模式是使用自动图像对准技术使计算机自动匹配所有标准点，从而对图像质量和性能提出严格的要求。地表物体和测量区内的地形类型。与全自动模式相比，半自动模式要求手动测量，选择标准点，然后映射图像以获得同一名称的大点，最后与标准点一起进行平差计算。该模式的特征在于会创建大量的连接点，因此非常适合于复杂的项目测区。

市场上也有很多类似软件，如国内的 Hclava 系统、Virtuo-Zo、JX-4 等，虽然这些系统有其独特的优势和特点，但 Inpho 软件可以自动匹配连接点、平差计算和地面坐标。Inpho 软件进行空三加密，其操作流程如图 3-15 所示。

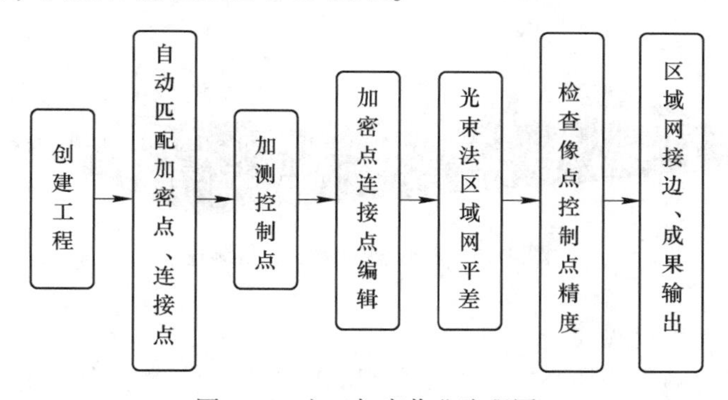

图 3-15　空三加密作业流程图

A　航带法空中三角测量

航带法空中三角测量以一条航线为研究对象，先将多个三维图像组成的单一模型结合在一起，再将其看作一个整体模型进行分析。由于单一模型的随机误差及剩余系统误差会被传递给下一个模型中，因而这种误差是累积的；由于航带模型发生了畸变，所以在进行了航带模型绝对方向确定后，必须进行非线性修正，以获得比较理想的结果，这就是航带法进行空中三角测量的原理。

航带法空中三角测量的主要工作流程为：第一步是像点坐标的测量及对系统误差进行修正；第二步是进行像对的相对定向；第三步进行模型的连接和航带网的构造；第四步进行航带模型的绝对定向；第五步进行航带模型的非线性修正。

B　POS 辅助空中三角测量

辅助航空摄影系统从现场控制点获得数据，通过 POS 数据与其一同进行平差，经过空三加密计算，大大减少像控制点施测的工作量，从而提高摄影测量的效率，如图 3-16 所示。三角测量的数学基础是变换后的一般共线方程，见式（3-4）。

$$\begin{cases} x - x_0 + \Delta x = -f\dfrac{a_1(X - X_S) + b_1(Y - Y_S) + c_1(Z - Z_S)}{a_3(X - X_S) + b_3(Y - Y_S) + c_3(Z - Z_S)} \\ y - y_0 + \Delta y = -f\dfrac{a_2(X - X_S) + b_2(Y - Y_S) + c_2(Z - Z_S)}{a_3(X - X_S) + b_3(Y - Y_S) + c_3(Z - Z_S)} \end{cases} \tag{3-4}$$

式中 f, x_0, y_0——内方位元素；

Δx, Δy——系统误差改正；

X_S, Y_S, Z_S——外方位元素；

(X, Y, Z)——地面坐标系中对象点的地面点坐标；

(x, y)——像点坐标；

a_i, b_i, c_i——变换矩阵的元素。

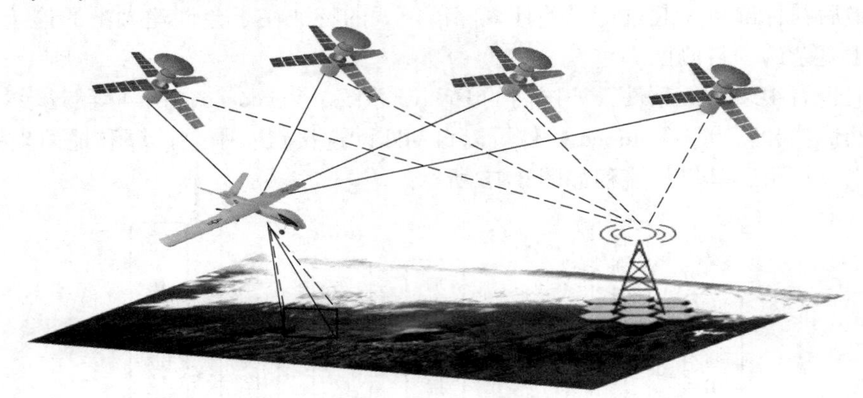

图 3-16 POS 辅助空中三角测量

C 光束法空中三角测量

光束法空中三角测量的核心在于平差方程的确立。光束法空中三角测量平差是以一张影像相片的一束光线作为基本的平差单元，以中心投影得到的共线方程（3-4）作为进行光束法空中三角测量平差的基础本方程；为了找到整个影像模型的最好地点并将其展现在已知的控制点坐标系中，必须对不同的光束线进行空间上的平移和转动，寻找使得不同模型公共点的光线交会最密的地方，即为最佳交会地。

$$\begin{cases} x = -f\dfrac{a_1(X_A - X_S) + b_1(Y_A - Y_S) + c_1(Z_A - Z_S)}{a_3(X_A - X_S) + b_3(Y_A - Y_S) + c_3(Z_A - Z_S)} \\ y = -f\dfrac{a_2(X_A - X_S) + b_2(Y_A - Y_S) + c_2(Z_A - Z_S)}{a_3(X_A - X_S) + b_3(Y_A - Y_S) + c_3(Z_A - Z_S)} \end{cases} \tag{3-5}$$

式中 $(x, y, -f)$——像点向空间坐标值；

X_S, Y_S, Z_S——外方位元素；

(X_A, Y_A, Z_A)——A 的物方坐标；

a_1, b_1, c_1——旋转矩阵的元素。

3.4.3.3 图像配准与融合

空三平差完成后，得到了比较精确的各影像外方位元素，根据这些定向元素，采用数字微分纠正的间接法，可以得到单张航摄相片的正射影像，由于无人机飞行器飞行高度低，单张航摄相片的视场范围小，需要利用图像拼接技术拼接出大区域场景的正射影像。图像拼接过程主要包括图像配准和图像融合两个步骤。

A 图像配准

在图像的配准中，最大的难点之一就在于通过电脑来实现两张或多张影像的匹配。一般采用两个步骤进行配准：一是特征点的抽取；二是特征点的匹配。

特征点的抽取方法主要可以分为两种：一种是首先提取图像的边缘，然后寻找边缘弧度最大的点作为特征点，或者将边缘通过多项式拟合后再寻找线的弧度最大的点作为特征点；另一种是基于目标物体表面的梯度或者弧度的特征点提取算法。Moravec、SUSAN、Foerstner、Harris 和 SIFT 等算法是在摄影测量和计算机视觉中应用最广泛的几种图像特征点提取算法。这里主要介绍 Moravec 算法。

Moravec 方法的基本思路是：用 4 个主要方向的最小灰度方差来描述像素与相邻像素之间的灰度差异，也就是像素的感兴趣值，然后在图像的局部选取感兴趣值最大的点（灰度变化显著的点）作为特征点，其具体算法如下。

（1）计算各像素的兴趣值（IV，Interest Value），如计算像素（c，r）的兴趣值，先在以像素（c，r）为中心的 $n \times n$ 的图像窗口中计算 4 个主要方向相邻像素灰度差的平方和：

$$\begin{cases} V_1 = \sum_{i=L_k}^{k-1} (g_{c+i,r} - g_{c+i+1,r})^2 \\ V_2 = \sum_{i=-k}^{k-1} (g_{c+i,r+i} - g_{c+i+1,r+i+1})^2 \\ V_3 = \sum_{i=-k}^{k-1} (g_{c,r+i} - g_{c,r+i+1})^2 \\ V_4 = \sum_{i=-k}^{k-1} (g_{c+i,r-i} - g_{c+i+1,r-i-1})^2 \end{cases} \tag{3-6}$$

式中，$k = \mathrm{INT}(n/2)$，为 n 除以 2 后取整。取其中最小者为像素（c，r）的兴趣值：

$$\mathrm{IV}_{c,r} = \min\{V_1,\ V_2,\ V_3,\ V_4\} \tag{3-7}$$

（2）将兴趣值高于此阈值的点，按一定的阈值选取为特征点候选点。在选取临界点时，必须将所需的主要特征点包含在候选点中，同时不包含过多的非特征点。

（3）在候选点中选取局部极大值点作为所需的特征点。在特定大小的视窗内（可不同于兴趣值计算窗口），去掉所有不是最大兴趣值的候选点，只保留兴趣值的最大者，该像素即为一个特征点。

Moravec 角点提取方法是一种较简便、运算速度快、但易受噪声干扰的新算法。特征点匹配在提取出的特征点集之间存在着一种对应关系，通常采用特征自身的属性描述，并将其与特征所在区域的灰度和几何拓扑关系相结合，从而确定特征点之间的对应关系。常见的特征匹配方法有空间相关、描述符、松弛方法、金字塔算法等。

B 图像融合

确定了图像间的几何变换模型之后，接着是将这些图像拼接成大范围的影像。若是只根据图像间的几何变换模型，将所有图像经过简单的投影叠加起来，那么在图像拼接线附近，就会出现明显的边界痕迹和颜色差异，严重影响了合成图片整体的视觉效果。造成这种情况的主要影响因素有两个：一是图像色彩亮度的差异，主要是由图像采集环境的不同和相机镜头曝光时间的不同造成的；二是图像配准的精度，匹配精度和几何模型的变换都影响了图像配准时的精度。

图像融合就是要解决以上问题，它可以解决图像间的曝光差异问题，消除或减少图像在拼接线附近的配准误差，最终实现图像重叠区域的平滑过渡。根据信息表现的层面，可以将其划分为像素级融合、特征级融合和决策级融合。在无人驾驶飞机的正射像图中，通常无须进行高层次的图像整合，其工作重点是在基本层次上的像素水平，可以在重新取样时实现；因此，这部分仅讨论像素水平的融合。

像素级融合指直接对获取的各幅图像的像素点进行信息综合的过程，融合算法主要有IHS变换法、小波变换法、主成分分析法（PCA，Principal Component Analysis）和Brovey变换法。

3.4.4　无人机倾斜摄影测量

倾斜摄影技术是国家测绘领域近些年发展起来的一项高新技术，它颠覆了以往正射影像只能从垂直角度拍摄的局限，通过在同一飞行平台上搭载多台传感器，同时从1个垂直、4个倾斜5个不同的角度采集影像。如图3-17所示，将用户引入了符合人眼视觉的直观真实的世界。

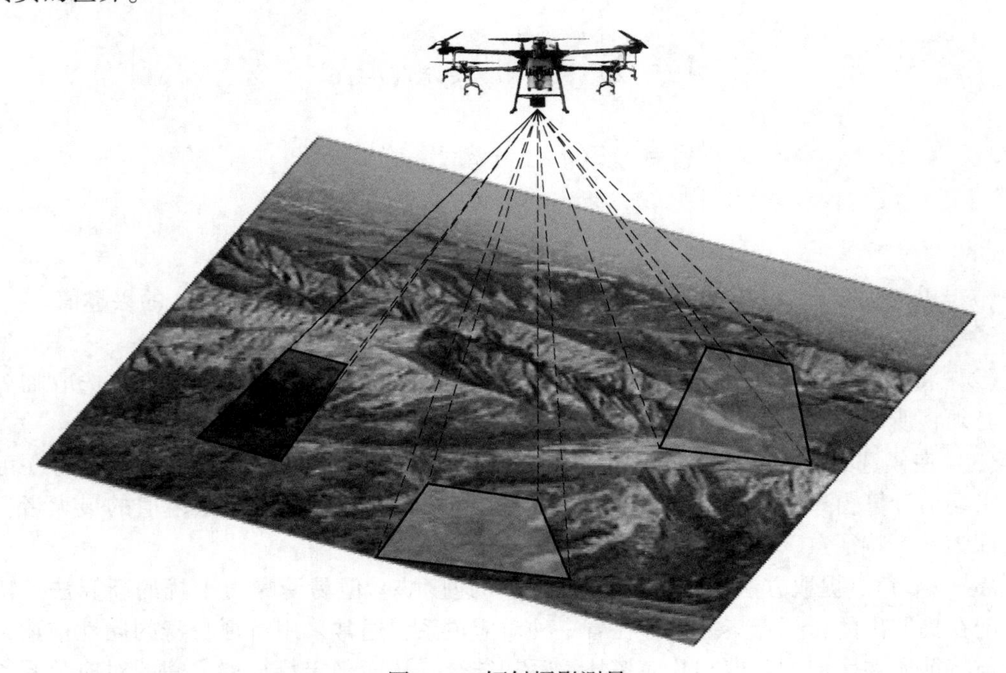

图3-17　倾斜摄影测量

倾斜摄影测量技术以大范围、高精度、高清晰的方式对复杂的景物进行全方位的感知，并利用高效率的数据收集装置和专业的数据处理过程，产生的数据结果可以直观地显示出地表、位置、高度等属性，从而为实际效果和测绘级别精度提供保障。在此基础上，可以在3~5个月内完成建立一座小型、中型城市的模型，采用倾斜摄影建模方式大大降低了三维模型数据采集的经济代价和时间代价。该技术在世界范围内得到了广泛的应用，倾斜成像模型的数据也逐渐成为了城市空间数据的一个重要组成部分。

3.4.4.1　无人机倾斜摄影测量概述

（1）倾斜图像的获取。倾斜摄影技术与传统的垂直航空摄影相比，在拍摄方法上有很大的不同，它的后期处理和结果也有很大的不同。倾斜摄影技术的主要目标是获得物体多个方向（特别是侧面）的信息，为使用者提供多角度浏览、实时测量、三维浏览等多种信息。

（2）倾斜摄影系统构成。倾斜摄影系统分为三大部分：一是由小型飞行器和无人机组成的飞行平台；二是人员，包括工作人员和专业航飞人员或者地面指挥人员；三是仪器部分，包括传感器（多镜头相机、GPS定位设备获取曝光瞬间的3个线元素 x、y、z）和姿态定位系统（记录相机曝光瞬间的姿态及3个角元素 φ、ω、κ）。

（3）倾斜摄影航线设计及相机的工作原理。利用专门的航路规划软件进行倾斜摄影航路的设计，它的相对航高、地面分辨率和物象元尺寸符合三角形的关系。一般情况下，航线的侧向重叠度为30%，航向重叠度为66%，而现有的自动模式要达到66%，航向重叠度必须达到66%。航路设计软件产生了一个含有飞机航向坐标和照相机曝光点坐标的飞行规划文档。在实际的飞行过程中，各摄像机会根据相应的曝光点坐标进行自动曝光拍摄。

（4）倾斜影像加工。采集完毕后，首先对采集到的图像进行质量检验，对不符合标准的图像区域进行补飞，直至图像质量达到要求为止；其次是匀光匀色的处理，由于在飞行中时空存在不同，图像间会出现颜色偏差，因此必须进行匀光匀色的处理；再次是重新进行几何校正、同名点匹配、区域网联合校正；最后，给出平差后的数据（3个坐标信息和3个方向角度信息），以使其在虚拟的三维空间中具有位置和姿态数据。此时，倾斜图像可以实时测量，每一块斜板上的像素都与实际的地理坐标位置相对应。

3.4.4.2　无人机倾斜摄影测量技术流程

针对倾斜摄影测量的技术特点，倾斜摄影测量技术通常包括影像预处理、多视影像联合平差、多视影像匹配、数字表面模型（DSM，Digital Surface Model）生成、三维建模、真正射纠正等关键内容，其技术流程如图3-18所示。

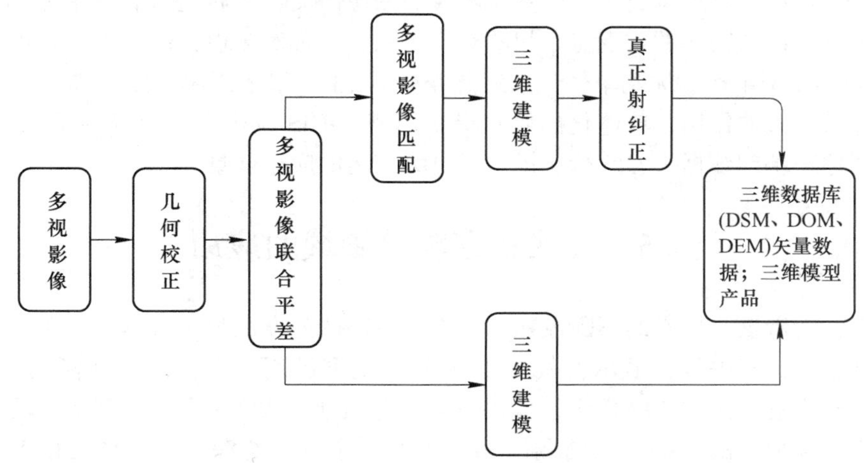

图3-18　倾斜摄影测量技术流程

（1）多视影像联合平差。由于多视角成像资料既包含了垂直影像资料，又包含了倾斜影像资料，而一些常规的空中三角测量方法对倾斜影像资料的处理效果并不理想；在多视影像的联合平差中，需要充分考虑图像之间的几何形变和遮挡。利用 POS 系统所提供的多视角图像外部方向要素，采用从粗到细的金字塔匹配策略，对每个阶段图像进行重名点的自动匹配和自由网波束法的平差，从而获得更好的匹配效果。同时，建立了连接点、连接线、控制点坐标，利用 GPS/IMU 辅助资料进行多视影像的自检校区域网的误差方程，并对其进行了联合求解，以保证其准确性。

（2）多视影像匹配。图像匹配是摄影测量中的一个基础问题。因此，在进行多视影像匹配时，如何在多视影像中充分考虑冗余信息，并快速、精确地提取出多视影像中的同名点，从而获得目标的立体信息是多视影像匹配的关键。多基元、多视影像匹配技术是目前计算机视觉技术发展的热点。近年来，在这方面的工作已经有了长足的进步，比如建筑物的侧面图像的自动识别和抽取。通过对建筑物边缘、墙壁边缘、纹理等多视影像的特征进行检索，可以将建筑物的二维向量图像中的不同角度的二维图像转换成三维图像，在墙面的选择中，可以设定一些影响因素，赋予一定的权重，将墙面划分成不同的类别；对建筑物的各面墙壁进行平面扫描、分割，得到了侧面的构造，并对侧面进行了重建，从而得到楼顶的高度和外形。

（3）DSM 生成。多视影像的密集匹配能够得到高精度、高分辨率的 DSM，能够充分反映地面的起伏特性，是新一代的空间数据基础建设的一个重要组成部分。由于不同角度倾斜图像的大小差别很大，加之图像的遮挡、阴影等问题，使得 DSM 图像的自动提取成为一个新的难题。通过对图像外方位要素的分析，选取适当的图像匹配部件，实现对图像进行逐个像素级的精确匹配，同时采用并行算法，提高运算速率。在采集到高密度 DSM 数据后，对其进行滤波处理，将各匹配元素单元合并，从而得到一个统一的 DSM。

（4）真正射纠正。多视影像的真正射纠正包括物体的连续数字高度模型（DEM），以及大量不同粒度离散的、不同粒度的物体，以及海量的像方多角图像，这是一个典型的数据密集、运算密集的特征。因此，多视影像的真正射纠正，可分为物方和像方同时进行。基于 DSM 模型，通过轮廓提取、面片拟合、屋顶重建等提取目标的语义信息，并通过图像分割、边缘提取、纹理聚类等方式获得图像的图像语义，然后通过联合平差和密集匹配的结果，确定物体与物体的重现点之间的对应关系，实现对多视影像的真实射正。

（5）倾斜模型生产。无论单体化的还是非单体化的倾斜摄影模型，在如今的 GIS 应用领域都发挥着巨大的作用，单体化的倾斜摄影模型在 GIS 应用中与传统的手工模型一致，真实的空间地理基础数据为 GIS 行业提供了更为广阔的应用前景。

3.5 无人机在测绘领域的应用

近年来，随着核心技术的不断成熟，无人化趋势的愈发凸显，我国民用无人机产业迎来快速发展。根据相关报告显示，截至 2019 年，我国民用无人机产业规模已经突破 200 亿元，占全球市场比例的 70%以上，发展态势十分强劲，取得成果非常喜人。受技术、装备、性能等逐渐提升的影响，当前测绘无人机普及应用日益深入，市场规模保持高速增长，在应用方面也呈现出多元化的趋势与优势，深受用户青睐。下面简单介绍无人机技术在测绘领域主要的应用。

3.5.1 国土测绘

国土测绘是测绘无人机主流应用领域之一。我国拥有960万平方千米的土地，幅员辽阔，由此也衍生出测绘难度大、成本高等问题。再加上地形的多样、环境的复杂、气候的多变，也给传统测绘带来多方面的限制和困难，这些阻碍了测绘工作的正常和有效开展。而无人机的落地，很好地为国土测绘带来福音。一方面，无人机从空中进行测绘，摆脱了地形、环境、气候等限制，测绘范围更广、效率更高；另一方面，无人机替代人力进行测绘，也将测绘人员从各种灾害与危险中拯救出来，在降低人力支出成本的同时，也保障了安全性。

3.5.2 农业遥感

众所周知，农业统计是农业生产中一项十分关键的任务，统计需要涉及农作物面积，而如何知道农作物面积是多少，这就需要测绘技术。一直以来，传统的农作物测绘一般都是采用实地测绘，这种方式存在局限和缺点。而利用无人机进行测绘，则能对传统农作物面积统计带来质的改变。利用无人机从空中高效率采集、传输和处理数据，人们不用再费时费力地进行实地测量再录入，大幅提升了测绘的效率，也节约了测绘的成本。更为重要的是，无人机搭载各种装置，还能提升测绘的准确度。

3.5.3 城市规划

城市规划也是测绘无人机的另一大“用武之地”。当前，城镇化发展不断加快，人们对于高质量生活追求和智慧城市建设需求越发强劲的背景下，城市规划已经变得越来越重要。而传统的规划手段主要依赖人力测量，这显然不适应新时代城市规划的发展需求。基于此，测绘无人机在城市规划领域的落地，能为后者带来有效变革。例如，测绘无人机从空中作业，能减少地面测绘的限制和盲点，提升测绘效率与精度；测绘无人机取代人工，能节约测绘成本，保护人员安全。除此以外，测绘无人机还能成为城市规划的重要智囊。

3.5.4 建筑施工

建筑施工也是测绘无人机展现价值的领域之一。建筑施工之前，对周边环境和建筑区域进行测绘是至关重要的，这不仅是对所要建筑的设施安全的负责，同时也是对环境保护的负责。在此背景下，无人机测绘对于这两方面的应用价值都十分明显，值得行业信赖。更为重要的是，无人机测绘相比传统建筑测绘方式操作更简单、应用更灵活、覆盖更全面、效率更高、成本更低、也更安全。再加上无人机搭配各种技术和硬件，在数据分析、处理和决策上的各种助力，测绘无人机不仅是简单的建筑施工测绘工具，更是项目进展的助推器。

3.5.5 土地确权

传统的土地确权测量工作，一般是通过地面工程测量实测方式绘制地形图或者通过传统载人飞机航测地形图。相较于传统方式，采用无人机进行航空摄影测量具有明显的优势，成本低廉、执行方便、自动化程度高、效率高、精确度高。因此，在农村的集体土地登记确权发证工作中，通过无人机航空摄影建模来获取基础地形图数据是一种很好的方式。无人机可对农村集体土地范围内的大面积土地进行数据采集、影像拍摄，获取高精度的地表三维数据，再通过协同作业的侧视图像进行快速三维建模，绘制比例尺较大的地形图，协助农村集体土地所有权确权登记发证工作顺利进行。

参考文献

[1] 黄若昀，黄怡，黄晓明．基于可编程无人机的路面性能检测研究现状与展望［J］．现代交通与冶金材料，2021，1（4）：14-25.

[2] 喻煌超，牛轶峰，王祥科．无人机系统发展阶段和智能化趋势［J］．国防科技，2021，42（3）：18-24.

[3] 刘鹤，顾玲嘉，任瑞治．基于无人机遥感技术的森林参数获取研究进展［J］．遥感技术与应用，2021，36（3）：489-501.

[4] 邹立岩，张明智，柏俊汝，等．无人机集群作战建模与仿真研究综述［J］．战术导弹技术，2021（3）：98-108.

[5] 樊娇，雷涛，韩伟，等．无人机航迹规划技术研究综述［J］．郑州大学学报（工学版），2021，42（3）：39-46.

[6] 谷旭平，唐大全，唐管政．无人机集群关键技术研究综述［J］．自动化与仪器仪表，2021（4）：21-26，30.

[7] 徐小斌，段海滨，曾志刚，等．无人机/无人艇协同控制研究进展［J］．航空兵器，2020，27（6）：1-6.

[8] 吕帅，张训志，尹伟．警用无人机研究的文献综述［J］．湖南警察学院学报，2020，32（6）：105-111.

[9] 杨轩．蜂群作战的研究进展和对抗策略思考［C］//2020中国航空工业技术装备工程协会年会论文集，2020：504-508.

[10] 梁磊，肖静，邓扬晨．舰载无人机着舰技术现状及发展趋势［J］．西安航空学院学报，2020，38（5）：23-28.

[11] 周睿孙，周伟，王道平，等．无人机链翼系统技术综述［C］//第五届空天动力联合会议暨中国航天第三专业信息网第41届技术交流会论文集（第四册），2020：285-293.

[12] 袁肖卓尔，诸兵．四旋翼无人机—吊挂载荷系统建模与控制综述［J］．信息与控制，2020，49（4）：385-395.

[13] 苗建国，王剑宇，张恒，等．无人机故障诊断技术研究进展概述［J］．仪器仪表学报，2020，41（9）：56-69.

[14] 孔令沛，龚鹏，王璐．微型无人机发展现状研究综述［C］//2019世界交通运输大会论文集（下），2019：435-444.

[15] 卢姗姗，王伟．无人机在海上救援行动中的应用现状及发展展望［J］．医疗卫生装备，2019，40（2）：94-98.

[16] 任广山，常晶，陈为胜．无人机系统智能自主控制技术发展现状与展望［J］．控制与信息技术，2018（6）：7-13.

[17] 罗雪丰，雷咏春，范俊．国外有人直升机与无人机协同研究综述［J］．直升机技术，2018（3）：61-67.

[18] 张婷，许叁卫，杨苏英，等．无人机飞防技术在瑞丽市水稻上应用的前景分析［J］．云南农业科

技，2018（S1）：38-40.
[19] 陈鹏飞．无人机在农业中的应用现状与展望［J］．浙江大学学报（农业与生命科学版），2018，44（4）：399-406.
[20] 贾慧，杨柳，郑景飚．无人机遥感技术在森林资源调查中的应用研究进展［J］．浙江林业科技，2018，38（4）：89-97.
[21] 杨阳，罗婷，唐伟革，等．多旋翼无人机在医学救援领域的应用研究［J］．医疗卫生装备，2018，39（6）：91-95.
[22] 邹培华．基于无人机遥感技术的环境监测研究进展［J］．资源节约与环保，2018（4）：60，63.

4 InSAR 变形监测技术

第 4 章课件

InSAR 在国内发展的 20~30 年时间里，已从理论研究阶段向公益性服务阶段快速转变，并即将迈入商业化阶段。InSAR 技术与应用的客户群体，也正在从较为单一的政府部门，向企业级的用户群转化。与 InSAR 有关的服务项目在近两三年里有所增加，目前相关服务在桂林市测绘研究院的年营收可达 1000 万元人民币规模。作为瑞士 Gamma Remote Sensing AG 在中国地区的产品代理合作伙伴，北京地空软件技术有限公司总经理陈兴国提到，目前国内购买和使用 Gamma 的 InSAR 处理软件及地基 InSAR 设备所创造的年营收，也达到了 3000 万元人民币规模。

在对未来市场空间的描述中，InSAR 正在被纳入智慧城市服务市场中，成为面向城乡环境及安全监管领域不可或缺的技术。例如，从宏观层面的大范围滑坡和堤坝监测，到微观层面对单体建筑或施工项目的形变监测，InSAR 都可以帮助政府部门建立相应的预警机制，有助于在灾前制定应对措施，从而减少或避免伤亡以及财产的损失。

4.1 应用场景

近些年来，随着卫星遥感技术的不断进步，InSAR（合成孔径雷达干涉）技术也逐步出现在人们的视野之中。其长时间、大范围、高精度、动态连续等优点，在地面变形监测方面具有广阔的应用前景，可以有效地弥补现有形变测量方法的一些缺陷。InSAR 技术是利用同一区域不同时间段的雷达图像相位信息，提取出地表高程和形变信息的一种测量技术。它可以根据大量的数据，自动搜寻地面上雷达反射强的 PS（地面参考）坐标，从而计算出该点的三维位置、平均形变速度和随时间变化的规律。

由于现代科技的快速发展，促进了一大批技术的现代化改进。测量技术也搭上现代科技的“顺风车”，在新的设备平台上焕发了新生，提升了测量精度及速度。以智能测量机器人和三维激光扫描仪为代表的现代地面测量仪器，彻底改变了传统全站仪长时序变形监测测量方法，使测量的自动化程度达到了一个新的水平。以测斜仪、沉降仪、应变计为代表的地下测量仪器，通过数字自动化、网络化比传统变形监测可实现更加出色的形变检测能力。随着遥感技术的不断发展，空间对地探测技术（如 InSAR 测量技术、激光雷达等）已广泛地应用于地表形变监测领域，并获得巨大成功。InSAR 对地观测流程如图 4-1 所示。

变形监测是指对被监测的目标进行测量，以确定其在内部形态在时空上的变化。变形监测的意义在于对建筑物的安全状况进行分析评估，验证设计参数，反馈设计施工质量，研究正常变形规律，预测变形。其具体体现在：对大型建筑而言，其首要任务是确保建筑的安全运行，并提高运行效率；在滑坡中，通过监测滑坡的演变规律，可以对滑坡的成因进行深入的分析，从而预测滑坡发生的时间、地点和范围；在矿井中，为了防止危险的形变产生，应采取控制开挖量、加强措施等。

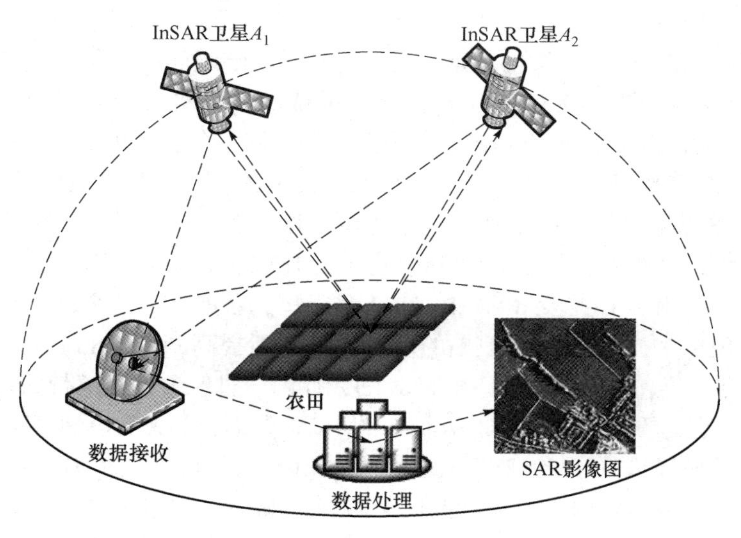

图 4-1 InSAR 对地观测流程

4.2 InSAR 技术概述

InSAR 技术是近些年兴起的非常具有发展前景的一种空间对地探测技术。InSAR 技术起源于 Thomas Yong 在 1801 年所做的“杨氏双缝干涉实验”，如图 4-2 所示。InSAR 正是受该实验启发，将干涉技术与雷达波对地探测技术结合，并吸取高分辨率遥感的优点发展而来。

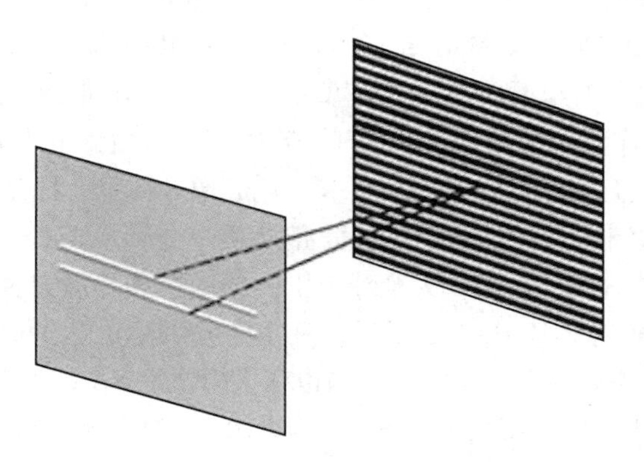

图 4-2 杨氏双缝干涉实验

4.2.1 SAR 卫星的发展历程

合成孔径雷达（SAR）属于主动式微波遥感，即雷达主动对目标发射雷达波再接收目标反射波，用于记录地物的散射强度信息及相位信息。地物雷达波散射强度信息反映了地表属性（含水量、地物类型等），地物相位信息则蕴含了传感器与目标物之间的距离信息。

美国于 1978 年发射了采用 L 波段的 SEASAT 卫星，揭开了雷达成像技术研究的序幕。

而后在 1981 年、1984 年，新型的 SIR-A、SIR-B 等雷达卫星相继发射进入地球轨道。这为初步的雷达成像研究提供了珍贵的数据。此后，各国也陆续研制出了不同波段的中低分辨率 SAR 卫星。欧洲航天局（ESA，European Space Agency）先后于 1991 年 7 月、1995 年 4 月发射了采用 C 波段的 ERS-1 和 ERS-2 卫星并组网在同一条轨道上。这两颗卫星提供了大量的雷达波对地观测数据，极大地推动了 InSAR 技术的发展。日本太空总署于 1992 年推出了 L 波段 JERS-1 型卫星，由于其长波穿透能力强，在 InSAR 监测上有很大的优势，但 JERS-1 并非专为 InSAR 而设计，因此其轨道偏差比较大，应用范围也受到了一定限制。加拿大于 1995 年推出了 C 波段 RADARSAR-1 号卫星，获取了覆盖全球的 SAR 影像数据。

进入 21 世纪以来，随着 SAR 卫星的硬件水平不断提高，InSAR 专用卫星相继发射进入地球轨道。2000 年，美国实施了 SRTM 计划，计划通过航天飞机携带的雷达探测传感器获取世界上 80%地区的 30 m 和 90 m 分辨率的 DEM 数据，为差分干涉测量提供可靠的外部 DEM 数据。欧洲航天局于 2002 年 3 月发射的 ERS 系列后继卫星 ENVISAT 不但能提供 SAR 数据，而且还能提供 MERIS 水汽数据，对修正 InSAR 数据中的延迟误差有很大的帮助。日本太空总署于 2006 年 1 月推出 L 波段 ALOS-1 号卫星，由于其具有较强的长波穿透能力和抗失相干特性，使其在地震监测、矿山测量等方面被广泛使用。ERS-1/2、ENVISAT、ALOS-1 和 RADARSAT-1 获得了大量中低分辨率 SAR 影像。这些卫星的 SAR 影像数据是 21 世纪初期 InSAR 技术研究的重要来源。

随着上述的中、低分辨率的 SAR 卫星的陆续停用，新一代高分辨率卫星相继升空，并且由单一极化、模式、波段、固定入射角发展到多极化、多模式、多波段和可变入射角，SAR 卫星进入一个崭新的发展纪元。德国航天局于 2007 年成功地将 X 波段 TerraSAR-X 卫星送入太空，并于 2010 年将 TanDEM-X 也送入太空，形成分布式协作方式，能够提供世界范围内的高精度数据和 DEM 图像，其分辨率可达 0. 25 m。意大利航天局设计了由 4 个 X 波段卫星组成的 COSMO-SkyMed 星座，并在 2007 年 6 月、2007 年 12 月、2008 年 10 月和 2010 年 11 月成功发射组网，其分辨率高达 1 m，重访周期短，在风险预警、灾害管理等方面发挥着重要的作用。加拿大航天局于 2007 年 12 月发射的 C 波段 RADARSAT-2 号卫星具有 RADARSAT-1 的工作方式，并加入了多极化成像等技术，提高了它在地形监测方面的能力。2014 年 4 月，欧洲航天局成功发射了世界上第一个环境监控卫星 C 波段 Sentinel-1A，并于 2016 年 4 月发射了 Sentinel-1B，为全球范围内的地质和环境灾害提供了大量的资料。日本于 2014 年 5 月发射的 L 波段 ALOS-2 卫星，其空间分辨率可达 1 m，在诸如地震等大型地质灾害方面，有着独特的优越性。同时，我国也在大力发展 SAR 卫星，于 2016 年 8 月 10 日在太原成功发射了 GF-3 卫星，使我国在 SAR 图像干涉测量领域取得了新的突破。

4. 2. 2 InSAR 技术的优势

InSAR 技术的优势如下。

（1）全天时。因为雷达测量卫星都是运行在地球轨道上，且搭载的是雷达主动成像传感器，所以天气干扰的影响小，能进行全天候、全天时的对地探测工作，而一般的光学卫星成像时则会受到大气的干扰。

（2）精度高。形变测量的年度平均精度能达到毫米级。

（3）范围广。它的监测范围很大，单幅影像就能覆盖数千平方千米，甚至数万平方千米。

（4）密度大。监测密度大，对于城区的观测每平方千米最高可获得 5 万个观测点。

（5）回归快。卫星的重访周期越来越短。未来的卫星系统对地观测间隔可以达到 1 天 1 次或 1 天多次。

（6）安全性高。该测量手段是通过卫星在太空直接获取数据并处理，无须建立地面监测站，与常规接触式测量相比，无须派人参与，在偏远危险地区，具备很强的安全性；极大减少人力的投入，同时也提高了工作效率。

（7）科学性强。基于时空变化的 InSAR 技术，不仅可以获取准确的静态信息，而且能给出定量的动态信息，还能为科学的决策提供信息支撑。

（8）成本较低。相对于常规的形变测量方法，InSAR 技术的成本更低。

4.2.3 合成孔径雷达干涉测量原理

合成孔径雷达干涉测量（InSAR，Interferometry Synthetic Aperture Radar）的原理主要是通过将相同地方的两张 SAR 影像进行干涉处理，进而通过二者之间的相关信息得到该地域的高程和形变。两幅 SAR 图像在成像时，因为雷达跟地物距离的不同，所以产生了相位差值，根据该值可以得到两幅图像的干涉相位图，在得到干涉图后，通过 InSAR 技术处理后即可获得地物地表的高程值。合成孔径雷达干涉测量的成像方式主要分为沿轨道干涉法、交叉轨道干涉法、重复轨道干涉法三类，其中利用重复轨道干涉法是最为常用的方式。

如图 4-3 所示，在地表部分任选一点 P，SAR 在飞行过程中分别处于两个位置——A_1 和 A_2，在两个不同的位置对地面点进行观测。P 点可以表示为（x，y，z），高程表示为 h，雷达入射角表示为 θ，根据图 4-3 可以简单地计算出高程 h：

$$h = H - R_1 \cos\theta \tag{4-1}$$

为了方便之后的研究，可以认为雷达在两次成像时，地物没有发生明显变化，抛去大气影响。A_1 与 A_2 之间的距离用 B 表示，空间基线和水平线所成的角为 α，A_1 位置距离地面点的高度为 H。

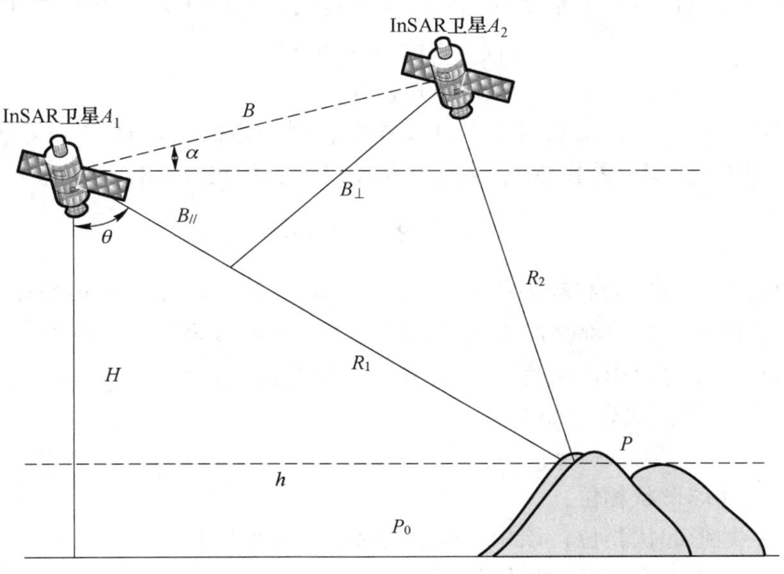

图 4-3 InSAR 基本原理

图 4-3 中物体目标的散射幅度信息及相位信息是每张合成孔径雷达影像都含有的信息，$|A|$可以代表单视复数图像中每个像元所含的信息。φ 所含的信息包括两个部分，除了最主要的雷达和地面 P 点的位置距离信息外，还含有 P 目标点自身的$|A|$。由雷达波长 λ、雷达和 P 点的距离 R_1 和 R_2、P 点自身的散射相位 $\varphi_{|A|}$，φ 的公式可表示为：

$$\varphi = -\frac{4\pi}{\lambda}R + \varphi_{|A|} \tag{4-2}$$

根据图 4-3 中雷达所处的两处位置可知，两次成像 P：

$$\begin{cases} \varphi_1 = -\dfrac{4\pi}{\lambda}R_1 + \varphi_{|A|_1} \\ \varphi_2 = -\dfrac{4\pi}{\lambda}R_2 + \varphi_{|A|_2} \end{cases} \tag{4-3}$$

将上面两个不同位置获取的影像共轭相乘，则可以获得：

$$I = |A|_1 \times |A|_2^* = |A_1A_2|e^{j(\varphi_1-\varphi_2)} \tag{4-4}$$

其中，式（4-4）所表示的为共轭相乘，为干涉之后图形的幅度信息，干涉相位是由两位置影像形成的相位差，用式（4-5）可以表示：

$$\varphi = \varphi_1 - \varphi_2 = -\frac{4\pi}{\lambda}(R_1 - R_2) + (\varphi_{|A|_1} - \varphi_{|A|_2}) \tag{4-5}$$

φ 为地面 P 点的相位差，如果将两次位置成像所接收的 P 点的散射度视为不变，则能够把式（4-5）进行一定简化，表达为：

$$\varphi = \varphi_1 - \varphi_2 = -\frac{4\pi}{\lambda}(R_1 - R_2) = -\frac{4\pi}{\lambda}\Delta R \tag{4-6}$$

干涉相位的模为 2π，相位差不好获得，因此，想要获得 P 点的高度数据，相位整周数一定得进行相位解缠求解。

因为两幅图像得到的时间上是不同的，所以对应的卫星轨道也是不一样的，A_1 和 A_2 之间的空间基线 B 可以分解为水平基线以及垂直基线，用式（4-7）可以表示：

$$\begin{cases} B_{\perp} = B\cos(\theta - \alpha) \\ B_{/\!/} = B\sin(\theta - \alpha) \end{cases} \tag{4-7}$$

在干涉图中，物体的相位只与垂直基线相关，因为地面目标点 P 和雷达的距离很遥远，所以可以把 $B_{/\!/}$ 近似地看作 ΔR，最终相位差则可以用式（4-8）表示：

$$\varphi = -\frac{4\pi}{\lambda}B\sin(\theta - \alpha) \tag{4-8}$$

最后将 P 点简单计算的高程公式 h 代入式（4-8），就可计算出 P 点的高程。

由于地表物体随时随地都会产生一定程度变化，在雷达的两次观测中，所成的图像也是不同的，那么干涉图的相位信息 φ 会由多个相位组成，包括 φ_{earth}、φ_{topo}、φ_{def}、φ_{atm} 以及 φ_{noise} 五个分量，其公式表达如下：

$$\varphi = \varphi_{earth} + \varphi_{topo} + \varphi_{def} + \varphi_{atm} + \varphi_{noise} \tag{4-9}$$

式中 φ_{earth}——地球形状相位；

φ_{topo}——地形起伏相位，该相位可以用来恢复地形信息；

φ_{def}——地表形变引起的相位；

φ_{atm}——大气延迟相位；

φ_{noise}——观测噪声引起的干涉相位。

$$\varphi_{def} = \varphi - \varphi_{earth} - \varphi_{topo} \tag{4-10}$$

$$\Delta R = 2(R_1 - R_2) = 2B\sin(\theta - \alpha) = 2B_{//} \tag{4-11}$$

其中，$\varphi_{earth} = -\dfrac{4\pi}{\lambda}B\sin(\theta - \alpha) = -\dfrac{4\pi}{\lambda}B_{//}$ 和 $\varphi_{topo} = -\dfrac{4\pi}{\lambda}B_{\perp} \times \varphi\theta$ 分别表示地球形状和地形起伏引起的干涉相位。

将地球形状相位、地形起伏相位、大气延迟相位、噪声引起的干涉相位相加，即可得到地表形变相位，相位几何关系如图 4-3 所示。

按照式（4-12）可计算图 4-3 中地表形变的相位变化值：

$$\varphi_{def} = -\frac{4\pi}{\lambda}\Delta r \tag{4-12}$$

式中 Δr——地面点 LOS 向形变信息；

λ——波长。

4.2.4 InSAR 处理流程

InSAR 的处理最终目的是获得研究区域的 DEM 数据，其中大致过程包括基线长度估算、SAR 影像配准、平地相位去除、相位滤波、相位解缠、地理编码和 DEM 质量评价。

（1）基线长度估算。一对影像干涉质量的好坏由基线估算来评价，这也是判断一对影像能否进行干涉的重要步骤。只有一对 SAR 影像的空间基线低于临界基线时，才可以进行干涉。现阶段，轨道法、条纹频率法是基线估算中最为常用的方法。

（2）SAR 影像配准。雷达不同时间拍摄图像的入射角是不一样的，从而造成的结果就是两幅图像的情况是有差异的，因此，要将两幅不同的图像进行匹配操作，没有进行匹配操作是无法继续进行后续步骤的。

（3）平地相位去除。SAR 影像配准后会有大密度的干涉条纹，通过对相位梯度变化的降低，让配准后的影像上条纹变稀疏，使图像质量变得更高。平地相位去除有两种方法：其一，参考 DEM 进行去除；其二，根据数据自身的规律进行去除。

（4）相位滤波。去平地后的影像一般还含有大量的噪声，滤波是对图像精度提高的标准方法。目前最具代表性的是 Goldstein 滤波法。

（5）相位解缠。图像中得到的干涉相位数值不是真实的相位值，$(-\pi, \pi)$ 是其取值的范围，相位解缠的目的就是把该范围的相位值具体进行计算，获得研究区真实的干涉相位。这一步骤特别重要，会影响 DEM 的质量，也是 InSAR 处理过程中最困难的一步。

（6）地理编码。该步骤是 InSAR 处理过程中最后一步，解算出来的高程值是在 SAR 坐标系中，现在需要将参考 DEM 提供的地理坐标系作为依据，将影像中提取的高程转换到地理坐标系中。

（7）DEM 质量评价。利用 InSAR 提取了地形高程后，得到 DEM 产品，需要对其进行精度评价，判断产品的质量高低。

4.3 InSAR 地表监测方法

4.3.1 D-InSAR 方法

合成孔径雷达差分干涉测量技术（D-InSAR，Differential InSAR）是利用合成孔径雷达获取相同区域两次不同时段影像的相位信息，通过解算影像间的干涉相位变化获取地表变化的技术。

这种方法要从含有变形信息的干涉相位中提取地表形变，就必须要消除的基准面相位和地形相位对计算干涉相位的干扰。对于基准面相位，通常采用多项式拟合方法与 SAR 成像时的平台空间位置参数消除基准面的相位。对于地形相位，则要用其他的 SAR 影像数据或 DEM 数据对干涉图再进行一次差分处理，以达到去除的目的。

根据去除地形相位采用的数据和处理方法，可将其划分为二轨法、三轨法、四轨法，其处理程序各有差异。二轨法是通过对研究区的地表前后的两张 SAR 图像生成干涉图，再用该区域 DEM 的地形相位数据与干涉图差分计算去除图中的地形相位信息，获得研究区的地表形变信息。

三轨法是使用研究区内三张 SAR 图像获取研究区的地表形变信息，即分别获得在变形之前与变形之后的两张 SAR 图像，以及一幅在变形阶段中的 SAR 图像。选择一幅作为主影像，其余两张用于与主影像进行干涉，从而产生两幅干涉图像：一幅含有地形信息；另一幅含有是地形与变形信息。然后对它们进行差分计算，最终得到的仅含有地表形变的干涉图。四轨法与三轨制相似，四轨法是采用形变前与形变后各两幅的 SAR 影像获取地表形变信息的方法。具体是在变形之前采集两张 SAR 影像，然后再采集两张变形之后 SAR 影像。形变前与形变后各抽取一张 SAR 影像形成含地形信息的干涉图，另外两张影像进行相同操作获取含地形信息与形变信息的干涉图，再将其进行差分计算，得到的仅含有地表形变信息的干涉图。

图 4-4 为 D-InSAR 技术从 SAR 影像到地理编码的处理过程。

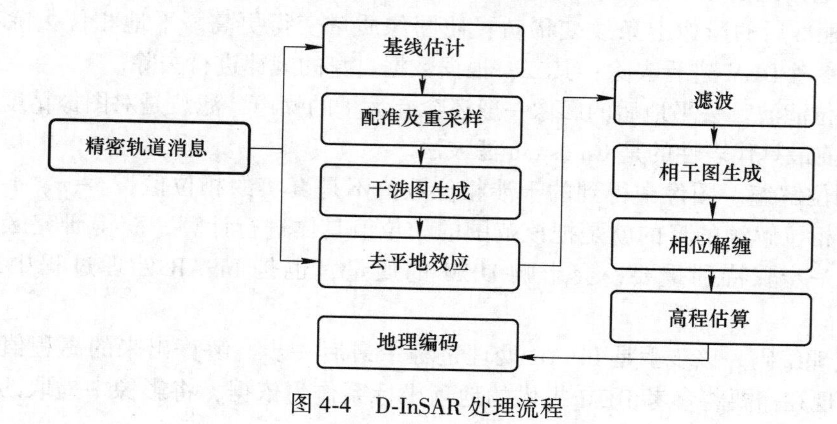

图 4-4 D-InSAR 处理流程

从图 4-4 来看，D-InSAR 的优点在于方法简单，同时要求的成本也低、所需要的数据要求小、监测的面积更大，但是其缺陷性也是很明显的。

（1）时间失相关。时间基线是 D-InSAR 应用于区域地表形变探测的一个重要限制，尤其在植被覆盖地区，时间间隔稍长就可能引起相位严重失相关而无法获得可靠的干涉测量结果，且这些变化是不可以通过 D-InSAR 进行消除的。

（2）空间失相关。空间失相关是由于雷达不同角度的观测造成雷达的信号有差别。通常，单通道双天线雷达的空间失相关很小，但单天线雷达系统受基线失相关的负面影响更大。随着获取同目标不同位置时影像的卫星轨道间距的增大，干涉相位噪声也随之增大，从而极大地制约了干涉对的有效量，使其仅限于在部分基线条件下的 SAR 影像，这就给长期累积观测的小型地面变形监测带来了极大的难度。

（3）大气延迟。大气环境的变化会造成不同的相位滞后，这导致的误差直接体现在时间和空间两个方面。严重的大气延迟会使目标信号模糊不清，如果无法将其完全提取或消除，很容易将其误判为地形起伏或地表形变，从而大大降低了 InSAR 获取地表高程信息和地表变形信息的准确度。

（4）无法监测单个目标的变形。由于机载雷达的观测空间尺度限制，这种方法仅能对大范围的地面形变进行检测。若是对单一目标进行形变的检测，仍然是 InSAR 的一个重要研究方向。

利用 D-InSAR 技术获得的形变是由雷达视线方向（LOS，Line-of-Sight）上的地表真实三维形变的投影，目前主要是通过除以入射角余弦值的方法获得垂直方向的形变。然而，这种方法必须假定在水平方向上发生了变化，但在许多情况下，这种变化并不能代表实际情况，从而造成对目标形变程度的误判。同时，长时间的形变监测中，所有的误差都会被放大，影像之间的相干性会逐渐变小，测量的精度也会随之减小，进而使得 D-InSAR 观测难以继续进行。

4.3.2 PS-InSAR 方法

PS-InSAR 是利用研究区域中具有稳定散射特性的地面硬质目标，对其进行干涉时序分析，获得研究区域的形变信息。反射雷达能力强且具有稳定散射特征的硬质目标称为永久散射体（PS，Permanent Scatterers）。该方法的基本思想如下：首先，采用覆盖相同区域的多场景单目 SAR 图像，选择一景 SAR 影像作为主影像，将其他 SAR 影像分别与主影像配准，根据时间序列的振幅或相位信息的稳定性，选择永久散射体目标；其次，通过对永久散射体进行干涉并去除地形相位，获得了基于永久散射体的差分干涉相位，并对相邻的永久散射体的差分干涉相位再次差分；最后，利用两次差分相位结果中各相位分量的差异，利用形变相位模型和时空滤波进行形变和地形信息的估算。

PS-InSAR 并不需要对 SAR 影像中的全部像素进行解算，而是选择具有时间相位相对稳定且雷达波散射少的 PS 点作为目标，一般包括人工建筑、裸露的岩石等，在长时间段表现出良好的一致性和稳定性。PS 点的选择方法主要有幅度偏差阈值法、相干系数法、相位分析法等；而在形变和地形相位的求解中，一般使用解空间搜索法、LAMBDA 法、StamPS 中的三维解缠法等。

PS-InSAR 将离散点的各个 PS 点组建为一个有密度的网络，从中提取相位对研究区域进行形变反演，主要处理步骤大致有选择主影像、主辅影像干涉处理、结合外部 DEM 对干涉图进行差分处理、探测可用的 PS 点、建立相位模型、通过合理算法得到每个 PS 点的形变速率、模型修正、质量分析。具体步骤如下：

（1）在 N+1 张影像里，通过时间中段选取一幅作为匹配的影像，然后再将剩余的影像与其进行匹配，接着主影像、辅影像再进行干涉处理得到 N 幅干涉图；

（2）将外部的高程信息插入，对（1）中得到的干涉图进行处理，从而获得对应的干涉图；

（3）在所有图像中找到适用的 PS 点；

（4）依据探明到的候选 PS 点和（2）中获得的 N 幅差分干涉图，结合得到各个 PS 点的差分干涉图集；

（5）结合实际形变的具体情况，建立差分干涉相位模型；

（6）根据上述结果，经过算法分析操作，将每个点的信息属性得出，包括点的形变速度、高程误差以及大气影响下的误差；

（7）将测得的 PS 点形变速度、DEM 地形误差相位和大气干扰相位代入（5）的模型中，对模型进行修正；

（8）将结果进行数据解读，获得最后阶段的形变时间序列；

（9）对时序形变结果进行地理编码。

PS-InSAR 处理流程如图 4-5 所示。

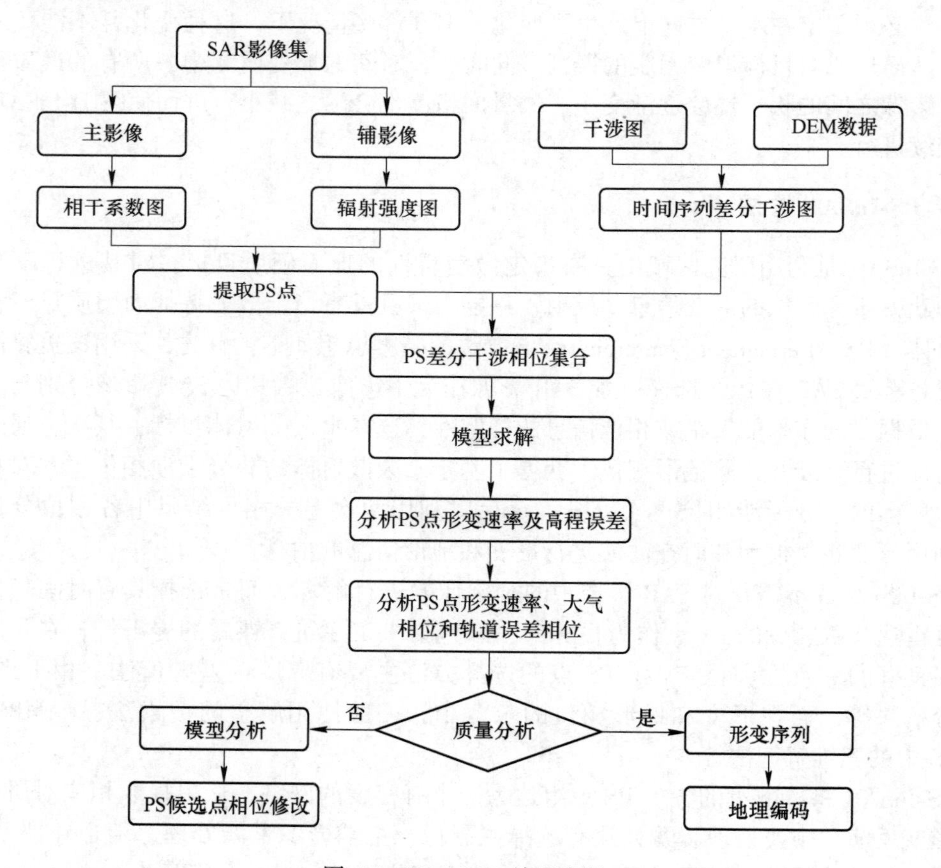

图 4-5　PS-InSAR 处理流程

当前，PS-InSAR 技术已经被广泛用于高精度地表沉降测量，尤其是对城市重要基础设施。通过与水平观测数据和 RTK 数据的比较，证明 PS-InSAR 技术是一种非常有效且精确的方法（精度达 mm 级），这对于了解城市地表沉陷的规律及探究其原因等都有巨大的研究价值。但是，PS-InSAR 技术也有其不足之处：其一，在对一个研究区的地表形变研究中，它需要足够多的 SAR 图像（通常大于 25 景）来覆盖相同的区域，以确保模型计算结果的精确度；其二，由于 PS-InSAR 技术是以 PS 点为基础进行迭代回归或网络平差计算，因而不适用于大规模区域高精度地表沉降的形变监测。

4.3.3 SBAS-InSAR 方法

SBAS-InSAR 技术是以主影像干涉对为基础，利用相干点来复原被测区域的时序变形信息。其基本思想是：对一定区域的多景 SAR 图像进行时间–空间基线计算，然后通过适当的时空基线阈值选取干涉对；再用差分干涉法对选定的干涉对进行相位解缠；最后，利用最小二乘法和 SVD 法对各干涉图构成的相位方程进行形变计算。在实际应用中，通过对大气滞后图像进行时空滤波，获取非线性形变。估计的低频变形与非线性变形之和就是整个研究区的变形信息。图 4-6 为 SBAS-InSAR 处理流程。

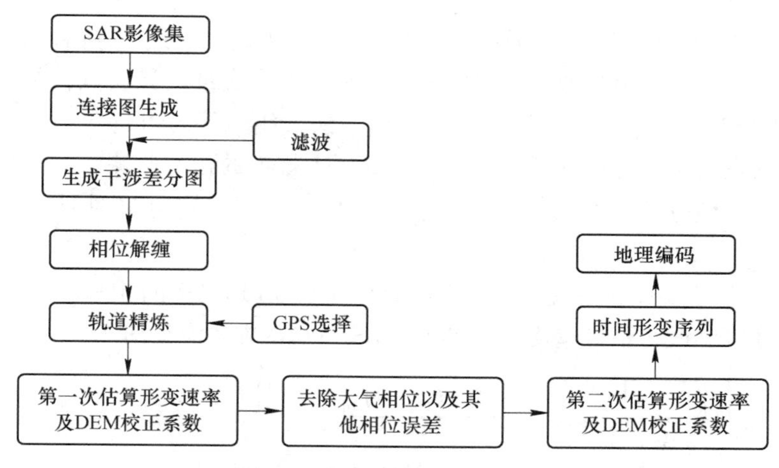

图 4-6 SBAS-InSAR 处理流程

目前国内外学者对 SBAS-InSAR 技术进行了大量的研究，其中高相干点选取上有相位稳定选点法、空间相干度法等；在形变观测模型的选择上有线性模型、周期性形变项等；在参数估计中有最小二乘法、SVD 法等。采用 SBAS-InSAR 方法可以有效地解决 PS-InSAR 由于选择一张图像为共同主图像而造成的局部干扰图像不一致的缺点，从而减少了对 SAR 数据量的需求，提高了计算效率。

4.3.4 DS-InSAR 方法

自 2011 年 FERRETTIA 等推出了 SqueeSAR 的第 2 代永久散射体技术后，时序 InSAR 的研究方向逐步向分布式目标（DS，Distributed Scatterer）方向发展。DS 和 PS 点的物理性质不同，它是在无散射体的情况下，由后向散射占主导地位。虽然 SBAS 和 StamPS 技术采用了 DS-InSAR 的理念进行变形监测，但是研究者们对相干和非相干的物体进行了区分，使得 PS 和 DS 的物理边界被削弱。因此，在数据处理方面，SBAS 技术和 SqueeSAR 具有本质上的区别，但是由于 SBAS 和 SqueeSAR 的特点，要求 DS 的信噪比更高，从而获得的结果精度更高。

SqueeSAR 技术的关键在于以下方面。

（1）获取质量高的同质点用于提高时序 InSAR 协方差矩阵的估计精度，并在此基础上实现 PS 与 DS 目标分散；同质点在不同的 SAR 影像的像素中，其相位中心相同，通过时序统计分布的像素参与平均，既能提高相位信噪比，又能不损失其空间分辨率。而 SBAS 则主要是利用多视角处理或空间滤波来提高相位的品质，该方法虽然提升了相位质量，但牺牲了空间分辨率，从而导致图像细节损失。

（2）对时序 SAR 影像进行重建，恢复影像的相位信息；SqueeSAR 在样本协方差矩阵服从 Wishart 分布的基础上，利用最大似然法估计最优时序相位。特别是 SqueeSAR 在利用了干扰对的全部信息的同时，并没有直接从滤波后的相位中抽取时序相位，这与其他时序 InSAR 技术在滤波后的相位上存在着本质上的差异。通过对 DS 进行优化，将其和 PS 对象结合到传统 PS-InSAR 数据处理体系中，可以得到更高精度和更高空间分辨率的时间序列形变结果。

但是，SqueeSAR 技术也有它的缺点。在同质点选取中，由于 KS 检验的效率较低，尤其是在小样本情况下，容易导致所选择的同质点集合存在大量的异质点，并且计算效率不高。因此，AD 检验、置信区间估算等统计推断方法被用于同质点选取中。在相位优化算法中，最大的缺点就是计算效率低下，这就导致了大规模的精准监测难以实现，因此采用协方差矩阵的奇异值分解提升效率。在可靠性优化上，可以使用 M 估计量等抗差性更强的估计方法。

上述改进算法与 SqueeSAR 技术一起构成了当今 DS-InSAR 的雏形，旨在提高计算效率、增加观测密度和改善估计精度。图 4-7 为 DS-InSAR 方法流程图。

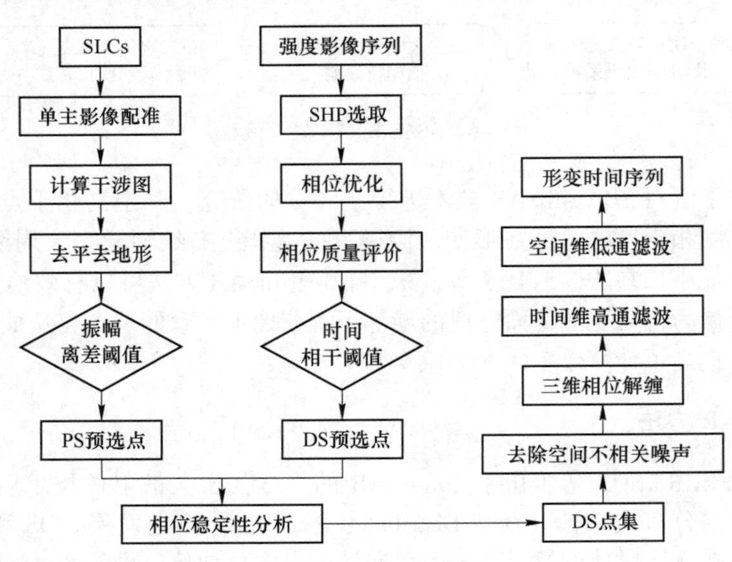

图 4-7　DS-InSAR 方法流程图

从广义上来讲，除了以 PS 点为基础的 InSAR 技术以外，其他时间序列 InSAR 技术都或多或少地采用了 DS 的理念，而结合 PS-InSAR 与 DS-InSAR 或将成为 InSAR 提高最终产品的精度的最终方案。

4.3.5　MAI 方法

多孔径雷达干涉测量（MAI，Multi Aperture InSAR）主要是通过方位向公共频谱滤波技术重新确定 SAR 数据的多普勒中心，从而将单张 SAR 影像分为前视与后视两景影像。通过图像配准、多视处理、生成干涉图、去平地相位、去地形相位以及滤波处理，最后对前后视干涉图进行差分处理，获得 MAI 干涉图。

如图 4-8 所示，卫星按照飞行方向行驶，从 S_1 点经过 S 点飞至 S_2 点。当卫星在 S_1 与 S 之间时，卫星与被监测点距离逐渐减少，反射回来的多普勒信号为正。当卫星飞离 S 点驶向 S_2 点时，卫星与被监测点距离逐渐加大，反射回来的多普勒信号为负。而当卫星在 S 点时接受的多普勒信号为零，即多普勒中心。

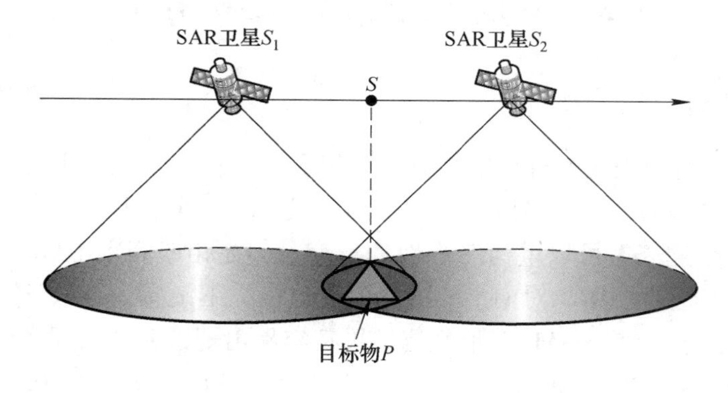

图 4-8　MAI 方法原理图

MAI 技术是为了获得地表方位向的形变信息，它的方向和 LOS 方向是互相垂直的，因此 D-InSAR 的观测结果能够很好地辅助 MAI 技术，从而获得地表的三维形变信息。对于偏移量追踪法，MAI 法在方位向上的形变解算精度和效率更高，可以有效地提高形变监测的精度。

但 MAI 技术也存在着不足。第一，因为 MAI 技术采用方位向公共频谱滤波，等于缩短了 SAR 影像的合成孔径时间，使得单一的前视和后视影像的回波信号都会被削弱，因而 MAI 技术容易被失真噪声干扰，不适合在近场同震变形信息提取。但是，对于这一问题，可以将多幅干涉图叠加起来，从而可以有效地减少噪声的影响。第二，由于前、后两种干涉对的垂直基线有微小差异，使 MAI 干涉图产生了平地和地形引起的相位残留。在此基础上，利用纵向基线差和相位残余之间的关系，采用多项式模式来模拟和消除相位残留。第三，MAI 技术的应用受到了电离层相位的制约。由于电离层的时变性，使得 MAI 所获得的方位向形变出现一定方向性的条纹，这种变化在 L 波段尤其显著。图 4-9 为 MAI 方法流程图。

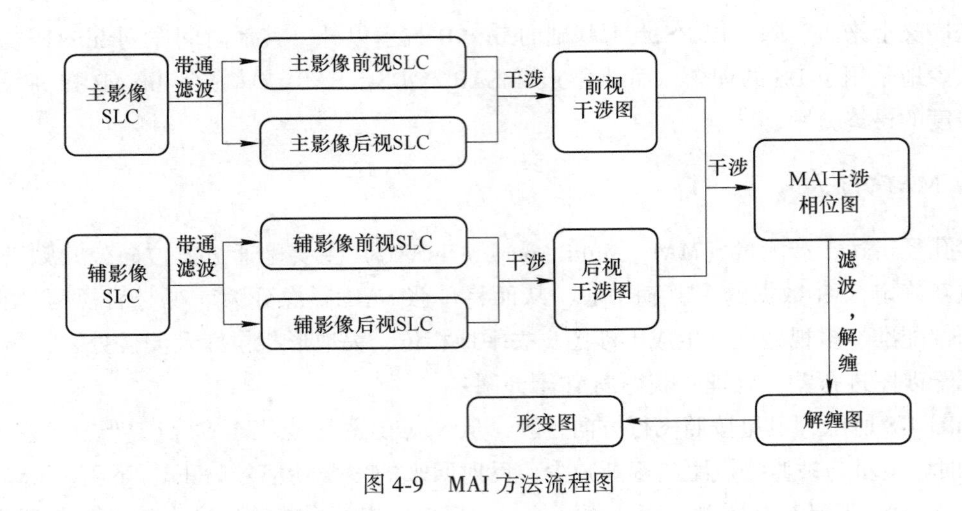

图 4-9 MAI 方法流程图

4.4 InSAR 形变误差修正方法

4.4.1 多维形变测量

InSAR 技术仅能对地表变形进行一维成像。但实际上，由于地质灾害引起的地面变形都是在三维空间中进行的，也就是所谓的“三维形变场”。理论上，将三个及以上不同方位的 InSAR 影像结合起来，可以重构三维地表形变。但是由于目前 SAR 卫星的极轨飞行和侧视成像原因，变形观测结果对南、北方向的变形极为不敏感，导致该方法仅能获得可靠的纵向和纵向变形，使得 InSAR 变形观测结果很容易出现误差或错误预测。

针对 InSAR 技术存在的这些缺点，一些研究者已经开始采用 OFT 和 MAI 技术来检测除 LOS 向外的地表变形。OFT 技术是通过主、副 SAR 图像的配准偏差信息，实现对地面平行飞行向的变形监测。现有的研究结果显示，利用 D-InSAR 和 OFT/MAI 技术可以很好地重建地震、火山活动等大型地质灾害的三维形变场，而 GPS 则是目前应用最广泛的三维地面变形监测技术。因此，将 GPS 数据与 InSAR 数据相结合，可以有效地实现高精度的三维形变场。

综上所述，目前 InSAR 技术在大部分未安装足够数量 GPS 的地区，很难获得高精度的三维形变，因此，InSAR 无法对一些地质灾害进行监测。由于高轨道 SAR 卫星的成像几何特征与低轨道 SAR 卫星相比存在着很大的差别，因此，利用高、低轨道 InSAR 的观测数据，可以获得高分辨率的三维形变场。另外，由于不同平台、不同轨道 SAR 影像的采集时间和周期不同，使得目前的模型在求解三维时序形变时存在秩亏，因而需要加上限制条件，这不但会影响到 InSAR 三维时序形变的估计精度，而且每次获得新的 SAR 数据都需要重新处理所有的数据，花费了大量的时间。

4.4.2 低相干区测量

相干性是合成孔径雷达技术难以避免的问题。在各个成像时间内，由于散射体的变化、传感器姿态变化和雷达波传输率变化等的影响，使得雷达回波信号受到了不同程度的时空相干干扰，从而使干涉相位的随机噪声增大、相干性减弱、测量精度下降。当两个回声信号不相似时，就会出现完全不相干的情况，从而导致 InSAR 不能测出地形变化。

低相干区的概念通常指在时空相干度低于一定阈值的情况下的研究对象，例如草地、湿地等，其干涉质量随时间的推移呈现指数下降，属于典型的低相干区。对于低相干区测量，需依照 InSAR 的特性选择对应的监测方案。由于常规的 D-InSAR 对低相干区观测能力有限，因而难以直接获取到低相干区的形变特征。但对于时序 InSAR 技术，尤其是分布式目标时序 InSAR 技术，由于其观测量的增加和信噪比的提高，可以在一定程度上还原出部分低相干区的形变程度。但这对 InSAR 的数据处理是一个非常具有挑战性的工作，主要体现在以下两个方面。

（1）相干性的参数估计。相干性是评价相位质量的唯一指标，因此相干性的参量估算是整个质量控制的核心问题。但样本相干性是有偏估计量，在低相干区会产生较大的系统偏移，从而使相干值无法客观地反映出相位质量，造成了实际点相位质量低。要想准确地获取目标，去除系统误差是关键。然而，相干性估计的统计性质比较复杂，且无解析表达式。目前，用 Bootstrapping 或 Jackknife 技术对观测误差进行逐个消除是通用的有效做法，且不会造成分辨率损耗。

（2）时序形变。当观测数据不足时，对时序变形进行的研究，在最小范数框架下，存在着秩亏问题，因此，合适的约束条件成为提高精度的重要因素。实际时间序列变形和观察次数、约束条件的一致性，常用的方法是通过截尾 SVD 法或拉普拉斯平滑动算子来进行补偿。

为实现低相干区域 InSAR 形变监测，目前也提出了一种折中的办法。也就是说，通过损失空间分辨率的方法来交换估算准确度的可靠性。由于不同波长的微波抗失相干性能不同，当 SAR 影像数据量积累到一定程度时，在同一区域内可以同时包含多个不同 SAR 卫星影像数据。此时可采用多源传感器数据联合解算方法，既能增加观测数，又能提高时间分辨率，从而使 InSAR 技术运用在低相干区的形变监测。但这种方法需要对不同 SAR 卫星影像数据进行配准，且配准精度很高，同时也会造成空间分辨率的下降。但是，这避免了由于缺乏先验知识，盲目地寻求改进的形变解算法而造成不准确的形变解结果。

4.4.3 大气误差改正

目前，在 InSAR 地面变形监测中，大气延时效应是一个重要的误差来源。微波信号经过大气层时，由于大气层的不均匀性，会散射、折射电磁波，导致信号的传播速率和路径变化，使得 SAR 卫星在不同的成像时间受到大气环境的影响，这就是“大气延迟”。

可以从大气延迟中直接提取一些大气参数，然后基于式（4-13）计算大气延迟量：

$$L = L^{\text{hydro}} + L^{\text{wel}} = \frac{10^{-6}}{\cos\theta}\int\left(k_1 \frac{P}{T} - k_2' \frac{e}{T} + k_3 \frac{e}{T^2}\right)\mathrm{d}z \tag{4-13}$$

式中 P——总气压，Pa；

T——气温，K；

e——水汽分压；

k_1，k_2'，k_3——通用气体常数，$k_1 = 0.776\ \text{K/Pa}$，$k_2' = 0.716\ \text{K/Pa}$，$k_3 = 3.75\times10^3\ \text{K/Pa}$。

4.4.4 InSAR 电离层的改正

电离层干扰微波信号主要是由传输路径上的自由电子导致的。在 SAR 影像成图过程中，发射微波穿透电离层，接收微波穿透电离层均会受到干扰，且 InSAR 变形监测中往往需要多次 SAR 影像成图，受到的干扰也会随着影像数量而翻倍。同时，每次电离层影响程度与传播信号频率的平方呈正相关，频率越高影响越大。目前，InSAR 电离层校正的方法有：

（1）采用外部观测方法观测到的 TEC 数据修正干涉图中的电离层误差；

（2）通过计算 SAR 影像在方位向上的偏移跟踪量估计电离层误差；

（3）利用 MAI 监测方位向上的形变估计电离层误差；

（4）通过分离距离向雷达波，得到两个不同频率干涉图，用来估算电离层误差。

但是，上述方法各自都有的缺陷。方法（1）受到了空间分辨率的限制，比如 GPS 的空间分辨率常常高达几十千米；方法（2）对像素匹配的准确性有很高要求，其估计结果也受方向形变的影响；方法（3）对前、后光栅干涉图的空间相关性和 MAI 相位在方向上的精度要求很高；方法（4）受到 SAR 卫星自身的带宽的限制，比如目前 SAR 卫星的带宽一般仅为 14 MHz 或 28 MHz。因此，如何修正 InSAR 中的电离层误差仍是一个比较困难的问题。

4.4.5 InSAR 对流层误差的校正

电磁波在对流层中的传播主要与大气压强、温度以及空气湿度相关。由于压强和温度在大尺度空间上的变化比较缓慢，因此 InSAR 干涉图中的对流层延迟主要与空气湿度分布有关。如果两次 SAR 成像时间中的空气湿度有 20%的改变，那么 InSAR 的变形误差就会达到 10~14 cm。在空间上，InSAR 对流层延迟可以分为垂直分层部分和湍流部分。其中，垂直分层的对流层延迟与地形起伏相关，湍流的对流层延迟与大气湍流相关。

（1）基于外部大气数据的对流层误差改正方法。外部大气数据来源：1）GPS 估算的大气延迟数据；2）采用 MODIS、MERIS 等光学传感器获取的水汽数据；3）气象模型估算的对流层时延数据。

这种以外界数据为基础的校正方法受到了外界数据本身的质量和时空分辨率的限制。比如 GPS 数据，其时间分辨率虽高，但其空间分辨率却远远小于 SAR 影像；MODIS 和 MERIS 数据仅可在白天获取，且会受到大气污染的影响；而气象模型又受到原始数据空间分辨率限制，且无法估算湍流区域的对流层延迟。

（2）基于统计学的方法来削弱其影响。这类对流层的修正主要有两种：1）根据地面起伏和对流层延时的关系，建立对流层时滞的函数模式；2）采用时序上的干涉图，用滤波、平差等方法，在时域内减弱对流层的作用。但这些方法也有其不足之处，比如对流层模型只能减弱垂直层段的大气时滞；而采用时序滤波的方法，一般都是基于时间域对流层，虽符合高斯分布的假设，但不符合实际。

在不断完善探测技术和 SAR 探测器、不断优化算法的基础上，将会使 InSAR 的大气时滞校正更加成熟，从而为扩大 InSAR 的应用和更精确的地面变形提供有力保障。

4.4.6 轨道误差改正

由于卫星轨道运行方向向量的偏差，造成了对基准的估计精度的偏差，这就给 InSAR 的数据处理带来了错误。由于 InSAR 的基线误差，不仅影响平地相位的去除，而且还会影响到地形和高程之间转换参数的计算。这会使 InSAR 地形测量的准确性直接下降，同时也对差分 InSAR 的测量结果产生影响，导致差分 InSAR 变形监测的可靠性下降。在干涉测量中，基线误差对干涉测量的精度有较大的影响。在时序形状形变分析中，都需要考虑轨道误差。针对基线估计精度不高所造成的相位误差，从数据处理的观点来看，有基线精确估计和干涉相位误差修正两种方案。

（1）对于基线的准确估算，可使用地面控制点对 InSAR 干涉基线进行精简，并在已知解缠相位和地面控制点高程的基础上，建立观测方程，应用最小二乘法求解基线参数。

（2）在对相位误差进行修正的过程中，可采用线性模型和二次多项式模型等来消除轨道误差。

4.5 InSAR 形变监测精度评定

目前，InSAR 的形变测量主要依靠水准、GPS 等现场实测资料来检验其准确性和可靠性。最科学、最合理的办法是在研究区设置人工角反射镜，在获取 SAR 图像的瞬间，采用现场测量技术对反射镜进行精确测量，并以此作为评价 InSAR 成像的准确度。在大多数地区没有安装角反射镜时，通常是通过地面观测资料的地理坐标来选取距离较近的或在某一范围的 InSAR 监测点。但是，需要指出的是，地面测量方法与 InSAR 技术所监控的地表点通常是不一致的。以城市形变监测为例，InSAR 技术监测的地面点通常是建筑物等具有稳定反射信号的地物，而水平监测点多分布在道路两侧，GPS 观测站很有可能会建在基岩上，因此，现场实测资料不能对 InSAR 变形监测结果进行客观、准确的评价。

4.5.1 年平均线性形变速率标准差检验

年平均线性形变速率标准差是时序 InSAR 分析结果精度的直接评价指标，表现了线性形变相位与残差相位的分离程度。通常，采用线性形变速率标准差来度量 InSAR 的大气滞后相位。

4.5.2 解缠相位一致性检验

时序解缠相位由多主干涉图解缠相位转化而得，作为后续时序分析的基础数据，通过获得单主时序解缠相位验证其正确性。图 4-10 以某条带为例，画出了解缠相位相容性评估散点图，该散点图表示了从多个主干涉图中获得的时序解缠相位与单主干涉图所获得的时序解缠相位的差异性，表明了这两个时序解缠相位的一致性在 0.4 以下是可接受的，如果超限点数量太多，则要用迭代解缠法修正，直到使总残差数量最小。

4.5.3 相邻轨监测结果交叉检验

除了 InSAR 自身的理论精度，还应考虑相邻轨道之间的监测结果是否一致。InSAR 技

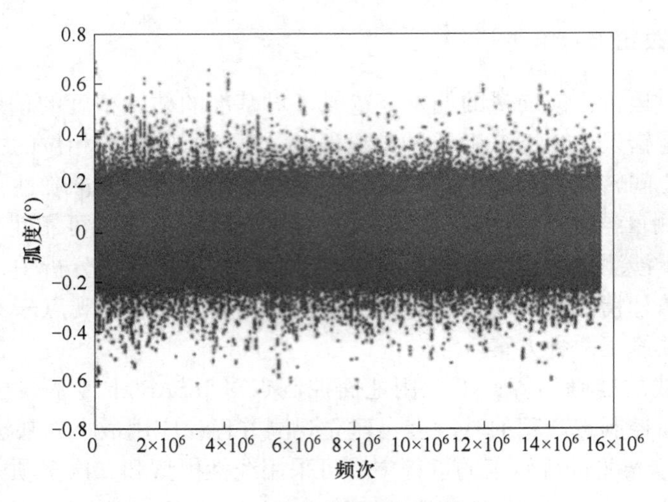

图 4-10 某条带残差相位散点

术只能得到地面形变在雷达视角向的形变。若已知检测目标只有一个方向上的形变，相邻 InSAR 测量结果均可投影到地表垂向，而由于各轨道的测量独立不相关，因此可以将其视为非关联，从而进行内部一致性评价。相互确认邻近的轨道监视结果一般包括两个步骤。

（1）提取相邻轨道间的同名点目标。该步骤有两种方式可以实现：一是将高相干性目标分割为一定尺度的空间网格，将落在同一网格中的邻近轨道点作为同名点；二是在邻近轨道点目标空间内插，再通过利用插值后的栅格提取同名点进行对比。

（2）对提取的同名点进行相关性检验。从相应网格中抽取同名点，进行差分处理，再消除总偏差，然后绘制差异直方图。

4.6 InSAR 技术应用

InSAR 最初是用于测量地表形状并成图的技术，发展至今日，InSAR 的应用已不仅限于地表形状测量成图，它还在许多方面得到了广泛的应用。InSAR 主要应用领域包括 DEM 的获取、地图测绘、地球动力学应用三大方面。

4.6.1 数字高程模型（DEM）的获取

InSAR 技术能够全天候、全天时、大面积、高精度、快速准确地获取全球范围内的数字高程地图。尤其在常规测量难以开展的区域，InSAR 无须人员和设备进入实地探测的优势就更加明显了。美国的 NASA 第一个使用雷达卫星遥感数据获取 DEM，自 1991 年开始开展了一系列在不同环境下获取 DEM 的研究工作。从 ERS 卫星发射开始，NASA 与 NIMA（美国国家影像与测绘局）共同开展了 11 天的卫星雷达地图绘制工作，得到了地球在北纬 60°到南纬 56°的 11900 万平方千米的雷达图像，覆盖了全球 80%的土地。

4.6.2 地图测绘

利用传统测绘方法测图不仅费时费力，而且高程精度不高。利用 InSAR 技术可以解决这一问题，现在利用 InSAR 技术在平坦地区可以取得 2 m 左右的高程精度，地形起伏较大的地区高程精度可以达到 5 m 左右，完全可以满足实际需要，如图 4-11 所示。

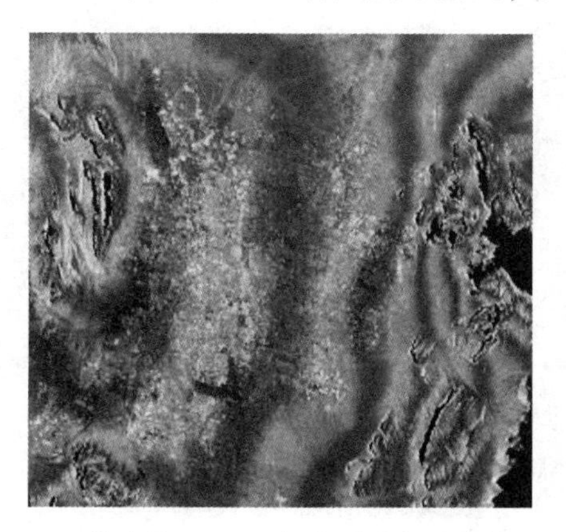

彩图

图 4-11　InSAR 提取的 DEM（每个干涉条纹代表 160 m 高程）

4.6.3　地球动力学应用

4.6.3.1　地震形变研究

地震形变监测是当前 InSAR 技术应用最广泛、最成功的领域之一。按形变量级和技术上的划分，地震形变监测分为 InSAR 同震变形监测和 InSAR 地震后或地震之间变形监测。同震的形变级通常很大（dm~m 级）。虽然 D-InSAR 技术的观测结果很好，但其侧向成像几何条件的制约，使其不能准确地反映出三维形变。地震和地震之间的形变级通常很小（mm~cm 级），为了达到精确的要求，必须采用更精确的 MT-InSAR 技术。

Massonnet 等人（1993 年）率先将 InSAR 技术引入地震地表形变测量中，开创了该技术应用于地表形变监测的先河。之后的这些研究均主要利用 InSAR 技术获取同震位移和震后形变，分析由于地震的主震所造成的地表形变，结合形变模型模拟结果，分析形变场，推算震源参数，解释地震机理，从而分析地震周期及演化过程。

4.6.3.2　火山的下陷与抬升研究

火山活动由地壳内部构造应力驱动，因此对于火山形变持续监测可以洞察地壳内部的地球动力学信号（应变累积与释放、岩浆流动等）。相对于传统大地测量方法，InSAR 可以提供较密集的空间采样与较高的形变监测精度。对于火山岩脉入侵、岩浆囊胀缩以及地热系统引起的地表复杂形变，InSAR 十分适合用来作为观测技术。图 4-12 为火山形变图。

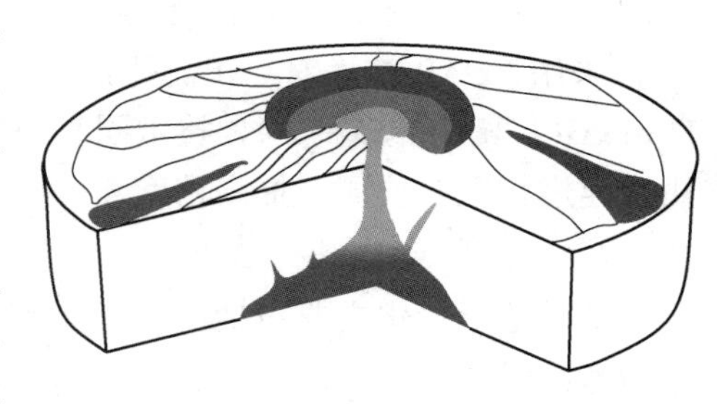

图 4-12　火山形变

学界通过分析 32 景升轨和 60 景降轨干涉图，从 12 景相干性较好的干涉图识别出火山喷发的稳定的地表收缩信号，自此开始了 InSAR 技术火山活动地表监测。对于火山重点喷发区域，其地表形变明显（如火山弧地区），InSAR 更易于分辨。近年来，国内外的研究人员通过 InSAR 技术研究火山爆发前、爆发中、爆发后的地面形变情况，结合火山活动规律，用于预测火山爆发，该项研究已经取得了极大的进展。InSAR 监测意大利 Ena 火山运动如图 4-13 所示。

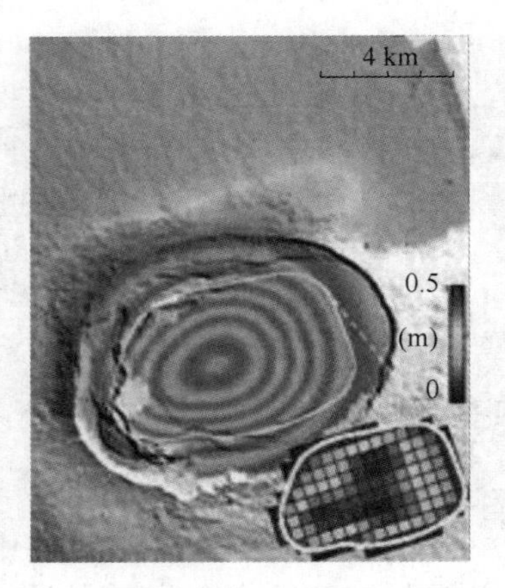

彩图

图 4-13　InSAR 监测意大利 Ena 火山运动

迄今为止，InSAR 已对 160 个火山表面形变进行了成功的观测实验。然而，如何通过 InSAR 形变监测数据来进行火山爆发的早期预警，以及如何将地面形变参数融入火山物理模型中用于精确估算岩浆囊的容量及形态，已成为 InSAR 技术在火山学的应用研究中亟待解决的问题。

4.6.3.3　冰川研究

由于微波可以穿透一定厚度的冰/雪层，因此，InSAR 受到冰雪面反射的限制较小。另外，冰川区域的上空常常被云层遮盖，而微波却能穿过云层。因而，与其他方法相比，InSAR 技术在冰川动态监测上具有很大的优越性。自 GoldStein（1993 年）首次在没有控制点的情况下直接测得冰流速度开始，研究人员利用 InSAR 技术对冰川变形、冰流速度、温带冰川等多个方面进行全面的系统性研究。

目前，InSAR 技术在冰川中的应用有 3 个方面。（1）采用 InSAR 技术的相干性提取冰川边界空间位置数据。由于变形、溶蚀等原因，冰面的相干性一般比非冰面低，而快速流动的冰面相干性则比慢速冰面要低，所以从相干性分布状况可得到冰川与陆地的边界。（2）采用 InSAR 技术对冰川流速进行监测。通常，在冰川的三维流速监测中，需要结合 D-InSAR、MAI 等多种 SAR 技术同时观测冰川状态，并给定各观测值一个权重，实现对冰川流速进行联合检测，提高精度。（3）采用 InSAR 技术对冰川厚度进行监测。

4.6.3.4　细微地形变化

细微地形变化主要包括滑坡、地面沉降等。Fruneau 等人（1996 年）通过对法国阿尔卑斯地区滑坡体进行研究，第一次实现了 InSAR 技术测定中等滑坡体移动。Refice 通过对意大利南部的滑坡进行研究，指出植被、大气干扰及实验区规模小等因素的影响，造成了相位失相干、分辨率和时间不一致等问题。关于地面沉降，主要是过度开采地下水而导致的地质灾害，此外，开采煤矿和石油、地热应用及人工建筑也会导致地面沉降。与地震、火山引起的形变不同，这种地形变化速度一般比较慢，持续时间长，因而在地面沉降的过程中，时间相干性及大气干扰就成了影响 InSAR 精度的重要原因之一。

A 城市沉降监测

随着城市化进程的加速，造成城市地面形变的因素也越来越多样化，包括过度开采地下水、地下矿物资源过度利用、大规模建设大型建筑物和基础设施以及软土的压缩等。由于城市中大部分都是人造建筑，所以它的散射性能相对稳定，可以极大地降低时间失相干，从而获得更可靠的 InSAR 信号，如图 4-14 所示。因此，城市监测技术及应用研究一直是 InSAR 技术的研究热点。

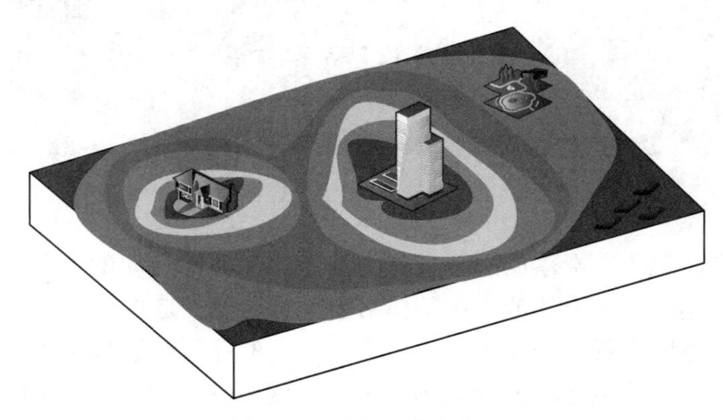

图 4-14 城市沉降变化图

根据城市沉降的主要成因，InSAR 城市沉降监测主要包括：

（1）因过度抽取地下水而导致的大范围、大量级形变的城市，如上海、北京等区域的时序形变监测都取得了显著效果；

（2）因大规模修建基础设施而导致的地表形变，如上海、深圳、广州等地铁沿线的形变；

（3）因填海区海床土地松软、填海区的基础设施建设过多导致的形变，如深圳前海的填海区域时序形变监测。

B 矿山形变监测

自 2000 年克劳迪·卡内克等人使用 D-InSAR 技术对法国加丹纳煤矿进行地面沉降观测后，InSAR 技术已经成为矿山地表变形监测与预测的一个重要方法，如图 4-15 所示。当前，InSAR 技术在矿区的研究主要有以下 4 个。

（1）矿区地面 InSAR 三维形变高精度的监测。

（2）利用 InSAR 方法预测矿区地面变形。

（3）矿区地表三维或三维时序形变高精度监测。通过将采矿塌陷模式与单一 InSAR 干扰相结合，可以对矿区地表进行三维形变估算，并应用雷达图像几何学方法，对矿区地表进行三维时间序列形变监测。

（4）利用 InSAR 方法预测矿区地面变形。建立各参数与 InSAR LOS 向形变的数学关系，从而可以在 InSAR 的基础上，对整个矿区进行任意方向的变形预测。也可以此为基础，采用 Boltzmann 函数预测不同开采水平下的矿区地面整体变形。

C 滑坡灾害监测

滑坡指斜坡上的土石方在重力作用下与雨水冲刷、地震、人工切坡等外部因素共同影

图 4-15 矿山形变监测

响，引发的一种自然现象。滑落的土石方称为滑动体，而不活动的土石方则称为滑床。滑坡是指由于重力作用导致的岩体或土壤整体沿斜坡滑移所引起的灾害。山体滑坡引发的灾难给人民群众的生命财产安全带来了巨大的损失，有的甚至是毁灭性的灾害。为保障人民的生命财产安全，对于重点地区滑坡治理并进行动态变形监测已是当务之急。图 4-16 为 InSAR 技术监测山体滑坡。

彩图

图 4-16 InSAR 技术监测山体滑坡

以往多采用常规 D-InSAR 技术对滑坡进行动态监测，并获得了一些成果。然而，滑坡地区的地质条件通常较为复杂，如地形起伏大、土地松软，使得 InSAR 技术难以对滑坡进行监测。针对上述问题，多时相 InSAR 技术逐步在滑坡形变监测中广泛地应用起来。

参考文献

[1] 姜龙，王玉杰，孙平，等．基于 D-InSAR 监测的库区变形体变形机理及稳定性研究［J］. 水利水电技术（中英文），2022，53（3）：155-165.

[2] 李瑞峰，常乐，秦海．InSAR 监测技术与水准测量技术对比研究［J］. 工程质量，2021，39（3）：72-76.

[3] 龚卉，魏以宽，唐晓霏，等．省级地质灾害监测体系关键技术应用研究［J］．地理空间信息，2020，18（3）：27-30，6.

[4] 杨隽．InSAR 技术监测识别矿山断层变形的研究［D］．徐州：中国矿业大学，2021.

[5] 马飞虎，姜珊珊，孙翠羽．采空区变形监测技术的研究进展［J］．北京测绘，2018，32（2）：149-155.

[6] 朱建军，李志伟，胡俊．InSAR 变形监测方法与研究进展［J］．测绘学报，2017，46（10）：1717-1733.

[7] 余礼仁，徐良骥，庞会，等．融合三次样条插值的 D-InSAR 沉陷变形监测技术［J］．测绘通报，2017（9）：51-55.

[8] 周祺超．基于 InSAR 的老采空区地表变形监测与分析［D］．西安：西安科技大学，2017.

[9] 耿膳川．InSAR 技术在深圳市城市轨道交通变形监测的应用［D］．阜新：辽宁工程技术大学，2017.

[10] 杨潇潇．时序 InSAR 技术用于大坝形变监测与变形模式研究［D］．西安：长安大学，2017.

[11] 邱志伟，汪学琴，岳顺，等．地基雷达干涉技术应用研究进展［J］．地理信息世界，2015，22（4）：72-75.

[12] 刘哲，吴洪涛，刘潇鹏．D-InSAR 技术在矿区开采沉陷变形监测中的应用［J］．科技创新与生产力，2015（7）：82-84.

[13] 罗欢．基于 InSAR 技术的采煤沉陷变形监测方法研究［D］．沈阳：东北大学，2015.

[14] 张英俊．D-InSAR 技术在地表变形监测中的应用［J］．科技视界，2015（9）：274-275.

[15] 黄其欢，岳建平．地基 InSAR 新技术及水利工程变形监测应用［J］．辽宁工程技术大学学报（自然科学版），2015，34（3）：386-389.

[16] 王刘宇，邓喀中，汤志鹏，等．D-InSAR 与 GIS 结合的高速公路变形监测［J］．煤炭工程，2015，47（1）：121-123.

[17] 崔璐．基于 D-InSAR 技术监测矿区地面沉降变形的研究［D］．西安：长安大学，2013.

[18] 朱武，张勤，丁晓利．多参考点的 PS-InSAR 变形监测数据处理［J］．测绘学报，2012，41（6）：886-890，903.

[19] 刘晓菲，邓喀中，薛继群，等．基于 D-InSAR 技术的公路采空区变形监测［J］．煤矿安全，2012，43（8）：207-209.

[20] 鲍金杰．InSAR/GPS 在变形监测中的应用及展望［J］．科技信息，2011（16）：123-124.

[21] 芮勇勤，陈佳艺，丁晓利．基于 InSAR 与 GPS 技术的公路采空区变形监测［J］．东北大学学报（自然科学版），2010，31（12）：1773-1776.

[22] 杨帆，邵阳，马贵臣，等．InSAR 技术在海州露天矿边坡变形监测中的应用研究［J］．测绘科学，2009，34（6）：56-58.

5 三维激光扫描技术

第 5 章课件

5.1 应用场景

随着我国测绘地理信息产业和科学技术的快速发展，传统的单点采集模式（如经纬仪、全站仪、GPS 等仪器测量）成本高、外业工作量大、效率低，难以快速地获取大量空间信息数据。为了更快捷地获取海量准确的空间三维坐标和影像数据，三维扫描技术应运而生。三维扫描技术以非接触、高效、快捷等方式采集数据，以每秒几百万点的速度获取整个被测对象表面的三维点云数据，通过对多期点云数据的处理，不但可以得到整个对象的表面信息，还可以基于海量的三维数据快速地复建高精度三维模型。三维激光扫描测量技术是利用激光测距的原理，通过记录被测物体表面大量密集的点的三维坐标、反射率和纹理等信息，可快速复建出被测目标的三维模型及线、面、体等各种图件数据。

三维激光扫描技术（见图 5-1）基本上都是用来获得三维数据信息，并将所得到的数

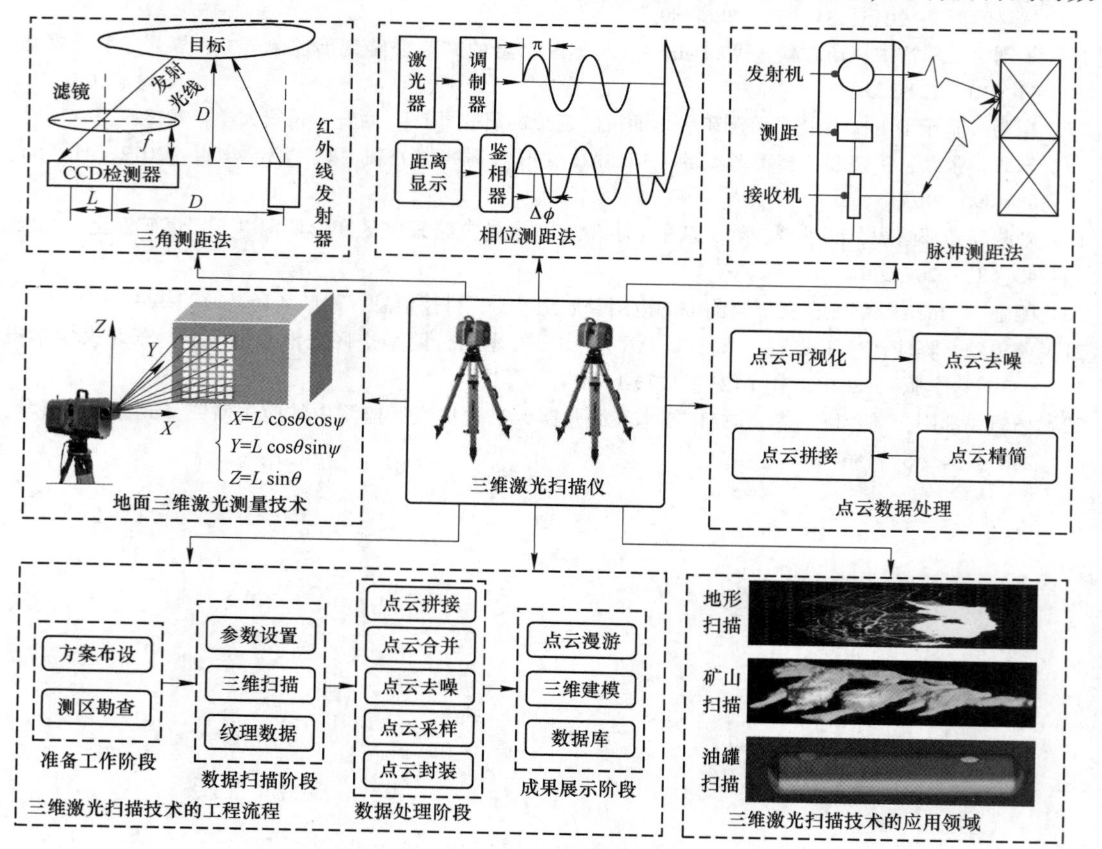

图 5-1　三维激光扫描的关键技术框架

据对所测量的客观世界进行三维空间模型重建，在文物古迹保护、建筑、规划、土木工程、工厂改造、室内设计、建筑监测、交通事故处理、灾害评估、船舶设计、数字城市、军事分析等领域得到广泛应用。由于三维激光扫描系统可以密集地大量获取目标对象的数据点，因此相对于传统的单点测量，三维激光扫描技术也被称为从单点测量进化到面测量的革命性技术突破。目前国产的三维激光扫描仪的研发和生产还处于发展阶段，达不到高精度，且没有批量生产，导致近年来我国测量单位大多数在使用进口的三维激光扫描仪。与此同时，在许多实际工程测量任务中，为了达到测量点云数据质量最优，用户必须考虑其性能指标和精度指标能否达到要求，如测距精度、水平角精度、垂直角精度、点位精度等技术指标。我国几乎没有针对三维激光扫描测量精度的提出校准规范和规程，对其扫描技术进行鉴定和校准。

5.2　三维激光扫描技术的功能与特点

5.2.1　基本概念

（1）激光技术。激光是一种因刺激产生辐射而强化的光。激光技术的原理是以红、绿、蓝三基色激光为光源，通过调控三色激光强度比、总强度和强度时空分布进行显示。

（2）三维激光扫描系统。三维激光扫描系统主要由三维激光扫描仪、计算机控制单元、电源供应系统、支架以及系统配套软件构成，其重要组成部分三维激光扫描仪由计时器、激光脉冲发射器、激光接收器、测角系统、内驱动装置、CCD 相机、控制系统及其他辅助功能系统构成。它突破了传统的单点测量方法，具有高效率、高精度的独特优势。三维激光扫描技术能够提供扫描物体表面的三维点云数据，因此可以用于获取高精度高分辨率的数字地形模型。

（3）三维激光扫描技术。三维激光扫描技术主要是通过三维激光扫描仪获取目标物体的表面三维数据，对获取的数据进行处理、计算、分析，进而利用处理后的数据从事后续工作的综合技术。

（4）点云数据。点云数据是指在一个三维坐标系统中的一组向量的集合，扫描的资料以点形式记录，每一个点包含三维坐标，有些可能含有颜色信息或反射强度信息。

（5）点云拼接。通过扫描设备得到的多片点云数据后，需要点云拼接技术将多片点云数据旋转平移到统一的坐标系下，使它们能够组成完整的环境点云数据。

（6）点云配准。点云配准是将多视点云数据转换到统一坐标的操作，常用的点云配准方法有基于特征的配准方法和自动配准方法。

（7）点云去噪。点云数据的采集过程中受到外界的影响，从而使原始数据产生了大量的噪声，因此必须使用点云去噪算法进行去除。

5.2.2　三维激光扫描系统基本功能

5.2.2.1　多维地理信息测量

传统测量概念中，所测的数据最终输出的都是二维结果（如 CAD 出图）。在逐步数字化的如今，三维已经逐渐地代替二维，因为其直观是二维无法表示的，三维激光扫描仪每次测量的数据不仅仅包含 X、Y、Z 点的信息，还包括 R、G、B 颜色信息，同时还有物体反射率的信息。

5.2.2.2 快速扫描技术

“快”是扫描仪诞生产生的概念。一些比较常规测量的手段耗费的时间比较长，而扫描仪能够在短短一两秒的时间里，就对整个物体有非常准确的预测，所测得的数字也非常准确，可以满足不同行业的要求。三维激光扫描仪每秒可测量数万到数百万个点，以快速获取复杂环境，能够提高人们处理数据的能力并提升工作效率。

5.2.3 三维激光扫描技术的特点

三维激光扫描测量技术作为一种新兴的测绘技术，推动空间数据的采集方式向实时、高精度、数字化和智能化的方向发展。与传统的测量仪器如全站仪等相比，三维激光扫描设备不仅突破了单点的测量方式，而且采集的空间数据不仅包含了三维坐标信息，也包含了点位的反射强度等更为丰富的数据信息。三维激光扫描测量技术的主要特点如下。

（1）非接触性测量方式。三维激光扫描技术是通过记录激光信号往返被测物体的时间获得仪器与被测物体间的距离，间接计算出被测物体的三维空间数据，避免了因接触或对被测物体表面进行处理造成的破坏，同时为人力难以企及的情况提供了更安全可靠的测量方式，因此在文物保护与修复领域广泛应用。

（2）采样率高。随着三维激光扫描系统集成技术的不断发展和更新，目前扫描仪的采样率可达数万点/秒至数百万点/秒，减少了有效工作时长，方便数据更新。

（3）高精度、高分辨率。三维激光扫描设备提供不同密度的数据采集方式，采样密度间隔最小为 1 mm，其单点定位精度最高可达 2 mm，保留了传统监测仪器的高精度。

（4）数据化采集方式兼容性好。三维激光扫描设备获取的被测对象的空间数据以数字信号进存储和管理，具有全数字特征，方便与其他软件进行数据交换与共享。

（5）主动性、动态性、实时性和直观性。三维激光扫描技术通过主动向被测物体发射激光信号并记录激光回波的时间达到采集物体数据信息的目的，因此不受扫描环境的约束如温度、气压、光线等影响，工作效率高。扫描完成即可显示采集的点云数据，方便操作人员现场查看，如有遗漏可及时进行补扫。

（6）可配合外置相机、GPS 系统使用。与其他设备的结合扩大了三维扫描仪的使用范围，并使获得的信息更加丰富、准确。搭配 GPS 系统，不仅可以提高单点定位精度，且使用更加灵活，大大扩展了应用范围。

（7）结构紧凑、防护性强。目前常用的扫描设备结构设计紧凑，整体小巧灵活方便使用，且防水防潮，环境适应能力强，更利于野外测量。

5.3 三维激光扫描系统的基本原理

三维激光扫描仪其工作原理是通过测距系统获取扫描仪到被测物体之间的距离，再通过测角系统获取扫描仪至待测物体的水平角和垂直角，即可计算出物体的三维坐标。在扫描的过程中再利用本身的垂直和水平马达传动装置完成对物体的全方位扫描，这样连续地对空间一定的取样密度进行扫描测量，获得被测物体密集的点云数据。

5.3.1　激光测距技术原理

三维激光扫描系统中最为重要的环节就是测距技术，激光测距的方法主要有基于三角测距法、脉冲测距法和相位测距法。目前，测绘领域使用的三维激光扫描仪主要是脉冲测距法，近距离的三维激光扫描仪主要使用的是三角测距法和相位测距法。

5.3.1.1　三角测距法

三角测距法测距就是将具有一定结构的激光发射到将要被测的目标体上，投射出一种具有高光的条纹（这种具有高光的条纹密度越大，就能获取越高分辨率的数据），再利用图像传感器对其条纹处进行拍摄，提取其光条纹的中心位置，最后借用几何三角形，即发射端和图像传感器接收点在基线为 L 的两侧，与被测目标体 P 形成一个空间几何三角形，再根据条纹的结构特征解算出目标 P 点的三维坐标，如图 5-2 所示。三角测距法被广泛应用于现代测量的任务中，逐渐成为测量中的成熟的方法。

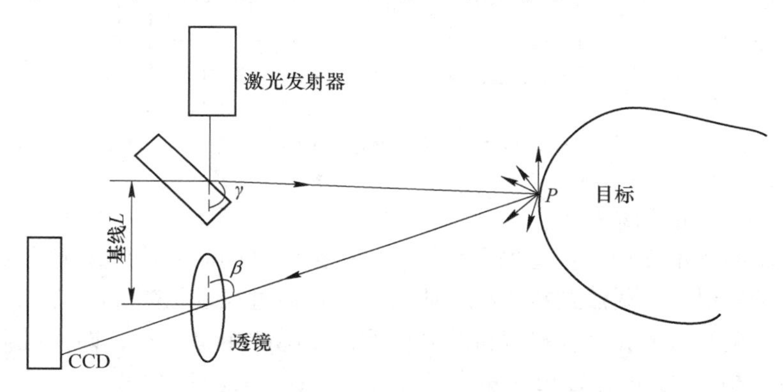

图 5-2　单 CCD 式测距仪法原理

在图 5-2 中，解算目标点 P 的三维坐标的具体方法是：激光发射器反射出的激光与基线 L 所形成的夹角为 γ，反射回来的激光与基线 L 所形成的夹角为 β，夹角 γ、β 可以通过图像传感器测出来。假设仪器的旋转轴自旋转角为 α，然后起始点以激光发射点作为基准，基线方向为 X 轴正方向，以平面内指向目标且垂直于 X 轴的方向线为 Y 轴，进而形成通用的坐标系。这样便可解算出 P 点的三维坐标：

$$\begin{cases} X = \dfrac{\cos\gamma\sin\beta}{\sin(\gamma + \beta)}L \\ Y = \dfrac{\sin\gamma\sin\beta\cos\alpha}{\sin(\gamma + \beta)}L \\ Z = \dfrac{\sin\gamma\sin\beta\sin\alpha}{\sin(\gamma + \beta)}L \end{cases} \tag{5-1}$$

5.3.1.2　脉冲测距法

脉冲测距法是根据在测量目标中扫描仪发射的以及接收回来的脉冲信号两者之间所产生的时间的差距，进而得到扫描仪到所测目标的距离。如图 5-3 所示，仪器中的激光发射器射出脉冲信号投向目标物体表面，在目标物体表面发生漫反射后，再传回到仪器的接收器内。由此可将所求距离用 S 来表示，c 表示光速，所产生的时间差距表示为 Δt，得出：

$$S = \frac{1}{2}c\Delta t \tag{5-2}$$

从式（5-2）可以看出，对脉冲测距法精度造成影响的是 c 和 Δt ，但是大气折射 n 又对 c 能够造成影响，由于 c 所产生的误差并不大，影响不到测距的精度可以忽略不计。Δt 的精度是通过前沿、容阻和比值判定等技术方法确定的。脉冲测距法的测程是相对比较长的，其扫描速度高于 1000 点/s，这也就使其精度略显偏低了一些，目前来看在地形图测量、数字城市以及实时监测等方面所使用的仪器基本上都是这种脉冲测距法。

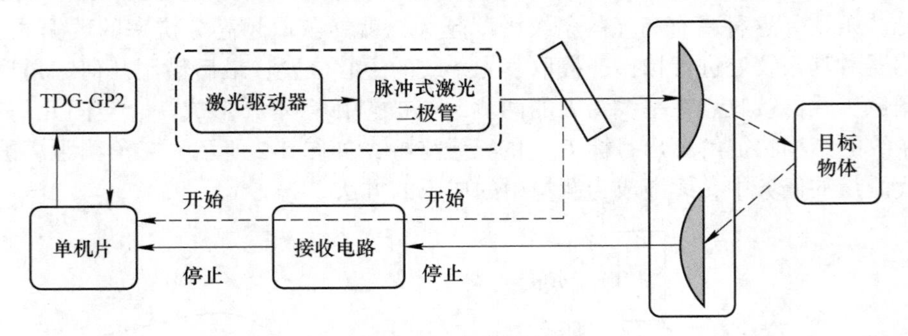

图 5-3　脉冲测距法原理

5.3.1.3　相位测距法

相位测距法的基本原理是：首先向目标发射一束经过调制的连续激光光束，激光光束达到目标表面后发射，发射后被接收机接收，光束在经过往返距离 $2R$ 后，相位延迟了 ϕ ，通过测量发射的调制激光光束与接收机接收的回波之间的相位差 ϕ ，即可得出目标与测距机之间的距离。相位测距法的相对的相对误差较小，测距精度较高，其原理如图 5-4 所示。

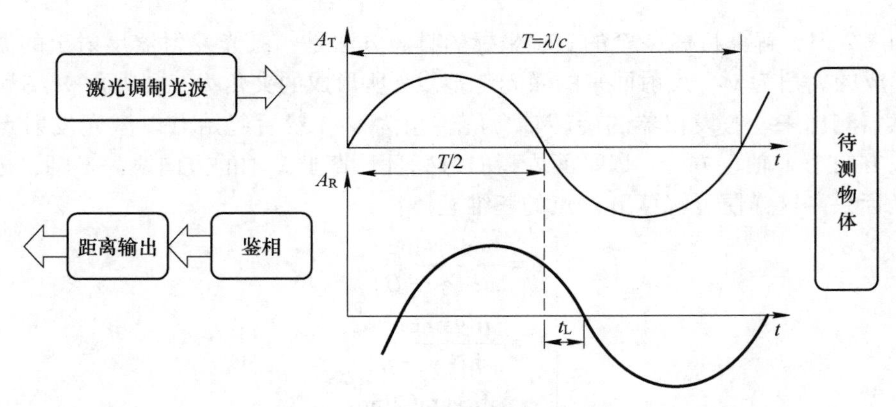

图 5-4　相位测距法的基本原理

在图 5-4 中，A_T 为输入的发射脉冲信号，A_R 为输出的发射脉冲信号，T 为连续波一个周期的时间，λ 为波长，c 为光速。ϕ 为发射信号和接收信号之间的相位差，则：

$$T = \frac{\lambda}{c} \tag{5-3}$$

$$t_L = \frac{\phi}{2\pi}\frac{\lambda}{c} \tag{5-4}$$

由式（5-3）、式（5-4）可知：

$$t_L = \frac{\phi}{2\pi}T \tag{5-5}$$

则所测量的距离为：

$$R = \frac{1}{2}ct_L = \frac{1}{2}c\frac{\phi}{2\pi}T \tag{5-6}$$

将 $T = \frac{\lambda}{c}$ 代入式（5-6）可得：

$$R = \frac{\lambda}{4\pi}\phi \tag{5-7}$$

对于式（5-7）求微分得到距离分辨率 ΔR 为：

$$\Delta R = \frac{\lambda_{short}}{4\pi}\Delta\phi \tag{5-8}$$

式中 λ_{short} ——最短波长。

由式（5-8）可知，相位测距法的距离分辨率取决于最短波长。在实际的测量中，时间还应该包括调整周期数 n，则 t_L 为：

$$t_L = \frac{\phi}{2\pi}T + nT \tag{5-9}$$

相位测距法也存在最大的测距问题，由于相位差的最大测量值为 2π，代入式（5-7），有：

$$R_{max} = \frac{\lambda_{long}}{4\pi}\phi = \frac{\lambda_{long}}{4\pi} = \frac{\lambda_{long}}{2} \tag{5-10}$$

式中 λ_{long} ——连续波中的最长波长。

相位式扫描仪采用的是连续光源，功率较低，测量的范围较小，测量精度主要受相位比较器的精度和调制信号的频率限制，增大调制型号的频率可以有效地提高精度，但是测量的范围也会大大减小，因此为了提高测量的精度且在不影响测量的范围的前提下，可以通过设置多个调频频率来实现。

5.3.1.4 距离测量方法比较

三角、脉冲、相位测距法的特点见表 5-1。脉冲测距法的优点是测量范围广且光学系统紧凑，但高速读取脉冲光的电路设计和配置较为复杂；相位测距法在近距离测量中精度更高，同时由于无须时间测量的电路，电路设计得比较简单，且不能分辨实际距离在一个还是多个测量的周期内，不适用于长距离的测量；三角测量法的优势是在短距离下测量的精度高，但是缺点为电路的小型集成比较困难，并且测量易受外界环境光的影响。

表 5-1 三角、脉冲、相位测距法的特点

参 数	脉冲测距法	相位测距法	三角测距法
测量范围	长	中	中

续表 5-1

参　数	脉冲测距法	相位测距法	三角测距法
测量精度	中	高	高
光学系统尺寸	小	小	大
读出电路模式	复杂	复杂	简单
阵列	适合	适合	不适合
对环境光的免疫程度	高	中	低

5.3.2　三维激光测角原理

与传统的仪器测角的方法不同，三维激光扫描仪是将所发射出去的激光光束进行改变方向从而得到了不同的测量角度。将两个相同的脉冲电动机以及一个棱镜结合起来，从而获得垂直以及水平的角度。脉冲电动的原理是将一个脉冲信号附加给这个电动机，再使其旋转 1 个步距角：

$$\theta_b = \frac{2\pi}{N_r m b} \tag{5-11}$$

式中　N_r ——转子；

m ——电机的相数；

b ——相励磁绕组。

通过计算 θ_b 大小，便可获得棱镜所旋转的角度，然后通过精密时钟控制对编码器进行同步测量，实现同一时间点的扫描，这样就可以得到每个激光脉冲横向扫描角度观测值 α 、纵向扫描角度观测值 β 。

三维激光扫描仪在外业作业中其原点位居在内部的中间位置，Y 轴为发射激光束的方向，Z 轴沿其竖直的方向，X 轴根据右手建立坐标系的原则判定，从而实现扫描坐标系的创建。将内部中间位置到达被测物体之间的距离设为 S，水平扫描角 α 即为 X 轴经过逆时针方向旋转到被测物在 X-Y 中所投射下来所形成的角度，垂直扫描角 θ 即为旋转到水平方向所投射而形成的角度扫描方向旋转至水平投影线的角度，由此可得极坐标为（S，α，θ），如图 5-5 所示。

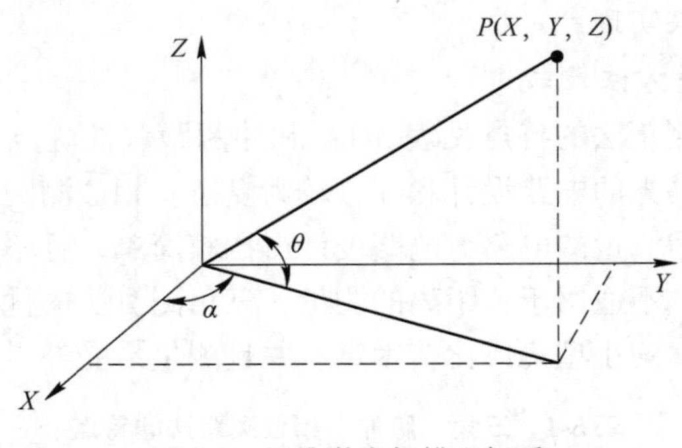

图 5-5　三维激光扫描坐标系

根据极坐标系计算法可以获得被测目标物 P 点的三维空间坐标数据，见式（5-12）：

$$\begin{cases} X = S\cos\theta\cos\theta \\ Y = S\cos\theta\sin\alpha \\ Z = S\sin\theta \end{cases} \tag{5-12}$$

5.3.3 三维激光扫描的点云数据

点云数据的空间排列形式根据测量传感器的类型分为列阵点云、线扫描点云、面扫描云以及完全散乱点云。大部分三维激光扫描系统完成数据采集基于线性扫描方式，采用的是逐行的扫描方式，获得的三维激光扫描点云数据具有一定的关系。点云数据的主要特点如下。

（1）数据量大。三维激光扫描数据的点云量较大，一幅完整的扫描影像数据或一个站点的扫描数据可以包含几十万至上百万个扫描点，甚至达到数亿个。

（2）密度高。扫描数据中点的平均间隔在测量时可通过仪器设置，一些仪器设置的间隔可达 1.0 mm，为了便于建模，目标的采样点通常都是非常密集。

（3）立体化。点云数据包含了物体表面每个采样点的三维空间坐标，记录的信息全面。因而可以测定目标表面立体信息，由于激光的投射性有限，无法穿透被测目标，因此点云数据不能反映实体内部的结构、材质等。

（4）带有扫描物体光学特征信息。由于三维激光扫描系统可以接收反射光的强度，因此，三维激光扫描的点云一般具有反射强度信息，即反射率。有些三维激光扫描系统还可以获得点的彩色信息。

（5）可量测性。地面三维激光扫描仪获取的点云数据可以直接量测每一个点云的三维坐标、点云间距离、方位角、表面法向量等信息。还可以通过计算得到点云数据所表达的目标实体的表面积、体积等信息。

（6）离散性。点与点之间相互独立，没有任何拓扑关系，不能表征目标体表面的连接关系。

（7）非规则性。三维激光扫描仪是按照一定的方向和角度进行数据采集的，采集的点云数据随着距离和扫描角度增大，点云距离也增大，加上仪器系统误差和各种偶然误差的影响，点云的空间分布没有一定规则。

以上这些特点使得三维激光扫描数据得到十分广泛的应用，同时也使得点云数据处理变得十分复杂和困难。

5.4 三维激光扫描系统的分类

三维激光扫描技术是一种非接触式的测量方法，在一定空间内，真实记录扫描点的空间坐标，生成实体的三维模型。按照三维激光扫描仪的测量量程分类，测距范围涵盖 0.6~350 m，精度达到±1 mm，可分为短距离、中距离和长距离扫描仪。按照测距原理可分为脉冲式、相位式和三角式扫描仪，脉冲测距和相位测距应用较为广泛。按照扫描成像方式可分为摄影扫描式、全景扫描式、混合扫描式。按照激光光束发射方式可分为灯泡扫描式、三角法扫描式、扇形扫描式。按照载具平台的不同可分为机载激光扫描测量系统、背包式激光扫描系统、星载激光扫描系统、车载激光雷达系统以及地基激光扫描系统。三维激光扫描仪具体分类如图 5-6 所示。

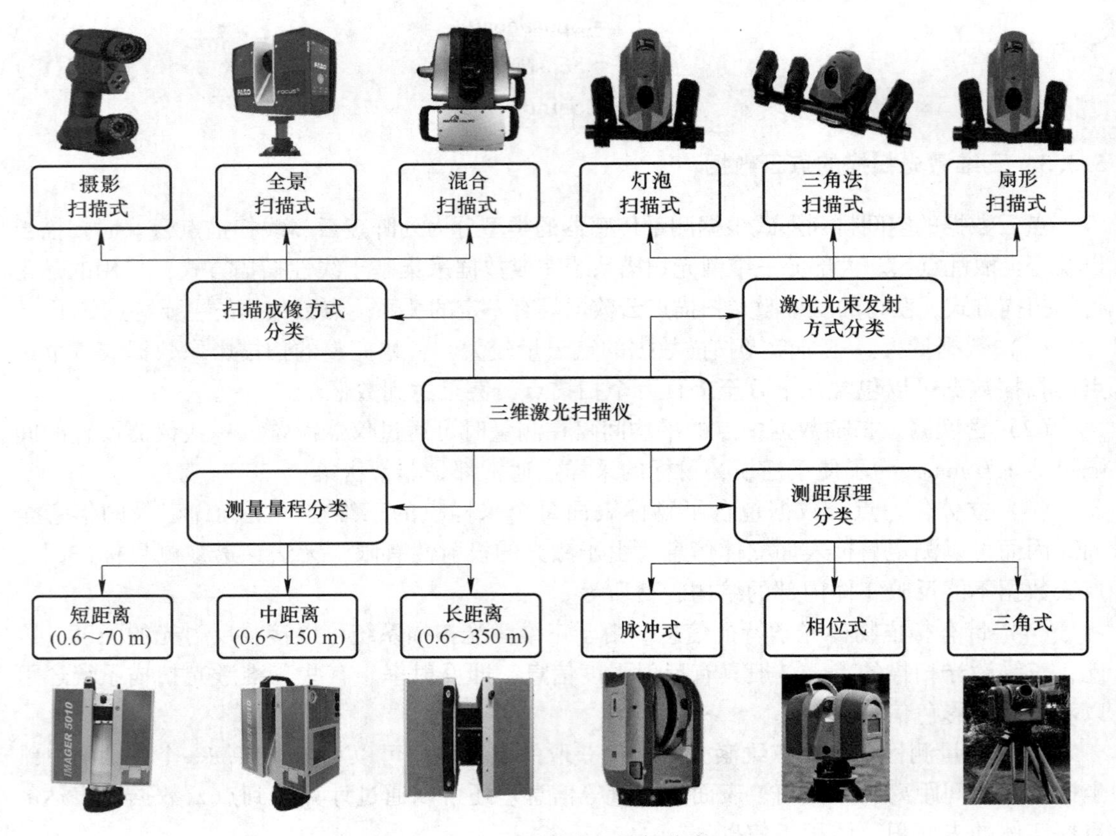

图 5-6　三维激光扫描仪分类

5.4.1　机载激光扫描测量系统

机载激光扫描测量系统也称为机载 LiDAR 系统，该系统由激光扫描仪、惯导系统、数码相机、GPS 定位系统、地面基站 GPS、空中平台以及数据处理软件等组件构成，如图 5-7 所示。机载三维激光扫描仪通过飞行器上三维激光扫描仪激光发射时刻和接收时刻的时间差，以及飞行器的空间位置与飞行姿态，可得到飞行器上原点对地面的目标点的距离、扫描角等相关信息，即可求得地面上的目标物上各点的相对三维坐标位置。飞行器的空间位置信息是根据 GPS 定位系统来确定，飞行器的飞行姿态相关参数可以由惯性测量单元来确定。飞行器对地面上目标物点的距离是由激光器激光脉冲信号发射时刻与反射回的返回激光脉冲接收时刻的时间间隔大小来确定，由此综合解算出数字地面模型。机载三维激光扫描仪的输出测量结果，可直接与主流的 3D 软件、CAD 等软件衔接，使用极其方便。机载三维激光扫描仪工作特点有主动性强、扫描速度快、全数字、实时处理、精度高等，可以很大程度上降低测量的工作成本，节约测量工作的时间。

5.4.2　背包式激光扫描系统

目前主流的移动 LiDAR 系统大多数采用 IMU 和 GPS 组合导航，这种方式在 GPS 信号丢失或者信号较弱的区域难以进行工作。随着 SLAM 技术的逐渐成熟，结合 SLAM 算法的

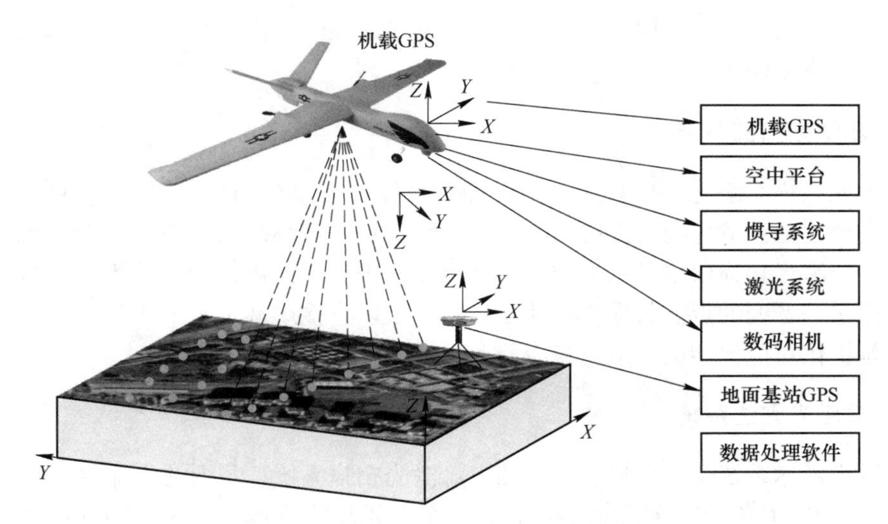

图 5-7　机载激光扫描测量系统的组成

LiDAR 系统可以在无 GPS 的情况下实时获取高精度的点云数据。SLAM 算法的核心是通过 IMU 获取的运动信息和一定的算法来匹配两个连续状态的图像和点云数据，使得 LiDAR 背包平台在行走过程中实现数据实时配准变为可能。背包式激光扫描系统由激光雷达扫描仪、IMU 和计算机组成，如图 5-8 所示。

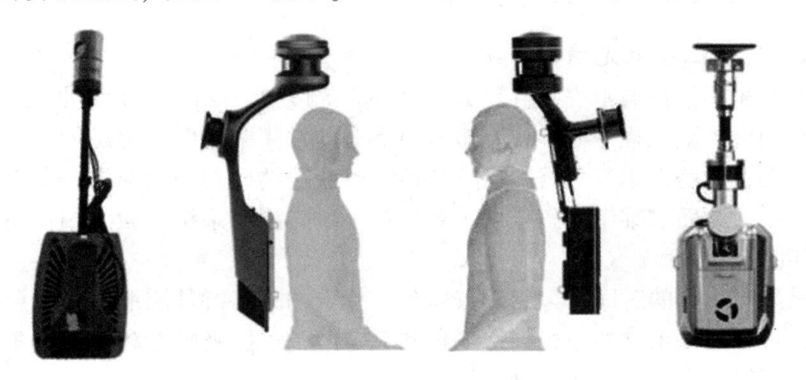

图 5-8　背包式激光扫描系统

5.4.3　星载激光扫描系统

星载激光扫描系统是一种主动探测技术，以激光为发射源，可以精确、快速获取目标三维空间信息。这种系统通过将激光扫描系统、卫星定位系统和惯性导航系统结合，可获得目标的三维立体图像，并具有快速、高效和精准的显著优势。

星载激光扫描系统因其搭载平台的特殊性，与地面及机载激光测距设备相比，具有许多优势。首先，星载激光高度计可在卫星上采集和处理数据，具有观察整个地球的能力，因此在月球和火星等探测任务中都包含激光高度计，这有助于制作这些天体的综合地形图；其次，星载激光高度计可在北极等不能用飞机执行观察任务的地方，观察地区冰层和海洋冰川的变化。此外，星载激光扫描系统在天体特征研究、陆地表面冰川海平面高度变化和植被分布状况研究、云层和气溶胶的垂直分布与光学密度研究，以及特殊气候现象监测等方面具有重要作用。

5.4.4 地基激光扫描系统

地基激光扫描系统是一种利用激光脉冲对目标物体进行扫描，可以大面积、大密度、快速度、高精度地获取地物的形态及坐标的测量设备，该系统主要由一个内置或外置的数码相机、一个激光扫描仪以及软件控制系统组成。固定式扫描仪采集的不是离散的单点三维坐标，而是一系列的点云数据，这些点云数据可以直接用来进行三维建模，而数码相机的功能就是提供对应模型的纹理信息。

5.4.5 车载激光雷达系统

车载激光雷达系统是一种典型的移动三维激光扫描系统，主要是在车辆上搭载激光雷达扫描仪、GPS、IMU 和全景相机等设备，在车辆驾驶的过程中记录车辆的位置和姿态信息，采集车辆所经过道路两边的点云数据，并将点云数据的相对坐标转化为绝对坐标。该采集系统主要应用在城市地区和道路上，可以用于城市规划与建模，道路的测量、维护和检测，电力巡检，工程测绘等。车载激光雷达系统在精度上略高于机载激光扫描测量系统，而相对于地基激光扫描系统，其获取数据的速度更快，覆盖范围更广。

5.4.6 基于地面三维激光扫描系统的数据采集

5.4.6.1 地面三维激光扫描系统

地面三维激光扫描仪通常安置在特殊配置的三脚架上，由发射和接收激光束的设备、扫描仪、数码相机、微处理器等组成。激光束具有非常集中的射线电磁能量，虽然会对生物组织造成损伤，但是由于其优秀的平行特性能够获得精确的测量结果，所以激光被普遍应用于测量距离。地面三维激光扫描仪主要包括了激光测距系统、激光扫描系统、集成的彩色 CCD 相机等。

通过记录激光飞行的时间可以得到仪器到目标点的距离。其测取激光发射、接受反射回的时间，并且测量每个脉冲激光的水平角和天定距，根据极坐标和平面直角坐标系的坐标转换公式，可以求出物体点的三维坐标，如图 5-9 所示。

激光扫描系统由机械偏转器和扫描透镜构成。现阶段，使用最多的激光扫描技术是全息光栅、多棱镜及电镜扫描技术。地面三维激光扫描仪内部含有一个伺服驱动马达，扫描系统可以通过其来控制内部的多面反射棱镜旋转，让折射出的激光束按照纵横轴的方向分别进行扫描，实现高精度的小角度扫描间隔、大范围扫描幅度及高帧频成像。

5.4.6.2 基于地面三维激光扫描系统的数据采集方案

利用地面三维激光扫描仪进行点云数据采集有两种方式：一种是引入外部参考，用全站仪测出球靶标中心在局部坐标系中的坐标，并将这些坐标作为外部参考，直接将每站的扫描点云数据配准到外部坐标系中；另一种则是仅使用扫描仪获得的点云数据，直接利用相邻测站的点云数据进行配准，无须进行控制测量，也无须获取靶标的中心坐标。这里主要介绍引入外部参考的方法进行数据采集，主要包括：扫描前准备工作和扫描阶段，扫描作业流程如图 5-10 所示。

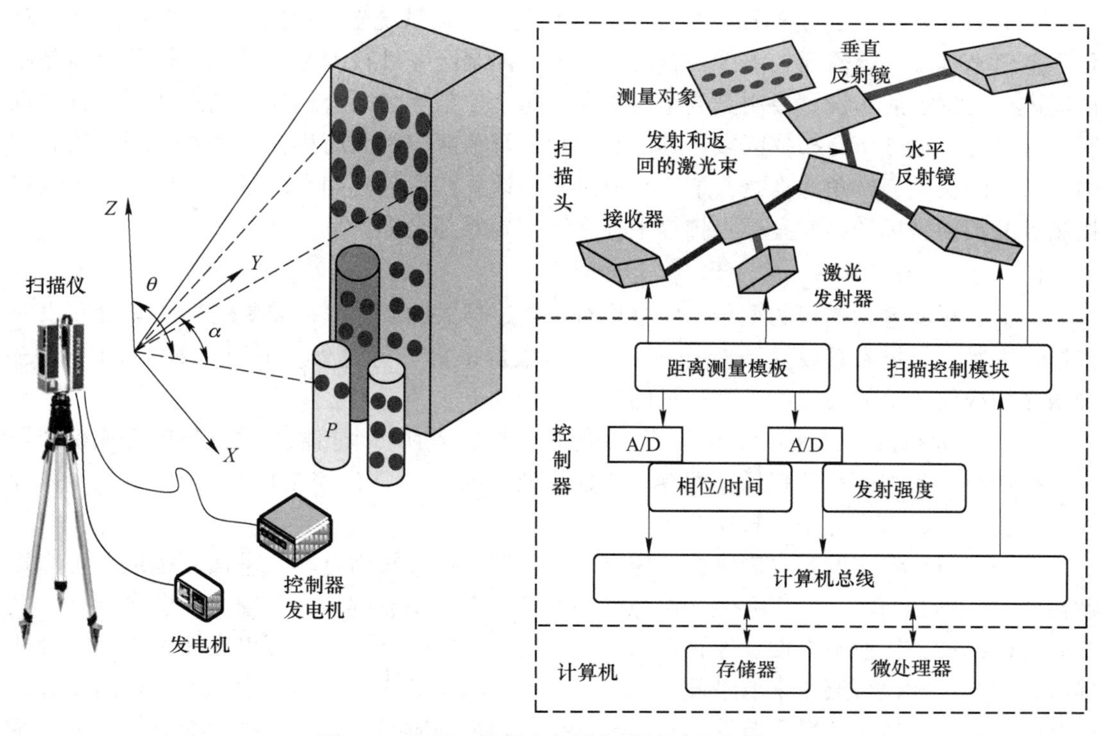

图 5-9　地面三维激光扫描仪测量的基本原理

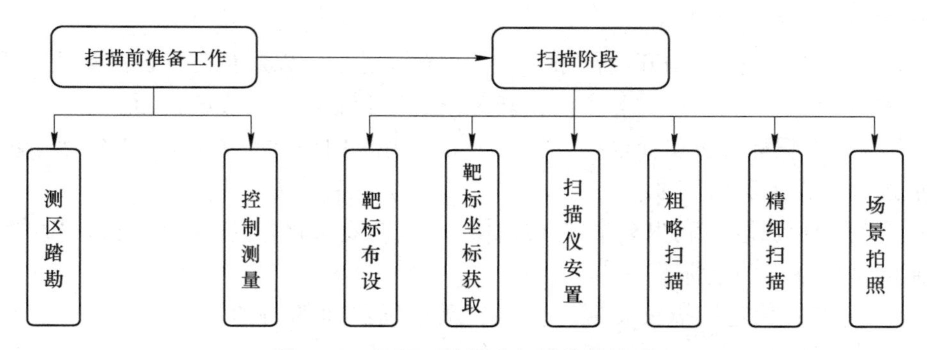

图 5-10　地面三维激光扫描作业流程

A　扫描前准备工作

扫描前的准备工作主要包括如下几步。

（1）测区踏勘。根据现场情况布设扫描站点和控制点，估计扫描测站应设的站数和位置，扫描测站的设置应满足以下三点：

1）在满足精度的前提下，扫描站点应尽量确保扫描视野内无被遮挡区域，并能最大范围地扫描到目标场景；

2）扫描测站距离扫描区域不宜太远，根据实验经验，Faro LS 880 扫描仪应尽量不超出 30 m，Leica HDS 3000 扫描仪应尽量不超出 50 m；

3）尽量保证相邻测站至少扫到 3 个公共靶标，这在实现点云数据配准时至关重要。

（2）控制测量。由于扫描仪扫描的数据是基于扫描系统坐标系的，要将扫描坐标系转化到本地坐标系，就需要在测区内布设高精度的控制网并进行测量。首先，按照扫描测站情况进行控制点的布设，控制点的布设要保证每个控制点和两个相邻控制点通视，且通视区域应尽可能包含所有扫描区域；其次，分别进行平面控制及高程控制测量，测出控制网中每条边的长度、转角与高差；最后，通过平差计算获得各控制点的精确坐标，利用这些控制点的扫描坐标和绝对坐标将扫描坐标系统一到外部坐标系下。

B　扫描阶段

扫描过程随着扫描仪的型号不同会略有不同，但大同小异，都需要经过“靶标布设→扫描仪安置→扫描参数设置→扫描→纹理影像数据采集”等过程。下面以 FARO Focus 三维激光扫描仪为例简要说明，其扫描的基本过程如下。

（1）靶标布设。靶标布设主要用于坐标系转换。当在一个扫描测站上不能完成整个场景的扫描时，就需要相邻扫描站间有一定数量的公共点（常为控制靶标的中心），用来计算坐标变换参数，进行坐标转换。

扫描中应用较多的是自制靶标和球靶标。自制靶标一般为打印的平面靶标纸，可直接贴在墙上，不必回收，使用方便，而标准平面靶标需要摆放到地上、窗台、台阶等处，摆放后易被挪动，作业不方便。球靶标为一个各向均匀的标准靶标，可以在任意方向拟合并提取其球心坐标，可避免采取平面靶标时因角度问题而形成的靶标变形和因入射角度过大而造成无反射信号等情况，节约了平面靶标单独扫描的时间，可以提高后期整体配准的精度和效率。

靶标布设需要注意以下几点：

1）靶标应在每一站扫描开始前布设，不宜布设过早，以避免靶标被挪动或者丢失；

2）靶标应在整个测区内均匀布设，避免扫描时 3 个靶标共线或共面；

3）自制平面靶标布设要保证控制在一定的入射角内，如果靶标与扫描仪测量光线的入射角度过大，将无反射信号。

（2）靶标坐标获取。利用全站仪在球体水平方向及垂直方向瞄准球靶标的边缘来获取其在控制网坐标系下的坐标。

（3）地面三维激光扫描仪安置、整平，调整仪器面朝向和倾角，并准备好 SD 存储卡，启动三维激光扫描仪。

（4）扫描。首先设置扫描参数：选择配置文件，设置扫描分辨率和质量、扫描范围、彩色扫描等参数，然后开始扫描。扫描过程通常可以分成以下几个阶段。

1）粗略扫描。选择较低的分辨率（如 1/20 分辨率）进行粗略扫描，确定被测对象大概范围和方位。

2）精细扫描。在粗略扫描获得的区域中根据需要确定精细扫描的范围，选择较高的分辨率（如 1/5 分辨率）进行精细扫描。

3）场景拍照。利用 CCD 相机拍摄扫描对象的影像，获取的影像可用于后期的纹理映射。

（5）完成本站扫描，换至下一站，重复以上过程直至完成整个对象的扫描，最后关闭三维激光扫描仪，取出 SD 存储卡。

5.4.7 基于车载激光扫描系统的数据采集

5.4.7.1 车载激光扫描系统

车载激光扫描系统集激光扫描系统 LS（Laser System）、CCD（Charge-Coupled Device）相机、全球定位系统 GPS（Global Positioning System）、惯性导航系统 INS（Inertial Navigation System）、里程计等于一体，如图 5-11 所示。该系统利用汽车行驶方向作为运动维，并在垂直于行驶方向上做二维扫描，构成三维扫描系统，其中数码相机用来摄影成像，GPS、INS 和里程计用来导航定位。车载激光扫描系统的技术设计难度较大，但具有快速动态测量的优势，主要应用于道路和高速公路方面的量测，如进行公路测量、维护和勘查、公路检测、道路变形监测、交通流量分析、驾驶视野和安全分析等。

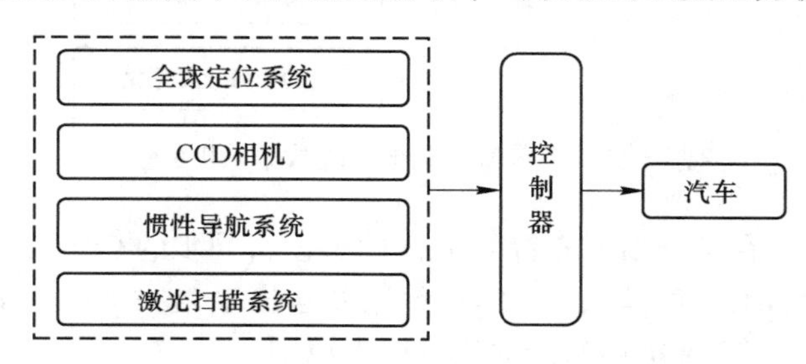

图 5-11 车载激光扫描系统

5.4.7.2 基于车载激光扫描系统的数据采集方案

基于车载激光扫描系统的数据采集主要包括 GPS 基准站的建立、时间同步、空间配准、GPS/INS 组合系统导航、激光数据获取以及 CCD 相机数据获取六个部分，其数据采集如图 5-12 所示。

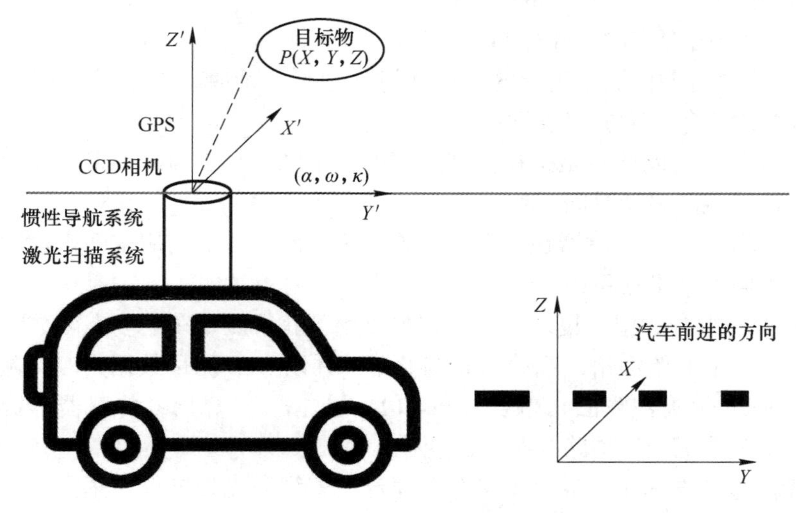

图 5-12 车载激光扫描系统数据采集示意图

基于车载激光扫描系统的数据采集的流程如图 5-13 所示。

(1) GPS 基准站的建立。GPS 基准站的建立主要为扫描仪精确定位服务，测区内基准

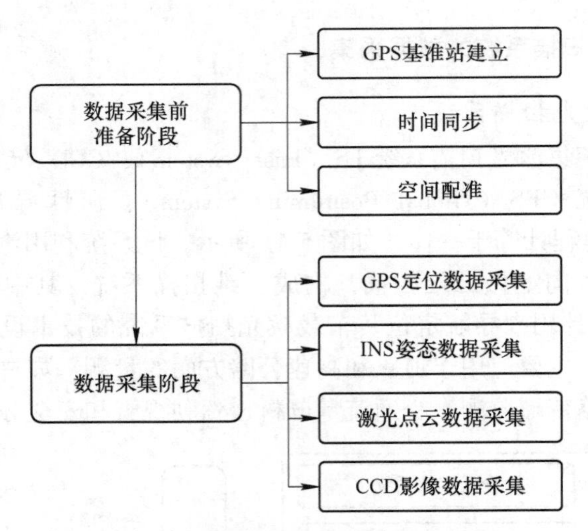

图 5-13 车载激光扫描系统数据采集流程

站的数目至少为3个，在基准站上安置与车载GPS设备同步的GPS接收机，利用DGPS技术可获得扫描仪的实时位置信息。按照《全球定位系统（GPS）测量规范》（GB/T 18314—2009）规定，GPS基准站选址需满足以下原则：

1）应便于安置接收设备和操作，视野开阔，视场内障碍物的高度角不宜超过15°；

2）远离大功率无线电发射源（如电视台、电台、微波站等），其距离不小于200 m，远离高压输电线和微波无线电信号传输通道，其距离不应小于50 m；

3）附近不应有强烈反射卫星信号的物件（如大型建筑物等）；

4）交通方便，并有利于其他测量手段扩展和联测；

5）地面基础稳定，易于标石的长期保存；

6）充分利用符合要求的已知控制点；

7）选站时应尽可能使测站附近的局部环境（地形、地貌、植被等）与周围的大环境保持一致，以减少气象元素的代表性误差。

（2）时间同步。时间同步是指在数据采集时对GPS、INS、LS、CCD进行时间同步处理，从而使各传感器的启动时间一致。

（3）空间配准。由于传感器在车上的安置位置不同，需要利用空间坐标转换技术，将所有数据配准到同一个坐标系中。

（4）GPS/INS组合数据采集。GPS/INS主要用于获得测量车的姿态参数，得到激光扫描仪在大地坐标系下的俯仰角、翻滚角和偏航角，并以GPS测量数据为时间基准，采用特定的算法（如Kalman滤波算法）融合GPS和INS数据，推算出各传感器平台的位置和姿态，从而确定整个系统的运动路线及姿态变化。

（5）激光点云数据采集。通过测量车上固定的三维激光扫描仪在垂直于车辆前进方向上做二维扫描，并以汽车行驶方向作为运动维，实现三维数据采集。所获得的原始测量数据主要包括每条扫描线的序号、在某一时刻所得到的扫描仪中心点到目标点的距离和角度、扫描点的时间。

（6）CCD影像数据采集。CCD相机主要用来同步获取地物的灰度信息、纹理信息。

5.4.8　基于机载激光扫描系统的数据采集

5.4.8.1　机载激光扫描系统

机载激光扫描系统以飞机为载体，高度集成了 GPS、INS、扫描激光测距系统和摄影相机，主要应用于大范围内数字高程模型的高精度实时获取、城市三维模型快速重建等方面。主要原理是先利用 GPS 和 INS 实现扫描仪的定位和姿态参数测定，再沿着飞机的航线方向进行纵向扫描，并通过扫描镜的转动实现横向扫描，最后利用摄影相机获得地物的影像信息。机载激光扫描系统可获得激光测距数据、姿态参数（φ，ω，κ）、GPS 位置数据（X_0，Y_0，Z_0）以及影像数据。

5.4.8.2　基于机载激光扫描系统的数据采集方案

机载激光扫描外业数据采集主要包括航空摄影方案的设计和扫描数据的获取，如图 5-14 所示。其中，航空摄影方案的设计主要包括申请空域、准备飞行区域资料（测区的地图资料）、激光与相机验校、GPS 基准站的建立、航飞设计五个部分。

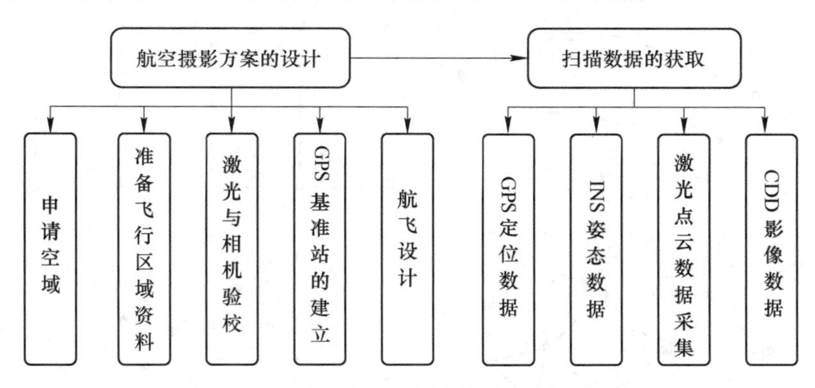

图 5-14　机载激光扫描系统数据采集框架

航测路线的设计需遵循安全、经济、周密和高效的原则，综合考虑测区的地形、地貌、扫描设备的参数、气候条件、航空重叠度及点云密度，最终设计高效、低成本的满足精度要求的航线。

一般需在飞机起飞前 30 min 左右打开地面基准站上 GPS 接收机，为了保证机载 GPS 系统处于最佳工作状态，可以在飞机飞到测区之前，先打开机载 GPS 系统，静止一段时间，接着按“8”字形飞行，飞完之后直飞 5 min 左右，然后再开始数据采集。在数据采集时，飞机按设计航线自动飞行，扫描仪及相机、GPS 系统按设置的参数进行数据采集。数据采集完之后依次直飞 5 min，倒“8”字形飞行，静止几分钟关掉 GPS 系统，待飞机关掉 GPS 系统后 30 min 左右再关闭地面 GPS 接收机。如果机场距离测区较远，就无须采用倒“8”字形飞行，这种航测路线设计达到了很好的效果。

5.5　点云数据的处理

虽然地面三维激光扫描仪获取数据的速度非常快，但由于获得的数据量大，三维激光扫描数据处理是一项十分复杂的工作，其中点云预处理是至关重要的一步，预处理的结果直接影响到后期的建模效率、复杂度和精度。点云预处理可以通过常见的预处理软件和相应的算法实现，一般每种扫描仪都配备有专门的点云数据处理软件。此外，还有一些商用软件（如 Rraindrop 公司的 Geomag-ic Studio、EDS 公司的 Imageware 等）也能对点云数据进行预处理。点云预处理主要包括点云数据去噪、点云数据空洞插值、点云数据压缩和点云数据配准等。

5.5.1 常见的点云数据

由于三维激光扫描仪的结构以及点云采集的原理不同，点云数据的排列形式将会不同，目前获取的点云数据的排列形式主要有以下几种。

（1）扫描线式点云数据，按某一特定方向分布的点云数据，如图 5-15（a）所示。

（2）阵列式点云数据，按某种顺序排列的有序点云数据，如图 5-15（b）所示。

（3）格网式点云数据，数据呈三角网互连的有序点云数据，如图 5-15（c）所示。

（4）散乱式点云数据，数据分布无章可循，完全散乱，如图 5-15（d）所示。

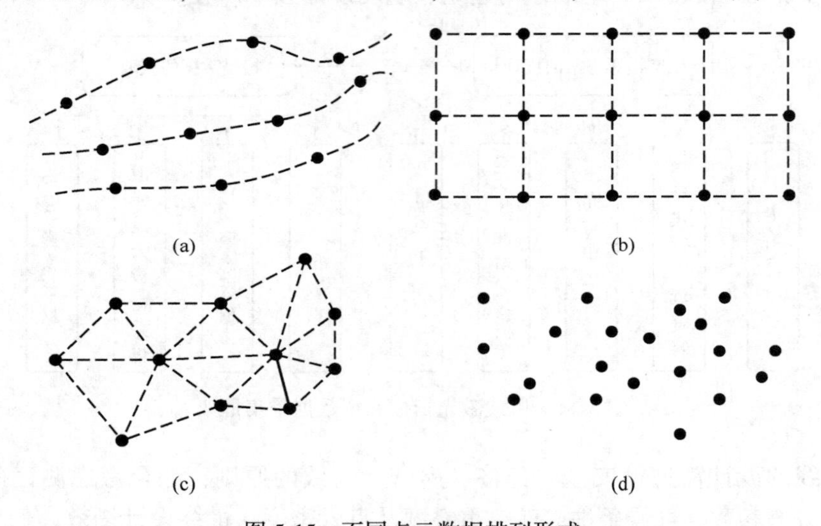

图 5-15 不同点云数据排列形式

（a）扫描线式点云；（b）阵列式点云；（c）格网式点云；（d）散乱式点云

上述分类中前三种形式属于有序或部分有序的点云数据，这些点云数据点与点之间往往有一定的拓扑关系，去噪压缩相对简单。而最后一种散乱式点云去噪较困难，适用于有序点云去噪压缩的方法不能直接用于无序点云数据。

5.5.2 噪声的分类

根据噪声点的空间分布情况，可将噪声点大致分为以下四类：

（1）漂移点，即那些明显远离点云主体，飘浮于点云上方的稀疏、散乱点；

（2）孤立点，即那些远离点云中心区，小而密集的点云；

（3）冗余点，即那些超出预定扫描区域的多余扫描点；

（4）混杂点，即那些和正确点云混淆在一起的噪声点。

对于第（1）~（3）类噪声，通常可用现有的点云处理软件通过可视化交互方式直接删除；而第（4）类噪声必须借助点云去噪算法才能剔除。

5.5.3 点云去噪算法

不同种类或性质的点云去噪算法不尽相同。对于有序或部分有序的点云去噪，通常可以采用最小二乘滤波、维纳滤波、卡尔曼滤波、中值滤波、均值滤波和高斯滤波等算法。而对于散乱、无序的点云数据往往需要先建立点云数据中的点与点间的逻辑关系，或者按某种规则排序，再通过上述算法来处理，如图 5-16 所示。这种方法处理散乱点云中的噪声点难度大、效率低，排序和建立逻辑关系复杂。实际上，直接针对无序或散乱点云中的噪声点处理也有很多种算法，其中较为经典的算法有拉普拉斯算法、双边滤波算法、平均曲率流滤波算法和均值漂移算法等。下面分别介绍有序和散乱点云数据中噪声处理的主要算法。

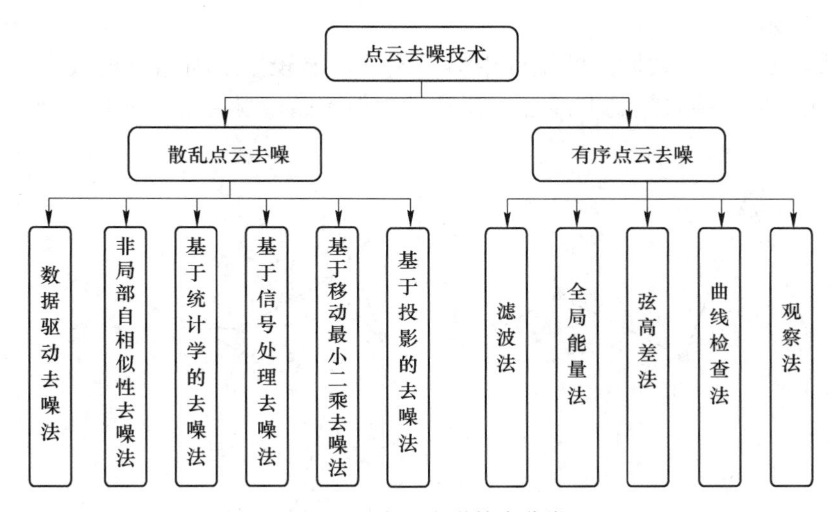

图 5-16 点云去噪技术分类

5.5.3.1 有序点云去噪算法

根据点云数据在空间中的拓扑关系，阵列式点云、扫描线式点云和网格式点云被称为有序点云，对于该类点云，目前常用的处理方法包括观察法、曲线检查法、弦高差法、全局能量法和滤波法等。

（1）观察法。观察法是一种交互式方法，通过观察交互式软件图形界面内的点云，选取偏离较大的点并删除。该方法需要人为参与，只能删除少量的人眼可分辨的噪声点，要完成全部去噪还需要其他方法。

（2）曲线检查法。曲线检查法是通过将一组目标点运用最小二乘法拟合成 3 阶或 4 阶的 B 样条曲线；再计算中间各点到该曲线的距离，判断距离是否小于预先设定的阈值，若是，则认为该点是正常点，否则为噪声点。但是该方法有个很大的缺陷，当目标点云中首尾两点本身就是噪声点时，则很容易丢失大量有效数据。

（3）弦高差法。弦高差法对于点云分布均匀的情况和密集点云数据去噪有较好的效果。该方法主要通过检查测点到其前后两点的连线的距离判断是否为噪声点，如果该距离值大于阈值，则将该中间点视为噪声点，予以排除，否则将该点视为有效点。但当点云在某一区域发生较大的特征变化时，该方法会丢失有效的特征点。

(4) 全局能量法。全局能量法对模型整个曲面建立能量方程，然后对该方程做全局优化处理，根据求得的最小能量值来检测噪声点。该方法一般用于网格模型去噪，但时间效率低，而且不能保留物体的局部细节特征。

(5) 滤波法。滤波法也是一种常见的有序点云去噪方法。该方法基于信号分析理论，利用合适的信号滤波函数对噪声信号进行滤波。常见的滤波方法有高斯滤波、均值滤波和中值滤波。

1) 高斯滤波。权重在指定域内高斯分布，数据变动较小，但平均效果较差，如图5-17 (b) 所示。

2) 均值滤波。对采样数据采用平均值的方法使得数据平滑，滤波效果较为均匀。但这种方法极容易将模型的特征也平滑掉，但可以通过调节参数取得一定程度上的平衡，如图5-17 (c) 所示。

3) 中值滤波。采用数据点的统计中值，该方法能较好地消除幅度较大的噪声数据，保留细节特征，是一种有效的非线性平滑技术，但不适合脉冲噪声去噪，如图5-17 (d) 所示。

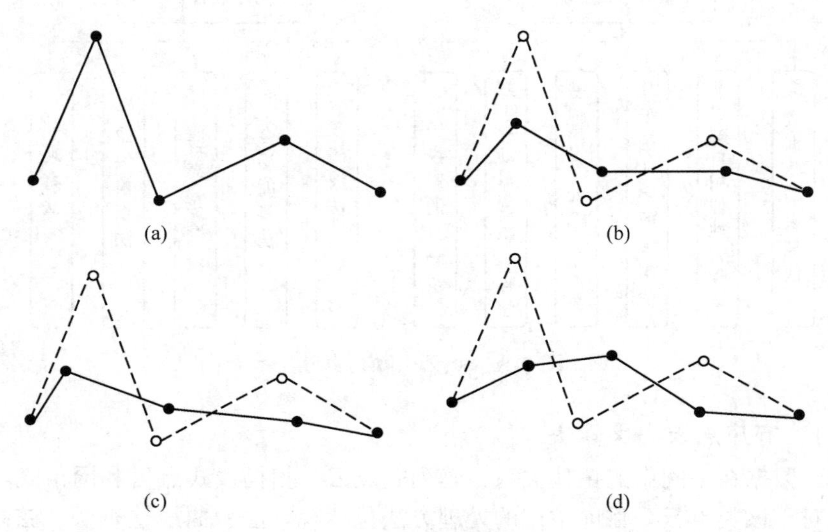

图5-17 常见的滤波算法

(a) 原始数据；(b) 高斯滤波；(c) 均值滤波；(d) 中值滤波

5.5.3.2 散乱点云去噪算法

在三维模型领域的去噪成果都是针对网格模型或者散乱点云模型的，散乱点云的点与点之间没有拓扑关系，而将点云模型网格化正好解决了这一缺陷，以便计算模型的相关几何性质，去噪则相对容易一些。但将点云网格化的过程本身就可能引入额外的噪声点，且多增加一次三角网格化的预处理会使得计算效率低下。到目前为止，散乱点云的去噪算法大致可分为六种，即基于投影的去噪算法、基于移动最小二乘去噪算法、基于信号处理去噪算法、基于统计学的去噪算法、非局部自相似性去噪算法以及数据驱动去噪算法。

(1) 基于投影的去噪算法。基于投影的点云去噪方法通过对点云的不同投影策略来调整点云中每个点的位置。受统计学中 L 中值概念的启发，引入了一种无参数化的投影算子，即局部最优投影（LOP，Locally Optimal Projection）算子。此方法的基本原理是迭代地将输入点云的子集投影到这个点云上，以减少噪声和异常值。但是，如果输入点云密度不均匀，LOP 投影就会变得不均匀，不利于形状特征的保留和法线估计。

（2）基于移动最小二乘法去噪算法。有许多方法是建立在关于移动最小二乘 MLS 的工作之上的。通过迭代地将点投影到 MLS 表面来解决点云模型的噪声问题，这一过程由两步定义来确定（见图 5-18）：第一步为了找到一个局部参考平面 $H = \{x \in R^3 | \langle ,\ x\rangle - D = 0\}$，通过局部最小化 $\sum_{p \in P} (\langle ,\ p\rangle - D)^2 e^{2\|r-q\|}/h^2$ 得到，这里的 q 是 r 在 H 上的投影并且 h 是一个控制平滑程度的全局尺度因子；第二步计算一个相对于参考域的局部多项式的近似值。

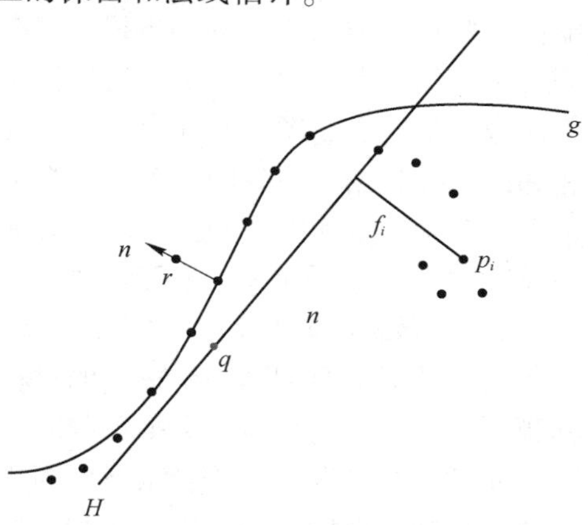

图 5-18　基于移动最小二乘的投影

（3）基于信号处理去噪算法。信号处理方法也可以扩展到点云去噪领域。基于拉普拉斯算子应用到网格去噪的方法，开发了一种包含局部性、非收缩性、几何特征三个特征的滤波算子。将拉普拉斯算子的离散近似性运用到点云上，但是这种方法可能导致特征平滑和顶点漂移。受傅里叶变换的启示，使用光谱处理来去噪点云，应用离散傅里叶变换得到点云的谱分解，然后通过维纳滤波器对频谱进行处理，进行精细的滤波操作。

（4）基于统计学的去噪算法。在点云去噪领域，许多技术利用统计概念的适应性，这一概念适合点云的性质，基于内核的聚类方法对点云进行去噪。首先积累了在每个点 p_i 上计算得到的局部似然函数 L_i 来定义似然函数 L 以建模噪声点云的概率密度。接下来，利用均值漂移技术驱动的迭代方案将点移动到高概率的位置，该方法具有良好的去噪效果和鲁棒性。

（5）非局部自相似性去噪算法。基于非局部自相似性的去噪技术起源于图像处理领域。这些方法利用自然图像中小块图像之间存在的自相似性，将相似的小块图像聚在一起以增强去噪效果。但是，将非局部的思想迁移到点云模型并不简单，这是因为这些非局部的方法严重依赖于规则的图像块。然而，由于点云数据的散乱性、无规则性，使得找到这样的局部块非常困难。

（6）数据驱动去噪算法。近两年来，利用深度学习来对点云模型进行去噪的方法越来越受到研究人员的关注。基于卷积神经网络（CNN，Convolutional Neural Networks）的深度学习架构，用于处理点云。输入的无序点被转换成规则采样的高度图，这些高度图适合被性能良好的现代 CNN 架构处理。通过开发一种端到端的算法来整合原始点云。在原始点云中，局部参数化和拟合曲面是一起学习的，从而在保留了曲面的精细特征和细节的情况下实现更好的重构。该方法可以直接输入和输出点云，为点云去噪提供了一个强大的深度学习工具。

5.5.4 点云数据配准

点云数据处理的时候，坐标的纠正可以称为坐标的配准，也可以称为点云的拼接，它是最主要的数据处理之一。由于目标物的复杂性，通常需要从不同方位扫描多个测站，才能把目标物扫描完整，每一测站扫描数据都有自己的坐标系统，三维模型的重构要求把不同测站的扫描数据纠正到统一的坐标系统下。在扫描区域中设置控制点或标靶点，使得相邻区域的扫描点云图上有 3 个以上的同名控制点或控制标靶，通过控制点的强制附和，将相邻的扫描数据统一到同一个坐标系下，这一过程称为坐标纠正。在每一测站获得的扫描数据，都是以本测站和扫描仪的位置和姿态有关的仪器坐标系为基准，需要解决的坐标变换参数共有 7 个，即 3 个平移参数、3 个旋转参数和 1 个尺度参数。

《点云数据处理规程》中定义了点云配准的概念，即把不同站点获取的地面三维激光扫描点云数据变换到同一坐标系的过程。点云数据配准时应符合下列要求：一是，当使用标靶、特征地物进行点云数据配准时，应采用不少于 3 个同名点建立转换矩阵进行点云配准，配准后同名点的内符合精度应高于空间点间距中误差的 1/2；二是，当使用控制点进行点云数据配准时，等级以下应利用控制点直接获取点云的工程坐标进行配准。

依据不同的分类标准，相应可以得到不同的配准方法分类。

（1）根据搜索特征空间的不同，可分为全局配准和局部配准。全局配准是指针对整个点云搜索对应特征进行配准，局部配准是在部分点云中搜索对应特征，也称为配对方式。

（2）根据配准的精度，可分为粗配准和精配准。粗配准的目的是通过确定两个三维点云集中的对应特征，解算出点云之间的初始变换参数；精配准是在粗配准的基础上获取最佳变换参数，然后完成点云配准。

（3）根据配准时所采用的基元，可分为基于特征的和无特征的配准。其中，前者是指利用一些几何特征，如边缘、角点、面等特征来解算变换参数，达到配准目的；后者则是直接利用原始点云数据进行配准。

（4）根据配准参数解算的目标数，可分为点到点距离最小以及点到对应切面距离最小等。

（5）根据配准变换参数解算的方法，可分为四元数法、最小二乘法、奇异值分解法以及遗传算法等。

在实际作业过程中，通常是根据拼接基元的特征进行分类。

5.5.4.1 标靶拼接

标靶拼接是点云拼接最常用的方法，首先在扫描两站的公共区域放置 3 个或 3 个以上的标靶，对目标区域进行扫描，得到扫描区域的点云数据，测站扫描完成后再对放置于公共区域的标靶进行精确扫描，以便对两站数据拼接时拟合标靶有较高的精度。依次对各个测站的数据和标靶进行扫描，直至完成整个扫描区域的数据采集。在外业扫描时，每一个标靶对应一个 1 号，需要注意同一标靶在不同测站中的 ID 号必须要一致，才能完成拼接。完成扫描后对各个测站数据进行点云拼接。

5.5.4.2 点云拼接

基于点云的拼接方法要求在扫描目标对象时要有一定的区域重叠度，而且目标对象特征点要明确，否则无法完成数据的拼接。由于约束条件不足无法完成拼接的，需要再从有一定区域叠关系的点云数据中寻找同名点，直至满足完成拼接所需要的约束条件，进而对点云进行拼接操作。此方法点云数据的拼接精度不高。采用三维激光扫描仪采集数据时，要保证各测站测量范围之间有足够多的公共部分（大于30%），当点云数据通过初步的定位定向后，可以通过多站拼接实现多站间的点云拼接。公共部分的好坏会影响拼接的速度和精度。一般要求公共部分要清晰，具有一些比较有明显特征的曲面。一般公共部分可利用的点云数据越多，多站拼接的质量越好。

特殊情况下，可将标靶拼接与点云拼接结合使用。通常在外业放置一定数量的标靶，而在内业进行数据配准时当标靶数量不能满足解算要求时，就人工选取一些特征点，以满足配准参数结算的要求。这种方法在实际的点云配准中是很常用的，而且实践证明其精度也能达到要求。

5.5.4.3 控制点拼接

为了提高拼接精度，三维激光扫描系统可以与全站仪或GPS技术联合使用，通过使用全站仪或GPS测量扫描区域的公共控制点的大地坐标，然后用三维激光扫描仪对扫描区域内的所有公共控制点进行精确扫描。其拼接过程与标靶拼接步骤基本相同，只是需要将以坐标形式存在的控制点添加进去，以该控制点为基站直接将扫描的多测站的点云数据与其拼接，即可将扫描的所有点云数据转换成工程实际需要的坐标系。使用全站仪获取控制点的三维坐标数据，其精度相对较高。

另外，有的学者提出基于特征点云的混合拼接，该方法要求扫描实体时要有一定的重合度，拼接精度主要依赖于拼接算法，可分为基于点信息的拼接算法、基于几何特征信息的拼接算法、动态拼接算法和基于影像的拼接算法等。

5.5.5 点云数据压缩

三维激光扫描仪可在短时间内获取大量的点云数据，目标物要求的扫描分辨率越高体积越大，获得的点云数据量就越大。大量的数据在存储、操作、显示、输出等方面都会占用大量的系统资源，使得处理速度缓慢，运行效率低下，故需要对点云数据进行缩减。数据缩减是对密集的点云数据进行缩减，从而实现点云数据量的减小，通过数据缩减，可以极大地提高点云数据的处理效率。通常有以下两种方法可进行数据缩减。

（1）在数据获取时对点云数据进行简化，根据目标物的形状以及分辨率的要求，设置不同的采样间隔来简化数据，同时使得相邻测站没有太多的重叠，这种方法效果明显，但会大大降低分辨率。

（2）在正常采集数据的基础上，利用一些算法来进行缩减。常用的数据缩减算法有基于Delaunay三角化的数据缩减算法（主要方法有包络网格法、顶点聚类法、区域合并法、边折叠法、小波分解法）、基于八叉树的数据缩减算法和点云数据的直接缩减算法。点云数据优化一般分去除冗余和抽稀简化两种。冗余数据是指多站数据配准后虽然得到了完整的点云模型，但是也会生成大量重叠区域的数据。这种重叠区域的数据会占用大量的资源，降低操作和储存的效率，还会影响建模的效率和质量。某些非重要站的点云可能会出现点云过密的情况，则采用抽稀简化。抽稀简化的方法很多，简单的如设置点间距，复杂的如利用曲率和网格来解决。

《点云数据处理规程》中指出降噪与抽稀简化应符合下列规定：一是，点云数据中存在脱离扫描目标物的异常点、孤立点时，应采用滤波或人机交互进行降噪处理；二是，点云数据抽稀简化应不影响目标物特征识别与提取，且抽稀简化后点间距应满足相应的要求。

点云压缩主要是根据点云表征对象的几何特征，去除冗余点，保留生成对象形面的主要特征，以此提高点云存储和处理效率。理想的点云压缩方法应做到能用尽量少的点来表示尽量多的信息，目标是在给定的压缩误差范围内找到具有最小采样率的点云，使由压缩后点云构成的几何模型表面与原始点云生成的模型表面之间的误差最小，同时追求更快的处理速度。针对不同排列方式的点云数据，许多学者提出了不同的压缩方法，常见的方法如下：

(1) 对于扫描线式点云数据，可以采用曲率累加值重采样、均匀弦长重采样、弦高差重采样等方法；

(2) 对于阵列式点云数据，可以采用倍率缩减、等间距缩减、弦高差缩减等压缩方法；

(3) 对于格网式点云数据，可采用等密度法，最小包围区域等方法；

(4) 对于散乱式点云数据，可采用包围盒法、均匀网格法、分片法、曲率采样、聚类法等方法。

点云压缩有多个准则可以遵循，包括压缩率准则、数量准则、点云密度准则、距离准、法向量准则、曲率准则等。其中，法向量准则和曲率准则可以使简化后的数据集在曲面曲率较小的区域用较少的点表示整个形面，而在曲率较大或尖锐棱边处保留较多的点，其他准则无法满足这种要求。

5.5.6 点云数据的分割和分类

对于比较复杂的扫描对象，如果直接利用所有点云数据建模，其过程是十分困难的。因此，对于复杂对象建模之前需要将点云数据分割，分别建模完成后再组合，也就是建模过程中“先分割后拼按”的思想，整个过程是把复杂数据简单化，把庞大数据细分化。在三维激光扫描点云数据中进行数据分割可以更好地进行关键物的提取、分析和识别，分割的准确性直接影响后续任务的有效性，具有十分重要的意义。

点云数据分割应该遵守以下准则：

(1) 分块区域的特征单一且同一区域内没有法矢量及曲率的突变；

(2) 分割的公共边尽量便于后续的拼接；

(3) 分块的个数尽量少，可减少后续的拼接复杂度；

(4) 分割后的每一块要易于重建几何模型。

虽然已对点云数据的分割进行了大量的研究，也提出了很多种针对各种具体应用的分割算法。但目前尚无通用的分割理论和适合所有点云数据的通用分割算法；即使给定一个实际图像分割问题，要选择适用的分割算法也还没有统一的标准。

数据分割的主要方法有以下三种。

(1) 基于边的分割方法。此分割方法需要先寻找出特征线，寻找特征线要先找到特征点，目前最常用的提取特征点的方法为基于曲率和法矢量的提取方法，通常认为曲率或者法矢量突变的点为特征点。提取特征线之后，再对特征线围成的区域进行分割。

（2）基于面的分割方法。此方法是一个不断迭代的过程，找到具有相同曲面性质的点，将属于同一基本几何特征的点集分割到同一区域，再确定这些点所属的曲面，最后由相邻的曲面决定曲面间的边界。

（3）基于聚类的分割方法。此方法就是将相似的几何特征参数数据点分类，可以根据高斯曲率和平均曲率来求出其几何特征再聚类，最后根据所属类来分割。

另外，学者还提出基于反射值的分割方法、区域膨胀策略的三维扫描表面数据区域分割算法等。

目前，三维激光扫描系统软件的数据分割主要是通过手动完成的，根据需要把点云数据分割成不同的子集，以进行曲面拟合等操作。最常用的是针对平面，采用区域增长算法分割点云数据。还有一种是针对模型库中的组件进行自动分割，完成曲面拟合。

在逆向工程中，根据点云数据获取方式和数据处理目的的不同，对点云数据分类的方式也有较大的差异。逆向工程中通常使用平面、球面、圆柱面、圆锥面、规则扫描面和自由曲面等几种几何面的划分形式。把三维激光扫描数据划分为不同的类型，并根据这些类型对点云数据进行分割，采用组件库中已有的模型，通过曲面拟合，可以建立目标物的表面模型，这在逆向工程建模中被广泛采用，同时也常被应用于建筑物建模的圆柱、圆锥等规则的几何形体中。

5.6 三维激光扫描测量精度误差分析

由于地面三维激光扫描仪是高度集成化产品，内部结构设计紧凑、复杂，因此采集到的点云数据质量很大程度上取决于所使用仪器的自身精度质量。为了更好地服务于生产需要，正确地评价和选择扫描仪测量精度，需要分析仪器自身误差来源。由于温度、气压等外界环境条件和扫描目标材质特性的影响，扫描仪发送的激光束在空气中传播和被扫描物体表面漫反射过程中产生的一系列干扰，因此外界条件导致的误差需要纳入考虑范围。每次扫描时只能获得当前测站坐标系下的点云数据，需要通过对多个不同测站坐标系下的点云坐标值进行坐标转换，最后得到一套统一坐标系下目标物体表面完整的点云数据结果。其中，在坐标获取和转换过程中会存在误差的积累，因此需要考虑点云数据处理产生的误差因素。地面三维激光扫描仪的主要误差源如图 5-19 所示。

5.6.1 仪器误差

地面三维激光扫描仪仪器自身的误差来自测距系统的误差和测角系统的误差。测距系统误差反映了地面三维激光扫描仪距离测量准确度，测距误差分为乘常数误差、加常数误差及幅相误差。测角系统误差主要由光束偏转单元误差和轴系误差造成。在扫描获取地物空间信息时，除需测量仪器中心到被测点的距离外，还需要测定水平角和竖直角。在地面三维激光扫描仪的测角系统误差中，主要考虑垂直度盘误差、视准轴误差、偏心差。

（1）乘常数误差。在点云数据采集过程中，扫描仪仪器中心到目标地物的距离小于 30 m 时，乘常数误差对距离精度的影响较小，可忽略不计。一般的检校场地，地面三维

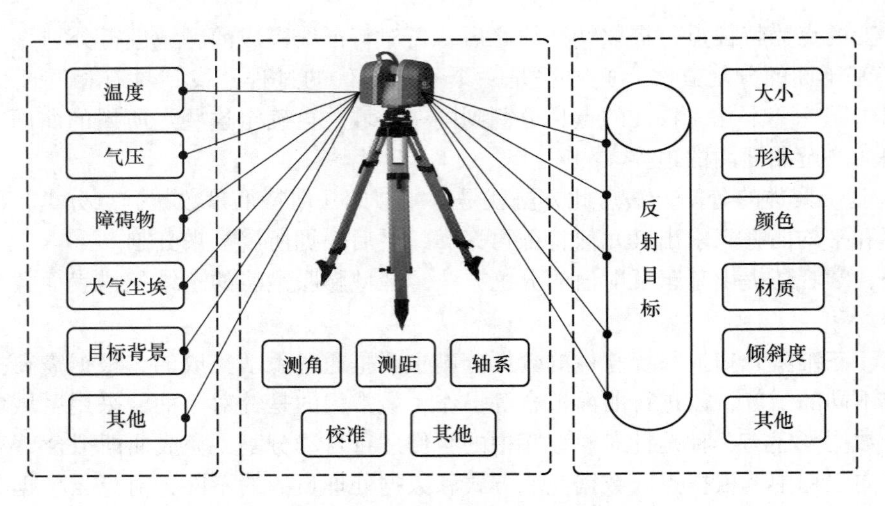

图 5-19 三维激光扫描仪的误差源

激光扫描仪到每个标靶的距离都不会超过 30 m，因此，乘常数误差虽然会对测量精度会产生一定影响，但在仪器检校中可以忽略不计，国内外对地面三维激光扫描仪进行检校时，通常也将乘常数误差排除在检校范围外。

（2）加常数误差。地面三维激光扫描仪测距是通过测量激光束从发出到经物体反射返回的时间差来进行距离测量。通常情况下，测距的起算点为地面三维激光扫描仪的激光发射和接收点，但扫描仪的中心和测距起算点并不重合，这使得扫描仪测定的距离 $D-d$ 与所要测定的实际距离 D 并不相等，并且两者的差值 d 是个与距离的远近无关的量。因此，把地面三维激光扫描仪的仪器中心和测距起算点之间的距离差值 d 称为地面三维激光扫描仪的加常数，由于加常数是个固定值，可以预设在地面三维激光扫描仪中，使测距的结果自动改正。但是扫描仪在使用一段时间之后，随着仪器内部零部件的磨损，扫描仪的加常数会有一定变化，这样就会对测距结果产生一定的影响。因此，地面三维激光扫描仪在使用一段时间之后应对仪器的加常数进行检验，测出其变化值来对测距结果进行改正。加常数误差产生过程如图 5-20 所示。

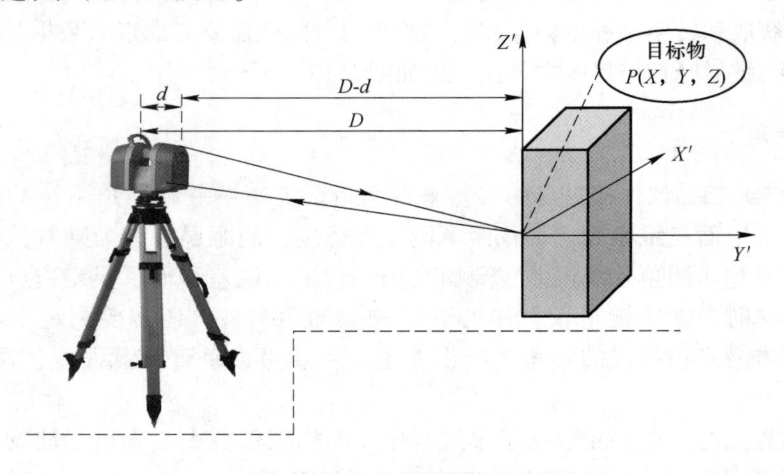

图 5-20 加常数误差产生过程

（3）幅相误差。地面三维激光扫描仪没有测距信号强度控制装置，当被测目标地物的位置、扫描仪到被测物体距离发生改变时，地面三维激光扫描仪接收到的反射信号也将随之发生变化，进而给测距结果带来影响。幅相误差是地面三维激光扫描仪技术的难点之一，在地面三维激光扫描仪的检校中还没有成熟的方法可以确定幅相误差的大小。

（4）垂直度盘误差。当地面三维激光扫描仪视准轴水平时，理论上垂直度盘的天顶距读数应为90°，但实际上存在差值，其差值即为垂直度盘误差。

（5）视准轴误差。当扫描仪中水平轴与竖直轴不垂直或视准轴与水平轴不垂直时，这种不垂直引起的偏差就是视准轴误差。由于视准轴误差的存在，将会导致扫描仪扫出的每个扇面不同，也会增加后期点云数据处理的难度。

（6）偏心差。在理想情况下，扫描仪的第一旋转轴与第二旋转轴相互垂直且与视准轴相交，这三轴的焦点为仪器中心，但仪器存在缺陷，不能满足上述条件而造成的误差即为偏心差。

5.6.2 被测物体信号反射误差

三维激光扫描仪的生产厂家对扫描仪精度进行检校时，通常是在最为理想的条件下进行的。地面三维激光扫描仪检校的重要环节之一就是选择待测目标地物，厂家选择的待测目标地物的条件都非常理想，便于数据的获取。但是在实际工作中，一方面，不同的待测目标地物具有不同的性质，颜色、材质以及不同的表面粗糙程度都会造成一定的误差和偏差；另一方面，由于激光发射和接收共用一条光路，且激光光束具有一定的发散角，扫描到目标物体表面形成激光脚点光斑。当扫描目标物体倾斜时会出现扫描目标物体表面切平面法线与激光光束方向不重合，这会引起测距出现偏差。

5.6.3 外界条件影响

外界条件的影响主要与环境湿度、温度、震动、光照条件等因素有关。环境的湿度、温度等因素会影响扫描仪的机械结构，光照条件会改变扫描物体的反射率，进而影响测距精度；震动影响激光传播方向，产生测角误差。因此，在地面三维激光扫描仪采集点云数据工作中，需要全面考虑外界环境温度、气压等因素，在良好的外界环境中获取点云数据，以提高数据质量。

（1）温度、气压的影响。在地面三维激光扫描仪的工作过程中仪器会产生热量，此时外界环境温度过高或者过低都会使扫描仪内部与外部产生一个温度差，空气中的水蒸气会在仪器内外出现冷凝现象，导致获取的点云数据精度降低。在扫描过程中，气压变化也会对精密机械结构有一定的影响，扫描过程中风的震动会导致激光光束在空气中传播方向发生改变。

（2）逆光扫描的影响。在没有遮挡的情况下，仪器受到室外太阳直射或室内灯光照射时，扫描仪将光源作为扫描对象，这就是逆光扫描。当地面三维激光扫描仪在逆光情况下工作时，会导致大量点云数据的缺失，进而影响点云数据的质量。

（3）光线强度的影响。在获取点云数据时，由于复杂环境的变化，光线强度也会随之不同。一般情况下，中午的光线强度大于傍晚时分，室外的光线强度大于室内。在测量的过程中，被测物体容易受到光线强度的影响产生大量噪声，更甚者会因为光线过强而使目标物的特征出现缺失。

地面三维激光扫描仪的测量误差主要来自3个方面，即仪器自身缺陷、与被测物体信号反射的误差和外界条件的影响。仪器系统误差主要包括加常数误差、视准轴误差、水平轴误差和竖角指标差。与被测物体信号反射的误差受被测物体表面的粗糙程度和反射面倾斜的影响。外界条件的影响主要来自温度、气压的影响。

与被测物体相关的误差和外界条件的影响可在点云数据采集的过程中，根据扫描区域概况，通过设计合理的点云数据采集方案减少由被测目标地物带来的测量误差；而外界条件对测量的影响有限，可通过统计学的方式了解其影响规律，选择最佳的观测时间采集点云数据；地面三维激光扫描仪自身对点云数据精度的影响可以在数据采集完成后，通过建立数学模型对仪器进行检校，将误差减弱甚至消除。

参考文献

[1] 王春鑫．三维激光扫描仪的检校方法试验研究［D］．唐山：华北理工大学，2018.

[2] 高扬．测绘工程中测绘新技术探析［J］．科学技术创新，2019（23）：174-175.

[3] 张毅，闫利，崔晨风．地面三维激光扫描技术在公路建模中的应用［J］．测绘科学，2008，33（5）：100-102.

[4] 代世威．地面三维激光点云数据质量分析与评价［D］．西安：长安大学，2013.

[5] 张述涛，洪班儿，刘磊．三维激光扫描技术在机场道面工程质量验收中的应用分析［J］．测绘与空间地理信息，2021，44（11）：176-179.

[6] 李静，李长青，邓洪亮．三维激光扫描技术在隧道衬砌施工质量管理中的应用研究［J］．施工技术，2017，46（14）：134-136.

[7] 周华伟．地面三维激光扫描点云数据处理与模型构建［D］．昆明：昆明理工大学，2012.

[8] 李海波，杨兴国，赵伟，等．基于三维激光扫描的隧洞开挖衬砌质量检测技术及其工程应用［J］．岩石力学与工程学报，2017，36（A01）：3456-3463.

[9] 田峰．浅谈三维激光扫描技术在地籍测绘中的应用［J］．中国标准化，2018（10）：238-239.

[10] 霍文强．地面三维激光扫描技术在工程测量中的应用［J］．科技视界，2018（30）：228-229，237.

[11] 李善宏，付彪，陈元寿，等．三维激光扫描仪在地形测绘中的应用［J］．中国金属通报，2020（4）：187-188.

[12] 孙博，白树海，华远峰，等．三维激光扫描仪在建筑立面测绘中的应用研究［J］．山西建筑，2019，45（14）：159-160.

[13] 穆超，彭艳鹏，谢菲．Riegl VZ-1000 三维激光扫描仪在重大地质灾害测绘中的应用［J］．北京测绘，2019，33（5）：575-578.

[14] 高磊，李卫新，纪勇．VZ1000 型三维激光扫描仪在山地地形图测绘中的应用［J］．工程建设与设计，2018（14）：40-41.

[15] 周欣．三维激光扫描仪在地质灾害地形测绘中的应用［J］．中小企业管理与科技（上旬刊），2018（7）：147-148.

[16] 林善志，喻娇．三维激光扫描仪在地形测绘中的应用［J］．资源信息与工程，2018，33（3）：124-125.

[17] 王渊．三维激光扫描仪精度自检与变形监测中点云配准方法研究［D］．天津：天津大学，2017.

[18] 张志强．地面三维激光扫描仪在大比例尺测图中的应用［D］．北京：中国地质大学（北京），2013.

[19] 李宝瑞. 地面三维激光扫描技术在古建筑测绘中的应用研究 [D]. 西安：长安大学，2012.
[20] 曹勇. 全站仪和三维激光扫描仪在古建筑测绘中的应用及比较 [J]. 广东建材，2011，27（5）：10-12.
[21] 王智，薛慧艳. 三维激光扫描技术在异形建筑竣工测量中的应用 [J]. 测绘通报，2018（7）：149-152.
[22] 黄宝伟，魏国荣，张彪. 三维激光扫描技术在炼油厂改造中的应用 [J]. 测绘通报，2017（3）：151-152.
[23] 沙从术，潘洁晨. 基于三维激光扫描技术的隧道收敛变形整体监测方法 [J]. 城市轨道交通研究，2014，17（10）：51-54.
[24] 王力，李广云，杨凡，等. 三维激光扫描技术在矿山治理中的应用 [J]. 测绘通报，2013（S1）：61-63.
[25] 高磊，冉磊，胡志法，等. 三维激光扫描技术在西南地区的应用 [J]. 测绘通报，2009（5）：72-73.

6 实景三维建模技术

第6章课件

实景三维建模技术广泛用于国土空间规划、自然资源监测、自然资源政府服务以及经济社会发展等领域。基于实景三维模型构成的数字虚拟空间也能实现对人类生产、生活和生态空间的真实、立体、连续的反映和表达。自然资源部曾在全国范围内启动了大规模的实景三维测绘，标志着我国的测绘工作将从二维走向三维。实景三维构建的主流方法包括倾斜摄影测量和激光雷达测量。其中，“倾斜摄影三维模型”和“激光点云”已经被列入和传统4D产品同一级别的地理场景数据中。而且，地理实体生产中的重要途径之一便是来自“倾斜摄影三维模型”和“激光点云”的处理、抽取和加工。两种技术中涉及的自动化重建、信息提取、语义化、表达等问题解决方案将是行业争相占领的技术高地。

6.1 应用场景

传统的GIS可视化表达大多局限于二维，只能处理平面X轴和Y轴上的信息，无法处理垂直方向Z轴上的信息，即使是随着三维高程信息应用的深入，一些二维GIS和影像处理系统能够处理高程信息，但它们并没有将高程变量视为自变量，而只是将其视为辅助属性变量，即在表示上通常将Z值投影到二维平面，这会造成对于同一（X，Y）坐标位置的多个Z值无法同时表达。

实景三维模型构建技术可以有效地将三维地理信息真实地表达，从而反映某一时点当前状态，还可反映多个连续时点状态、时序、动态展示现实世界发展与变化，从侧重于地表的描述，到实现“地上地下、室内室外、水上地下”整个空间的整体描述。实景三维技术框架如图6-1所示。

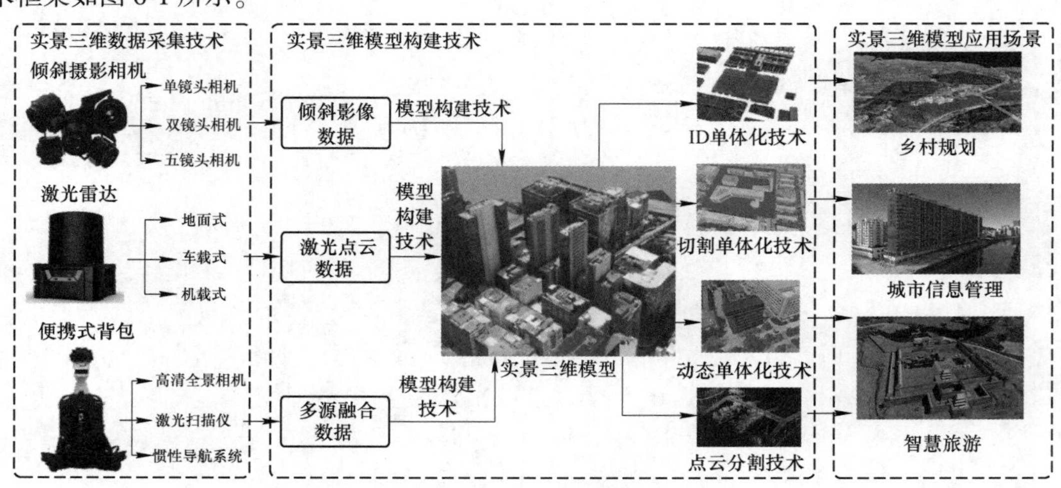

图6-1 实景三维技术框架

6.2 实景三维数据采集

6.2.1 实景三维采集设备

6.2.1.1 倾斜摄影相机

倾斜摄影测量与传统航空摄影的区别在于，传统航空摄影仅在飞行平台上携带传感器从垂直方向拍摄，只能获取目标的顶部信息数据，无法全面获取目标的侧面信息和纹理，具有一定的局限性。

倾斜摄影测量在生产作业中一般利用工业级无人机搭载航摄镜头，由专业飞行员进行拍摄，成本较高，作业前需要申请空域。近年来无人机民用化发展迅速，消费级无人机搭载成本低廉的单镜头，具备优良的可操控性、安全性、经济性，在城市建筑聚集区作业优势明显，逐渐成为倾斜摄影三维建模技术的“主力军”。无人机倾斜摄影测量是通过在同一飞行平台上同时携带 5 个传感器，从 1 个垂直、4 个倾斜和 5 个不同角度收集影像，如图 6-2 所示。在拍摄过程中，同时记录高度、速度、航向和横向重叠、坐标等参数，然后对倾斜影像进行分析和整理。

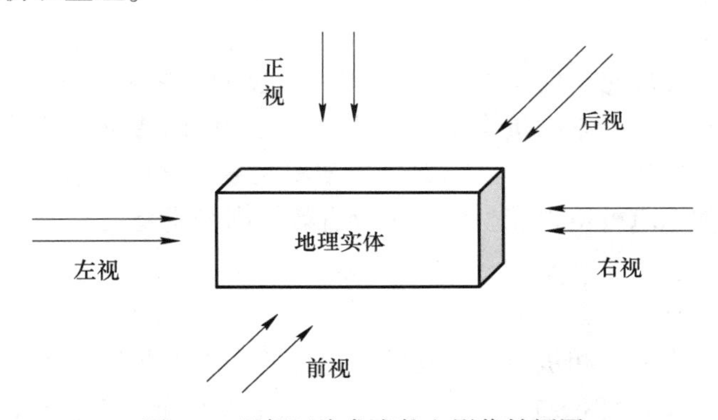

图 6-2 目标区多角度航空影像拍摄图

在一段时间内，飞机连续拍摄多组影像重叠的照片。其中，最多可以在 3 张照片上找到同一地物，使内业工作人员可以轻松分析建筑结构，并可以选择最清晰的照片进行纹理制作，从而为用户提供真实直观的实景信息。影像数据不仅可以真实反映地物的情况，还可以通过先进的定位技术嵌入地理信息和影像信息，从而使用户拥有更好的体验，这扩展了影像数据的应用范围，如图 6-3 所示。

A 单镜头倾斜相机

单镜头倾斜相机具有较低的生产成本，并且适合在小区域中获取影像数据。单镜头摄像机需要与云台配合，并且拍摄角度是活动的，因此可以在没有死角的情况下拍摄。其路线设计可设计为折线路线和周边路线。

在小面积航空摄影中消费型单镜头无人机可以根据航空照片和地面地形特征的要求，合理地设计航线，这样可以拍摄整个地物并接收到同一物体多角度的影像数据。因此，与多镜头无人机相比，单镜头无人机具有灵活的拍摄角度、简单的操作和较低的成本等特点。

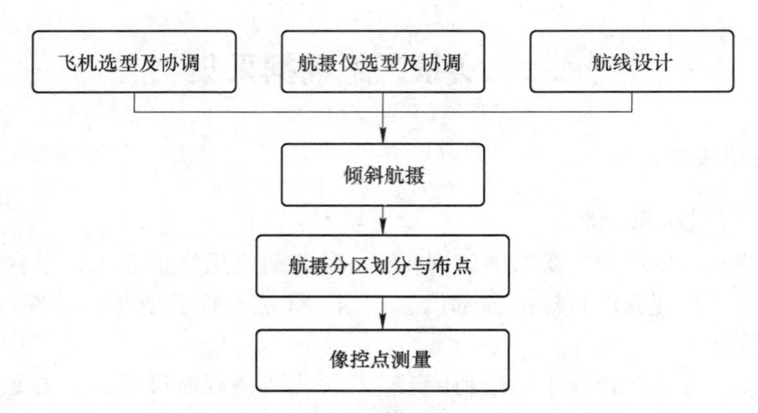

图 6-3　倾斜摄影数据采集流程图

B　双镜头倾斜相机

双镜头倾斜相机由两个以一定角度拼接的相机组成，如图 6-4 所示。在飞行拍摄期间，双镜头倾斜相机每次都从两个角度拍摄影像。在操作过程中，需要交叉飞行路线，最后拍摄额外的垂直影像。双镜头倾斜相机质量轻，可搭载在旋翼无人机上。其缺点是影像采集周期长，效率低。

图 6-4 中的摄影云台使用两个摄像头从不同角度收集照片。该设备可以进行倾斜操作、正射影像操作和近景摄影测量操作，以满足不同测区的要求。其特点是：经大量工程实例验证，可以满足地籍测量、1∶500 地形图等高精度测量的要求。标准的三轴稳定云台无须利用飞机姿态数据求解空中三坐标，可以有效提高测量精度，避免飞机姿态对航拍照片的影响。

C　五镜头倾斜相机

五镜头倾斜相机由五个相机组成，其结构包括四个用于获取地物立面信息的倾斜摄像头和一个用于获取地物顶部信息的垂直摄像，如图 6-5 所示。在操作时，同时采集垂直、前后、左右五个方向的影像。五个镜头的相机可以从四个不同的角度收集影像。

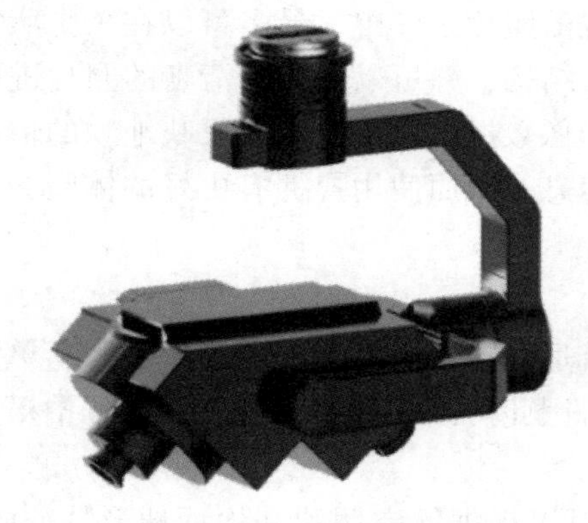

图 6-4　AIRTOP AC521 Pro 双镜头倾斜相机

图 6-5　五镜头倾斜相机

当飞机沿着设计的路线飞行时，相机可以同时捕捉到大面积的影像。其优点是采集速度快，影像重叠大；缺点是相机比较重，需要搭载在续航时间长、载荷能力强的无人机上。

6.2.1.2 激光雷达

光探测和测距（LiDAR）是一种用于快速测量不同物体位置的技术。这项技术类似于使用微波或无线电波的雷达，该技术将传统雷达扩展到光学范围。激光雷达利用目标物体的激光辐射，分析由此产生的反射。由于激光的波长较短，因而激光雷达能够快速接收高分辨率信息。视搭载平台而定，激光雷达可分为地面激光雷达、车载激光雷达和机载激光雷达等，以此针对不同场景来迅速提取和恢复不同地物的三维数据。

A 地面激光雷达

地面激光雷达通常由激光测距仪、扫描棱镜、CCD 相机、GPS 接收机、电机驱动器、电源系统及相关配件（笔记本电脑工作站、底座、目标）等组成。其工作原理为激光发射器发射一束激光，扫描棱镜在目标表面发生折射，激光束被反射回仪器，一部分激光被激光接收机接收，解析出目标距离（D）和角度（水平角 ϕ 和对顶角 θ），另一部分激光通过激光接收器送入 CCD 相机，记录物体反射强度和颜色的物理信息。地面激光具有灵活、便携等优点，广泛应用于工程建设、隧道变形监测、滑坡监测、文化遗产保护、工业设施测量、犯罪现场调查和事故现场重建等领域。目前，国外广泛使用的地面激光扫描设备厂家有法罗、徕卡、天宝、Optech 等，国内地面激光扫描设备厂家有北科天绘等。部分地面激光扫描设备的技术参数见表 6-1。

表 6-1 地面激光扫描设备

仪器型号	测距原理	扫描速度 /万点 · s^{-1}	测角范围	测距范围 /m	单点精度 /mm	仪器外观
FARO X330	相位式	97	360°×270°	0.6~330	2	
Leica P40	相位式	100	360°×317°	0.6~270	1.2	
Trimble Tx80	相位式	100	360°×317°	0.6~340	2	
Rigel	脉冲式	22	360°×60°	5~6000	10	
Polaris LR	脉冲式	—	360°×120°	1.5~2000		

B 车载激光雷达

车载激光雷达系统集成了激光扫描仪、CCD 相机、GPS 和 IMU 传感器等设备，能够快速获取道路和周围建筑、树木的三维信息。因此，车载激光雷达可以提供高精度、高分辨率的城市地理信息数据，为城市三维模型建设提供了新的技术手段。目前广泛应用于智慧城市、三维城市建模、城市规划、智能导航定位服务等领域。

在 20 世纪 90 年代初期，车载激光雷达系统已经出现。它是美国俄亥俄州立大学制图中心基于摄影测量技术开发的 GPSVan 移动测量系统。国外研究机构和公司也推出了许多车载移动测量系统，包括奥地利 Riegl 公司的 VMX 450 系统、加拿大 Optech 公司的 Lynx Mobile Mapper 系统，这些都是先进的车载移动测量系统。目前，世界上最具代表性的车辆激光雷达系统是德国 IGI 公司的 Street Mapper 系统和加拿大 Applanix 公司的 Land Mark 系统。

车载激光雷达系统的研究在我国起步较晚，但在国家“863”计划的指导下，许多科研机构和公司都加入了车载激光雷达系统的研发。其中，有中国测绘科学研究院、首都师范大学，以及武汉大学、南京师范大学联合研制的 3DRMS 车载激光雷达系统。利德空间信息技术有限公司研制的第一代机载三维真实场景采集系统和第二代机载激光雷达系统。这些技术在点云数据采集精度和点云数据自动处理方面均达到国际先进水平。

C 机载激光雷达

机载激光雷达主要由激光扫描仪、差分全球定位系统（DGPS）和惯性导航系统（INS）组成。激光扫描仪包括扫描仪、测距单元和控制单元，主要用于测量地物之间的距离。DGPS 主要用于测量激光雷达在空中的位置，机载激光雷达对 GPS 要求也很高。载波相位差分技术通常用于确保飞机定位精度在 5 ~ 10 cm。惯性测量单元（Inertial Measurement Unit）主要由陀螺仪和加速度计组成，用于测量飞机的五轴飞行位置。三种技术结合可以根据飞机的位置准确计算出地面物体的三维坐标。机载激光雷达测距仪实现对地远距离测量的特点如下。

（1）精度高。目前常用的机载雷达测距仪精度至少为 11 cm（500 m 相对高度），其中还包括其他定位系统造成的误差，因此，一般民用系统多采用徕卡、Riegl 等知名品牌。

（2）功率高。激光束需要经过远距离大气损耗和地面物体散射后返回到传感器，该过程中会损耗部分能量。因此需要传输功率高，传感器孔径大，激光束的发散角小。

（3）体积小。由于空间的限制，机载设备必须尽可能小和轻。近年来，随着无人机的发展，机载激光雷达设备也向小型化方向发展。

（4）适当的波长。不同波长激光的测距效果是不同的，不仅要实现较高的测距精度，而且要尽量减少大气散射的影响，同时必须保证地面人员的安全。因此，目前常用的激光波长在 1000~1600 nm。

D 便携式背包采集设备

Litho 空间便携式双肩包数据采集设备是由多线激光雷达、全景摄像机、惯性导航设备、同步控制器等传感器组合而成，如图 6-6 所示。该设备采用移动测量系统技术，主要用于大城市各种复杂场景的高精度三维激光全景数据采集。

该设备具有采集效率高、速度快、智能化程度高、操作方便等特点。操作过程不受上坡下坡、路面波动等条件的影响，可广泛应用于商场、地下车库、变电站、地铁、隧道、林区、矿区、仓库等各类复杂场景。产品配件和系统参数见表 6-2 和表 6-3。

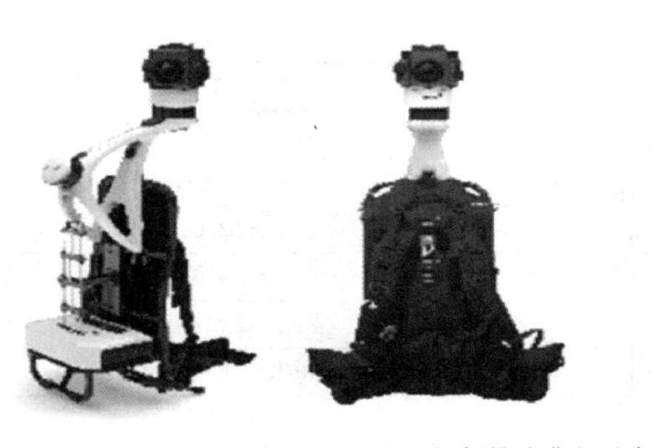

图 6-6 Litho 空间便携式背包示意图

表 6-2 便携式背包产品配件

组件		数量
系统硬件	高清全景相机	1 套
	多线激光扫描仪	2 套
	惯性导航系统	1 套
	背负单元	1 套
	推车单元	1 套
	控制主机	1 台
	采集监控终端	1 套
配套软件	一键采集监控软件	1 套
	多源数据处理软件	1 套
	多源数据应用展示软件	1 套

表 6-3 系统参数

序号	分项	技术参数
1	全景相机	全景影像拼接后分辨率：3000 万像素
		相机有效视场角：360°×270°
2	激光扫描仪	激光点云量测距离：1～100 m
		激光点云密度：60 万点/s
		测量精度：3～5 cm
		测量频率：5～20 Hz
3	定位精度	无须 GNSS 信号，采用 3D-SLAM 技术定位
		前仰/翻转：0.2°/0.25°
		速度：0.05 m/s
4	电源	定制化稳压电源，内含芯片，能够进行充电保护
		电池供电 5 h 以上
		输入 DC 12 V

续表 6-3

序号	分 项	技 术 参 数
5	作业方式	可背负式，可推车式
6	工作温度	-10~60 ℃
7	数据传输	USB3.0
8	数据输出	全景影像
		彩色三维点云模型
		带 RGB 三维点云模型
		点云格式：las
9	设备质量	≤14 kg

6.2.2 实景三维数据

6.2.2.1 倾斜影像数据

无人机采集的实景数据以影像数据（JPG）格式存储在不同摄像头角度的多个文件夹中。在工作站处理影像数据源时需要设置相应的角度文件夹，复制倾斜摄影机中存储的影像数据源。其中，包含地理坐标（无人机终端数据）的 POS 文件存放在单独的存储路径中。POS 是定位和姿态确定系统的简称，该系统包括硬件系统和软件系统，其中硬件系统包括惯性测量单元（IMU）、双频低噪 GPS 接收器、计算机系统（PCS）以及存储设备。POS 数据需要在 Excel 等软件中进行转换并导入。POS 数据文件见表 6-4，POS 数据格式见表 6-5。

表 6-4 POS 数据文件示例

影像名称	纬度/(°)	经度/(°)	高程/m
Yingxiang1. jpg	38. 503053	106. 1208453	1116. 5624
Yingxiang2. jpg	38. 503076	106. 1208465	1116. 5354
Yingxiang3. jpg	38. 503048	106. 1208473	1115. 5082

表 6-5 POS 数据格式

序号	数 据	单 位
1	时间	s
2	纬度	(°)
3	经度	(°)
4	高度	m
5	X 方向速度	m/s
6	Y 方向速度	m/s
7	Z 方向速度	m/s
8	航向角	(°)
9	俯仰角	(°)
10	翻滚角	(°)

POS 数据主要包括 GPS 数据和 IMU 数据，即倾斜摄影测量中的外部定位要素。GPS 数据用 X、Y、Z 表示。IMU 数据主要包括航向角、俯仰角和翻滚角。

（1）航向角。在水平面中，飞机的 X 轴与北方向之间的夹角，右偏为正，如图 6-7 所示。

（2）俯仰角。平行于机身轴线并指向飞行器前方的向量与水平线的夹角，机头朝上为正，如图 6-8 所示。

（3）翻滚角。飞机坐标系 Y 轴与水平线之间的夹角，右翼朝下为正，如图 6-9 所示。

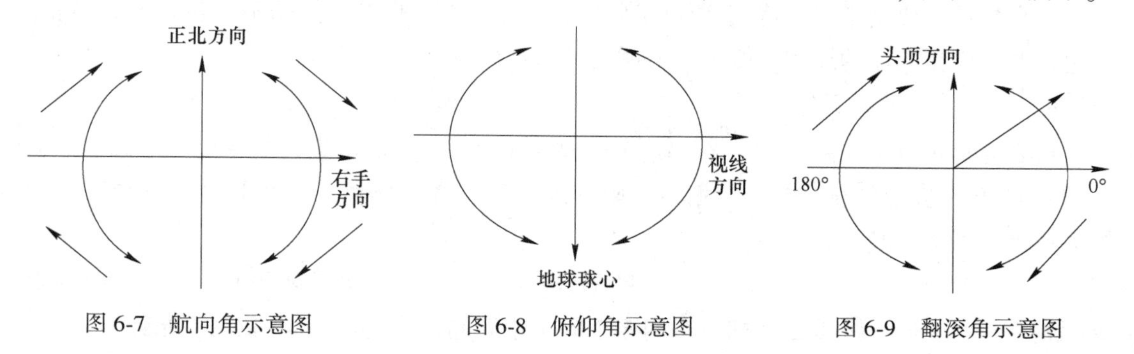

图 6-7　航向角示意图　　图 6-8　俯仰角示意图　　图 6-9　翻滚角示意图

多镜头相机可以获得不同视角的倾斜影像，除了顶部纹理外，还可以获得丰富的侧面纹理。无人机在飞行过程中飞行高度较低，获得的倾斜影像分辨率较高。同一地物多角度成像如图 6-10 所示。

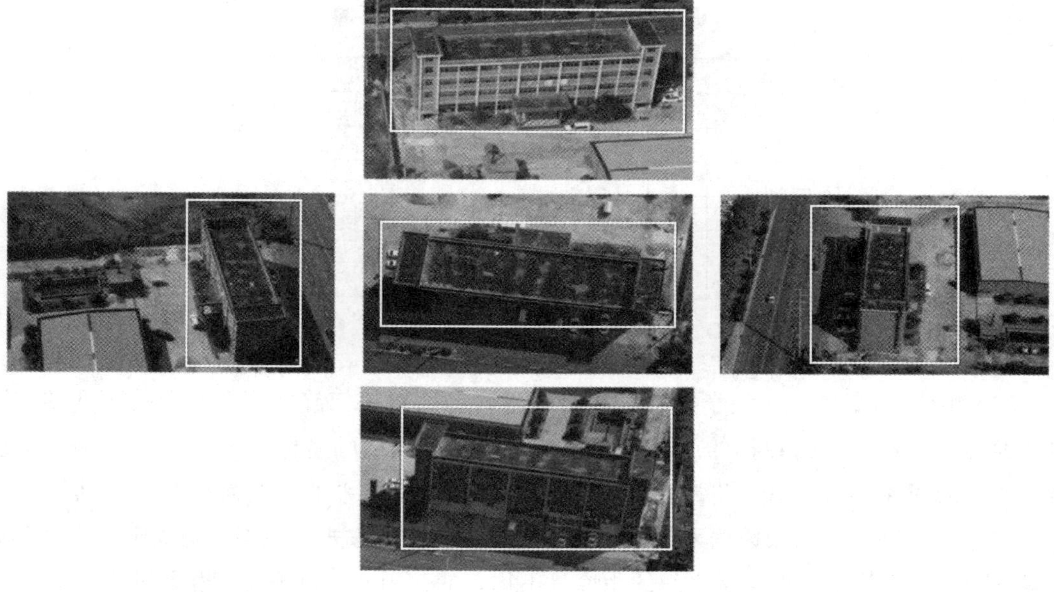

图 6-10　地物多视角影像

与传统的野外测量相比，倾斜摄影测量成本低，工作人员少，效率高，具有明显的优势。只需少量人工干预，即可自动建立模型，模型结果精度高，可满足多领域需求。倾斜摄影比传统摄影要求更高的重叠，传统摄影测量中航向重叠要求不小于 60%，旁向重叠要求不小于30%。倾斜摄影测量要求相机在拍摄时至少有80%的航向重叠和至少70%的旁向重叠。

6.2.2.2 点云数据

A 点云数据分类

点云数据模型是利用数据采集设备在空间中获得的离散不连续的点，通过特定的检测方法和检测设备获得的点云数据是指在同一坐标系中以 X、Y、Z 坐标形式表示的一组向量。点云数据主要用来表示待测物体的外部形状特征，有些点云数据不仅包含轮廓特征，还包含待测模型表面的纹理、颜色、透明度等特征信息。

B 点云数据特点

点云通常用每个点的三维（X，Y，Z）坐标表示，一些数据集在这些坐标上添加点云分辨率或RGB颜色信息。点云数据最大限度地保留了空间物体的采集特性，避免了量化损失和投影损失。其特点如下。

（1）无序性。点云数据本质上是点的集合。几何上，点的顺序不影响点对空间整体对象的表示。对于同一个点云，却可以用多个完全不同的矩阵表示，如图6-11所示。

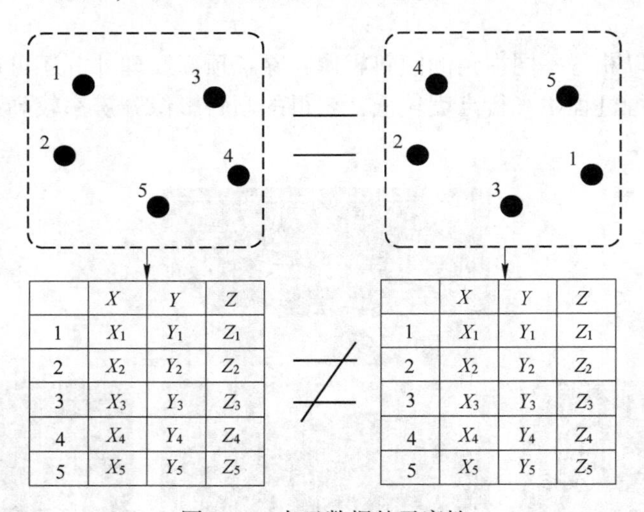

	X	Y	Z
1	X_1	Y_1	Z_1
2	X_2	Y_2	Z_2
3	X_3	Y_3	Z_3
4	X_4	Y_4	Z_4
5	X_5	Y_5	Z_5

	X	Y	Z
1	X_1	Y_1	Z_1
2	X_2	Y_2	Z_2
3	X_3	Y_3	Z_3
4	X_4	Y_4	Z_4
5	X_5	Y_5	Z_5

图6-11 点云数据的无序性

（2）旋转不变性。在数学中，内积空间函数的值对任何旋转函数都保持不变的定义称为旋转不变性。点云数据的旋转不变性是指旋转后点云的坐标会发生变化，但不会影响整个点云对象的表达式，即三维点云数据不会随着坐标系的改变而改变数据结构。

（3）不规则。受点云数据采集方式的影响，点云分布方式不规则。与规则有序的影像数据不同，点云数据中点与点之间的距离是不均匀的，因此很难搜索到相邻的点。

（4）稀疏。在点云数据的实时采集过程中，与物理场景相比，点云数据的覆盖非常稀疏。而且，距离采集设备越远，物体的点数越少，甚至只能提供物体的部分几何信息。点云的稀疏性使得基于点云数据的高级语义识别变得困难。

6.3 实景三维模型构建

6.3.1 基于倾斜摄影测量技术的实景三维模型构建

倾斜摄影涉及的关键技术主要包括多视影像预处理、多视影像联合平差、多视影像密集匹配、DSM 自动提取以及模型纹理映射，如图 6-12 所示。

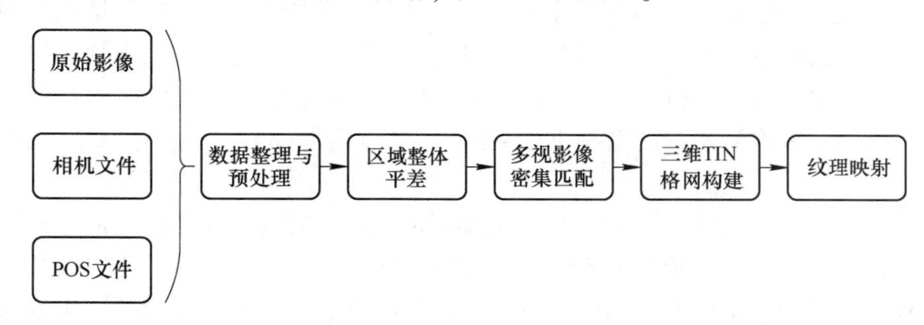

图 6-12 实景三维模型构建流程图

6.3.1.1 多视影像预处理

倾斜相机通常是非测量相机，会出现影像失真的情况。因此，需要对失真影像进行校正。同时，相机还会受到光照不均匀、拍摄角度不同、时间差等因素的影响，导致影像间差异较大。因此，需要对影像进行均匀的光线、颜色等预处理。影像预处理包括滤波处理和镜头畸变校正。

A 滤波处理

滤波是对数字影像去噪的过程。影像的采集和传输都会带来噪声，噪声是误差的主要来源。在影像采集过程中，影像的质量会受到环境条件或传感器部件的影响，如果环境条件波动较大或传感器本身存在质量问题，影像会带来噪声，从而影响影像质量。影像传输中的噪声是由传输过程中的信道干扰引起的。针对数字影像在采集或传输过程中会产生噪声，需要空间滤波和频域滤波两个滤波过程。

(1) 空间滤波是使用滤波处理的影像增强方法。其理论基础是空间卷积和空间相关性，目的是改善影像质量。其本身就是一种邻域运算，可以直接处理影像的像素点。空间过滤的原理是在处理影像的过程中逐点移动模板，模板内各要素的值与模板对应的像素值相乘，最后模板输出的响应作为目前模板的中心像素的灰度值。空间滤波大致分为平滑滤波和锐化滤波两种。平滑滤波的主要功能是抑制噪声和保持边缘；锐化滤波的主要功能是增强影像的细节。

(2) 频域滤波属于变换域滤波的范畴。其基本原理是先对影像进行傅里叶变换。通过低通滤波处理噪声，再通过高通滤波得到影像的边缘和轮廓。处理完成后进行逆变换得到降噪后的影像，如图 6-13 所示。频域滤波的主要优点是在频域对频率进行选择性处理，允许某些频率有目的地通过，并阻止其他频率通过。

B 镜头畸变校正

无人机的有效载荷很小，一般只有几千克，而传统的测量相机的质量远远大于普通无

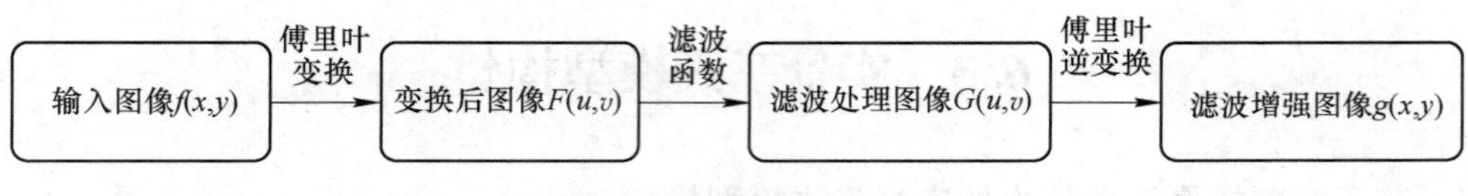

图 6-13　频域滤波处理流程

人机的有效载荷，因此无人机主要携带非测量相机。

在测量相机中内方位元素、焦距等参数是可以直接获取的。而在非测量相机中内方位元素、焦距、镜头畸变等参数则是未知的。因此，在使用由非测量相机进行航拍所获取的影像数据时，需要对航拍影像做畸变处理以消除畸变对像点位移的影响。该过程的主要思路是利用相机标定获取到非量测型相机相关的内方位元素和光学畸变系数对航拍影像进行校正。

（1）相机标定。为了确定空间物体表面某点的空间位置与航拍影像对应像点之间的投影关系，必须利用相机参数构建相机的成像模型进行转换。由于在价格便宜的非量测型相机中存在较为严重的镜头变形，相机在出厂时通常也没给出严密检测过的相机参数，要对存在畸变的航拍影像进行畸变校正则需要对相机进行严密的相机检校。

（2）畸变校正。首先需要使用相机参数确定畸变影像与未畸变影像之间的映射关系，在影像畸变类型中可分为径向畸变、偏心畸变和切向畸变。对于径向畸变，主要是由带有径向投影曲率变形误差的透镜引起的类似于要点位移的变形，离中心越远，变形误差越大。与径向畸变相比，偏心畸变和切向畸变是由光学透镜中心的非共线和 CCD 阵列对准误差引起的，属于装配误差。为了消除影像的失真，可以采用以下数学模型进行校正：

$$
\begin{aligned}
\Delta x &= (x - x_0)(k_1 r^2 + k_2 r^4) + p_1[r^2 + 2(x - x_0)^2] + \\
&\quad 2p_2(x - x_0)(y - y_0) + \alpha(x - x_0) + \beta(y - y_0) \\
\Delta y &= (y - y_0)(k_1 r^2 + k_2 r^4) + p_2[r^2 + 2(y - y_0)^2] + \\
&\quad 2p_1(x - x_0)(y - y_0) + \alpha(x - x_0) + \beta(y - y_0) \\
r &= \sqrt{(x - x_0)^2 + (y - y_0)^2}
\end{aligned}
\tag{6-1}
$$

式中　Δx，Δy——像点的改正值；

p_1，p_2——偏心畸变系数，可以由相机参数获取；

k_1，k_2——径向畸变系数；

(x_0, y_0)——像主点坐标；

(x, y)——像点坐标，表示畸变影像中的像点；

α——像素的非正方形比例因子；

β——CCD 阵列排列的非正交性的畸变系数；

r——像点向径。

6.3.1.2　多视影像联合平差

区域网联合平差（空中三角测量）是根据少量外业像控点在室内利用数学模型计算出测量所需的加密点位坐标和每张影像精确的外方位元素。传统的联合平差主要分为三种方式。

A 无约束区域网平差

每张影像都运用独立的外方位元素，由同一相机获取的影像使用同样内方位元素。由于没有加入影像间的约束条件，各平差模型较独立，但平差方程数量多、计算量大。

$$\begin{cases} x - x_{0n} = -f_n \dfrac{(X - X_{0n}^i)\boldsymbol{R}_{11} + (Y - Y_{0n}^i)\boldsymbol{R}_{21} + (Z - Z_{0n}^i)\boldsymbol{R}_{31}}{(X - X_{0n}^i)\boldsymbol{R}_{13} + (Y - Y_{0n}^i)\boldsymbol{R}_{23} + (Z - Z_{0n}^i)\boldsymbol{R}_{33}} = -f_n \dfrac{Z_x}{N} \\ y - y_{0n} = -f_n \dfrac{(X - X_{0n}^i)\boldsymbol{R}_{12} + (Y - Y_{0n}^i)\boldsymbol{R}_{22} + (Z - Z_{0n}^i)\boldsymbol{R}_{32}}{(X - X_{0n}^i)\boldsymbol{R}_{13} + (Y - Y_{0n}^i)\boldsymbol{R}_{23} + (Z - Z_{0n}^i)\boldsymbol{R}_{33}} = -f_n \dfrac{Z_y}{N} \end{cases} \tag{6-2}$$

$$\begin{cases} Z_x = (X - X_{0n}^i)\boldsymbol{R}_{11} + (Y - Y_{0n}^i)\boldsymbol{R}_{21} + (Z - Z_{0n}^i)\boldsymbol{R}_{31} \\ Z_y = (X - X_{0n}^i)\boldsymbol{R}_{12} + (Y - Y_{0n}^i)\boldsymbol{R}_{22} + (Z - Z_{0n}^i)\boldsymbol{R}_{32} \\ N = (X - X_{0n}^i)\boldsymbol{R}_{13} + (Y - Y_{0n}^i)\boldsymbol{R}_{23} + (Z - Z_{0n}^i)\boldsymbol{R}_{33} \end{cases} \tag{6-3}$$

式中 x_{0n}，y_{0n}，f_n——第 n 相机的内方位元素；

$(X_{0n}^i, Y_{0n}^i, Z_{0n}^i)$——第 n 个相机在第 i 测站的投影中心；

$\boldsymbol{R}$——旋转矩阵。

B 附加相对约束条件的区域网平差

把多视角相机之间的空间关系作为约束要求加入平差模型中，将每个曝光点所拍的多张影像作为整体进行平差计算。该方法减少了平差过程中未知参数的数量，平差模型严格，提高了网型结构的稳定性。

$$\begin{cases} x - x_0 = -f_n \dfrac{z_x - (\boldsymbol{M}_{11}\Delta x_n + \boldsymbol{M}_{21}\Delta y_n + \boldsymbol{M}_{31}\Delta z_n)}{N - (\boldsymbol{M}_{13}\Delta x_n + \boldsymbol{M}_{23}\Delta y_n + \boldsymbol{M}_{33}\Delta z_n)} \\ y - y_0 = -f_n \dfrac{z_y - (\boldsymbol{M}_{12}\Delta x_n + \boldsymbol{M}_{22}\Delta y_n + \boldsymbol{M}_{32}\Delta z_n)}{N - (\boldsymbol{M}_{13}\Delta x_n + \boldsymbol{M}_{23}\Delta y_n + \boldsymbol{M}_{33}\Delta z_n)} \end{cases} \tag{6-4}$$

式中 $\boldsymbol{M}$——垂直镜头旋转矩阵；

Δx_n，Δy_n，Δz_n——相机投影中心距离；

x_0，y_0，f_n——相机的内方位元素。

C 直接定向方式

直接定向方式是先对垂直影像进行单独的空三测量解算出各方位元素，再利用已检校出的倾斜和垂直相机间的旋转平移参数求出倾斜影像的外方位元素。该方法需要及时检校多视相机之间的参数，确保检校参数的准确性。

6.3.1.3 多视影像密集匹配

倾斜摄影影像用于从不同角度拍摄地面物体。与立体影像匹配相比，多视角影像匹配通过利用影像中大量的冗余信息来解决匹配错误问题，并能最大限度地解决遮挡问题。利用多视影像密集匹配方法可以获得高精度、高密度的点云。现在多数的三维重建软件中都支持密集匹配技术，但点云只是作为模型重建的一个中间步骤，无法实现对点云的编辑和分析。

影像匹配的方法一般分为基于灰度信息匹配、基于变化域匹配、基于特征信息匹配三种。第一种方法相对简单，对灰度信息的变化敏感，在纹理丰富区域的匹配精度较高，但在阴影和弱纹理区域处匹配误差较大。第二种方法是将影像的空间域信息转换成对应的频率域信息，计算功率谱实现影像匹配。第三种方法是根据影像中的点、线、面特征进行特征提取与匹配，该方法匹配效率高、鲁棒性好。

多视角组合相机倾斜角不同，拍摄时受到的光照条件也不同，存在单张影像几何变形、多张影像之间尺度不均一、影像中地物存在遮挡等问题，导致地物纹理之间的灰度和几何差异较大，需要一种稳健性高的算法来进行影像匹配。基于特征信息的影像匹配在该过程中得到了广泛应用。影像匹配的主要流程如图 6-14 所示。

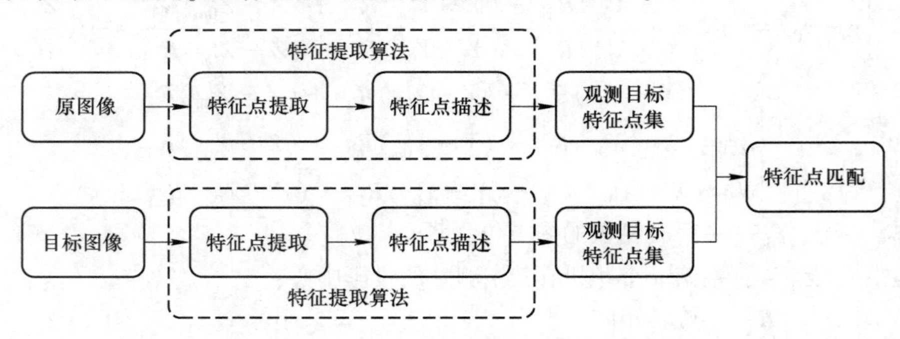

图 6-14　影像密集匹配流程

6.3.1.4　DSM 自动提取

数字地表模型（DSM）是一种表征地面地形的数学模型，通过多视角影像的密集匹配技术可以生成 DSM。DSM 是构建真实场景三维模型的空间基础，由于影像的阴影和遮挡，导致 DSM 的构建并不容易。目前主要的方法是多视角影像联合调整，获取外部方位元素并进行密集匹配，然后获得高密度点云数据，最后通过点云构建网络自动提取高精度 DSM。

给定影像在立体像对中的外部方位元，地物的空间方向只能由单幅影像中的像点与外部方位元的坐标来确定。地物点的坐标可以由同一像点在立体像对中的两条拍摄射线的交点来获得。

在倾斜影像中，同一目标会出现在多幅影像中，单一立体的前向相交不适合在多幅影像中进行密集匹配。因此，多视角影像的前向交叉需要在单一立体前向交叉的基础上进一步改进。以多视角影像上像点坐标为观测值，地物点坐标为未知量，采用共线方程进行平差计算。对每个像点可以得到以下误差方程：

$$\begin{cases} v_x = -\dfrac{\partial x}{\partial X} \cdot \Delta X - \dfrac{\partial y}{\partial Y} \cdot \Delta Y - \dfrac{\partial z}{\partial Z} \cdot \Delta Z - (x - x_0) \\ v_y = -\dfrac{\partial y}{\partial X} \cdot \Delta X - \dfrac{\partial y}{\partial Y} \cdot \Delta Y - \dfrac{\partial y}{\partial Z} \cdot \Delta Z - (y - y_0) \end{cases} \tag{6-5}$$

多张影像上将得到多个误差方程，假设需要匹配的影像有 n 幅，则最终可得到 $2n$ 个误差方程。将多视影像的误差方程用矩阵形式表示为：

$$\begin{bmatrix} v_x \\ v_y \end{bmatrix} = \boldsymbol{A} \begin{bmatrix} \Delta X \\ \Delta Y \\ \Delta Z \end{bmatrix} - \begin{bmatrix} x - x_0 \\ y - y_0 \end{bmatrix} \tag{6-6}$$

其中，$\boldsymbol{A}$ 为偏导数矩阵，即 $\boldsymbol{A}=\begin{bmatrix} -\dfrac{\partial x}{\partial X} & -\dfrac{\partial y}{\partial Y} & -\dfrac{\partial z}{\partial Z} \\ -\dfrac{\partial y}{\partial X} & -\dfrac{\partial y}{\partial Y} & -\dfrac{\partial y}{\partial Z} \end{bmatrix}$。

通过给定迭代收敛阈值，使用最小二乘法来计算（ΔX，ΔY，ΔZ）的值，最后通过（ΔX，ΔY，ΔZ）的值计算地物点物方空间坐标：

$$\begin{bmatrix} \Delta X \\ \Delta Y \\ \Delta Z \end{bmatrix} = (\boldsymbol{A}^{\mathrm{T}} \cdot \boldsymbol{A})^{-1}\left(\boldsymbol{A}^{\mathrm{T}} \cdot \begin{bmatrix} x - x_0 \\ y - y_0 \end{bmatrix}\right) \tag{6-7}$$

$$\begin{bmatrix} X \\ Y \\ Z \end{bmatrix} = \begin{bmatrix} X_0 \\ Y_0 \\ Z_0 \end{bmatrix} + \begin{bmatrix} \Delta X \\ \Delta Y \\ \Delta Z \end{bmatrix} \tag{6-8}$$

6.3.1.5 模型纹理映射

纹理映射的目的是将归一化增强后的影像数据以像素级纹理分辨率映射到 DSM 表面。纹理映射的本质是对三维物体二维参数化，对采集到的多视角影像纹理以影像的形式存储，即二维数组。对于数组中的像素值在纹理空间坐标中都仅有一个地址与其对应，用（u，v）表示。纹理坐标（u，v）与模型上各空间点坐标（x，y，z）之间的映射关系用函数 f 表示，即：

$$(u,\ v) = f(x,\ y,\ z) \tag{6-9}$$

由于倾斜摄影获取的影像是多角度影像，因此可以有效利用其冗余数据中的纹理信息。此外，赋予模型表面纹理色彩信息可以使模型更加符合现实感官要求。利用倾斜摄影测量的多视角影像完成纹理映射的过程如下：

（1）采集测区倾斜影像，计算出每张影像的内外方位元素，配准影像上二维线段和模型上对应的线段；

（2）考虑地物之间的遮蔽干扰、地物分辨率大小以及法向量等因素，选择最佳的纹理信息制作纹理库，用作纹理映射的储备；

（3）计算映射关系，完成白膜的纹理映射。

此外，根据纹理的表现形式，纹理映射可分为颜色纹理和过程纹理。

（1）颜色纹理。颜色纹理是指通过颜色饱和度或灰度值的变化来表现物体表面的细节。这种映射不会受到视线的影响，可以通过一定准则将图像与物体表面建立联系，并利用采样值定义某一点的颜色，能够很好地解决由视线受阻产生的一系列问题。

（2）过程纹理。过程纹理不局限于二维，而是将三维纹理函数映射到三维对象。过程纹理映射属于三维纹理，这意味着物体内部的纹理也会受到影响。加工纹理在处理复杂表面时是一个优势，这是因为它可以表达连续的纹理而不受对象几何形状的限制。

6.3.2 基于激光点云的实景三维模型构建

三维激光扫描系统收集的数据为点云数据，这些点云数据是离散且密度不均匀的。因此，点云必须转换成连续的表面才能更好地表达三维实体。该过程包括点云配准、点云曲面模型构建以及纹理映射。

6.3.2.1　点云配准

由于遮挡和物体过大等因素的影响，在采集点云数据时往往只能获取到某个视角的点云，无法通过一次采集获取完整的点云模型。因此，需要对观测目标进行多方位量测才能获取到目标完整的点云数据。但采集的点云数据的坐标系是以采集设备的坐标系为参考坐标系，这导致从不同视角采集的点云数据建立在不同的参考坐标系下，因此需要将它们转化到相同的参考坐标系下。点云配准流程如图 6-15 所示。

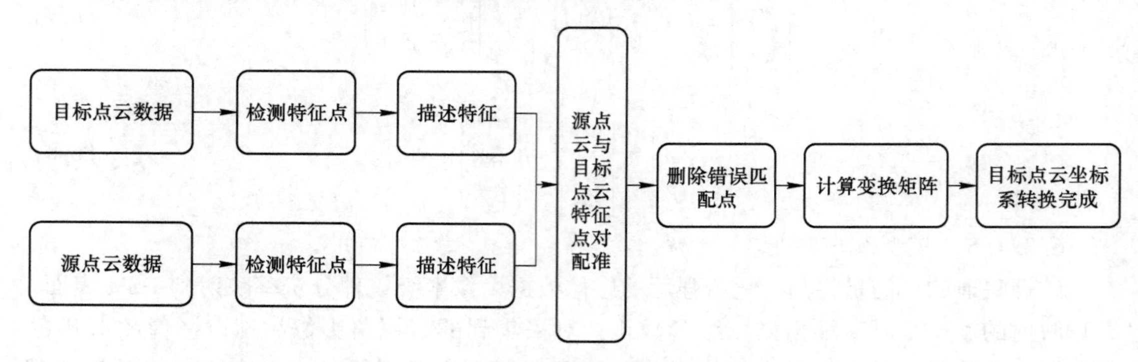

图 6-15　点云配准流程图

点云配准的目的是将从不同角度获取到的三维点云数据集进行集成和拼接，最终得到同一坐标系下统一的三维点云，从而将多视角局部点云拼接融合得到完整的目标点云。点云配准的效果将直接影响三维模型的精度。

点云配准的实质就是通过解算多视角下的点云与源点云的变换矩阵，利用求解出的矩阵将目标点云的坐标转换到参考点云的坐标系下。该变换关系可用式（6-10）表示：

$$P = \boldsymbol{T}Q \tag{6-10}$$

式中　P——参考点云；

Q——原始点云。

转换矩阵 $\boldsymbol{T}$ 见式（6-11）。

$$\boldsymbol{T} = \begin{bmatrix} a_{11} & a_{12} & a_{13} & t_x \\ a_{21} & a_{22} & a_{23} & t_y \\ a_{31} & a_{32} & a_{33} & t_z \\ v_x & v_y & v_z & S \end{bmatrix} \tag{6-11}$$

令 $\boldsymbol{A} = \begin{bmatrix} a_{11} & a_{12} & a_{13} \\ a_{21} & a_{22} & a_{23} \\ a_{31} & a_{32} & a_{33} \end{bmatrix}$ 为旋转变换矩阵，$\boldsymbol{M} = \begin{bmatrix} t_x \\ t_y \\ t_z \end{bmatrix}$ 为平移矩阵，$\boldsymbol{V} = [v_x \quad v_y \quad v_z]$ 为投影变换矩阵，S 为比例因子，见式（6-12）：

$$\boldsymbol{T} = \begin{bmatrix} \boldsymbol{A} & \boldsymbol{M} \\ \boldsymbol{V} & S \end{bmatrix} \tag{6-12}$$

在对点云集合进行刚性变换时，一般不会出现目标物体形状大小的变化，因此可以将

S 设置为 1，且投影变换为非刚性变换，因此变换矩阵可以简化为式（6-13）：

$$T = \begin{bmatrix} \boldsymbol{R}_{3\times3} & \boldsymbol{M}_{3\times1} \\ \boldsymbol{O}_{1\times3} & 1 \end{bmatrix} \tag{6-13}$$

6.3.2.2 点云曲面模型构建

三维场景建模需要在融合了几何坐标（X，Y，Z）的三维点云模型平面上生成光滑的表面。重构点云数据表面首先向点云数据添加拓扑结构信息，然后使用一定的数学方法对被测物体表面进行描述。本节介绍三种曲面重构方法。

A 贪婪投影三角化算法

贪婪投影三角化曲面重建是将点云数据以三角网的形式来构建一个曲面模型。其中，“贪婪”指的是通过一系列局部最优选择来解决问题的整体最优解，“投影”是指对某三维点云及其相邻点投影到二维平面。然后对平面中的二维点进行三角化，即将平面上的二维数据基于 Delaunay 算法生成三角形网格，从而得到点与点之间的拓扑关系。

假设点云集中的一条边存在一个圆经过两个端点，且圆内不包含其他的点，则这条边为 Delaunay 边，只包含 Delaunay 边的三角剖分称为 Delaunay 三角剖分，如图 6-16 所示。

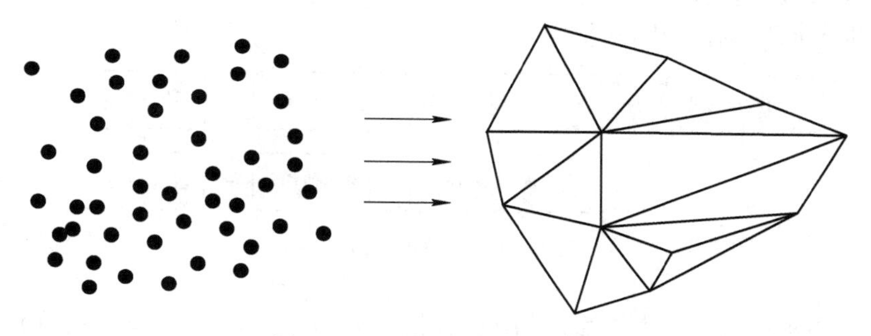

图 6-16 Delaunay 点云三角化

首先构造一个大型三角形，包含所有的散点并生成三角形链表。将点云集中的散点依次插入，在三角形链表中找出其外接圆包含插入点的三角形，删除该三角形的公共边。将插入点与三角形的顶点进行连接，完成点插入 Delaunay 三角形链表。对局部新形成的三角形进行优化，然后放入 Delaunay 三角形链表。循环执行，直到所有的散点插入完毕，如图 6-17 所示。再选择一个初始三角形曲面，按多次曲面边界扩张展开曲面边界，以获取到完整的三角形网格曲面。最后利用投影点云间的拓扑关系确定原始三维点云之间的拓扑连接，得到完整的重构三维曲面模型，如图 6-18 所示。

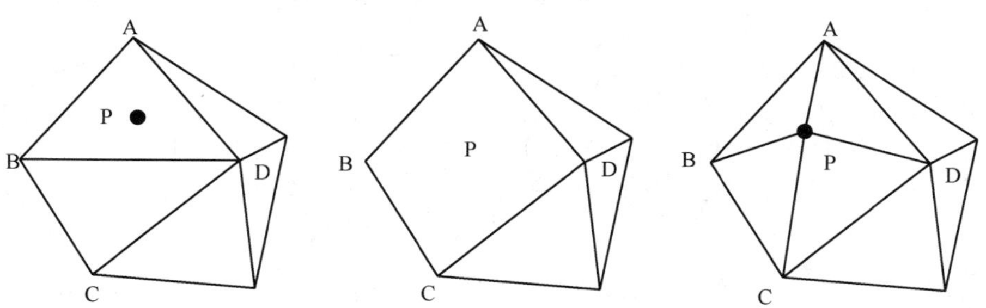

图 6-17 Delaunay 三角化流程

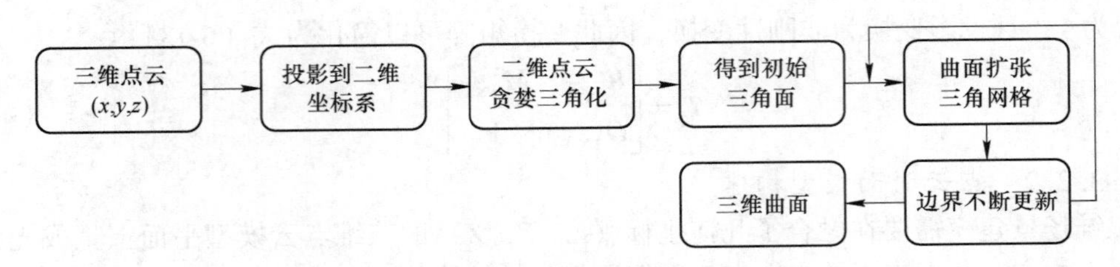

图 6-18 贪婪投影三角化流程图

从上述流程可以看出，该算法将所有的三维点连接成三角形。因此，该算法适用于光滑的曲面和点云密度均匀的位置，但不能在三角化的同时进行孔洞修复。

B 泊松曲面重建算法

泊松曲面重建算法的主要思想是通过求解泊松方程得到隐式方程。该隐式方程可以作为点云模型曲面信息的表示，故采用隐式方程将点云数据的曲面重建问题转换为求解泊松方程。其算法过程为：当所有三维点云都在模型曲面或附近时，通过模型的指示函数和梯度构造泊松方程的梯度场和向量场，并提取等值面对点云表面进行近似处理，得到具有几何实体信息的曲面模型，如图 6-19 所示。

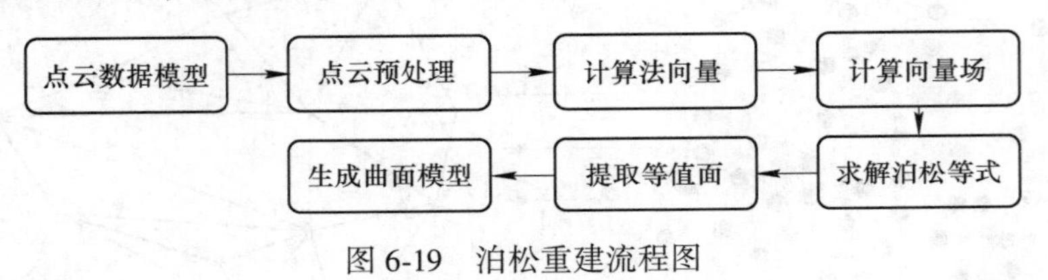

图 6-19 泊松重建流程图

首先定义指示函数χ，在模型内为 1，在模型外为 0。设函数 $z=f(x,\ y)$，该函数可一阶连续偏导，则可得梯度函数：

$$f(x,\ y)=\frac{\partial_f}{\partial_x}i+\frac{\partial_f}{\partial_y}j \tag{6-14}$$

可以根据式（6-14）求得指示函数χ的梯度值（见图 6-20），在模型内部和外部指示函数的梯度值都为 0，只有在边界上时不为 0。因此，可以将求解指示函数转换为求解梯度算子。计算指示函数χ的梯度，使其逼近样本矢量场 $\overline{\boldsymbol{V}}$，并通过求解函数 $\min \chi \parallel \nabla\chi-\overline{\boldsymbol{V}}\parallel$ 获取，$\nabla\chi$ 为指示函数χ的梯度场。

$$\Delta\chi=\nabla\cdot\nabla\chi=\nabla\cdot\overline{\boldsymbol{V}} \tag{6-15}$$

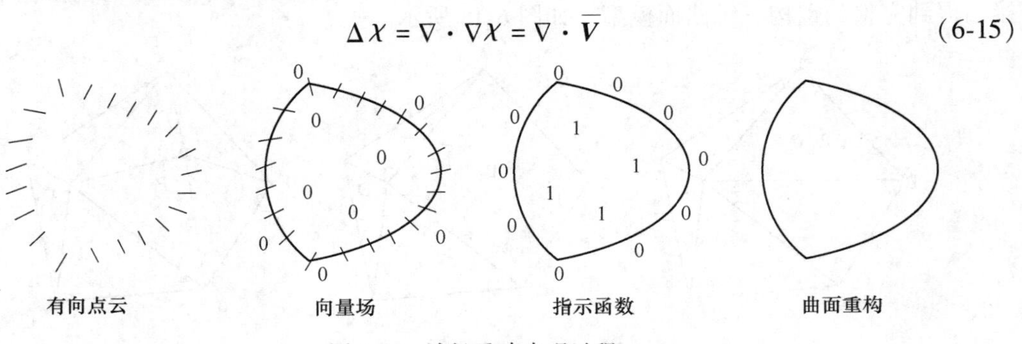

图 6-20 泊松重建直观过程

再加入离散算子就能将上述的过程转化为泊松方程的求解过程，见式（6-15）。通过指示函数的梯度场在边界等于样本的矢量场，最终就是对向量场 $\overline{\boldsymbol{V}}$ 离散的求解。

6.3.2.3　纹理映射

点云配准建立了三维模型的几何关系，构成了完整的模型“骨架”，纹理映射则是加强了对三维模型真实感的表达，丰富了模型的“皮肤”，使得重建的三维模型具有实物的纹理以及细节特点，如图 6-21 所示。

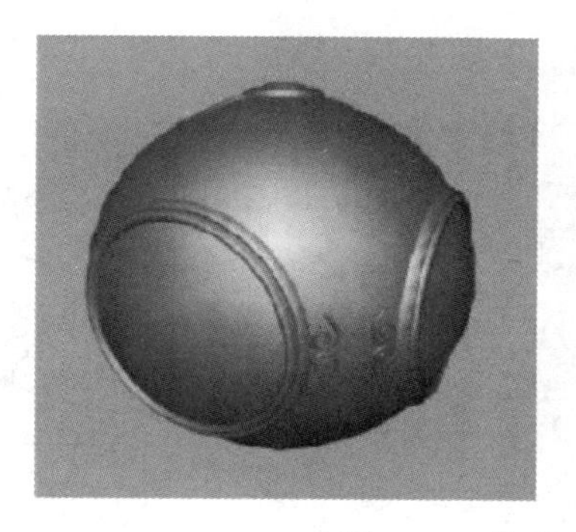

图 6-21　纹理映射前后对比图

纹理映射的实质在于将模型的三维点通过映射函数建立与纹理空间中二维点间的对应关系，得到三维点的真实纹理值。在该过程中，映射函数的获取至关重要，它直接决定了纹理映射后的视觉效果。根据基本映射元素，将目前的纹理映射方法分为基于逐点的着色法和基于球面的映射法两类。

A　基于逐点的着色法

建立影像像素与点云中点的一一对应关系，将影像的颜色纹理信息赋予相应的点云模型。其中典型的算法是直接线性变换法（DLT，Direct Linear Transformation），可以直接建立二维像素坐标与相应点云三维坐标的线性关系，见式（6-16）。列出误差方程，根据迭代求解参数，再反向求出对应的像素坐标值，在建立对应关系后可将影像的颜色纹理特征一一赋予点云。

$$\begin{cases} x - x_0 + \delta x = -f\dfrac{a_1(X - X_2) + b_1(Y - Y_2) + c_1(Z - Z_2)}{a_3(X - X_2) + b_3(Y - Y_2) + c_3(Z - Z_2)} \\ y - y_0 + \delta y = -f\dfrac{a_2(X - X_2) + b_2(Y - Y_2) + c_2(Z - Z_2)}{a_3(X - X_2) + b_3(Y - Y_2) + c_3(Z - Z_2)} \end{cases} \tag{6-16}$$

式中　(x, y)——像点的像素坐标；

(x_0, y_0)——像主点的像素坐标；

(X, Y, Z)——像点对应点云的空间坐标；

(X_2, Y_2, Z_2)——摄影中心的空间坐标；

a, b, c——旋转矩阵的方向余弦；

$\delta x, \delta y$——线性误差改正数。

该方法不需要内外方位元素的初始值，根据式（6-16）中的 11 个未知参数，至少需要 6 对不共面的控制点进行求解。

B 基于球面的映射法

以虚拟球面作为媒介，建立纹理影像坐标与虚拟球面坐标，求得虚拟球面坐标与点云三维模型坐标之间的对应关系，从而获得纹理影像坐标与点云三维模型坐标之间的对应关系，并进行纹理映射。

根据球面纹理不变形准则，纹理平面上的相邻点在球面上仍然保持相邻。纹理平面上的区域与球面上的映射区域长宽和面积均保持等比性，该约束条件可减少纹理的扭曲变形。球面局部纹理映射示意图如图 6-22 所示。

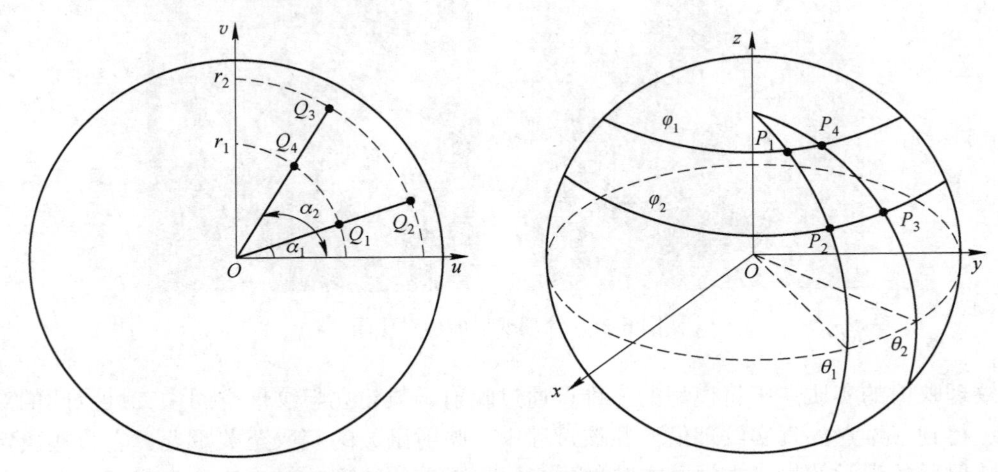

图 6-22 球面局部纹理映射示意图

图 6-22 中，纹理平面上的区域 Q_1、Q_2、Q_3、Q_4 在进行映射后对应于球面上的曲面片 P_1、P_2、P_3、P_4，它们的面积见式（6-17）：

$$\begin{cases} S_Q = (r_2^2 - r_1^2)(\alpha_2 - \alpha_1)/2 \\ S_P = (\sin\varphi_2 - \sin\varphi_1)(\theta_2 - \theta_1) \end{cases} \tag{6-17}$$

因为，$\alpha_1 = \theta_1$，$\alpha_2 = \theta_2$，根据球面纹理不变形准则中面积的等比性得到：

$$S_Q/S_P = (r_2^2 - r_1^2)/2(\sin\varphi_2 - \sin\varphi_1) \tag{6-18}$$

为了保证 S_Q 和 S_P 在映射过程中的等比关系，r 定义为：$r^2 = A\sin\varphi + B$。纹理的平面中心与球面的正极点为映射对应点。当 $r = 0$、$\varphi = \frac{\pi}{2}$，$r = 1$、$\varphi = \phi$ 时，将这两个边界条件代入其中得到：

$$A = -\frac{1}{1 - \sin\phi},\ B = \frac{1}{1 - \sin\phi},\ r^2 = \frac{1 - \sin\varphi}{1 - \sin\phi} \tag{6-19}$$

式（6-19）为基本映射关系函数，将其进行转换在直角坐标系下得到纹理的 u、v 值，见式（6-20），由此得出纹理坐标和模型顶点坐标之间的对应关系：

$$\begin{cases} u = r\cos\alpha = \sqrt{\dfrac{1 - \sin\varphi}{1 - \sin\phi}}\cos\theta = \dfrac{1}{\sqrt{1 - \sin\phi}}\dfrac{x}{\sqrt{1 + z}} \\ v = r\sin\alpha = \sqrt{\dfrac{1 - \sin\varphi}{1 - \sin\phi}}\sin\theta = \dfrac{1}{\sqrt{1 - \sin\phi}}\dfrac{y}{\sqrt{1 + z}} \end{cases} \tag{6-20}$$

6.4 实景三维单体化技术

通过倾斜影像与激光点云两种方法构建出的实景三维模型都是连续三角剖分和测绘的结果，其形式上仅是地形表面的一层皮，在实际应用场景中无法对各地理实体单独处理以实现更加精细化决策与分析，如需要对城市中建筑、地物、树木等物体进行查询与分析时，三维模型仅提供浏览漫游功能。因此，实景三维模型目前还不能广泛应用，需要将地理实体“单体化”。“单体化”的实现需要对实景三维模型中的要素进行独立化处理来获取具有附加属性信息以及可被选取的地理实体。

6.4.1 ID 单体化技术

ID 单体建模是将地理实体对应的三角形平面顶点存储在同一个 ID 中，并将向量平面的 ID 值存储在同一个 ID 中，以便选中地理实体时高亮显示，如图 6-23 所示。因为没有对模型进行分割，也不支持动态渲染环境，所以 ID 单体化没有实现真正意义上单体的地理实体分离，这给后期模型的应用和管理带来不便。

图 6-23 ID 单体化

在此基础上，二维矢量图形是用倾斜投影的摄影模型来指定高程平面形式，因此，将倾斜摄影模型投影到二维矢量图上，可以很容易地识别出二维矢量图形对象对应的三角形顶点网，将对象 ID 值直接给出对应的三角形顶点，从而实现单体的自动化。

6.4.2 切割单体化技术

切割单体化是最直观的方法，也是单体的真正意义。利用地理实体（包括建筑物、道路、树木等城市要素）二维矢量曲面数据对三维模型进行物理切割，将切割后的网格模型重新生成为不规则的三角形网络。通过该方法可以将城市地表的所有地物分离出来，分离出来的模型可以单独导出以供其他用途，并可以根据建筑物、水系、道路、植被等实现单体和分级分类管理，如图 6-24 所示。

彩图

图 6-24 切割单体化

切割单体化技术的原理是根据物体的三角形平面对倾斜摄影模型的内部结构（三角网）进行分割，从而实现一定意义上的模型单体操作，并在后期对单体模型进行管理和应用。切割后的模型独立于原始的连续三角测量网络，然而，目前存在许多技术问题，如对分离边界的判断不准确等。这种切割模式在边缘的底部有明显的锯齿和不规则的形状，会导致在管理应用中存在部分实体缺失的问题。

6.4.3 动态单体化技术

动态单体化是在绘制三维模型时，通过判断物体范围内的三角网将对应的矢量面动态叠加到三维模型上，从而达到单体的效果。与 ID 单体化一样，该方法并没有实现对连续三角形平面的实际分割，并不是一个完整的对象单体。其原理为：判断向量面覆盖网格模型的面积，使向量面像半透明的薄膜自上而下贴合在模型表面上。采用动态单体向量嵌套的方法在不破坏原始数据结构的前提下保证三维渲染效果。在应用过程中只需要替换叠加在模型上的分类层，便可提高三维模型的动态性和灵活性。

因此，不需要预先进行预处理，只需要在支持渲染能力的软件和操作设备上进行处理。此外，动态单体化结合了动态表面的二维向量与一个倾斜摄影三维模型，从而可以充分利用 GIS 平台的二维计算和数据分析来实现咨询、对立等操作，并充分发挥综管信息系统的各种功能，如周边物体的协商、专题地图制作等。

实现分层单体的关键是需要知道每层高度的矢量曲面数据。这类数据可以在房管局得到，也可以根据三维模型来收集和制作。

无论采用何种方法对真实三维模型进行单体处理，其目标都是用最少的工作量对大型区域的真实三维模型进行快速处理。模型单体的形成过程实际上是地理实体分类的分层过程。对于上述分析，三种单体化方法对比见表 6-6。

表 6-6 三种单体化方法对比

单体化方法	技术思路	预处理时间	模型效果
ID 单体化	给对应地物模型赋予相同 ID	一般	一般
切割单体化	预先物理切割把地物分离	长	锯齿感明显
动态单体化	叠加矢量地物，动态渲染出地物单体效果	一般	模型边缘和屏幕分辨率一致

6.4.4 基于点云分割的单体化技术

点云分割的目的是提取点云中的不同对象，从而达到划分、统治、突出关键点、独立处理的目的。这也是基于激光点云的三维实体建模中获取三维单体的主要方法，即在建立模型之前区分不同的物体。然而，在真实的点云数据中，有一些场景中的物体存在先验知识，例如：桌面与墙面多为大平面，桌上的罐子应该是圆柱体，长方体的盒子可能是牛奶盒等。因此，复杂场景中的物体可以归结为简单的几何形状，这给分割带来了很大的便利。简单的几何形状可以用方程来描述，复杂的物体可以用有限的参数来描述。

6.4.4.1 传统点云分割

传统点云分割利用点云的位置、形状等信息来分割不同的区域边界，主要有基于边缘的分割方法、基于区域的分割方法和基于模型拟合的分割方法。

A 基于边缘的分割方法

边缘是描述三维物体形状基本特征，可以通过计算边缘点的强弱变化来得到不同的分割区域。这种方法在点云分割速度上较快，但会受到噪声和不均匀点云密集程度的影响，导致准确度较低且边界难以识别。

B 基于区域的分割方法

基于区域的分割方法利用邻域信息对具有相似属性的邻近点进行分类，得到分割的区域，并区分不同区域之间的差异。基于区域的分割方法可以分为两种，即“自下而上”的种子区域方法和“自上而下”的非种子区域方法。前者将靠近一个或多个具有相似属性的种子的相邻点聚类得到不同的点云区域，这种方法高度依赖于种子点的选择，对噪声敏感。后者首先将所有点分类为一个区域，然后将它们细分为几个更小的子区域。该方法需要大量的先验知识，在复杂的空间环境中不容易获得，很难确定如何细分每个子区域。

C 基于模型拟合的分割方法

基于模型拟合的分割方法是通过几何形状对点云进行分组实现的，几何形状可分为球体、圆柱体、圆和平面等，具有相同形状表示的点会被分为一组。用于模型拟合分割算法主要有 Hough 变换和 RANSAC。前者用于探测平面和球体，后者用于探测直线和圆。

上述三种传统分割方法获得的结果不包含任何语义信息，需要对结果进行手动语义赋予，这在大规模数据的情况下是非常低效的。

6.4.4.2 点云语义分割

点云语义分割与传统点云分割相比，在将无序散乱、无拓扑结构的三维点云数据组成若干个互不相交的子集的基础上，需要自动确定三维空间中的不同类型点云对应的不同语义信息和属性特征。该分割技术主要采用深度学习算法实现。

A 基于体素的分割技术

通过将物体形状表示为体积离散数据（称为体素），可以使用三维卷积提取有意义的信息。3D 全卷积神经网络是一种非常好的点云分割选择，但是 3D 全卷积神经网络需要规则网格作为输入，而且其预测输出仅限于体素级的粗输出。体素中的所有 3D 点具有相同的语义标签，体素的大小限制了分割精度的提高。SEGCloud 网络结构利用三线性插值和全连通的条件随机场对三维全卷积神经网络的粗输出进行附加处理，如图 6-25 所示。

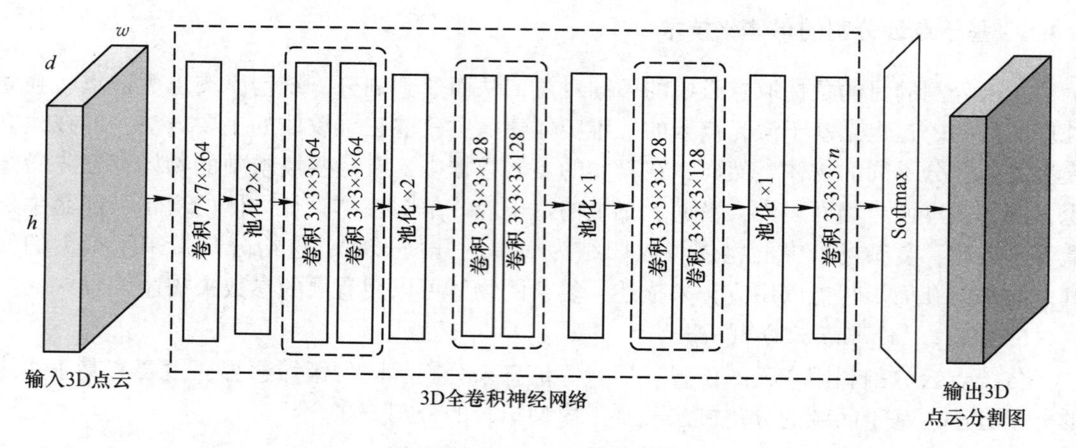

图 6-25 SEGCloud 网络结构

三线性插值将 3D 全卷积神经网络提供的体素级分类概率传输回原始 3D 点，然后利用全连通的条件随机场推断出这些 3D 点的标签，同时保持空间的一致性。SEGCloud 利用这些方法将分类概率转移到点上，然后利用条件随机场以点级模式学习点上的细粒度标记，从而提高原始三维全卷积神经网络的粗输出。对于体素法，非零值的数量在体素表示中所占的百分比相对较小，使用密集卷积神经网络处理稀疏数据的效率相对较低。

综上所述，体素表示是一种常用的点云语义分割方法。尽管基于体素的方法往往面临较大的计算和存储负担，但体素表示保留了点云的域结构信息，对点云分割效果的稳步提高起到了一定的促进作用。

B 基于多视图的分割技术

随着深度学习的出现，目标检测和影像语义分割等计算机视觉任务被迅速攻克。基于这种情况，需要使用三维数据卷积算法。

该算法首先通过在每个点附近投影局部曲面几何，图 6-26 中靠近白点的局部场中的黑色点被投影到切平面上，然后将生成的切图与切卷积进行卷积运算。由于切线平面可以提前计算，基于切线卷积的网络可以有效处理大场景的点云。

针对 3D 卷积神经网络的局限性，Lawin 在深度投影的 3D 语义分割中提出了如图 6-27 所示的算法框架。

该算法框架在对点云进行语义分割时，利用了深度影像分割的特点。首先，通过投影将输入点云转换为颜色、深度、表面法线等视图影像；其次，将这些生成的视图影像发送到卷积神经网络进行语义分割；最后，将所有视图的像素级分割分量反向投影到点云中，

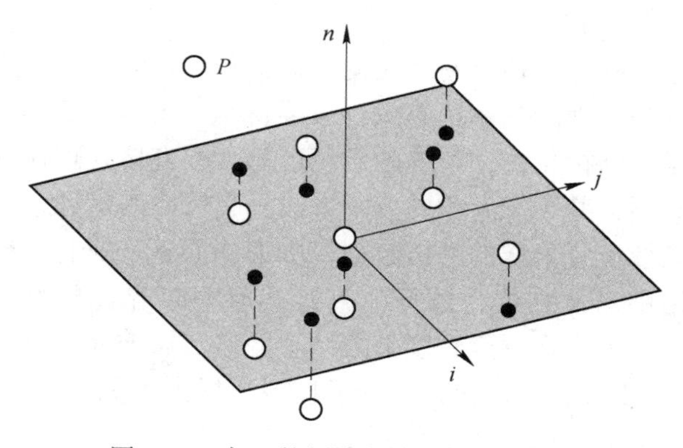

图 6-26　点 P 的领域点被投射到切平面

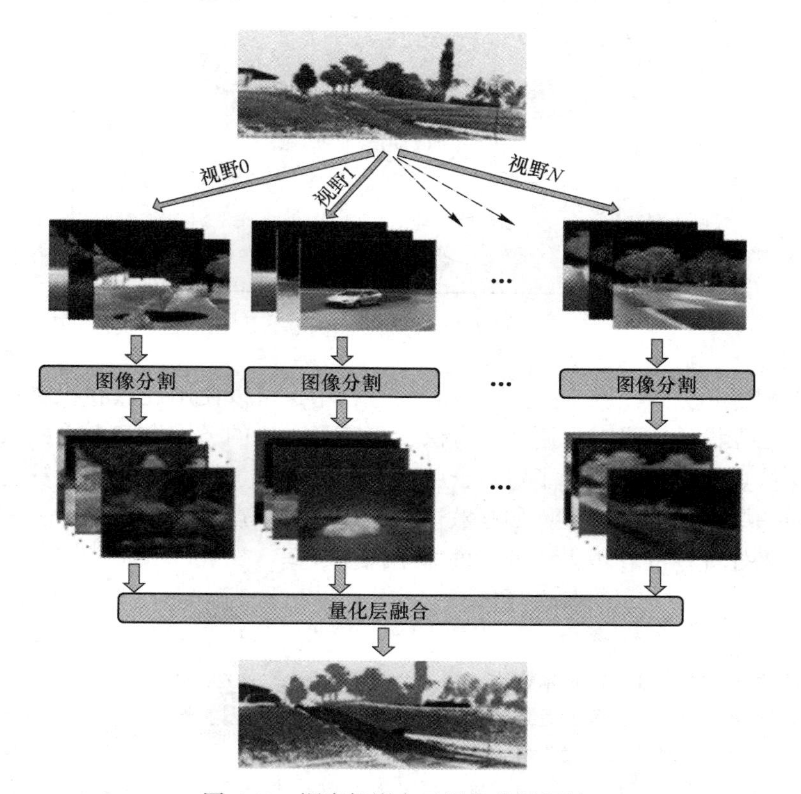

彩图

图 6-27　深度投影点云语义分割框架

并通过融合不同的分割分量来完成每个点的独立预测，从而实现三维点云的语义分割。同样，深度分割网络对非结构化点云的语义标注也采用了类似的方法。

与体系化方法相比，基于多视图表示的分割方法避免了对高维数据的处理，节省了计算和存储资源，从而可以使用更高分辨率的数据。但是多视点表示的方法容易受到视点选择的影响，在视点选择过程中，由于遮挡等因素会出现一些盲点；此外，点云投影到二维视图时，不可避免地会发生信息丢失。这些都将对基于多视图表示的分割效果产生一定的影响。

C 基于点卷积的分割技术

传统的基于离散卷积的卷积神经网络对输入数据有一定的要求。当输入数据没有采用网格等规范格式时，网络的处理效率和有效性就会降低。然而，现实中广泛使用的 3D 扫描仪获取的数据基本是非结构化的，传统的卷积运算无法直接处理这些非结构化数据。为了处理这些非结构化数据，基于点卷积的分割方法具有较好的优势。

离散卷积是对在离散位置采样的网格数据（如影像）的一种操作。点卷积是离散卷积的扩展。点卷积在网络中对非结构化数据的直接处理中起着重要的作用，是主要的驱动力。但是，网络接收域的大小在一定程度上限制了网络对点云等三维数据的分割效果。为了改善这种情况，Francisl 对点卷积运算进行了扩展，提出了如图 6-28 所示的扩展点卷积来增加接收场的大小。

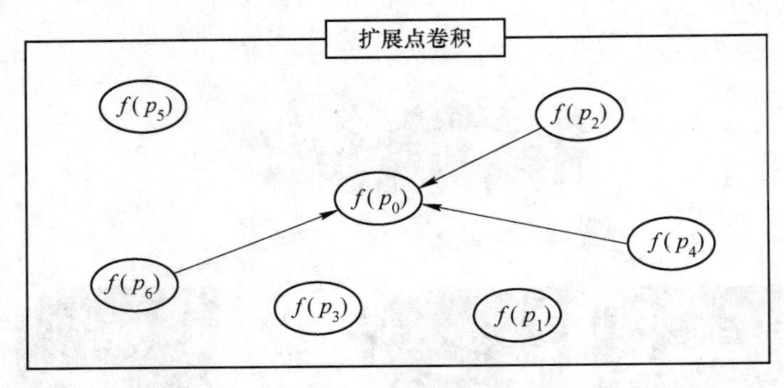

图 6-28 扩展点卷积

同样，在理解和分析三维空间点云场景的过程中，可以使用逐点卷积法对点云进行语义分割。该算法在设计中没有采用池化方法，避免了点云的下采样和上采样操作，并且在整个网络中保持点云不变，减少了对点云的一系列处理，加快了网络的计算速度。点卷积的方法中存在一些新的卷积算子，如参数连续卷积算子、点展开卷积算子、核形状变量卷积算子，可用来处理标准卷积无法处理的非结构化数据。

参考文献

[1] 杨昌．矿山规划实景三维建模技术应用［J］．世界有色金属，2022（9）：166-168.

[2] 占森方，李元松，陶文华，等．无人机倾斜摄影技术在智慧校园实景三维建模中的应用［J］．科技创新与应用，2021，11（36）：28-30，34.

[3] 闻光华，欧阳晖，陈光．大规模航道实景三维建模关键技术方法［J］．测绘通报，2021（8）：115-118，143.

[4] 刘建程，王冠智，金泽林，等．倾斜摄影测量面向城镇实景三维建模及精度分析［J］．测绘通报，2021（S1）：16-19.

[5] 杨博雄，黄鑫，周波，等．面向实景三维建模的倾斜影像像控点目标快速检索与高效刺点研究［J］．数字技术与应用，2021，39（5）：46-48.

[6] 娄宁，马健，杨永崇，等．倾斜摄影的单体精细化三维建模技术［J］．遥感信息，2020，35（6）：44-48.

[7] 王峰，侯精明，王俊珲，等．基于倾斜摄影的城市洪涝过程三维可视化展示方法［J］．西安理工大学学报，2020，36（4）：494-501.

[8] 张涛，相诗尧，李振江，等．面向公路施工现场的三维实景模型建模方法 [J]. 公路，2020，65（10）：224-229.

[9] 花春亮，王彬，刘龙龙．倾斜摄影测量技术在电力工程中的应用 [J]. 测绘通报，2020（S1）：302-304.

[10] 刘晶．基于无人机航拍的滑坡实景三维建模及危险性评价研究 [D]. 兰州：兰州理工大学，2020.

[11] 瞿钰．基于无人机的市政道路土方工程三维实景建模及应用研究 [D]. 武汉：华中科技大学，2020.

[12] 谢云鹏，吕可晶．多源数据融合的城市三维实景建模 [J]. 重庆大学学报，2022，45（4）：143-154.

[13] 周增辉，谢作勤，魏见海，等．无人机三维实景建模技术在路堑边坡地质信息提取中的应用 [J]. 公路，2020，65（1）：152-156.

[14] 马红．大范围多源多尺度实景三维模型建设及应用研究——以重庆市实景三维模型建设为例 [J]. 测绘通报，2019（S2）：61-64.

[15] 黎娟．基于空地融合的精细化实景建模及可视化研究 [D]. 西安：西安科技大学，2018.

[16] 张晓恒．基于倾斜摄影技术的城市三维实景建模及轨交线路设计方法研究 [D]. 石家庄：石家庄铁道大学，2018.

[17] 王永生，卢小平，朱慧，等．无人机实景三维建模在水利 BIM 中的应用 [J]. 测绘通报，2018（3）：126-129.

[18] 周杰．倾斜摄影测量在实景三维建模中的关键技术研究 [D]. 昆明：昆明理工大学，2017.

众源时空数据采集与处理技术

第 7 章课件

7.1 应用场景

众源时空数据（Crowdsourcing Geospatial Data）是根据大量非专业人员以自愿协作的方式通过互联网向其他用户共享开放的地理数据。这些用户利用移动 GPS 终端来创建并获取某一时刻的地理信息，然后这些信息再以开放平台、用户活跃为特点的 Web2.0 模式下上传到大数据云计算平台，从而形成一种区别于传统意义上的数据获取方式。这种数据的实质是众源思想与地理信息的有机结合，它充分利用非政府部门的力量去解决专业领域具有特定价值意义的问题。相比于传统方式采集的地理数据，它具有数据量大、内容信息丰富、获取成本相对较低、通用性高等优点，因此逐渐受到了世界各国地理学家持续关注的热点。目前，各国学术界对于众源时空数据的研究主要集中在数据质量、信息提取以及挖掘等方面。

在信息化时代的今天，伴随着经济的持续发展和科学技术的快速提高，互联网、移动互联网、通信技术的普及率呈现逐年增加的趋势，特别是智能手机的出现更是成为人们日常生活中必不可少的工具。人们从最初的简单的信息搜索和网页浏览，逐渐发展为利用社交媒体进行即时数据的交流与共享，这些数据中往往携带着大量的时空信息。在这种背景下，网络平台可以即时分享与信息交流，其注重原创、简洁以及开放等特点，吸引了数量庞大的用户，这为采集众源时空数据提供了基础。

从海量数据中提取携带时空信息的数据最常用的技术手段是网络爬虫技术。网络爬虫技术是一种通过模拟用户的网络浏览行为以实现从网络中自动、大量提取信息的技术，其在数据应用方面，特别是海量数据采集方面应用广泛。此外，一些公司的应用程序接口（API，Application Programming Interface）也可以提供大量时空数据，通过该方法获取的时空数据与网络爬虫技术所获取的时空数据相比更为结构化，多数场景中可以直接使用。图 7-1 为众源时空数据采集与处理技术架构。

7.2 众源时空数据采集相关技术

7.2.1 通信技术

在信息时代中，人们可以通过智能手机等移动设备上传文字、图片、视频等数据。由于这些设备采用电磁波技术进行信息传递，因此人们可以在任何时间地点上传数据。与台式电脑通过接入网线传递数据的方式不同，使用无线通信技术可以获取到拥有丰富时空信

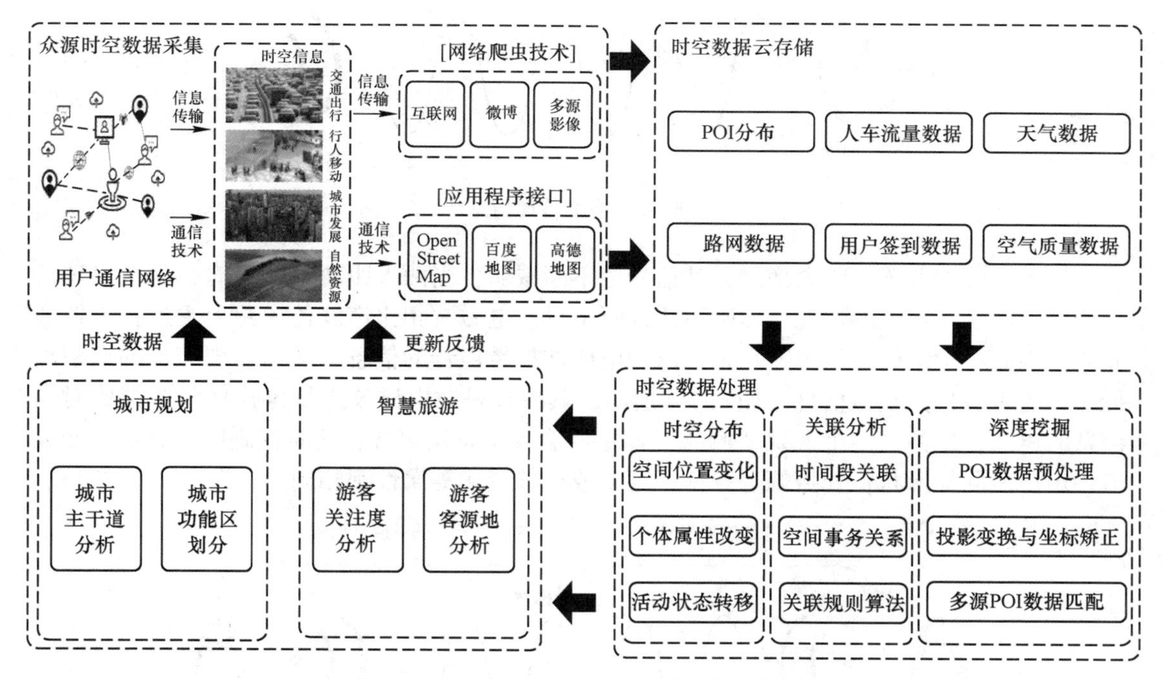

图 7-1　众源时空数据采集与处理技术架构

息的数据。

电磁波技术由英国科学家麦克斯韦建立理论，再由德国科学家赫兹用实验验证。其具有两种基本属性——波长与频率。在科学家们不断实验后，通过对波长与频率的调整，得到不同特点的电磁波，进而使电磁波实现不同任务，如图 7-2 所示。

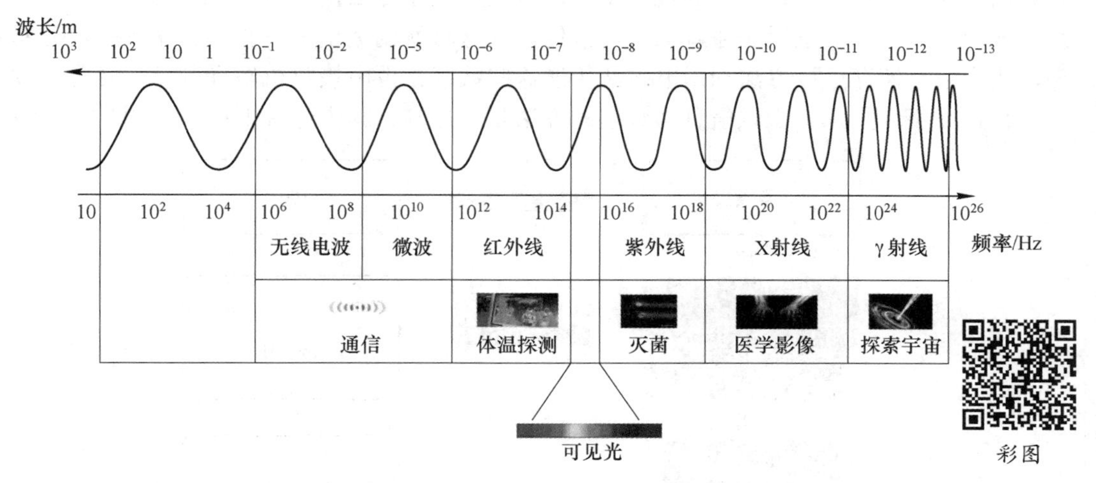

图 7-2　电磁波的不同形态及应用

从图 7-3 中可以看出，远距离通信使用的是无线电波与微波。由于世界上大多数信息都是以波的形式传播的，比如声波，人在说话时声带会发生振动从而产生信号波，听的人耳朵接收该信号波并经过大脑处理得到对应的信息。

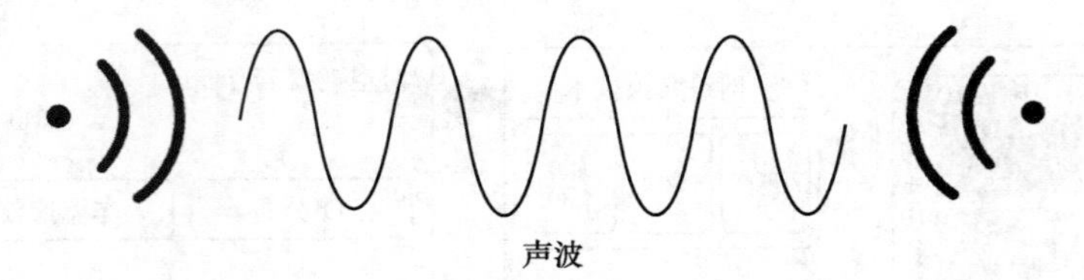

图 7-3 声波传递信息

但是声波随着传递距离增加，其信号会不断减弱，当两人距离足够远时，就会出现信息错误或者无法接收的情况，即听不清或听不见。电磁波相比声波传递距离更远且不依靠介质，因此科学家们开始思考是否可以用电磁波携带声音的信息，从而实现声音的远距离传播，这也被称为模拟信息，如图 7-4 所示。其原理是对电磁波进行操控使其模拟成对应信息的声波，比如当一个人说“测绘”两字时会发出特定声波，这时控制电磁波使其变成与特定声波同样形状，如振幅、频率、宽度或位置变化等属性都相同。

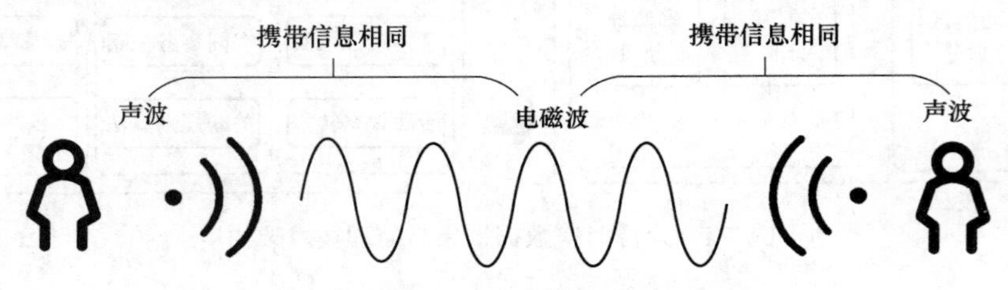

图 7-4 电磁波模拟声波实现声音传播

在模拟信息传递的过程中也可以调整电磁波的一些属性，在保证信息不失真的情况下得到一些其他功能。比如手机将电磁波的幅度（强度）与声音的强度相对应，通过调整电磁波幅度控制声音大小，声音实现远距离传播利用上述方法便可以实现，然而如文字、图片、视频等形式的信息无法通过电波模拟传递，这时就创造出了一种新方法——将这些信息转化为数字储存。该方法利用电磁波传递这些数字，再由接收机解译数字，还原信息本身。转化文字、图片、视频信息为数字的方法是二进制，其中包含 1 和 0，如图 7-5 所示。

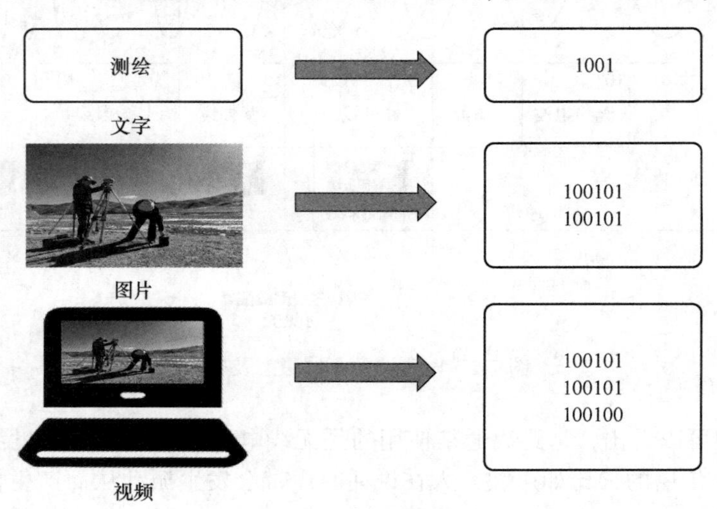

图 7-5 二进制表示

电磁波是正弦波，正弦波处理后可以得到方波，将方波的波峰作为 1，波谷作为 0，这样电磁波就会仅携带数字信号，如图 7-6 所示。即使在传播过程中受到干扰，也可以在接收处解译出对应二进制的信息。这极大地提高了电磁波传递信息的准确性与稳定性。

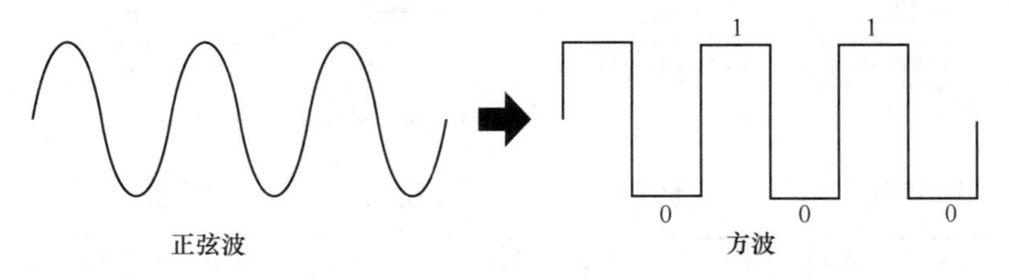

图 7-6 二进制信息携带

电磁波传递信息的方法包括两种方法——模拟信号与数字信号，这两种方法不断优化改进令信息以无线的形式传输。测绘行业通过移动信息技术诞生出不少改变传统测绘模式的技术，如卫星导航技术、RTK 技术等，但由于测绘场景多处于野外荒地，且要求获取到的数据精度极高，这导致电磁波信号无法传递至需要的区域或者出现信号薄弱的情况。

7.2.2 移动通信技术

通过观察图 7-7 中 1~4 代移动通信技术发展过程可以看出，1G 为模拟信号技术阶段，2G~4G 为数字信号技术阶段。虽然数字信号传递可以很好地提高信息传播的稳定性与传输效率，但是随着文本、图片、视频等数据需求逐渐加大，这些数据转换为二进制形式时，0 和 1 的数量是超乎想象的。因此要完成这项任务，需要不断提高电磁波的传输数据的速度。

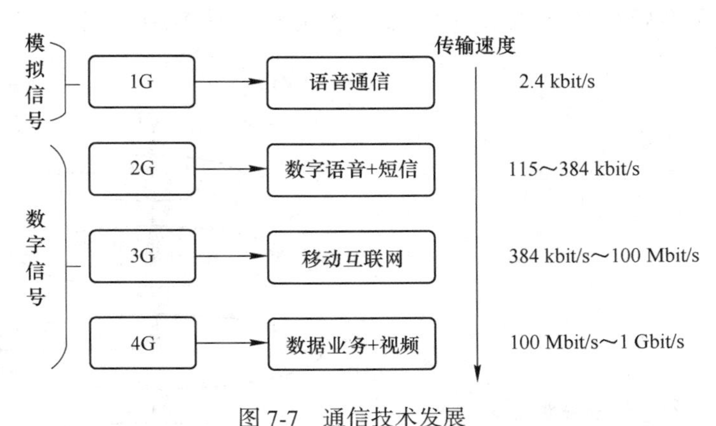

图 7-7 通信技术发展

7.2.2.1 电磁波传输速度提升方法

提升电磁波传输速度的方法如下。

（1）提高频率。频率指的是电磁波振动的快慢，提高频率可以使一个波具有更多的波峰与波谷，这样一个波便可以携带更多的 0 和 1 数字，使得电磁波在单位时间内传输更多信息，从而提高传输速度。

（2）加宽频段。频段是指不同频率的电磁波在传输时会经过不同的通道，彼此不会互相影响。这意味着随着频段不断加宽，信息可以在更多的传输通道上传输，并以此加快信息的传输速度。图 7-8 为中国 3G 时代 GSM 的两种频段。

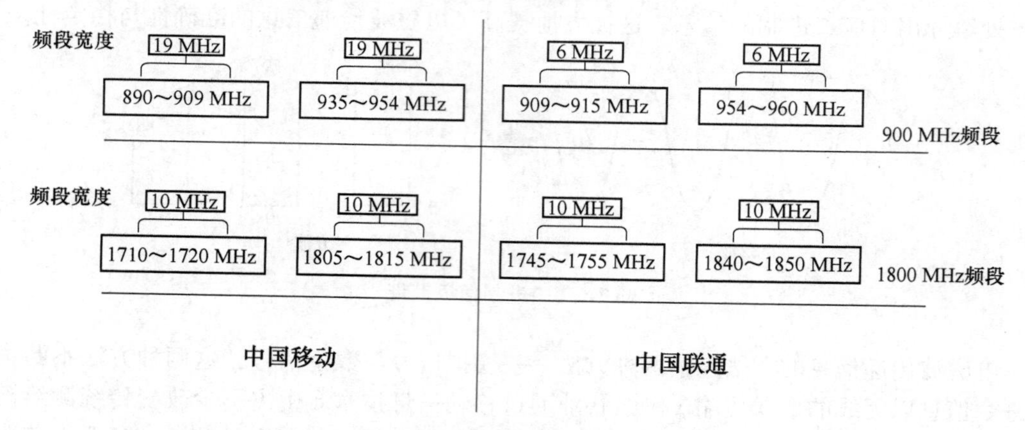

图 7-8 中国 3G 时代 GSM 频段

在 4G 时代中使用的频段有 1880～1900 MHz、2320～2370 MHz、2575～2635 MHz，这极大地提高了信息的传输速度。

按照上述方法可以不断提高电磁波传递信息的速度，但在 5G 技术实现时却无法通过这些方法直接实现。

分析图 7-9 中的公式可知，当光速不变时，频率增加，波长就会减小。若频率增加到一定程度时，波长就会短到忽略不计，电磁波也就成一条直线，如果遇见一定厚度的障碍物就会被阻挡，出现传播过程衰退的现象，致使信息传播的范围缩小，导致 5G 技术难以直接通过提高频率的方法加快信息传播速度。图 7-10 为各代移动通信基站覆盖范围。

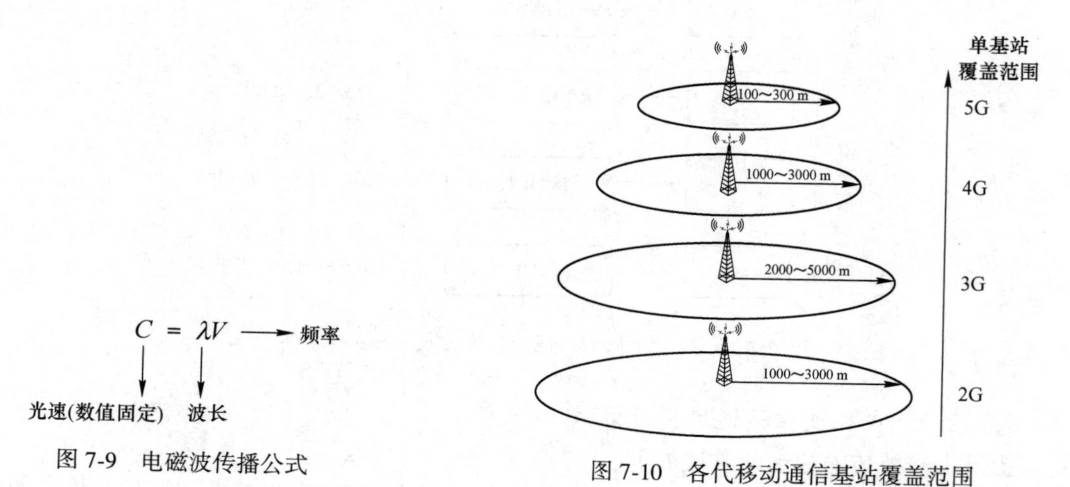

图 7-9 电磁波传播公式

图 7-10 各代移动通信基站覆盖范围

因此，5G 的难点不在于提高电磁波频率，而是通过增加基站数量来增加信号覆盖范围。但是建造大量基站的成本是极其昂贵的，同时芯片处理信息的能力也没有达到相应的要求。

7.2.2.2 基站改良

3G、4G 使用的基站被称为“宏基站”，就是常见的如铁塔般的设施，如此巨大的设备若是要大量建设，无论是成本，还是建设场地，都是任何设备商无法可以承担的，尤其是在城市中大量建设基站塔。因此，开发一种功耗小，体积远小于宏基站，并可以在日常场景中安置的基站是亟须解决的问题，这种基站被称为“微基站”。

A 阵列天线

随着手机不断进步，手机上的天线也在逐渐变小，这是由天线的特性所决定的。天线长度与接收电磁波波长成正比，通常在 1/10 到 1/4，这表明波长越短，天线越短。在 5G 时代中，5G 使用的电磁波为毫米波，5G 天线长度也都是毫米级，也正因此基站与手机可以在很小的容量中存放更多的天线，当天线密集地布设在一起时就会形成如同矩阵一般的天线阵列。

图 7-11 是中兴的 Pre5G Massive MIMO，它可以实现超过 400 Mbit/s的单载波峰值速率，使 4G 网络的频谱利用率提高 4~6 倍。它还兼容现有的 4G 终端（CPE、手机等），使用户无须更换终端即可享受高速宽带接入。Pre5G Massive MIMO 解决了最后 1 km 的互联网接入，提高了用户的在线体验。其中，大规模 MIMO 提供了比 XDSL 和 VDSL 更有竞争力的访问速度，而且不需要光纤到户的成本。这一点，无论是对于移动运营商，还是固定接入运营商，都具有很强的实用性。

图 7-11 阵列天线

阵列天线的出现使基站可以通过多根天线发送信号，移动端也可以使用多根天线接收信号，这就是信号大规模多进多出——Massive MIMO。该方法在 4G 时代就已存在，但在 5G 中规模变得更加庞大，如图 7-12 所示。

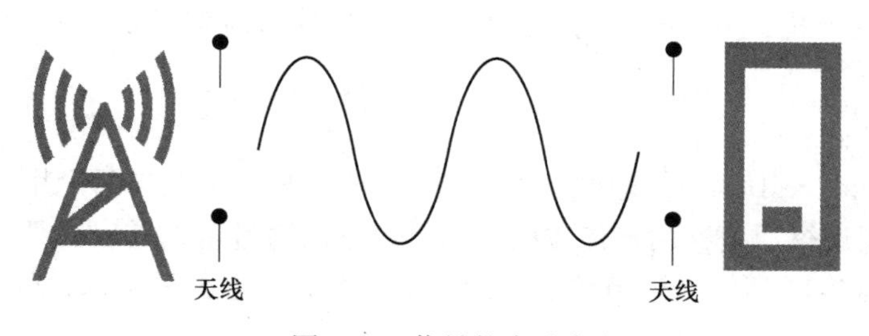

图 7-12 信号的多进多出

B 波束赋形

在以往的大基站使用中，移动端离基站近则信号好，远则信号弱，且发射信号时以波的形式全向发射会浪费大部分能量，导致移动端就只能接收较少的信号，这不利于资源的有效利用。因此，将电磁波聚集成几个波束直接将信号发送至手机，这样信号便能传播得更远，手机收到的信号也就会更强。这种方法就是波束赋形，虽然在 4G 时代就已存在，但 5G 会有更大提升，如图 7-13 所示。

波束赋形的原理为波的干涉。两列相同频率的波叠加，使部分区域的振动增强，部分

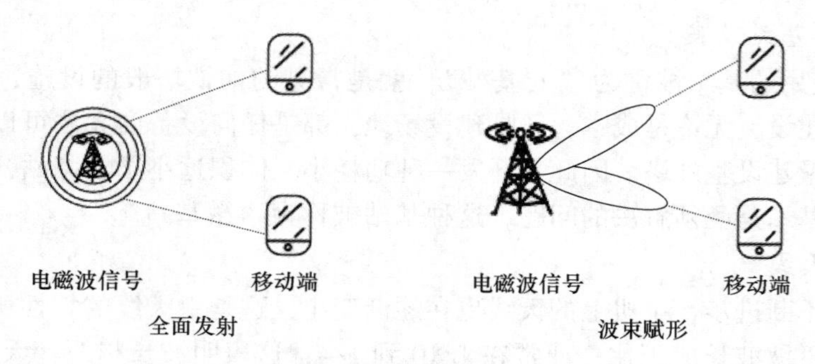

图 7-13　反射方式

区域的振动减弱，增强区和减弱区相互分离。如果波峰和波峰相遇，或者波谷和波谷相遇，能量就会增加，波峰就会更高，波谷就会更深。另外，如果波峰和波谷相遇，两者就会相互抵消，振动就会恢复平静。

电磁波利用这一原理用于两组电磁波中间。由于相长干涉可以获得能量最强的定向波束，中间邻近区域的能量由于相消干涉而被抵消形成零抑制，其余区域也可能存在相长干涉，但比中心弱，被称为旁瓣。

通过在基站上布置的阵列天线控制射频信号的相位可以增强中心主瓣的能量，抑制两侧旁瓣的能量可以得到指向某一方向的信号波。但是，移动端接收到信号波时，会在空间和时间上随时改变自己的位置。因此，主瓣的信号波的传输必须能够在三维空间中移动，即传输的信号波能够根据手机的运动改变方向准确地指向需要服务的手机。其原理是利用波的周期性，不同的相位总是会周期性地出现，错过了这个峰值，就会有另一个峰值到来，因此相位可以调整。通过调节不同天线元件传输的信号的幅值和相位（权值），即使它们的传播路径不同，只要到达手机时相位相同就可以实现信号叠加的结果，相当于阵列天线将信号对准手机。这种空间多路复用技术从全向信号覆盖到精确定向业务，波束间不存在干扰，并在同一空间内提供了更多的通信链路，提高了基站的业务能力。

C　设备到设备

D2D 全称 Device to Device，即设备到设备。在 5G 时代中，当两个用户处于同一基站覆盖范围内并互相进行通信，用户传输的数据可以不用通过基站转发，便可直接在设备之间实现通信，如图 7-14 所示。这节约了大量的空中资源，也减轻了基站的压力。

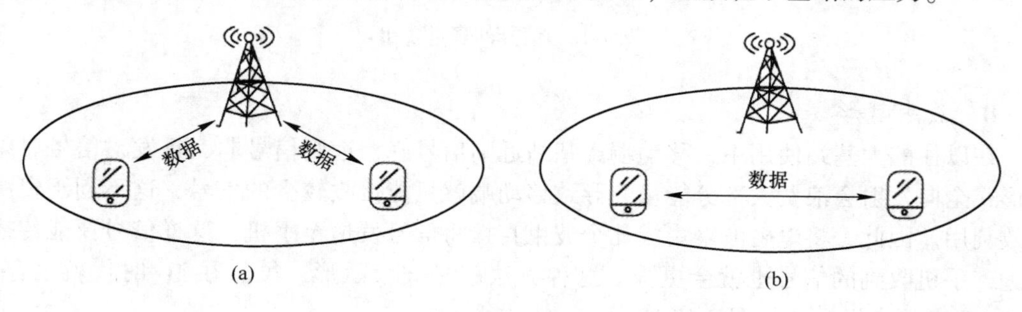

图 7-14　D2D 传输对比

（a）非 D2D 传输；（b）D2D 传输

7.2.3 网络爬虫技术

网络爬虫技术可以根据设定的收集目标收集网页信息和相关链接资料并对所需的信息和数据进行整理，它具有自动下载网页信息的特点。网络爬虫是一种自动收集网页信息的工具。它是搜索引擎在万维网上下载网页的关键链接。

传统的爬虫从一个或几个原始页面的 URL 开始，将原始页面中的链接集成在一起。在收集网页信息的过程中，新链接被当前页面捕获并放置在队列中，直到满足系统的个别终止要求。对于聚合爬虫，其操作步骤相对烦琐。它必须按照网页研究算法的发展而对与主题内容无关的 URL 进行过滤或删除，将所需的 URL 保留下来，然后将保留的 URL 放在链接队列中等待收集。然后根据特定的搜索方法从队列中选择下一个网页链接，使以上步骤循环往复，直到系统满足特定的终止要求。此外，所有的页面都被存储、研究、过滤和索引。在完成查询和检索后，对爬虫进行研究和聚合，然后进行总结。反馈后对采集任务继续发挥一定的指导价值。

7.2.3.1 通用网络爬虫

通用网络爬虫也被称为 Scalable WebCrawler。爬虫程序从一些种子 URL 扩展到整个 Web，其目的是为门户搜索引擎和核心 Web 服务提供者抓取内容，如图 7-15 所示。对于这种爬行器的操作范围和数量，必须满足爬行率、存储空间量大等要求。在这方面，页面的爬行速度较小，而且由于页面刷新频率较高，通常具有并行性，刷新页面的时间较长。虽然一般的网络爬虫有一些缺点，但它适合搜索引擎搜索各种主题，具有较强的应用价值。

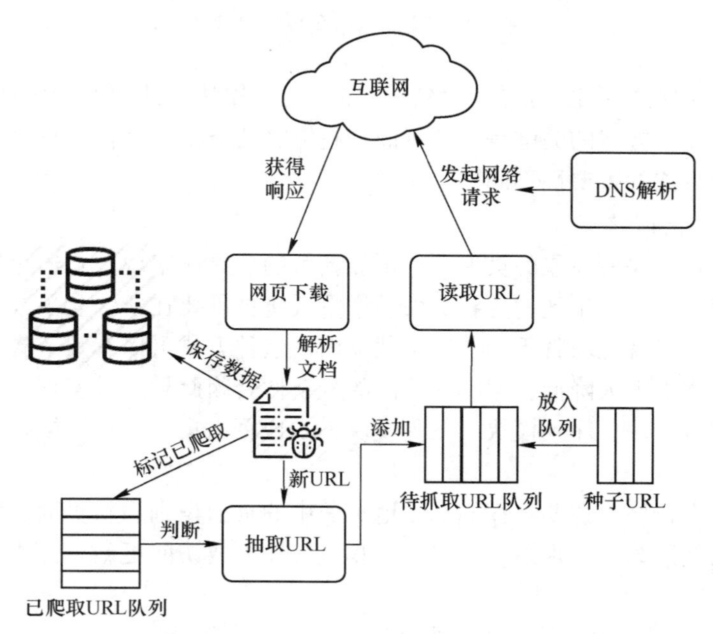

图 7-15　通用网络爬虫技术框架

传统的网络爬虫的结构基本包括 6 个部分，分别是页面采集模块、页面研究模块、URL 过滤模块、页面数据库、原始初始 URL 捕获、URL 队列。为了提高工作效率，传统的网络爬虫可以采用特定的爬行方案。

7.2.3.2 聚焦网络爬虫

聚焦网络爬虫专门抓取与预解释主题相关的页面，它只需要抓取与主题相关的页面。与一般爬虫相比，其特点是最大限度地避免了硬件和网络资源的浪费。因为存储的页面数量不大，所以必然会促进更新的速度。个人用户对某一领域的信息需求能够得到最大限度的满足。其技术框架如图 7-16 所示。

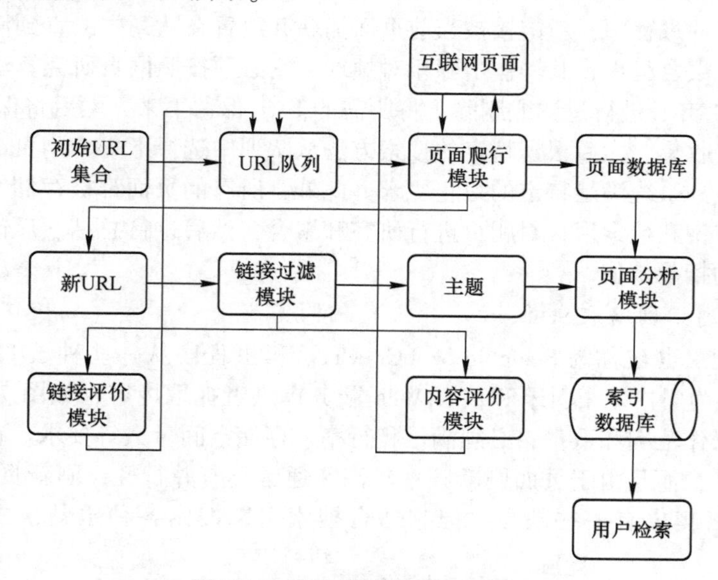

图 7-16 聚焦网络爬虫技术框架

与普通的网络爬虫相比，聚焦网络爬虫多了两个模块，即 URL 评估模块和内容评估模块。实现集群爬行方案的关键是评估页面和超链接的重要性。存取顺序链接不同的根本原因是不同操作方法的重要性不同。

7.2.3.3 增量网络爬虫

增量网络爬虫确保所抓取的页面是尽可能新鲜的。具体来说：它通过增量更新已下载的页面，爬取仅形成或已出现的更新页面。增量式爬虫需要在新的表单或更改页面的情况下进行爬行，没有呈现更新就不会前往下载页面。这种方式可以有效节省磁盘空间，同时在时间和空间成本上大大降低，但爬行算法的复杂性会因此导致其实现的困难。该爬虫的系统结构包括爬行模块、序列模块、变更模块、本地页面集、待爬行链接集和本地页面链接集。

对于这类爬虫程序，需要将存储在本地页面中的页面识别为新页面，以及提高本地页面集中的页面质量。为了实现第一个目的，爬虫程序需要访问更新页面中的本地页面。集中式更新有三种方式：

（1）对爬虫在相同频率下访问的所有网页不进行调整；

（2）根据个人网页收集频率的调整，对所有更新的网页进行再次访问；

（3）基于网络爬虫的分类更新方法为根据频率的调整，可以将其分为两个子集，即更新较快的子集和更新较慢的子集，它们对应的频率是不同的。

7.2.4 基于API接口的众源时空数据采集

7.2.4.1 官方网站数据

官方网站数据来自权威、专业的政府等机构，其数据可信度高，但是更新速度较慢。获取官网POI数据是由地理信息公共服务平台更新提供的数据支持，大多数来自官网的POI数据只包含名称、地址等属性信息，可以与库存POI数据库进行匹配处理。处理后的官网POI数据可以直接作为互联网POI数据源之一使用。

7.2.4.2 第三方大型网站数据

第三方大型网站是相对独立、公正的第三方网站，其中包括点评类网站、旅游类网站等。例如，携程是提供实用旅游信息查询和产品预订中介服务的综合性旅游电子商务网站，是目前旅游类最大的运营商之一。

7.2.4.3 公共地图服务数据

随着互联网的普及，地图服务得到了各大搜索引擎供应商的大力支持，地图被赋予了很多新的含义，使得地图不再仅仅是简单的地理描述。目前，公共地图是指利用计算机技术，以地图数据库为基础，以数字方式存储和查阅的可视化数字地图。公共地图具有强大的缩放能力和信息存储能力，对空间信息的表达具有很强的动态性和可视化，因而逐渐发展成为人们在日常生活中选择出行路线、查找位置和发现其他地理位置信息所必需的精确高效的应用服务。目前，可供开发应用的主要公共地图如下。

A 百度地图

百度地图是百度公司提供的基于互联网的数字地图服务，它涵盖了中国400个城市和行政区域的位置信息。百度地图提供的数据具有数据量大、空间信息定位准确的特点。用户可以通过百度地图搜索每个景点的位置信息，可以搜索最近的银行、公园、餐厅、学校、政府机构等。同时，百度地图还与多家外部网站合作，建立了团购、折扣、外卖等周边生活信息地图。百度地图访问速度非常快，拥有庞大的用户群体，是目前国内最重要的地图服务之一。

百度地图平台把POI数据类型分为3个等级，分别为大类、中类和小类，其中一级分类有21种类型，二级分类有183种类型，三级分类有457种类型。一级分类中的21种类型见表7-1。

表7-1 百度地图平台POI数据类型表

序号	大 类	Big category
1	汽车服务	Auto service
2	美食	Delicacies
3	公司企业	Enterprises
4	文化传媒	Cultural media
5	金融	Finance
6	教育	Educate
7	政府机构	Governmental organization

续表 7-1

序号	大　类	Big category
8	休闲娱乐	Leisure and entertainment
9	医疗	Medical
10	酒店	Hotel
11	房地产小区	Real estate community
12	旅游景点	Tourist attractions
13	购物	Shopping
14	运动健身	Exercise and fitness
15	交通设施	Transportation facilities
16	生活服务	Life services
17	丽人美容	Beauty
18	商务大厦	Business building
19	出入口	Entrances and exits
20	门址	Gate site
21	道路	Road

B　腾讯地图

市面上推出免费地图服务的除了百度地图之外，腾讯地图也有较好的使用体验。腾讯地图是腾讯公司近年来在 SOSO 地图的基础上建立的自我专属数字地图，功能基本与百度地图类似，但腾讯地图特别添加了街景地图功能，为 POI 点提供可视化精确定位。腾讯地图对本地化以及一些中小型城市的支持较好，提供了相应的街景和卫星服务，且提供了开放式的 API，支持多种介入方式，如 Web 端的 Java Script 等，保障了数据的来源及其准确性。两种最常见的公共地图服务的比较见表 7-2。

表 7-2　公共地图分类及区别

分　类	地名更新速度	三维地图	街　景
百度地图	快	2.5 维	无
腾讯地图	快	无	有

C　高德地图

高德地图作为国内领先的导航地图服务提供商提供了千万级别 POI 数据，且共有三级分类，其中有 23 种一级分类，200 余种二级分类，700 余种三级分类。高德 POI 数据层次清晰，精度较高，便于反映城市土地利用特征，见表 7-3。高德开放平台提供专门 API 爬取接口，为用户获取 POI 数据提供便利。

表 7-3　高德地图平台 POI 数据类型表

序号	大　类	Big category
1	汽车服务	Auto service

续表 7-3

序号	大　类	Big category
2	汽车销售	Auto dealers
3	汽车维修	Auto repair
4	摩托车服务	Motorcycle service
5	餐饮服务	Food & beverages
6	购物服务	Shopping
7	生活服务	Daily life service
8	体育休闲服务	Sports & recreation
9	医疗保健服务	Medical service
10	住宿服务	Accommodation service
11	风景名胜	Tourist attraction
12	商务住宅	Commercial house
13	政府机构及社会团体	Governmental organization & social group
14	科教文化服务	Science/culture & education service
15	交通设施服务	Transportation service
16	金融保险服务	Finance & insurance service
17	公司企业	Enterprises
18	道路附属设施	Road furniture
19	地名地址信息	Place name & address
20	公共设施	Public facility
21	事件活动	Incidents and events
22	室内设施	Indoor facilities
23	通行设施	Pass facilities

同时每个地图平台的 POI 数据可能会出现一些差别，因此可以通过获取两种不同地图平台的 POI 数据，以两种平台 POI 数据为互补数据，使整体 POI 数据更加合理完整。

7.2.5　Web 技术

万维网（World Wide Web）是一种全球性的广域网，它是一种基于超文本和 HTTP 协议的全球性、动态交互、跨平台的分布式图形信息系统。它提供了一个图形化、易于访问的直观界面，方便浏览者搜索和浏览互联网上的信息。其中的文件和超链接将互联网上的信息节点组织成一个相互关联的网络结构。

7.2.5.1　Web1.0

虽然各网站采用的手段和方法各不相同，但第一代互联网（Web1.0）具有许多共同特征，如技术创新的引领模式、基于点击流量的共同盈利点、门户的趋同、明确的主体经营产业结构、动态网站等。Web1.0 的一些最大贡献者是网景、雅虎等。网景公司开发了第一个商用浏览器，雅虎的杨致远发明了互联网的黄页。图 7-17 为 Web1.0 基本架构示意图。

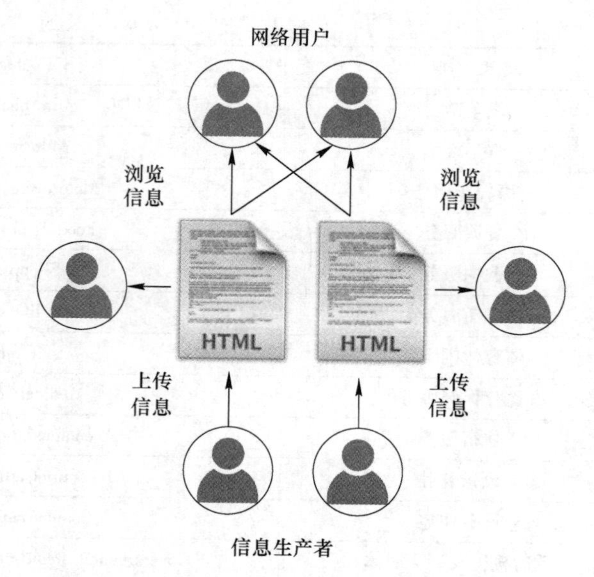

图 7-17 Web1.0 基本架构示意图

7.2.5.2 Web2.0

Web2.0 是指一种以 Web 为平台、用户为主导并生成内容的互联网产品模式。Web 2.0可以说是由信息技术发展带来的面向未来、以人为本的创新模式，是在互联网领域中的典型体现。它生动地表明了从专业人士到所有用户的创新民主化，其基本架构示意图如图 7-18 所示。

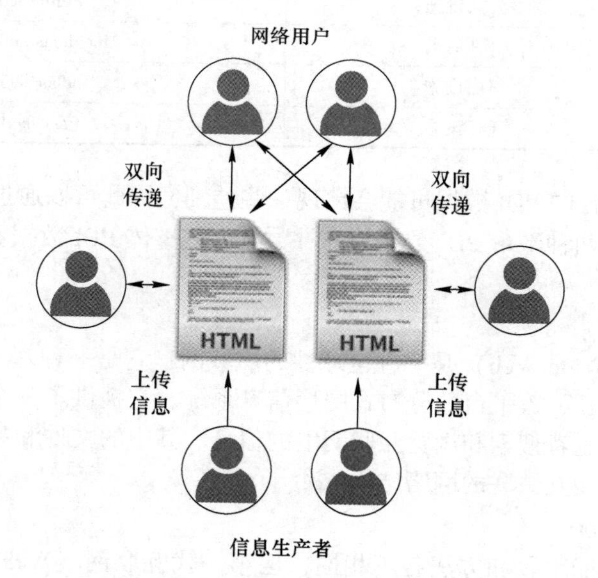

图 7-18 Web2.0 基本架构示意图

Web2.0 更具交互性。不仅用户在发布内容的过程中实现了与网络服务器的交互，还实现了同一站点不同用户之间的交互，以及不同站点之间的信息交互。

Web 标准是一种正在国际上推广的网站标准。Web 标准是指网站建设中基于 HTML 语言的网站设计语言。事实上，Web 标准并不是一个标准，而是一系列标准的集合。Web 标准的典型应用模式是“CSS+HTML”，其摒弃了 HTML4.0 的表格定位模式。它的优点之一是网站设计的代码规范，减少了网络带宽资源的浪费，加快了网站的访问速度。更重要的是，符合 Web 规范的站点对用户和搜索引擎更加友好。

Web2.0 网站和 Web1.0 网站之间并没有绝对的分离。Web2.0 技术可以成为 Web1.0 网站的工具。一些诞生于 Web2.0 概念之前的网站也具有 Web2.0 的特点，如 B2B 电子商务网站的信息免费发布，网络社区网站的内容也来源于用户。

Web2.0 是互联网观念和思想体系的升级，由少数资源控制者主导的自上而下的互联网体系转变为由广大用户的集体智慧和力量主导的自下而上的互联网体系。

（1）博客技术。博客的全称是 Web Log，后来简称为 Blog。博客是一个易于使用的网站，在这里可以快速发表想法，与他人交流，并从事其他活动，而且这些都是免费的。

（2）RSS 技术。RSS 是站点与其他站点共享内容（也称为聚合内容）的一种简单方法。其源于浏览器的“新闻频道”技术，通常用于新闻和其他连续的 Web 站点。

（3）维基。维基（Wiki）是一个超文本系统。超文本系统支持面向社区的协作写作，并包括一套辅助工具来支持这种写作。有人认为 Wiki 系统是一种人类知识网格系统，人们可以在 Web 上浏览、创建和修改 Wiki 文本，而创建、修改和发布的成本远远低于 HTML 文本。同时，Wiki 系统还支持面向社区的协作写作，为协作写作提供了必要的帮助。最后，Wiki 作者自然形成了一个社区，Wiki 系统为这个社区提供了简单的交流工具。与其他超文本系统相比，Wiki 使用方便且开放，可以在社区内分享某一领域的知识。

7.2.5.3　Web3.0

Web3.0 只是业内人士提出来的一个概念词。最常见的解释是网站中的信息可以直接与其他网站的相关信息进行交互，多个网站的信息可以通过第三方信息平台同时整合使用。用户在互联网上拥有自己的数据，可以在不同的网站上使用。图 7-19 是 Web3.0 基本架构示意图。

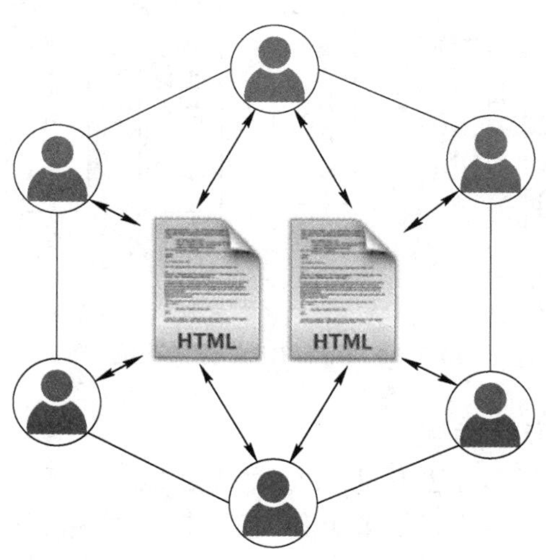

图 7-19　Web3.0 基本架构示意图

Web3.0 使用 Mashup 技术对用户生成的内容信息进行整合，使内容信息的特征更加明显，易于检索。其能准确阐明信息内容特征的标签，提高信息描述的准确性，方便网民搜索整理。同时，UGC 过滤也将成为 Web3.0 区别于 Web2.0 的主要特性之一。互联网用户发布信息的权限经过长期的认证后，他们发布的信息以不同的可信度分开。将可信度高的信息推送到网络信息检索的第一项，提供信息的网民的可信度也会相应提高。最后，聚合技术的应用将在 Web3.0 模式下发挥更大的作用。TAG/ONTO/RSS 聚合基础设施和渐进式语义网的发展也将为 Web3.0 构建一个完整的内容聚合和应用聚合平台。将传统的聚合技术与挖掘技术相结合，创建一个更加个性化的 Web 挖掘搜索引擎，其具有快速、准确的搜索响应。

Web3.0 将建立可信的 SNS（社交网络服务体系），可管理的 VoIP 和 IM，可控的 Blog、Vlog 和 Wiki，实现数字传播与信息处理、网络与计算、媒体内容与商业智能、传播与管理、艺术与人文的有序有效结合与融合。

7.3　众源时空数据处理

7.3.1　众源 POI 数据处理

为了得到统一属性的 POI 数据集作为平台更新来源，需要获取众源 POI 信息并对获取信息进行整合处理。因此，针对深层和浅层网络 POI 采取不同的获取策略，再对不同来源的网络 POI 数据的坐标进行投影变换，使得所有 POI 经纬度坐标在相同的投影坐标系下。将经过坐标纠正之后的 POI 数据集与库存 POI 数据集进行同名 POI 对象匹配与去重，并将处理整合后的数据集按照基本分类体系进行类型映射，可得到 POI 增量数据集，实现以 POI 数据为核心的地理信息更新。众源 POI 数据处理流程如图 7-20 所示。

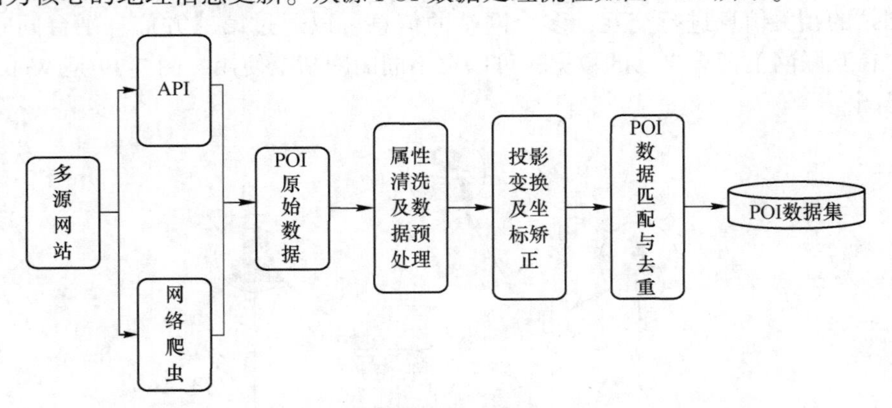

图 7-20　众源 POI 数据处理流程

7.3.1.1　投影变换与坐标矫正

由于不同网站使用的投影方法不同，POI 数据在地理坐标上会出现不一致的情况，而为确保 POI 信息的可用性，需进行投影变换与坐标矫正处理。常用的投影方法有墨卡托投影、高斯-克鲁格投影、斜轴等面积方位角投影、双标准纬度等角圆锥投影、正轴方位角投影等。为了计算不同投影方法下 POI 信息的空间距离需要对 POI 投影进行变换。多项式坐标变换能够通过6个以上的控制点实现位置精准映射。因此，需选用二阶多项式变换模型，对来自不同网站POI坐标投影进行转换系数计算。二阶多项式变换模型的表达公式如下：

$$\begin{pmatrix} x \\ y \end{pmatrix} = \begin{pmatrix} 1 & r & c & r^2 & c^2 & r \times c & 0 & 0 & 0 & 0 & 0 & 0 \\ 0 & 0 & 0 & 0 & 0 & 0 & 1 & r & c & r^2 & c^2 & r \times c \end{pmatrix} \begin{pmatrix} m_0 \\ m_1 \\ m_2 \\ m_3 \\ m_4 \\ m_5 \\ n_0 \\ n_1 \\ n_2 \\ n_3 \\ n_4 \\ n_5 \end{pmatrix} \tag{7-1}$$

式中 (r, c)——某一网站POI的地理坐标；

(x, y)——另外一个网站POI的地理坐标；

$m_0 \sim m_5$，$n_0 \sim n_5$——二阶多项式模型中的位置映射系数，所述地理坐标即POI点的经度和纬度。

为了实现更高精度的POI点坐标投影变换需要将POI点集的地理范围划分为$N \times N$个小网格。地理间隔越小，N值越大。每个小网格对应一个投影变换单元，$N \times N$个网格的完整集构成单位集。

7.3.1.2 多源POI数据匹配

同名POI对象的匹配主要是利用名称、文本属性、分类标识及地址信息等特征属性，通过逐层匹配的不同策略实现名称信息的特征挖掘与角色标注匹配、基于分类标识转换的POI分类信息匹配与顾及地址与空间位置的POI空间位置信息匹配等方法，再通过根据POI综合相似度模型计算两个POI之间的相似度值，实现同名POI的发现与去重。

分类信息相同或兼容是同名POI信息匹配的先决条件。因此，首先利用POI实体中的分类标识，进行网络POI数据集中数据与试验区库存POI数据的比较。如果类型一致或语义兼容，则说明两个POI对象实例符合同名POI的前提条件，可以进行其他属性的匹配。如果类型完全不一致或无法兼容，则直接标识为增量。

基于空间位置的方法是POI数据匹配的最常用及最便捷的方法。每一个POI数据本身都具备经纬度信息，而基于空间位置的方法仅根据经纬度信息，就能找到对应的匹配项。但是不同来源的POI数据由于坐标系统不统一问题以及存在一定误差的原因，单纯基于空间位置进行匹配的效果往往不是非常理想。在基于空间位置匹配的基础上结合非空间信息，可以排除错误对应对象，找出未匹配对象，最后形成融合数据集。

名称相似度算法的原理是匹配的POI点在名称上具有相似性。其中，Levenshtein编辑距离由著名学者Levenshtein提出，算法的原理是通过插入、删除、替换等编辑方式使字符串成为目标样式，统计其字符变化数。此方法也有一定的局限性，算法的效率容易受到字符串长度的影响。假设 Levenshtein 距离为 D，D 值越大，相似度越低。对于两个字符串 A、B，字符串长度分别为 L_A、L_B，相似度为 s，则：

$$s = 1 - D/\max(L_A, L_B) \tag{7-2}$$

Jaro-Winkler 相似算法是 Jaro 距离相似算法的变种，主要用于数据连接相关领域。Jaro-Winkler 得分取值范围为［0，1］，算法计算的相似度与得分呈正相关关系。其计算公式为：

$$d_w = d_j + L \cdot P(1 - d_j) \tag{7-3}$$

式中 d_w——Jaro 距离最终得分；

L——字符串前缀部分匹配长度；

P——范围因子常量，用来调整前缀匹配的权值，一般不超过 0.25，Winkler 的标准默认设置值 $P=1$。

7.3.2 众源路网数据处理

Open Street Map（OSM）是一套关于全球互联网用户和公众参与公共地图数据服务的数据库，OSM 数据是目前世界上最准确、最完善的矢量地理数据集之一。OSM 数据包括点、线、面等诸多因素，内容涵盖交通路网、土地利用类型、兴趣点（POI）等多种类型，借助 OSM 提供的城市地图相关数据密集化数据分析是当前研究的热点，在数据整合与知识发现、城市空间分析等领域具有更广阔的应用前景。

7.3.2.1 OSM 数据结构

OSM 文件包含地理数据（用 XML 元素表示，如 Node、Way 和 Relation）和元数据描述。在 OSM 文档中，每个地理元素都有其对应的元数据，用于记录数据修改时间（由 XML 属性名称时间戳表示）、修饰符账号和修饰符名称（UID，用户），以及数据是否仅用于相应历史数据的查询显示（由属性名称可见表示）。当 visible="false" 时，该数据对象仅用于历史访问、数据版本记录（version）和数据更新历史（changeset）等。

（1）Node。在 OSM 数据结构中，包含经纬度坐标（可能还有海拔高度）信息的最基本单元是 Way 的几何组件，Node 要素实例如下，这是 Way 的组件。同时，顶点被用来表示独立的点元素，但作为一个独立的点会有相关的属性数据描述。

Node 要素实例（Way 的组成要素）：

```
<node id="562" version="3" timestamp="2008-02-06T19:04:09z" uid="4049"
  user="randomjunk" changeset="54932" lat="68.3684692" lon="16.5894737"/>
```

Node 要素实例（独立的点要素）：

```
<node id="12703" version="4" timestamp="2007-12-26T17:01:21z" uid="19217"
    user="ToEn" changeset="430722" lat="60.2098964" lon="15.0005084">
      <tag k="name" v="Morhagen Konferenshotell"/>
      <tag km"tourism" v="motel" />
  </node>
```

（2）Way。线性元素，如街道、海岸线和水系，由一组相互连接的有序顶点“ND”（至少2个，最多2000个）描述。如果Way中的节点数量超过顶点限制，可以使用断开Way的关系来连接节点。Way具有统一的属性信息，例如公路包括高速公路、国道干线、次干线、三级干线等。该路线也包括面，为封闭线，但并非所有的封闭线都是面，主要通过属性信息来识别。

Way要素实例：

```
<way id="2647294" version="2" timestamp="2008-08-22T12:36:542" uid="5600"
  user="karlskog 1" changeset="3649">
  <nd ref="281121324" />
  <nd ref="290112716"/>
  <nd ref="290112717"/>
  <nd ref="290112718"/>
  <tag k="name" v="Imalven"/>
  <tag k="source" v="Landsat,knowledge, guesses"/>
  <tag k="waterway" v="river" / >
</way>
```

Closed Way要素实例：

```
<way id="4876034" version="3" timestamp="2009-06-06T10:40:11z" uid="308"
    user="Michaelcollinson" changeset="1436052">
    <nd ref="31492445" />
    <nd ref="31492443"/>
    <nd ref="31492444"/>
    <nd ref="31492445" />
    <tag k="created_by" v="Potlatch alpha" / >
    <tag k="layer" v="o" />
    <tag k="leisure" v="park" / >
    <tag ke"source" v="yahoo_imagery"/>
</way>
```

（3）Relation。关系（Relation）用于组合顶点、路线，甚至其他关系来描述地理事物。元素作为关系的成员，有相应的“角色”。与其他类型的元素一样，关系可以有任意数量的标签。数据提供程序可以设置标签的类型来指定关系的类型。关系可以用来表示自行车路线、公共汽车路线等。OSM为关系设置提供了一组非强制性规则，数据生产者可以参考这些规则。

Relation要素实例：

```
<relation id="3939" version="1" timestamp="2010-01-25T09:14:56Z"
    uid="214283" user="tgu99" changeset="3709030">
    <member type="way" ref="48847100" role="" />
    <member type="way" ref="48847099" role="" />
    <tag k="name" v="sladan" />
    <tag k="natural" ="water" / >
    <tag k="type" v="multipolygon" / >
</ relation>
```

（4）Tag。作为顶点、路和关系元素的属性描述，属性数据通常以键-值的方式记录。OSM 中的地理数据通过上述数据模型进行组织、描述和存储，并以 XML 格式发布。

7.3.2.2 网络模型构建

为便于研究 Open Street Map 道路网络中不同等级道路的演变特性，将道路网络转化为网络拓扑图来表示。目前，网络拓扑图的构建方法主要包括原始图（primal graph）和对偶图（dual graph）。原始图是将道路交叉口和道路端点抽象为顶点，路段抽象为边；对偶图则是用一个节点来代表道路中的一条道路或路段，用边来表示道路之间的拓扑关系。与原始图相比，对偶图将道路抽象为一个节点，而未考虑道路本身的一些指标特性（如道路长度、道路包含的节点等）。图 7-21（a）为一个道路图，用虚线和实线两条线分别来表示两条道路。实线包含了 ID 为 1、2、3 的节点，虚线包含了 ID 为 4、5、2、6 的节点。两条线共同包含了 ID 为 2 的节点，因此可以认为两条道路在该节点相交。图 7-21（b）和（c）分别为基于原始图和对偶图构建的网络模型。两种构建方法得到的网络图均为无向图。其中，原始图较好地保留了道路网络的几何信息，对偶图则很好地反映了道路网络的拓扑结构。

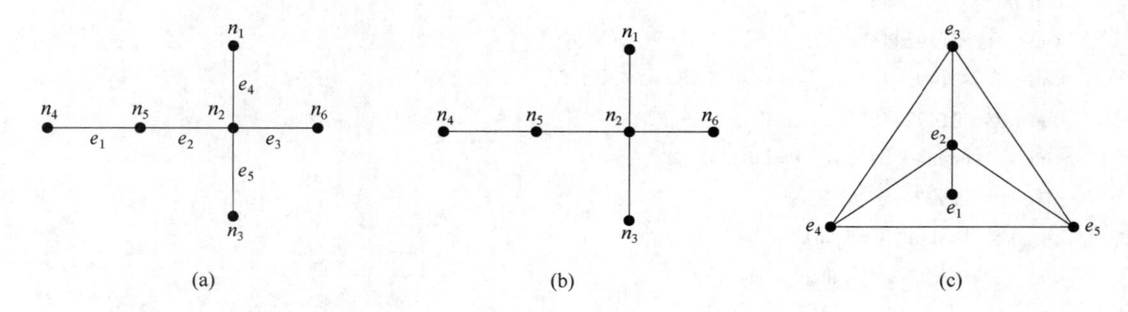

图 7-21 网络示意图及其网络模型
（a）道路图；（b）原始图；（c）对偶图

7.3.2.3 OSM 路网数据质量评价

随着用户和产品对数据质量的要求和商业化程度越来越高，数据质量评估的研究工作也越来越重要。数据质量被分解成几个层次和数据质量维度，具体表达数据质量不同方面的属性。因此，完成对数据质量的评估，首先要确定该数据的代表性数据质量维度。地理信息技术委员会（CGIT）制定了 ISO 19100 等标准，以解决地理信息领域出现的数据质量问题，提高地理信息数据的可共享性和可用性，该标准中描述了量化地理信息数据的质量维度，其定义见表7-4。

表7-4 质量维度及其定义

质量维度	定义
完整性	描述对象及其属性与参考地图数据相比的完整性
拓扑一致性	属性、逻辑规则以及数据结构之间的关系遵守程度
设置精度	评估要素与参考要素位置之间的差异程度
时间精度	描述数据观测的日期，更新类型，如空间数据记录的创建、修改、删除、不变和有效期。该元素的质量可以通过信息描述适当的空间实体的程度来计算
专题精度	属性之间的准确度、完整度以及逻辑关系的精度

只有符合数据质量的地理信息数据才能应用于实践，而OSM考虑到其来源的非专业性，有必要进行进一步的质量评估。影响OSM数据质量的原因主要有3个：

（1）OSM开放平台的地理信息数据来自志愿者，他们不是专业的测量人员，因而没有专业背景和正确的测量方法，上传的数据会存在误差；

（2）数据可能来自不同的数据源，造成数据的精度等级不同；

（3）志愿者在采集数据时持有的GPS设备不同，基于采集设备的不同精度得到的地理信息数据的精度难免会出现差异。

因此，对OSM数据质量的评价不仅仅是基于常规的地理信息数据质量评价方法，还需要选择适当的质量维度，并根据所选维度将OSM数据与专业测绘参考数据进行比较，以确定OSM的数据质量。根据上述质量维度和地理信息数据特点，可以采用以下方法进行OSM路网的进度评估。

A 完整性评估方法

完整性是对被评价对象在某一指标内的完整程度的描述。几何数据的完备性是指其在研究范围内的覆盖程度，而属性数据的完备性是指被评价对象的属性数据的丰富程度。属性数据是对几何数据的定量或定性描述，具有大量的信息和内容，因此，与几何数据相比，属性数据的完备性更难评估，也是数据质量评估的一个难点研究领域。

（1）属性长度完整性。属性长度完整性描述了OSM的属性数据的长度完整性，用道路长度作为衡量标准来计算。被命名的OSM道路长度与被命名的参考数据长度的比率被用来评估OSM数据属性长度的完整性。

$$C_{S_{\mathrm{L}}} = \frac{S_{\mathrm{OSM}}^{\mathrm{L}}}{S_{\mathrm{R}}^{\mathrm{L}}} \times 100\% \tag{7-4}$$

式中 $C_{S_{\mathrm{L}}}$——属性长度完整度；

$S_{\mathrm{OSM}}^{\mathrm{L}}$——OSM已命名的道路长度；

$S_{\mathrm{R}}^{\mathrm{L}}$——参考数据中已命名的道路长度。

（2）属性文本完整性。属性文本完整性是描述OSM属性数据在数量上的完整性，以道路数量为度量值计算。用已命名的OSM道路属性数量与已命名的参考数据的道路属性数量的比值来评价OSM道路的属性文本完整性。

$$C_{S_N} = \frac{S_{OSM}^N}{S_R^N} \times 100\% \tag{7-5}$$

式中 C_{S_N} ——属性文本完整度；

S_{OSM}^N ——OSM 已命名的道路属性数量；

S_R^N ——参考数据中已命名的道路属性数量。

（3）几何长度完整性。线状要素没有面状要素的面积、形状等属性特征，因此长度完整性是 OSM 路网数据可用性的直接体现。长度完整性用 OSM 路网数据总长度与参考数据的路网总长度之比来表示。

$$C_L = \frac{L_{OSM}}{L_R} \times 100\% \tag{7-6}$$

式中 C_L ——长度完整度；

L_{OSM}，L_R ——OSM 路网总长度和参照数据的路网总长度。

B 空间精度评估方法

测绘数据由于其专业背景及行业规范的限定，因此其数据质量具有一定的保障性，OSM 数据的非专业性使其数据可用性和可靠度存在质疑。对 OSM 的几何数据精度质量进行评估，进一步掌握 OSM 数据的质量状况，有利于对 OSM 数据进行科学合理化使用。

（1）位置精度。地理信息数据的位置精度直接影响到数据的价值，因此位置精度是一个重要指标。缓冲区叠加法可以计算 OSM 路网数据的位置精度。通过将 OSM 路网层与缓冲区层叠加，将落入缓冲区的 OSM 长度与 OSM 路网数据总长度的比值作为位置精度的结果。

$$A_P = \frac{L_{OSM}^B}{L_{OSM}} \times 100\% \tag{7-7}$$

式中 A_P ——位置精度；

L_{OSM}^B ——OSM 路网数据落入参考数据所生成的缓冲区中的道路长度总和；

L_{OSM} ——OSM 的道路总长度。

（2）方向相似度。线要素两段连线和水平线之间的夹角可以量化线要素的方向值。设线的方向为 L_θ，即它表示线要素首、末端点连线与 x 轴的夹角。设线 L_θ 的首末点分别为 p_0 和 p_n，坐标分别为（x_0，y_0）和（x_n，y_n），线方向 L_θ 计算公式如下：

$$L_\theta = \arctan \frac{y_n - y_0}{x_n - x_0} \tag{7-8}$$

方向相似度用 OSM 数据与参照数据所得出的线方向的比值来表示。

（3）曲率度。曲率度，又称曲率，是表征线段元素曲率状态的一个量化数值，是评价线段元素的一个重要方面。它表示为线段元素两个端点之间的直线长度与元素实际长度的比率，以长度为尺度。比值越大，曲率就越小；反之，曲率就越大。计算公式如下：

$$S = \frac{L_S}{L_{OSM}} \times 100\% \tag{7-9}$$

式中 S ——曲率度；

L_S ——OSM 的路网数据两端连线的直线长度；

L_{OSM} ——OSM 路网数据的实际长度值。

C　属性精度评估方法

几何精度和属性精度的误差是最基本的两类误差，其中属性精度是指数据属性值与真实值的符合程度。由于属性组合的灵活性和属性值输入过程的反复操作会让数据录入人员在操作过程中出现误差的可能性更大，所以对属性数据精度的评价和分析是为了对地图数据的质量有更全面的把握。

（1）属性长度准确度。属性长度准确度用以描述 OSM 属性数据长度准确性，以道路长度为度量值。用命名正确的 OSM 道路长度和 OSM 的总长度之比来评价 OSM 的属性数据长度准确度。

$$A_{L_P} = \frac{L_{OSM}^P}{L_{OSM}} \times 100\% \tag{7-10}$$

式中　A_{L_P} ——属性长度准确；

L_{OSM}^P ——OSM 中命名正确的道路长度总和；

L_{OSM} ——OSM 的道路总长。

（2）属性文本准确度。属性文本准确度用以描述 OSM 属性数据的内容准确度，以道路的个数为度量值。用命名正确的 OSM 道路属性数量和 OSM 的属性总量之比来评价 OSM 的属性数据文本准确度。

$$A_{N_P} = \frac{N_{OSM}^P}{N_{OSM}} \times 100\% \tag{7-11}$$

式中　A_{N_P} ——属性文本准确度；

N_{OSM}^P ——OSM 中命名正确的道路属性数量；

N_{OSM} ——OSM 的属性总数。

参 考 文 献

[1] 张慧，赵涔良，朱文泉．基于多源数据产品集成分类制作的青藏高原现状植被图［J］．北京师范大学学报（自然科学版），2021，57（6）：816-824.

[2] 杨波，赵英俊．基于众源数据的铀矿地质知识建模研究［J］．铀矿地质，2021，37（4）：664-672.

[3] 王艳东，魏广泽，刘波，等．众源矢量路网融合系统的设计与实现［J］．地理空间信息，2021，19（6）：1-5，149.

[4] 杨波，赵英俊．基于众源数据的地理知识存储方法研究［J］．世界核地质科学，2021，38（2）：237-248.

[5] 马丽萍，杨木壮，陈俊垚．基于众源数据与集成学习的农业空间适宜性评价——以中山市为例［J］．测绘与空间地理信息，2021，44（4）：45-49.

[6] 王钦安．基于众源数据的宿州市旅游业供给现状与优化治理［J］．宿州学院学报，2020，35（8）：20-25，39.

[7] 汲旭生，高琳琳，刘哲．关于利用境外众源地理数据转换国标地理信息数据库实现方法的探索［J］．测绘与空间地理信息，2020，43（S1）：94-97.

[8] 郑浩，李强，杜卓童．众源矢量融合技术在数据生产与更新中的应用［J］．地理空间信息，2020，18（5）：70-72，75，7.

[9] 李小雨，王艳东，吴胜．众源地理数据质量评价系统设计与实现［J］．地理空间信息，2020，18

(3)：45-47，64，7.
[10] 周晓光，赵肄江．众源地理数据的质量问题与研究进展［J］. 地理信息世界，2020，27（1）：1-7.
[11] 范举，陈跃国，杜小勇．人在回路的数据准备技术研究进展［J］. 大数据，2019，5（6）：1-16.
[12] 敖日格乐毕力格．众源地理数据质量研究——以微博签到数据为例［J］. 内蒙古科技与经济，2019（7）：25-26，28.
[13] 曾麟婷，陈能，陈旭．基于众源数据的旅游信息可视化平台建设研究［J］. 中国管理信息化，2019，22（2）：169-172.
[14] 宁晓刚，刘娅菲，王浩，等．基于众源数据的北京市主城区功能用地划分研究［J］. 地理与地理信息科学，2018，34（6）：42-49，1.
[15] 周晓光，赵肄江，李光强，等．顾及信誉的众源时空数据模型［J］. 武汉大学学报（信息科学版），2018，43（1）：10-16.
[16] 杨波，王继周，马维军，等．事件框架的应急地理信息抽取［J］. 测绘科学，2017，42（12）：83-87.
[17] 滕巧爽，孙尚宇，秘金钟．众源地理空间数据的城市热点区域探测［J］. 测绘科学，2018，43（5）：74-80.
[18] 廖胜利，童鸣，王倩．基于智能手机的个人自助旅游地理信息系统研制［J］. 测绘，2017，40（3）：103-107.
[19] 杨婷婷，李响．基于众源数据的实时路况发布系统准确性的评估［J］. 江苏师范大学学报（自然科学版），2016，34（3）：65-69.
[20] 王明，李清泉，胡庆武，等．面向众源开放街道地图空间数据的质量评价方法［J］. 武汉大学学报（信息科学版），2013，38（12）：1490-1494.

8 自动驾驶的关键技术

第 8 章课件

8.1 应用场景

随着传感器、计算机视觉、人工智能等技术的迅速发展，人类社会步入了智能化的新时期，而机器人也成为了一种新型的服务工具。自动驾驶汽车是一种利用车载传感器来感知车辆在行驶中所处的道路环境，并对所获得的信息进行分析、处理，根据所获得的信息自动规划和导航，最终达到指定的目标的智能汽车。自动驾驶的快速发展离不开卫星导航定位、激光雷达、云计算、物联网、大数据、人工智能等现代高新技术的兴起和成熟发展，同时也是人类社会不断追求更高生活质量的必然产物。21 世纪的第 2 个 10 年开始，“自动驾驶”这个概念在全球范围内快速流行起来，许多国家都把它当作新的动力来释放经济。目前，无论是处于技术前沿的网络公司，还是传统的汽车制造商，都已经进入了无人驾驶的行列，全力推进着无人驾驶技术的产业化。据 WEF 预计，汽车工业的数字转型将产生 670 亿美元的价值，并产生 3.1 兆美元的社会利益，包括改善自动驾驶汽车技术、改善运输产业的生态系统。

自动驾驶是人工智能、高性能计算、大数据高度融合的产物；随着自动驾驶在交通运输、城市管理等多个方面的不断深入发展。它对汽车业造成了巨大的改变，原因是自动驾驶汽车带来的冲击是前所未有的。研究显示，自动驾驶汽车在提高高速公路安全、缓解交通拥堵、减少空气污染等方面具有革命性意义。在接下来的数十年中，人工驾驶的车辆将会逐步被自动驾驶汽车替代，随着交通运输业的发展，如自动化、即时需求的服务，在全球范围内，车辆运输将发生巨大的变化。自动驾驶的车辆将改变人们对时空的认识，人们如何去上班、居住、购物等都会发生巨变。但在目前的情况下，自动驾驶的应用主要集中在物流配送、共享出行、公共交通、环卫作业、港口码头、智能矿山、无人零售等方面，如图 8-1 所示。

8.2 自动驾驶概述

自动驾驶汽车，顾名思义，就是可以实现无人驾驶的智能汽车，又称为计算机驱动汽车或车轮移动机器人，由计算机系统来控制，只需驾驶员少量操作或无需操作的汽车。

近年来，得益于人工智能、云计算、大数据、电子地图、传感器等相关技术的飞速发展，自动驾驶技术进入高速发展期。在高德纳（Gartner）咨询公司推出的技术成熟度曲线中，自动驾驶技术于 2013 年初次登上技术成熟度曲线，并于 2015 年上升至曲线顶峰位

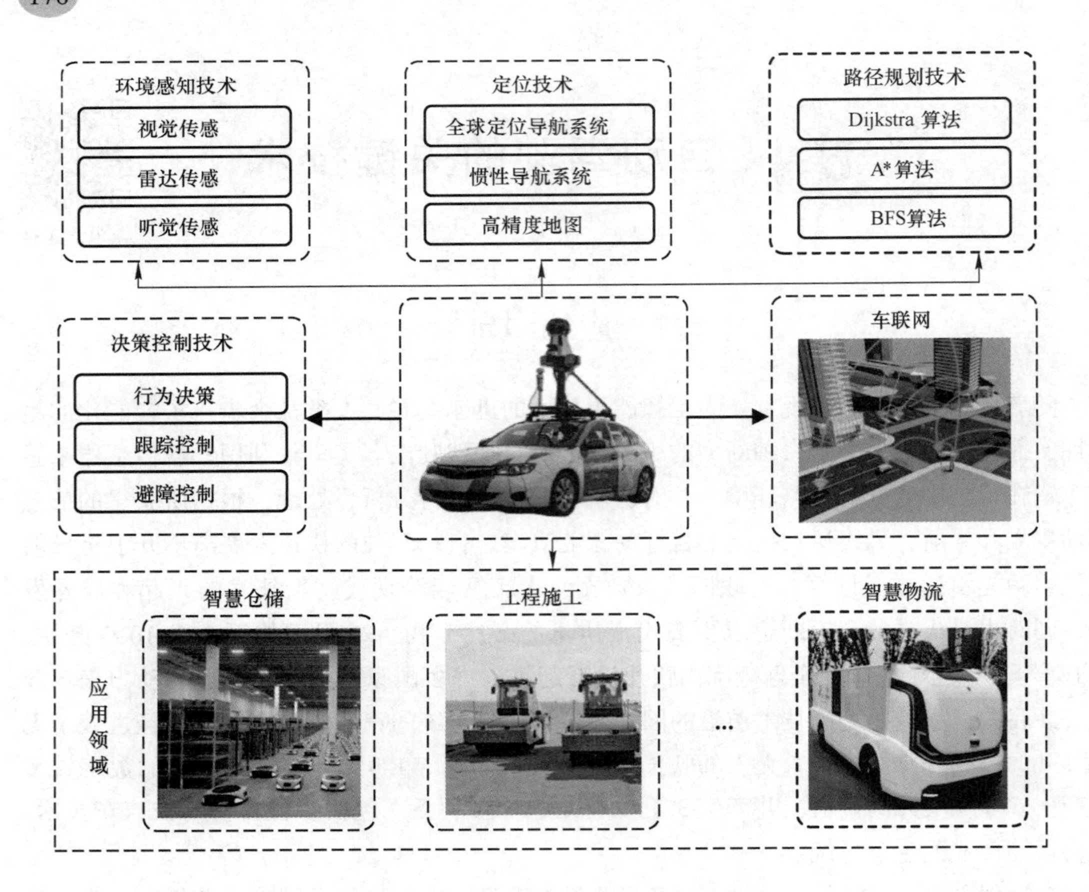

图 8-1　自动驾驶中关键技术及应用

置，已成为当下最炙手可热的新技术之一。越来越多的研究机构和企业开始研发自动驾驶技术，其中不但有传统汽车制造商，也有互联网企业。

表 8-1 给出了 SAE（美国汽车工程师学会）定义的从 L0 到 L5 的自动驾驶等级，分别为 L0 非自动化、L1 辅助驾驶、L2 半自动化、L3 有条件自动化、L4 高度自动化及 L5 完全自动化。目前，大部分车型都还停留在 L2 级别，部分拥有 L3 功能，但由于限制太多，要完全实现自动驾驶汽车的量产化，还有很多技术难关需要攻克。

表 8-1　SAE 对自动驾驶等级的定义

等　级	定　义	功 能 举 例
L0	非自动化	无
L1	辅助驾驶	锁死刹车、动态稳定等
L2	半自动化	自动紧急刹停、主动式巡航控制等
L3	有条件自动化	大部分时间自动驾驶，可接管汽车
L4	高度自动化	有条件地完全接替驾驶员
L5	完全自动化	不需要驾驶员

总体来说，自动驾驶系统可以划分为环境感知模块、定位导航模块、寻径模块和决策模块。模块化结构与人类的驾驶行为判断相似，比如人用眼睛去看道路，而无人驾驶则借助激光雷达、毫米波雷达、超声波雷达等；摄像头和全球卫星导航终端等可以用来观测道路状况。人类是用脑子做出判断的，而自动驾驶则是用计算机来控制的。人的双手双脚控制汽车的方向盘、油门和刹车，而无人驾驶汽车是由计算机控制的。自动驾驶的框架如图8-2所示。

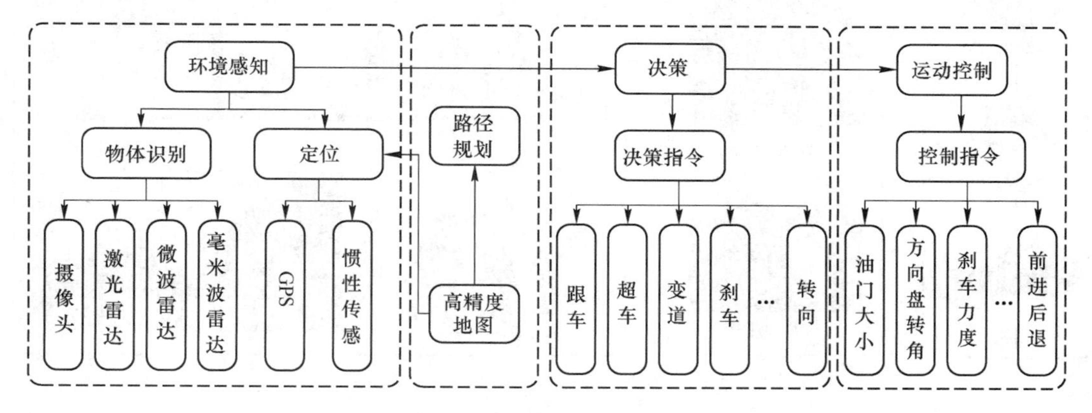

图 8-2　自动驾驶整体框架图

8.3　自动驾驶技术处理流程

8.3.1　自动驾驶环境感知

环境感知技术是自动驾驶车辆实现自主运动要解决的首要问题，具有良好的环境感知能力，是自动驾驶车辆实现自主导航的前提条件。自动驾驶环境感知系统主要从行车环境中检测静态对象、感知动态场景、实现场景理解，环境感知中的关键技术研究是现在自动驾驶的研究重点。目前，环境感知主要由视觉感知、雷达感知、听觉感知组成。自动驾驶的环境感知技术流程如图8-3所示。

8.3.1.1　*视觉感知*

视觉传感器主要用摄像头代替人眼，对目标（车辆、行人、交通标志）进行检测、跟踪和识别，感知车辆周边的障碍物和可行驶区域，理解交通标志和道路地面标线的语义，从而对当前的驾驶场景进行理解。相对于其他传感器，摄像头的价格相对低廉，并且拥有识别车道线、交通信号灯、行人、车辆等目标物体的基本功能，摄像头在汽车的高级驾驶辅助系统（ADAS，Advanced Driving Assistant System）市场已经被大规模应用。自动驾驶中常见的摄像头有单目相机、双目相机、深度相机三种类型。

（1）单目相机。单目相机结构较为简单，成本低。其本质上是拍照时的场景，在相机的成像平面上留下一个投影。以二维的形式反映三维的世界。单目SLAM估计的轨迹和地图，将与真实的轨迹地图，相差一个因子，也就是所谓的尺度。由于单目SLAM无法仅凭图像确定这个真实尺寸，所以又称为尺度不确定性。本质原因是通过单张图像无法确定深度。

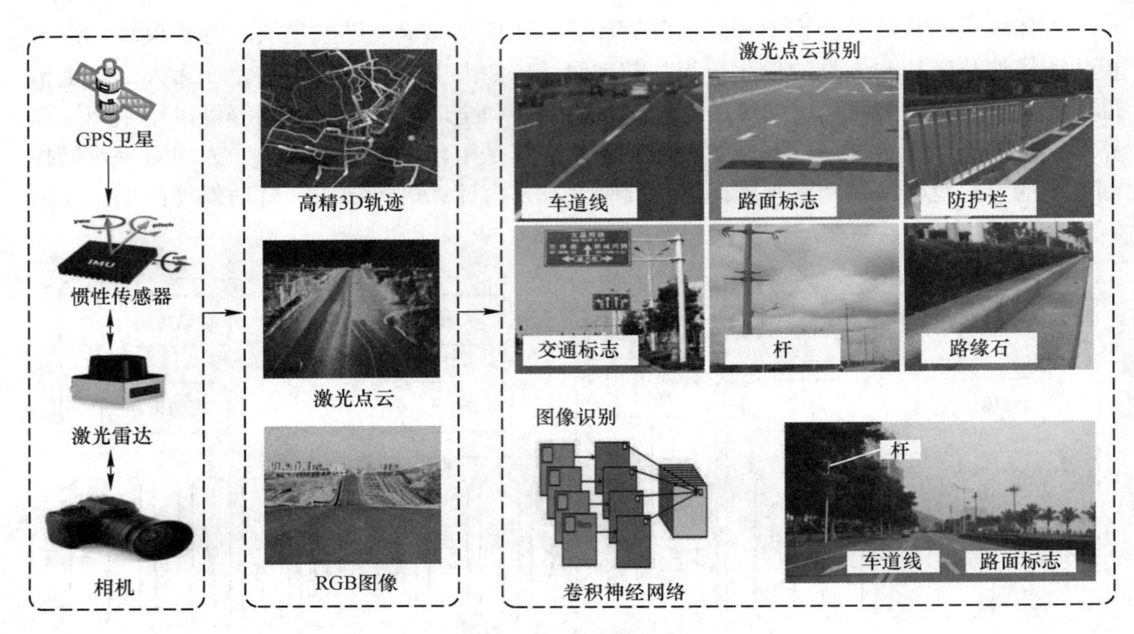

图 8-3 环境感知流程图

（2）双目相机。双目相机由两个单目相机组成，但这两个相机之间的距离（称为基线）是已知的。可以通过这个基线来估计每个像素的空间位置，基线距离越大，能够测量得越远，双目相机与多目相机的缺点是结构和校准都比较复杂，其深度测量范围和精度受限于双目的基线与分辨率，并且视觉计算会占用大量的计算资源，必须采用 GPU 和 FPGA 设备进行加速处理，这样就可以将整个画面的距离信息实时地输出。因此，在目前的情况下，双目相机所面临的最大问题就是计算量。

（3）深度相机。深度相机又称 RGB-D 相机，它最大的特点是可以通过红外结构光或 ToF（Time-of-Flight）原理，像激光传感器那样，通过主动向物体发射光并接收返回的光，测出物体离相机的距离。目前，常用的 RGB-D 相机还存在测量范围窄、噪声大、视野小、易受日光干扰、无法测量透射材质等诸多问题。

相机对应的视觉感知技术包括单目视觉技术、立体视觉技术、全景视觉技术三种。

（1）单目视觉技术。单目视觉技术利用单一摄像机实现环境感知，其特点是结构简单，算法成熟，运算量少，但感知范围有限，不能获取场景对象的深度信息。单目视觉技术主要应用在汽车车道级定位、道路几何识别、周边车辆、行人等检测中，交通信号灯、交通标志的识别，包括车道检测和跟踪技术、障碍物检测与跟踪技术、交通信号灯和交通标志识别技术、SLAM 技术、可视里程测量技术等。

（2）立体视觉技术。立体视觉技术在相机标定、图像匹配、障碍物识别等方面有着广泛的应用。摄像机标定的主要方法有传统标定、主动视觉标定和自动标定，这三种标定方法在鲁棒性、计算精度和算法复杂性方面都有各自的优势；在图像匹配方面，有区域匹配、特征匹配、相位匹配等方法，这些方法在图像的量化程度上存在一定的差别；障碍物的识别主要有反投影转换法和 V 视差图法，前者对摄像机的参数比较敏感，而 V 视差图法则需要更高的视差图。

（3）全景视觉技术。全景视觉技术成像范围大，但是失真大，分辨率低。全景视觉技术主要包括单个相机360°旋转成像、鱼眼镜头成像、多摄像机拼接成像、折光全景成像。其中，360°旋转成像对系统的稳定性有很高的要求，而鱼眼镜头成像则需要校准和失真修正，两者都能获得更大的角度；多摄像机拼接成像可以实现实时的全景图像拼接，但其标定复杂、成本高；折光全景成像具有自动化、小型化、集成化等优点，其成像性能依赖于反射镜的形态。

8.3.1.2 雷达感知

在国内外自动驾驶车辆开发过程中，传感感知技术研究的重点除了视觉就是雷达。雷达通过对目标发射电磁波并接收目标回波来获得目标的距离、方位、距离变化率等信息。得益于其主动探测的环境探测模式，雷达感知比视觉感知受外界环境的影响较低，近年来在自动驾驶中发挥的作用也较大。其中，用于自动驾驶的雷达主要分为激光雷达、毫米波雷达、超声波雷达。

A 激光雷达

激光雷达（LiDAR，Light Detection And Ranging）是在激光测距仪的基础上发展起来的主动成像雷达技术。激光测距原理如图8-4所示，激光器是通过发射和接收激光，分析激光与物体的回程时间，计算出物体与物体的相对距离，再利用物体表面密集的三维坐标、反射率、纹理等信息，迅速获得物体的三维模型，以及物体的线、面、体等相关数据，形成三维点云（Point Cloud）图，并绘制三维环境图，实现环境感知。因为光速很快，激光的往返时间很短，所以需要有很高的准确度。从效果上来说，激光雷达的线束更多、更准确、更安全。

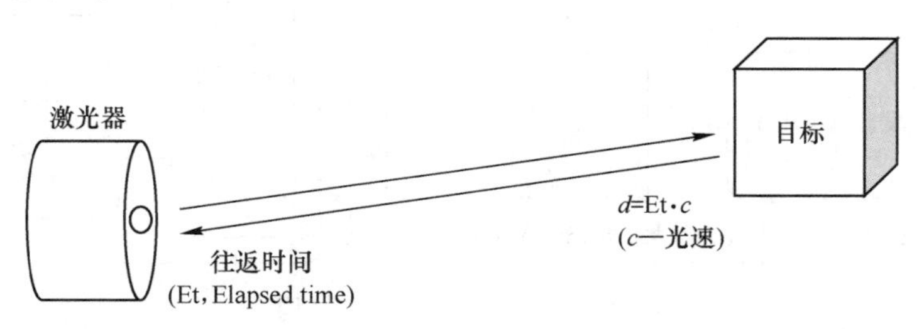

图8-4 激光测距原理

相比于可见光、红外线等传统被动成像技术，激光雷达一方面颠覆了传统的二维投影成像模式，通过采集目标表面深度信息得到目标相对完整的空间信息，经数据处理重构目标三维表面，获得更能反映目标几何外形的三维图形，同时还能获取目标表面反射特性、运动速度等丰富的特征信息，为目标探测、识别、跟踪等数据处理提供充分的信息支持、降低算法难度；另一方面，主动激光技术的应用，使得其具有测量分辨率高、抗干扰能力强、抗隐身能力强、穿透能力强和全天候工作等特点。

激光雷达在获得目标形状、深度等信息的同时，也具有较高的精度。随着激光雷达技术的发展，其探测技术也随之发展起来。障碍物的探测与追踪，其核心是同时进行障碍物的分类，以及在不同时间点的障碍物的匹配。目前常用的感知技术主要有：

（1）路面检测，主要用于识别道路和其他目标障碍，并对路面材料、坡度的检测，为智能汽车的决策与控制提供依据；

（2）定位与导航，基于激光雷达的 SLAM 技术在车辆的定位中起到了很大的作用，它可以根据路旁障碍物的位置来判断道路方向，从而实现基于雷达的自主导航；

（3）三维重构，通过对汽车进行三维重构，并通过激光雷达获得的深度信息，可以对汽车周边进行立体重构。

B 毫米波雷达

毫米波雷达工作在 20~300 GHz 的频率范围内。毫米波具有 1~10 mm 的波长，在毫米波与光波之间，因而具有微波制导与光电制导的双重优势。毫米波雷达与毫米波的特征相结合，它是通过发送无线信号（毫米波段的电磁波）和接收回波的信号，来测量车辆周围的实际环境（例如车辆和其他对象的相对距离、相对速度、角度）；然后，利用检测到的目标信息，对目标进行跟踪、分类，并结合车辆的动力学特征分析，实现对车辆的正确判断，降低交通事故的概率。

毫米波雷达原理结构如图 8-5 所示。车载毫米波雷达主要包括毫米波天线、电压控制振荡器（VCO）、无线发射模块（Tx）、无线接收模块（Rx）和信号处理模块。电压控制振荡器为无线发射与接收模块提供基准的毫米波信号。无线发射模块发射毫米波信号，遇到物体后信号反射，并被无线接收模块接收。

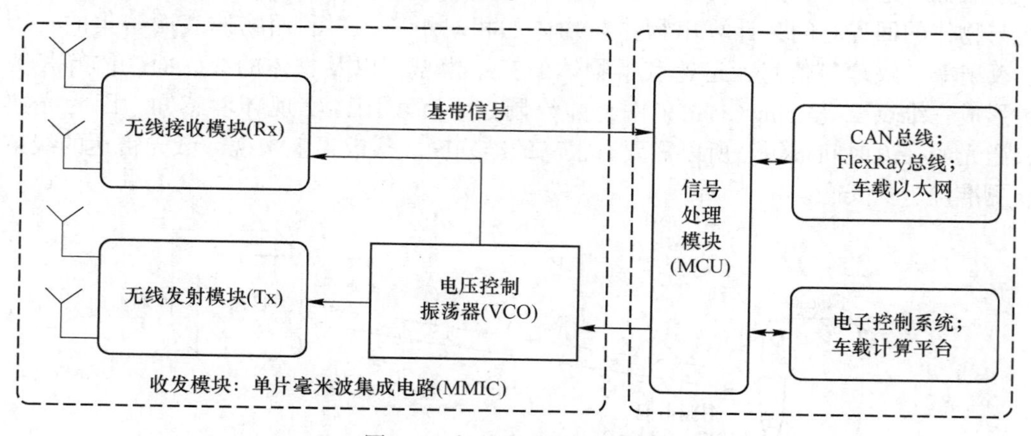

图 8-5 毫米波雷达原理结构

信号处理模块的功能由基于微控制器（MCU，Micro Control Unit）的信号处理软件实现，它对接收到的反射信号进行处理，根据发射和反射信号的方向与时间间隔，计算目标物的距离、方位和相对速度。其结果经 CAN 总线或 FlexRay 总线，输入到发动机管理系统（EMS）、制动防抱死系统（ABS）、自动变速器（ECT）和电动助力转向系统（EPS）等电子控制系统，电子控制系统根据毫米波雷达的检测结果进行加速、减速或方向控制，实现自适应巡航、自动紧急制动等驾驶辅助功能；或经车载以太网输出，与车载计算平台链接，为自动驾驶的环境感知子系统提供环境感知数据。

毫米波雷达的优势是不受气候条件的制约，甚至可以在下雨天和下雪的情况下工作，穿透雾、烟、尘的能力很强。它具有全天候、全天工作的特点，并且具有较长的探测范围和较高的检测准确率，目前已广泛用于许多高档汽车。但其不足之处在于，毫米波雷达的精度较低，可视范围的角度较窄，通常需要多台雷达联合应用。雷达是用来发射电磁波的，它不能探测到油漆过的木材和塑料（隐身战机的外壳可以屏蔽雷达的探测），因此行人的反射波比较弱，对雷达几乎“免疫”。雷达对金属的表面很敏感，如果是曲面，那么雷达就会把它当成一个巨大的曲面。因此，在雷达上，路边的一个小罐子都有可能成为一个巨大的障碍。另外，雷达在桥梁和隧道中的作用也很差。毫米波雷达在测距方面具有很高的性价比，但其缺点是不能精确地探测到行人，目前已被广泛用于盲点探测、自适应巡航、前/后碰撞报警等技术。

C 超声波雷达

超声波雷达一般采用渡越时间法（Time of flight）对目标物进行测距，其测距原理如图 8-6 所示。

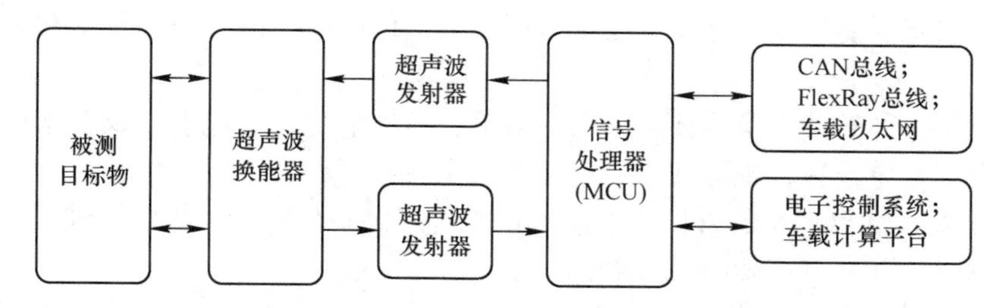

图 8-6 车载超声波雷达测距原理

超声波传送器向超声换能器传送一个特定的频率（通常为 40～50 kHz）和一个宽度（大约 0.2 ms）的电功率脉冲信号，该换能器把电信号转化为机械振动能量，也就是超声波。当超声波经过诸如空气、水等介质时，遇到具有较短波长（超声波长为 6.8～8.5 mm）的较粗糙表面的目标时，会发生漫反射。超声波传感器接收到超声波的回波后，会把超声波的机械能转化为电子信号，发送给超声波接收机。超声波接收机对所接收的电脉冲进行放大处理、滤波处理、自动增益调节，以及对其进行整形处理，然后把处理过的电信号发送给信号处理器。接收到的脉冲电信号被放大、处理，再把处理过的电信号传送给信号处理器。

根据 MCU 的信号处理程序，将超声波从发出到与靶材接触的时间进行记录，然后将超声波的速度乘以超声波的速度，得出超声声源到靶材的距离的 2 倍，$D = C \times t/2$，D 表示超声声源和靶材的距离，C 表示在媒质中的超声波传递率，在常温下，超声在大气中的传播速度是 340 m/s。通过 CAN 总线或 FlexRay 总线，将超声波雷达的探测方位和探测目标的距离输入到制动防抱死系统（ABS）、自动变速器（ECT）和电动助力转向系统（EPS），通过基于超声波雷达的检测结果，进行自动泊车等驾驶辅助功能；或者通过车载以太网输出，并与车载计算平台相连，为自动驾驶的环境感知子系统提供环境感知数据。

8.3.1.3 听觉感知

当前，大多数智能汽车都是通过视觉和雷达来实现对交通环境的感知，而忽视了对声音的感知，以至于许多智能汽车都变成了“聋子”。但在驾驶过程中，很多声音都会传递一些重要的信息，比如喇叭、警笛等，可以让司机及时做出反应，比如调整车速、转向等。智能汽车也需要对周围的声音进行感知和响应，而这种声音通常不能被摄像机和雷达捕捉到，因此必须要有一双“耳朵”来实现。

A 听觉传感器

按照相对于智能车辆位置区域的范围，听觉感知能力可分为以下三类。

（1）个域听觉感知，是“听”车里的声响，通过听觉的异常来判断引擎和其他部件的工作状况。

（2）局域听觉感知，是识别车辆周围的声音，并对其做出响应。

（3）广域听觉感知，是指通过对电磁波的声音进行感知，从而获得当前的路况信息。个域的听觉和局部的听觉感知通常通过话筒阵列来获取车辆内部和外部环境的声音，而广域的听觉感知主要是通过车载电台、手机、网络终端等设备获取无线通信系统所承载的音频信息。

B 听觉感知技术

听觉感知系统主要涉及三种关键技术，即声源定位技术、语音识别技术和软件无线电技术。

声源定位是一种被动声检测技术，它通过接收声场信息，通过电子设备来确定目标声源的位置。根据定位原理，现有的声源定位技术主要有三种：

（1）基于最大输出功率的可控波束成形技术，其核心是对所接收信号进行滤波、加权相加，并通过控制阵列波束朝向最大输出功率；

（2）采用高分辨频谱估算方法，利用天线阵与天线之间的相关性，来确定信号的方位和方位；

（3）基于声达时差的定位技术，通过对各个传声器的声源信号进行时差估算，从而达到测向、测距的目的。

语音识别技术是指识别、理解、转换成对应文字或指令的一种方法。语音识别通常分为两个步骤：第一步是对所采集的语音信号进行预处理，进行特征抽取，然后经过训练，形成词条模板库；第二步是在识别过程中，采用模式匹配等方式，将被检测的信号与模板库中的参考模板进行比较，最终确定最优的匹配值。

近年来，大量的深度学习技术被广泛地用于语音识别，使得语音识别的效率和准确率得到了极大的提升。在汽车运行过程中，含有大量的、变化的语音信息，而智能驾驶则主要关注于与驾驶行为有关的信息。语音识别主要包括语音识别、说话人识别、语音关键词识别等，在人机交互方面具有广泛的应用前景；根据不同的基本频率模式，对消防车、救护车、警车等特殊车辆进行区分，从而为车辆换道、超车等提供参考。

8.3.2 自动驾驶定位导航（GPS）

本节着重介绍自动驾驶汽车中的全球定位系统。行车定位是自动驾驶最核心的技术之一，GPS 是当前行车定位最常用的技术，在自动驾驶定位中也担负起相当重要的职责。

8.3.2.1 GPS 的组成

GPS 全球定位系统由三部分组成：空间部分——GPS 卫星；地面控制部分——地面监控系统；用户设备部分——GPS 信号接收器。

（1）空间部分。GPS 系统空间部分包括太空中的 32 颗 GPS 卫星。轨道半径约为 26600 km，距离地球表面约 20200 km，轨道面与地球赤道面倾角为 55°，各轨道面交角为 60°，完整运行一周需耗时 11 h 58 min。

（2）地面控制部分。地面控制系统包括 1 个主控站、3 个数据注入站、5 个监控站。主控台位于科罗拉多斯的必林司，负责接收来自监视器的卫星追踪资料，分析星历表和时间；3 个数据注入站的主要功能是向卫星发送的星历值和时序信息；5 个监控站的主要工作是对卫星的接收、追踪和监视。

（3）用户设备部分。用户设备部分就是指 GPS 接收装置，可以跟踪和解析 GPS 报文实现自身定位。随着定位技术的发展，现在的 GPS 接收机已经支持接收多种卫星多个频段的信号，更多数量卫星的跟踪观测可以在很大程度上降低定位误差。GPS 接收机可以将报文按照规范格式以 I/O 装置发送到计算机或其他移动终端，然后由自己设计算法解析使用。

8.3.2.2　GPS 的定位原理

如图 8-7 所示，GPS 定位系统是利用卫星三边测量法定位原理，GPS 接收装置通过测量无线信号的发射时间来测量距离，由每颗卫星的所在位置，根据卫星与接收机之间的距离，计算出接收机的坐标。用户只需要通过接收器，接收到三颗卫星的信号，就能确定用户的位置。GPS 接收机一般采用四颗以上的卫星信号，来确定用户的位置和高度。三角定位的工作原理如下。

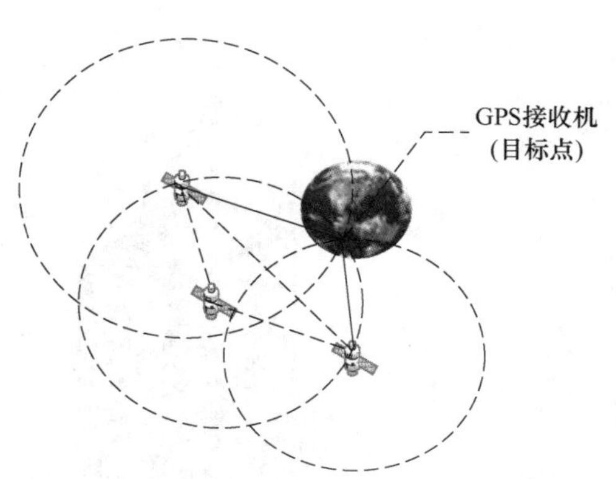

图 8-7　GPS 三边测量法定位原理

（1）假定第一颗卫星与我们相距 18000 km，则可以将其目前的位置限制为距该卫星 18000 km 半径的任何地点。

（2）假定第二颗卫星的测量距离为 2000 km，则目前的位置范围可以被限制在距第一个卫星 18000 km 和第二个卫星 20000 km 的交叉点。

（3）再次测量第三颗卫星，根据三颗卫星之间的距离交叉点，确定目前的位置。GPS 接收机一般会利用第四颗卫星的定位来确定头三颗卫星的定位，从而取得较好的结果。

8.3.2.3　GPS 的定位误差

A　距离测量与精准时间戳

从理论上讲，测距是一个很简单的方法，只要把光速与信号的传输时间相乘，就能获得距离信息。但问题是，如果在传输的时候出了差错，那么就会出现很大的偏差。人们日常所用的钟表都有一定的误差，用石英钟来测量传播时间，以 GPS 为基础的 GPS 位置就会产生很大的误差。为了解决这一问题，每个人造卫星都装有原子时钟，使其精确到毫微米。为使卫星导航系统采用同步时钟，必须在各卫星和接收器上都装有原子钟。原子钟的造价高达数万美元，要让每个 GPS 接收机都装上原子时钟，那是不可能的。为了解决这个问题，每个卫星都采用昂贵的原子钟，但是接收器采用的是一个通常需要调节的石英钟：接收器从四个以上的卫星中接收到信号，然后再进行运算，这样接收器就能把自己的时钟调节到一个统一的时值。

B　多路径问题

多路径问题是 GPS 信号的反射和折射引起的信号传输时间上的偏差，这一点在图 8-8 中可以看到。尤其是在城市中，大量的悬浮媒介会反射、折射 GPS 信号，同时，信号也会在高楼的外墙上产生反射和折射，从而产生距离测量上的误差。目前，高精度的军用

DGPS在静止状态下，在“理想”条件下，的确能达到毫米级的精度。在这种情况下，“理想”的环境是在大气中不会有太多的悬浮物质，GPS在测量时会有很强的接收信号。但是，无人驾驶车辆在复杂的动力条件下运行，特别是在大城市，GPS多路反射问题将更加突出。因此，GPS的位置很可能会出现偏差。如果车辆在狭窄的道路上快速行驶，这种错误很容易造成交通事故。

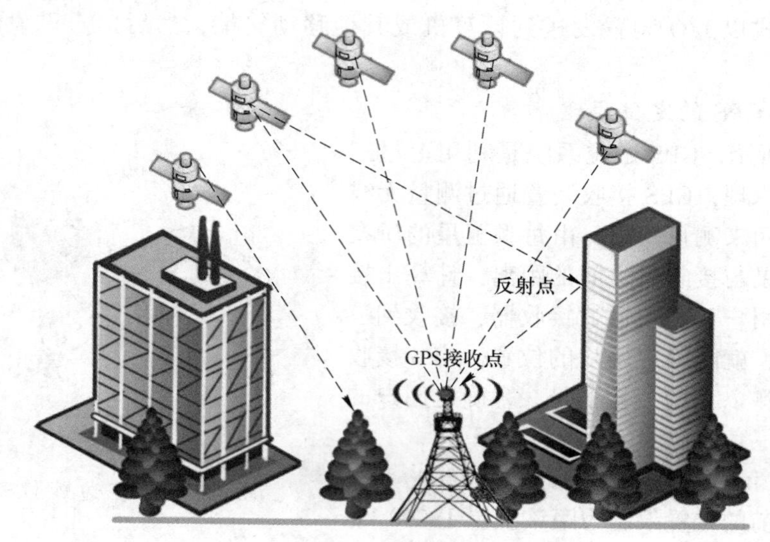

图8-8 GPS中存在的多路径问题

尽管存在诸多问题，GPS仍然是一种相当精确的感应器，并且不会随着时间的推移而增大。但GPS有个问题，那就是它的更新速度太慢了，大约10 Hz。因为无人驾驶车辆的速度很快，所以必须对其进行精确的实时定位，以保证其安全性。因此，需要借助其他的传感器进行定位，以提高定位的准确性。

8.3.2.4 *差分GPS技术*

综上所述，卫星测距存在着由卫星时钟和播延时造成的误差。通过差分技术，可以使GPS定位系统的定位精度大大提高。差分GPS的工作原理可以分为：(1) 基准站的设置。在已知精确三维坐标的位置上设置一个GPS接收机作为基准站。这个基准站连续地接收GPS信号，并与自身的已知位置进行比对，从而求解出实时的差分修正值。(2) 修正值的传输。基准站将计算出的差分修正值通过广播或其他数据链传输方式发送给附近的GPS用户。(3) 用户站的修正。附近的GPS用户在接收到修正值后，利用这些修正值对其GPS定位结果进行修正，从而提高其在局部范围内的位置精度。图8-9为差分GPS定位原理图。

一个已经知道了它的经纬信息的基地必须放置在一个开放的地方，而移动台则是建立在一个可移动的装置上。GPS接收器在参考台上对4颗卫星进行观察，然后对4颗卫星进行立体定位，并得到参考站的坐标。通过比较测量的坐标和已知的坐标，可以求出误差。参考点将误差值传送到差分GPS接收端，以校正其所测得的资料。

A *伪距差分*

伪距差分是使用最为广泛的方法。该方法是先通过基准站位置坐标和观测卫星的坐

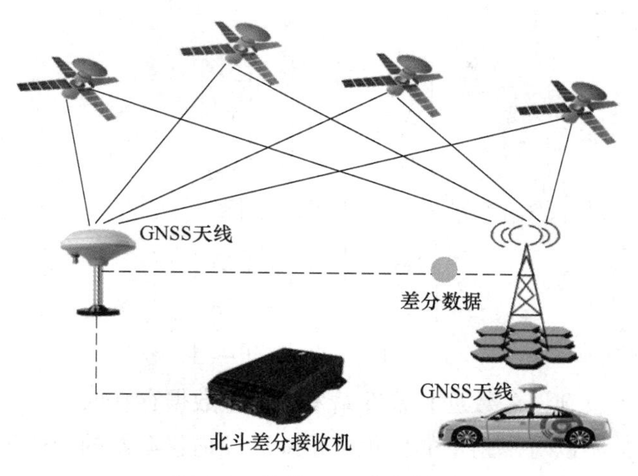

图 8-9 差分 GPS 定位原理

标，从而计算出基站与所观测卫星的真实距离 d_i^s 。

$$d_i^s = \sqrt{(x_i - x_s)^2 + (y_i - y_s)^2 + (z_i - z_s)^2} \tag{8-1}$$

式中 (x_i, y_i, z_i) ——第 i 个卫星的空间坐标；

(x_s, y_s, z_s) ——基准站的坐标。

然后再用卫星的观测伪距与真实距离做差，计算出修正量：

$$\Delta d_i = d_i^s - d_i^{s'} \tag{8-2}$$

式中 $d_i^{s'}$ ——基准站观测第 i 个卫星获得的观测伪距。

将计算出的修正量通过无线链路传输给流动站的接受机，可以计算出流动站与卫星的真实距离为：

$$d_i^m = d_i^{m'} + \Delta d_i \tag{8-3}$$

但是需要考虑到流动站接受到修正量已经滞后于基准站发射一段时间，修正量是处于一个不断变化的过程，所以有必要先计算出修正值的变化率：

$$k_d = \frac{\Delta d_i(t'') - \Delta d_i(t')}{t'' - t'} \tag{8-4}$$

式中 t'' —— t' 的下一相邻时刻。

根据式（8-4），对流动站与卫星的真实距离进行预测。

$$d_i^m = d_i^{m'} + \Delta d_i + k_d(t_a - t_1) \tag{8-5}$$

式中 $d_i^{m'}$ ——观测距离；

t_a ——流动站收到误差的时刻；

t_1 ——基准站发送误差的时刻。

B 位置差分

位置差分的原理与伪距差分类似，二者的区别为：位置差分是对可视区域内的卫星进行观测从而得出的坐标值进行校正，而伪距差分是对每一个卫星的观测距离进行校正。首先解算基准站坐标的修正量为：

$$\begin{bmatrix}\Delta x\\\Delta y\\\Delta z\end{bmatrix}=\begin{bmatrix}x_s\\y_s\\z_s\end{bmatrix}-\begin{bmatrix}x'_s\\y'_s\\z'_s\end{bmatrix}\tag{8-6}$$

然后将坐标修正量传输给移动站，校正后的坐标为：

$$\begin{bmatrix}x_m\\y_m\\z_m\end{bmatrix}=\begin{bmatrix}x'_m\\y'_m\\z'_m\end{bmatrix}+\begin{bmatrix}\Delta x\\\Delta y\\\Delta z\end{bmatrix}\tag{8-7}$$

同理，移动站接收到误差数据和基准站发射误差数据存在时间延迟，位置修正量始终处于动态变化过程，所以对修正量的变化率跟踪后预估移动站的准确位置为：

$$\begin{bmatrix}x_m\\y_m\\z_m\end{bmatrix}=\begin{bmatrix}x'_m\\y'_m\\z'_m\end{bmatrix}+\begin{bmatrix}\Delta x\\\Delta y\\\Delta z\end{bmatrix}+(t_a-t_b)\begin{bmatrix}\frac{d\Delta x}{dt}\\\frac{d\Delta y}{dt}\\\frac{d\Delta z}{dt}\end{bmatrix}\tag{8-8}$$

式中　(x'_m, y'_m, z'_m)——移动站的观测坐标；

t_a——移动站接收到修正数据时刻；

t_b——基准站发射修正数据的时刻。

C　载波相位差分

载波相位差分是目前定位精度较高的一种差分技术，因其结构简单、自动化程度高、精度高的优点受到极大关注。其原理是利用移动站和基准站各自观测的载波相位值求差计算位置，根据做差的模式不同将其分成单差、双差和三差模型。首先由移动站和基准站同时跟踪并锁定第 i 个卫星，由移动站 m 和基准站 s 分别测得的载波相位值为：

$$\delta_m^i=\lambda^{-1}(d_m^i-w_m^i+t_m^i)+f(\Delta t_m^i-\Delta t^i)+Q_m^i+\varepsilon_m^i\tag{8-9}$$

$$\delta_s^i=\lambda^{-1}(d_s^i-w_s^i+t_s^i)+f(\Delta t_s^i-\Delta t^i)+Q_s^i+\varepsilon_s^i\tag{8-10}$$

式中　λ——载波波长；

d_m^i，d_s^i——移动站和基准站与第 i 个卫星的距离；

w_m^i，t_m^i（w_s^i，t_s^i）——第 i 个卫星的信号到达移动站（基准站）的电离层、对流层延迟；

f——载波频率；

Δt_m^i，Δt_s^i，Δt^i——移动站、基准站、卫星钟差；

Q_m^i，Q_s^i——第 i 个卫星相对于移动站、基准站的整周模糊度；

ε_m^i，ε_s^i——移动站、基准站的测量噪声。

由于移动站和基准站距离相对于信号传播距离较近，所以可认为信号达到移动站和基准站的电离层、对流层延迟近似相等，所以由式（8-9）减去式（8-10）可得出载波相位差的单差模型为：

$$\delta_{ms}^i=\lambda^{-1}d_{ms}^i+f\Delta t_{ms}^i+Q_{ms}^i+\varepsilon_{ms}^i\tag{8-11}$$

$$d_{\mathrm{ms}}^{i} = d_{\mathrm{m}}^{i} - d_{\mathrm{s}}^{i} \tag{8-12}$$

$$\Delta t_{\mathrm{ms}}^{i} = \Delta t_{\mathrm{m}}^{i} - \Delta t_{\mathrm{s}}^{i} \tag{8-13}$$

$$Q_{\mathrm{ms}}^{i} = Q_{\mathrm{m}}^{i} - Q_{\mathrm{s}}^{i} \tag{8-14}$$

假设移动站和基准站在跟踪锁定第 i 个卫星的时候同时跟踪锁定第 k 个卫星，同理可以获得基于第 k 个卫星的载波相位单差模型：

$$\delta_{\mathrm{ms}}^{k} = \lambda^{-1} d_{\mathrm{ms}}^{k} + f\Delta t_{\mathrm{ms}}^{k} + Q_{\mathrm{ms}}^{k} + \varepsilon_{\mathrm{ms}}^{k} \tag{8-15}$$

由式（8-11）减去式（8-15）可得出载波相位的双差模型：

$$\delta_{\mathrm{ms}}^{ik} = \lambda^{-1} d_{\mathrm{ms}}^{\mathrm{ik}} + f\Delta t_{\mathrm{ms}}^{ik} + Q_{\mathrm{ms}}^{ik} + \varepsilon_{\mathrm{ms}}^{ik} \tag{8-16}$$

式（8-16）中：

$$\Delta t_{\mathrm{ms}}^{ik} = \Delta t_{\mathrm{ms}}^{i} - \Delta t_{\mathrm{ms}}^{k} = (\Delta t_{\mathrm{m}}^{i} - \Delta t_{\mathrm{m}}^{k}) - (\Delta t_{\mathrm{s}}^{i} - \Delta t_{\mathrm{s}}^{k}) \tag{8-17}$$

通过引入载波相位的单差模型排除了信号在大气层的延迟，引入双差模型排除了接收机的钟差，但是代价就是双差接收机噪声增大。借助多个双差模型，该项技术可以达到厘米级定位，该差分技术为实时载波相位差分，也称为 RTK。

8.3.3 自动驾驶定位导航（IMU）

惯性导航系统是由装载在车辆中的惯性传感器（IMU）提供包括水平姿态、方位、速度、位置、角速度和加速度等导航信息，结合给定的初始条件，如初始速度、加速度以及起始位置等信息，从而进行实时推算速度、位置、姿态等参数的自主式导航系统，其工作流程如图 8-10 所示。惯性导航是一种基于预测的导航方法，也就是说，从一个已知点的位置，通过对运载器的连续测量，得到了运载器的下一个点的位置，从而可以连续地测量出该运载器的当前位置。其中，惯性传感器是一种用于测量加速度和转动的传感器。基本

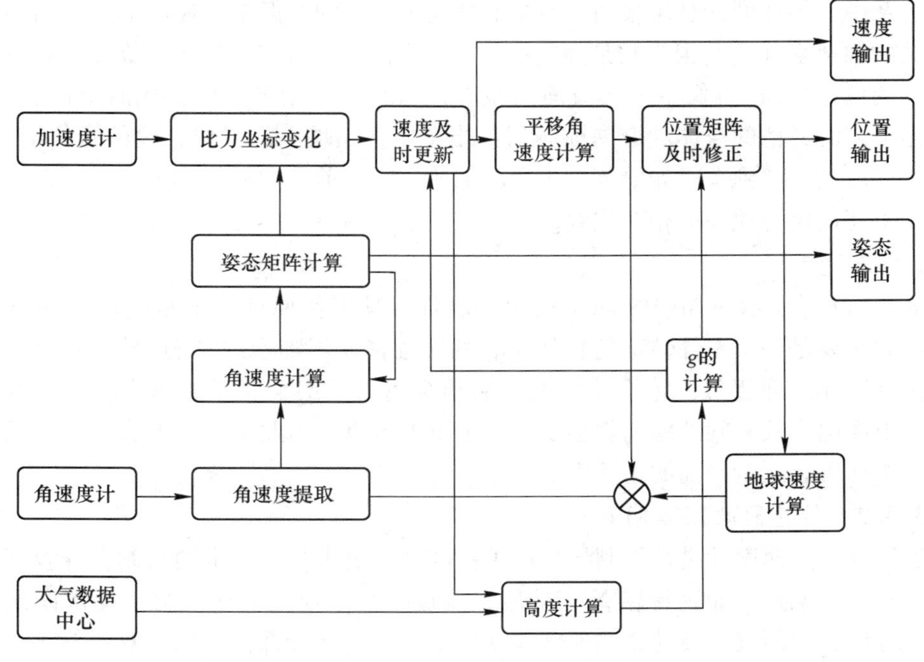

图 8-10 惯性导航系统工作流程

的惯性传感器有两种：一种是加速度计；另一种是角速度计。本节重点介绍基于 MEMS 技术的六轴惯性传感器。

8.3.3.1 传感器的分类

MEMS 惯性传感器有三种类型。第一种是用于智能手机的低精度惯性传感器，这种传感器的价格一般为 50 美分到 5 美元，测量结果会有很大的偏差。第二种是中等惯性传感器，是应用于汽车电子稳定器和 GPS 辅助导航的，这些传感器的价格为数百到数千美元，相比于低端的惯性传感器，它的控制芯片可以校正测量的精度。但随着时间的推移，错误就会不断增加。第三种是高精度惯性传感器，是军事、航天领域的重要产品，其关键指标是高精度、全温区、抗冲击性能指标。这种传感器的价格动辄数十万美元，哪怕是跨太平洋洲际导弹这样的长期使用，也能达到米级的精度。

无人驾驶车辆通常采用中低档惯性传感器，具有高更新率（1 kHz）和能够提供实时位置信息的特性。惯性传感器最大的弱点就是其误差会随时间推移而增大，因此，在很长一段时间里，都需要依靠惯性传感器来完成定位。

在惯性导航系统中，加速度计和角速度计是关键的测量设备。现代高精密惯性导航系统，对加速度计、角速度计等指标提出了更高的要求。

A 加速度计

图 8-11（a）所示为 MEMS 的加速度计，其主要依靠 MEMS 的运动部件的惯性来实现定位。由于中间电容器板的质量较大，又是悬臂结构，因此，在一定的速度或加速度下，其承受的惯性力大于固定或支持其的力；此时，它会运动，与上、下电容器的间距发生改变，从而使上、下电容发生变化。电容的改变直接影响到加速度。根据测量范围的不同，可以对中间电容板的悬臂式结构进行强度和弹性系数的设计。从以上理论上可以看出，在惯性参考系中，加速度计是用来测量系统的直线加速度的，但是它仅能测量到与系统运动方向有关的加速度（这是因为它是固定在该系统中的，并且随着该系统旋转，它自己也不知道自己的位置）。这就像是一名蒙面的旅客，当车子开始加速时，他的身体会向后靠；当车子停下来时，他的身体就会向前倾斜；当车子在山坡上的时候，他的身体会向后靠；因此，旅客就能了解到车子如何相对于自己加速，即向前、向后、向上、向下、向左或向右，但是不能确定与地面的相对位置。

B 角速度计

图 8-11（b）所示为 MEMS 陀螺仪角速度计，其工作原理主要是利用角动量守恒原理，因此它主要是一个不停转动的物体，它的转轴指向不随承载它的支架的旋转而变化。与加速度计工作原理相似，陀螺仪的上层活动金属与下层金属形成电容。当陀螺仪转动时，它与下面电容板之间的距离就会变化，上下电容也会因此变化。电容的变化跟角速度成正比，由此可以测量当前的角速度。

8.3.3.2 传感器的误差问题

加速度计和角速度计是惯性制导中的关键部件，由于制造技术的限制，导致其测量结果往往存在一些偏差，而这种偏差又是最直接也是最主要的问题。第一类错误是偏置错误，也就是说，即便没有转动或加速度，回转仪和加速度计都会输出非 0 的信息。为了获得位移资料，必须对加速度计的两次输入进行二次集成。经过两次累积，哪怕是微小的偏

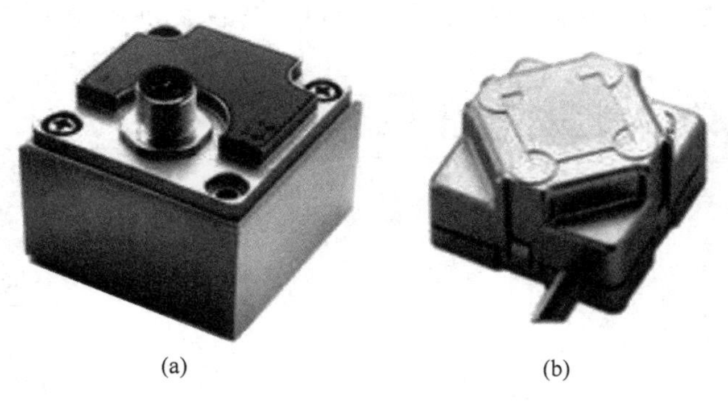

图 8-11 两种惯性传感器
（a）加速度计；（b）角速度计

差都会被进一步扩大，而这种偏差所带来的偏差将会持续累积；这就造成了无人驾驶车辆的追踪。第二类错误是比例错误，即测试结果与被测的结果的差异。与偏差误差类似，当二次积分后，其位移的偏差会随着时间的推移而累积。第三类错误是背景白噪声，若不加以修正，将无法追踪到无人车的方位。

校正后的惯性导航系统需要校正，确定偏移和比例偏差，再利用校正系数校正惯性导航的原始资料。但是，由于惯性元件的位置会因环境的不同而发生偏差，因此无论标定精度如何，都会在一定程度上累积偏差。因此，仅靠惯性传感器来实现无人车的位置是非常困难的。

8.3.3.3 GPS 和 IMU 的融合

如前所述，即使存在多个路径等问题，GPS 仍然是一个相当精确的定位系统，但其更新频率较低；无法达到实时处理的需要。惯性导航系统的定位精度随时间的推移而增大，但惯性传感器作为一种频率较高的传感器，能够在较短的时间内对其进行实时的定位。通过对以上两种不同的定位方法的比较，可以看出它们各有利弊，而且在复杂多变的路况下，单一的导航系统很难保证精确的定位和导航，因此目前的自动驾驶车辆主要是使用 GPS+IMU。本小节介绍如何使用卡尔曼滤波器融合这两种导航系统数据。

A 卡尔曼滤波器

卡尔曼滤波能够从包含噪声的有限组物体的位置和速度中，通过观测到的物体的位置来估计物体的位置。卡尔曼滤波器具有很好的鲁棒性，即使是在观察到的目标位置时出现了偏差，也能通过对目标的历史状况和目前对该目标的观察来进行精确的估计。卡尔曼滤波器的工作时分为两个阶段：根据前一时刻的定位信息进行预测；在更新过程中，利用当前观察到的目标位置进行修正，以实现目标的定位。

B 多传感器融合

如图 8-12 所示，利用卡尔曼滤波器将惯性传感器和 GPS 信号进行融合：利用前一次定位估计，以及惯性传感器实时地预报目前的位置。该系统在获得最新 GPS 资料前，利用惯性传感器对其进行综合分析。惯性传感器的定位误差会随着时间的推移而增加，因此在收到新的 GPS 资料后，可以利用 GPS 资料来修正目前的位置预报。通过连续两步的执行，可以取得二者的长处，从而精确地实现了对自动驾驶汽车的精确定位。

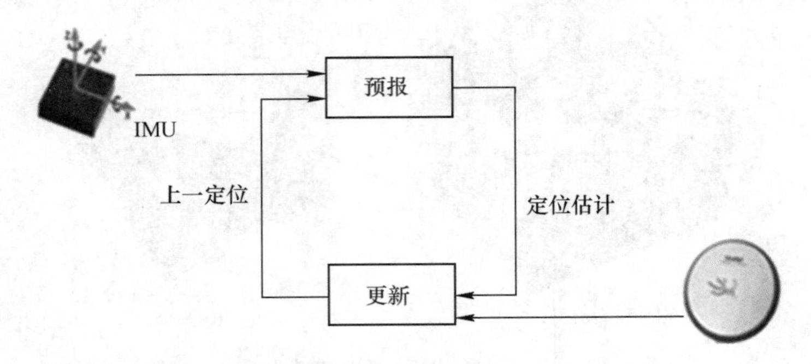

图 8-12 GPS 与 IMU 的传感器融合定位示意

将两种导航系统融合后：一方面，IMU 弥补了 GNSS 更新频率较低的缺陷；另一方面，GNSS 纠正了 IMU 的运动误差。GPS+IMU 的定位方法能够在一定程度上解决 GNSS 在环境恶劣条件下（高楼、树木遮挡、大面积水域、隧道等）定位精度偏差较大的影响，但是即使将 GPS+IMU 系统相结合也不能完全解决定位问题，比如在山间、城市峡谷或在地下隧道中行驶，可能长时间没有 GNSS 更新，将会导致定位失效，以及在城市这样大范围定位条件都不好的情况，单纯的 GPS+IMU 的定位技术还是不够满足自动驾驶的需求，行驶途中仍然可能出现偏差的情况。由于高精度地图包含的数据量大、信息精确度高、信息层次丰富，且可以实时构建，故自动驾驶汽车还会使用高精度地图进行辅助定位。

8.3.4 自动驾驶定位导航（高精度地图）

8.3.4.1 高精度地图简介

电子地图，是对实际路网的一种抽象和简单概括，主要用于行人与车辆在日常生活中进行导航或查询位置信息。传统电子地图指的是利用有向图对路网进行抽象的电子地图，生活中广泛使用的百度、高德地图等都属于典型的传统电子地图。路口被抽象为有向图中的节点，道路被抽象为有向图中的边，而诸如路名、地标、行道线等信息则需要简单而粗略地存储为边的属性。传统电子地图的信息由 GNSS 系统提供，一般精确到米级。由于传统电子地图的受众群体一般为人类驾驶员，人类有主动提取信息、关联信息、筛选信息和合理决策的能力，因此传统电子地图的精细程度和存储信息种类对人类驾驶员来说足够支持定位与导航。但是，对于现阶段的自动驾驶汽车来说，还不能进行自主的信息判断、信息筛选与决策，需要一个更加精细的、存储信息种类更丰富的、能够辅助自动驾驶车完成自主定位和导航的高精度地图。

高精度地图是指精细化定义的地图。其精细化的概念不仅表现在数据精度上，也表现在数据维度上。从数据精度上来看，高精度地图的精度比传统地图高近百倍，精确到了分米级甚至厘米级；从数据维度上来看，高精度地图中除了存储位置信息，还存储了大量与周围环境相关的语义信息。

高精度地图中对地图中包含的大量信息使用结构化存储，其存储的信息可以分为两类：一类是普通道路数据，包括车道的宽度、类型、曲率、车道线的位置等属性；另一类存储的信息描述的是车道周围环境的三维信息，包括交通标志、信号灯以及动态和静态障碍。在自动驾驶车行进的过程中，可以根据高精度地图给出的位置信息及环境信息判断自己所处的方位，规划未来行进的路线，同时可以根据动态障碍的变化对规划出的路径进行局部调整，以提高驾驶安全性、降低风险。

高精度地图具有分层的数据结构，且由于数据量的大幅提升，高精度地图的分层也更加复杂而精细。一般来说，高精度地图主要分为二维道路信息、路面语义信息和道路语义信息三层。图 8-13 展示了高精度地图的三层信息。

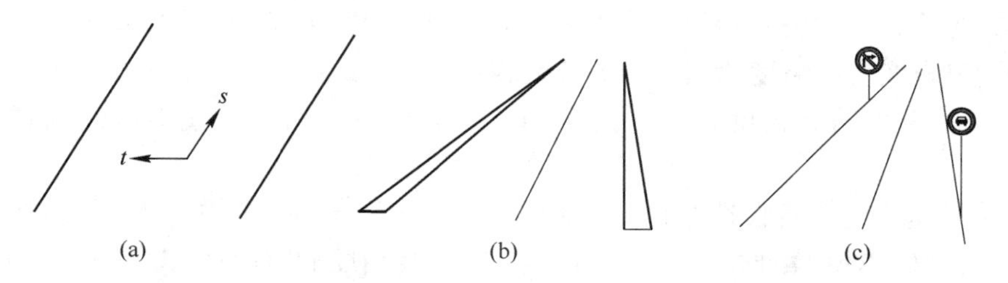

图 8-13　高精度地图分层信息

（a）二维道路信息；（b）路面语义信息；（c）道路语义信息

二维道路信息是高精度地图的底层信息，实质上是一层二维网格数据，用以存储传感器采集到的所有路面信息，如图 8-13（a）所示。二维道路信息层通过存储地点的位置信息来表示道路的连通性和走向信息，实际是描述了道路中的可通行区域。自动驾驶汽车通过比较传感器捕捉到的当前位置信息与地图中已存储的道路信息进行比对，从而确定自己所处的具体位置。二维道路信息可以看作传统地图向高精度地图的移植和扩展，是自动驾驶地图中最核心的部分。为保证高精度地图提供的信息精确，二维网格的精度一般要求精确到厘米级。

路面语义信息主要指行道线，常见于交通规则明确、道路标志清晰的城市结构化道路，如图 8-13（b）所示。路面语义信息是对二维道路信息的补充说明，在天气恶劣、路面有遮挡、障碍物描述不明确的情况下，路面语义信息可以对自动驾驶汽车的路由寻径起到辅助作用。

道路语义信息是指道路周围的环境信息，包括信号灯、道路限高、道路限速、警示区等各类交通标志，如图 8-13（c）所示。道路语义信息是高精度地图中最上层的信息，同样用于辅助结构化道路上的车辆定位、规划、行驶和避障。

8.3.4.2　高精度地图数据采集及制作

A　基于移动测量车的高精度地图数据采集及制作

自动驾驶技术的发展和用户需求的不断提升，对高精度地图的数据容量、精确程度、更新频率等提出了更高的要求，也对高精度地图的制作提出了更大的挑战。现阶段，各大地图生产商的主流采集解决方案是通过安装有高精度采集设备的移动采集车进行数据采集。

全景移动测量系统利用 POS 系统（集成了 GNSS、惯性导航 IMU、里程计等设备）、360°全景相机模块、三维激光扫描仪等设备，通过位置信息、影像信息与点云信息的相互标定和融合，能够在获取移动状态下的地物的空间信息、三维激光点云信息以及实景影像信息。全景移动测量系统采集的数据成果包括空间坐标、点云数据及连续的三维图像等内容。美国加州大学河滨分校（Sutarwala）使用节点方法设计了车道级的数字地图采集系统及地理数据库，通过 RTK-GPS 的采集车（Rover）沿道路的中心线进行采集并使用 ArcGIS 等管理工具开发了相应的数据库及查询系统。目前，国内研究车载移动测量系统的有武汉大学、首都师范大学、山东科技大学等单位。

此外，国内外已经有多款移动测量系统产品在行业内推出。与传统的测图方式相比，全景移动测量系统使用灵活、地图更新周期短、现势性高，能够实现道路的快速测制与高效更新，减少了人工的费用和作业成本，并且车载方式下的作业更加安全和舒适。但是，使用移动测量车实现高精度地图生产的最大难题是高昂的制作成本，例如，行业内一般用于测绘 10 cm 级别的高精度地图采集车的造价大于百万元，严重地制约高精度地图的生产。

基于采集车的高精度地图的生成流程可以分为 3 个步骤。首先，利用 GNSS/INS 数据进行融合，获取地图采集车的高精度位置坐标以及高精度的航向信息，同时获取地图采集车行驶的轨迹点、车载传感器的位置坐标；其次，利用车载相机拍摄道路图像数据，再利用机器学习算法对图像数据进行分类，获取图像上的道路、车道线、道路标志等语义信息，同时利用车载激光雷达获取地面目标的激光点云信息，从激光点云信息中提取目标的语义和相对坐标信息；最后，将图像或者点云提出来的信息与位置数据进行融合，获取道路要素的位置、几何、语义信息，从而创建车道级高精度地图。比如，可以根据相机的高精度位置坐标和道路要素相对相机的空间位置关系，获取道路要素的绝对位置坐标。高精度地图的采集流程如图 8-14 所示。

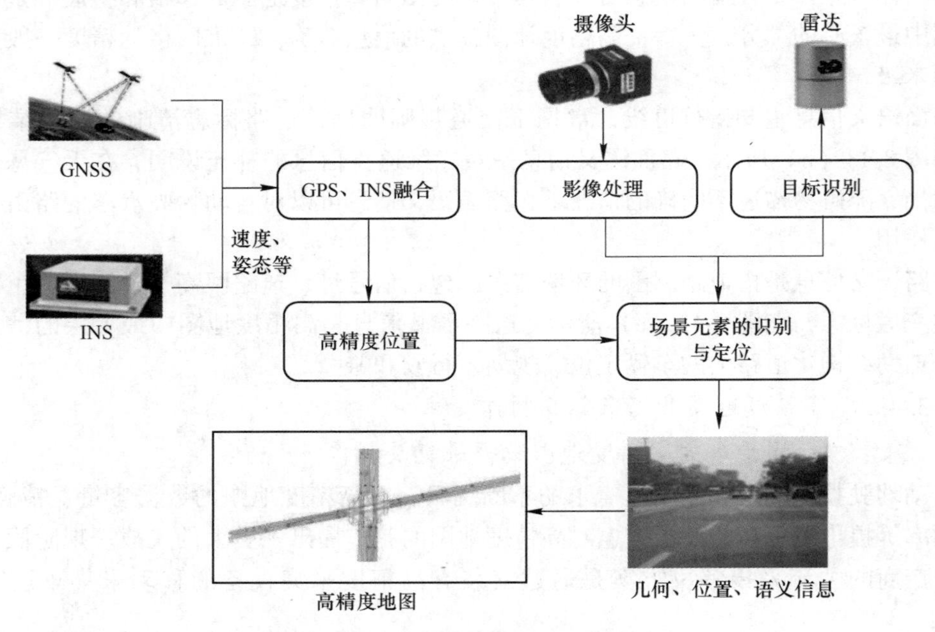

图 8-14　高精度地图的采集流程图

B　面向自动驾驶的高精度地图自动生成方法

鉴于专业化的高精度地图测绘设备投入巨大、地图制作过程复杂且较多地依赖人工，学者们充分利用现有智能交通和智慧交通中的单个或者多种交通传感器资源探寻地图采集的新思路和新办法。例如，以半社会化的方式从大量的浮动车或者公交车的出行数据中进行地图数据的精确估计，或者通过后装的ADAS、手机等全社会用户化的方式进行地理数据采集，并与视觉等信息融合实现地图的有效提取。对现有的高精度的获取手段进行分类，可以将学者们的研究分为以下几类。

第一类是以激光点云为数据源。有学者在2016年提出了一种能量函数和最小成本模型提取道路边界，该方法体现了比较好的鲁棒性、准确性和效率。从3D激光雷达提取车道线，并提出了一种同时考虑精度、存储效率和可用性的地图生成系统。基于激光的办法的优点是提取精度高，缺点是激光数据运算量很大。

第二类是利用航空影像或者视觉影像作为数据源。基于神经网络方法从遥感图像中提取道路网络并构建地图最常用的方法之一，是用网络蛇模型（Network Snake Model）从合成孔径雷达（SAR）图像中提取路网，该方法在数据的正确性、完整性及数据质量等方面表现优异。航空影像数据由于分辨率有限，不能提取精度很高的路网，因而构建高精度地图难度很大。2016年，有学者提出了使用低成本传感器创建车道级地图的方法，用GPS/INS紧耦合结合视觉的方法，从拼接的正射影像图中提取车道线信息。这类办法的优点是价格便宜，但是在非结构化路段或者道路标线不清晰等情况下不适用。

第三类办法是将OSM（Open Street Map）数据和其他地图数据作为数据来源。该方法是基于多边形的OSM方法来提取多车道的道路，该方法取得了较好的提取效果，但它在道路情况比较复杂和数据集重复的情况下表现不佳。OSM数据因其数据来自于全球志愿者，在数据精度和准确性方面受到限制。使用线密度分布策略自适应生成可变比例网络图，提高了地图的清晰度和可读性，但是该方法不能支持高精度地图的显示。

第四类是从浮动车数据或者采集GPS轨迹数据中获取地图中的地理元素信息。这是一种分段和归组框架推理用于道路地图的方法，该方法生成的地图几何精度高，但是受噪声和稀疏采样影响大。另一种方法是用局部地图的办法解决地图更新问题，但是该方法不适合大规模路网建立。有学者提出基于点轨迹计算的方法生成高精度地图，但计算量比较大。

8.3.5 自动驾驶控制模块

自动驾驶汽车作为一个复杂的软硬件结合系统，其安全可靠运行需要车载硬件，传感器集成、感知、预测，以及控制规划等多个模块的协同配合工作，其中最关键的部分是感知预测和控制规划的紧密配合。这里的控制规划（Planning & Control）在广义上可以划分成无人车路由寻径、行为决策、跟踪控制、避障控制、动作控制及反馈控制等部分，如图8-15所示。

8.3.5.1 路由寻径

自动驾驶汽车是一种特殊的轮式移动机器人，机器人学中的路由寻径方法值得自动驾驶汽车借鉴。在机器人学中，路由寻径问题通常被转换为构形空间的路径搜索问题。而自动驾驶汽车只有前轮可以主动转向，属于非完整性约束的机器人系统。在选定驾驶行为后，自动驾驶汽车的运动空间被进一步约束。这些约束都会对构形空间的计算产生影响。

机器人路由寻径基于周边动态与静态障碍物的分布情况，综合考虑机器人外形尺寸与动力学特性，寻找从起始位置到目标位置的无碰撞运动轨迹。在室内人工环境中，机器人路由寻径的研究已经相当成熟。但在广域、复杂、时变的真实交通环境中的路由寻径问题，仍然是一个开放的问题。自动驾驶汽车路由寻径要处理大尺度、动态变化的环境地图，障碍物种类、数量繁多，运动趋势也很复杂，自动驾驶汽车运动还要符合汽车动力学的限制。自动驾驶汽车路由寻径还需要考虑驾驶行为及驾驶意图。在结构化交通环境中，还需要遵守交通规则，理解并符合各类交通要素的语义信息。此外，自动驾驶汽车因其特殊的应用环境，一旦路由寻径出现偏差或错误，就很可能危及乘客及其他交通参与者的生命，后果十分严重。因此，相比一般意义的机器人路由寻径问题，自动驾驶汽车需要考虑的环境要素数量繁多，且具有高度不确定性。

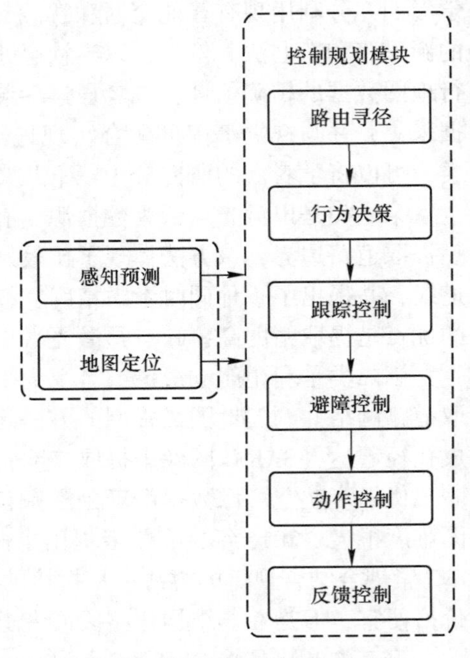

图 8-15 控制规划示意图

A Dijkstra 与 BFS 路由寻径算法

Dijkstra 算法是从一个顶点到其余各顶点的最短路径算法。它迭代检查待检查节点集中的节点，并把与该节点距离最近的尚未检查的节点加入待检查节点集。该节点集从初始节点向外扩展，直到到达目标节点。它是用优先队列作为 openlist 的数据结构，Dijkstra 算法的 $f(n)$ 定义为 $f(n)=g(n)$，其中 $g(n)$ 表示从起点到当前点的移动代价。Dijkstra 算法搜索如图 8-16 所示。

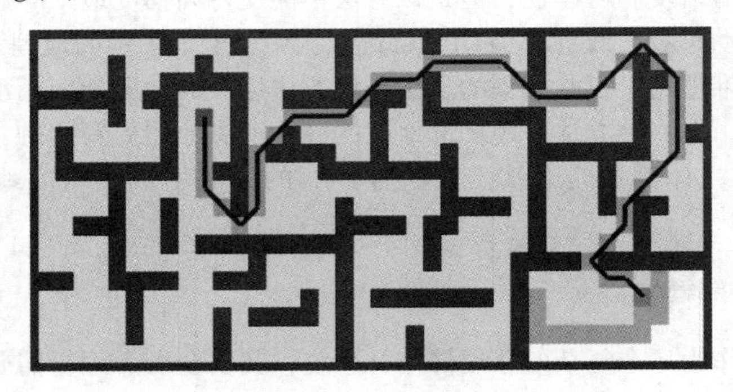

图 8-16 Dijkstra 算法搜索

最佳优先搜索（BFS）算法按照类似的流程运行，不同的是它能够评估（启发式的）任意节点到目标节点的代价。BFS 在搜索时呈波状推进形式，它是一种以时间换空间的方法。BFS 不能保证找到一条最短路径，然而，它比 Dijkstra 算法快得多，为了实现波状推进的搜索特性，BFS 采用队列作为 openlist 的数据结构。图 8-17 显示为复杂二维地图路由寻径的 BFS 启发式搜索。

B A*路由寻径算法

BFS 和 Dijkstra 算法都采用优先队列作为 openlist，而代价函数的不同导致两者具有不同的优点：BFS 用节点到目标点的距离作为代价函数，将搜索方向引向目标点，搜索效率

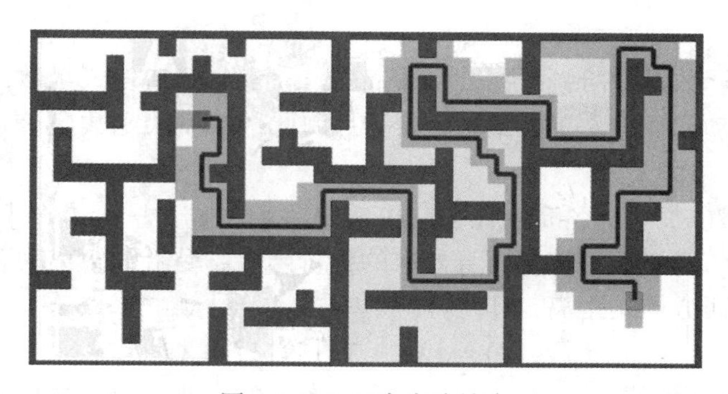

图 8-17 BFS 启发式搜索

高；而 Dijkstra 算法采用起点到当前扩展节点的移动代价作为代价函数，能够确保路径最优。结合 BFS 和 Dijsktra 两个算法的优点，有学者提出了 A＊路由寻径算法（简称 A＊算法）。A＊算法尽管无法保证给出最佳解的启发式方法，却能保证找到一条最短路径。A＊算法代价函数可表示为：

$$f(n) = g(n) + h(n) \tag{8-18}$$

式中 $g(n)$——起点到当前扩展节点的移动代价函数；

$h(n)$——启发函数，用节点到目标点的距离函数来表示。

A＊算法在运算过程中，每次从优先队列中选取使 $f(n)$ 的值最小（优先级最高）的节点作为下一个待遍历的节点。并且利用启发式函数来控制 A＊的行为，有以下几种情况。

（1）如果令 $h(n)=0$，A＊ 算法就退化为 Dijkstra 算法；如果令 $g(n)=0$，A＊ 算法就退化为 BFS 算法。

（2）如果 $h(n)$ 始终小于或等于实际节点 n 到目标的距离，则 A＊算法保证可以找到一条最短路径。$h(n)$ 越小，A＊算法扩展的节点越多，算法运行得就越慢。

（3）如果 $h(n)$ 始终等于实际节点 n 移动到目标的距离，则 A＊算法将会仅仅寻找最佳路径而不扩展其他任何节点，此时的算法运行速度非常快。

（4）如果 $h(n)$ 有时大于从节点 n 移动到目标的实际距离，则 A＊算法不能保证找到一条最短路径，但此时算法运行速度更快。

综上可知，如果目标代价太低，虽然仍会得到最短路径，但是整体的搜索效率会降低；反之，如果目标代价太高，则很难得到最短路径。将 A＊算法应用到二维地图的路由寻径中，如图 8-18 所示。

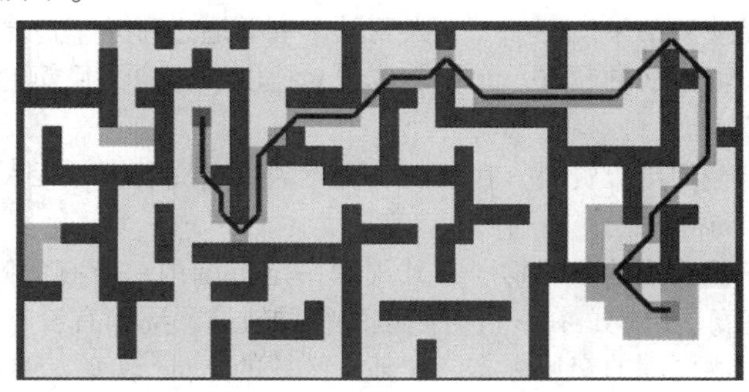

图 8-18 A＊算法

C　曼哈顿距离

标准的启发式函数是曼哈顿距离（Manhattan Distance）启发式函数。考虑代价函数并找到从一个位置移动到邻近位置的最小代价 D。因此，启发式函数应该是曼哈顿距离启发式函数的 D 倍，即

$$H(n) = D \times [\text{abs}(n.x - \text{goal}.x) + \text{abs}(n.y - \text{goal}.y)] \tag{8-19}$$

在实际应用中，应该使用符合自身要求的代价函数。曼哈顿距离为两点在南北方向的距离加上它们在东西方向的距离，即

$$D(I,\ J) = |XI - XJ| + |YI - XJ| \tag{8-20}$$

对于一个具有正南正北、正东正西方向规则布局的城镇街道，从一点到达另一点的距离正是这两点在南北方向的距离，加上它们在东西方向的距离。因此，曼哈顿距离不是距离不变量，当坐标轴发生变化时，两点间的距离就会不同。

D　欧几里得距离（简称欧氏距离）

如果想让物体沿着任意角度移动（而不是沿网格方向），那么可以使用直线距离计算，即

$$h(n) = D \times \text{sqrl}[(n.x - \text{goal}.x)^2 + (n.y - \text{goal}.y)^2] \tag{8-21}$$

然而，如果直接使用 A＊算法计算则会遇到麻烦，导致代价函数 $g(n)$ 很难匹配启发式函数 $h(n)$。欧几里得距离比曼哈顿距离和对角线距离都短，虽然仍然可以得到最短路径，但 A＊算法会运行得更久一些，如图 8-19 所示。

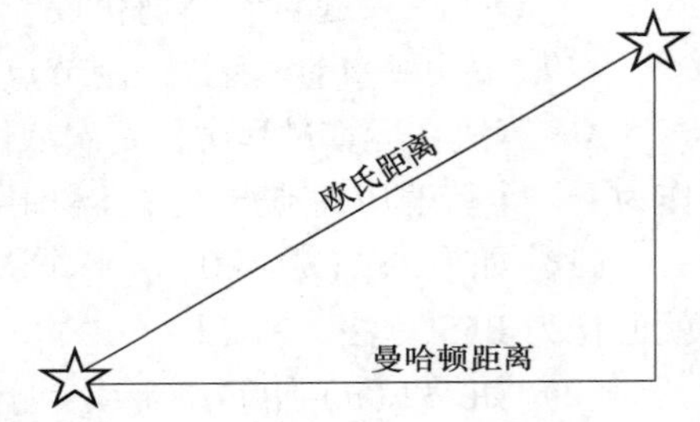

图 8-19　欧氏距离和曼哈顿距离

8.3.5.2　行为决策

如果说，自动驾驶车辆上的摄像头、激光雷达等外部感知设备是人的耳朵和眼睛，那么智能控制器就是人的胳膊。先进的驾驶控制算法，既能为驾驶员制定最佳的行驶路线，又能把驾驶要求转化为实际的、复杂的机械、电气操纵，同时也能发现驾驶过程中的各种问题，从而保证无人驾驶汽车安全、平稳地行驶。

在整个自动驾驶车辆计划控制系统中，行为决策层起到了“副驾驶”的作用。该级别的数据集中了车辆周围的一切重要信息，不仅包括当前的位置、速度、方向、道路状况，并且在一定范围内收集到与自动车有关的所有重要的感知障碍。而作为决策层面的决策人员，则必须根据所掌握的信息来确定其行驶策略。这方面的资料有如下内容。

（1）所有的路径搜索结果。例如，无人驾驶车辆要通过哪条车道才能抵达目的地。

（2）无人驾驶车辆目前的状况。车辆的位置、速度、方向、目前的主要车道、寻径路的方向、下一车道等。

（3）无人驾驶车辆的历史资料。在最后一次行为决定周期中，无人驾驶车辆会做出跟车、停车、转弯或转向等决定。

（4）无人驾驶车辆周围的障碍物。在其周围一定范围内，所有的障碍物信息，比如，附近的交通工具、速度、位置、在一段时间里的行驶轨迹、周围有没有单车、行人等。

（5）无人驾驶车辆周围的交通标志。在某一区域的 Lane 改变。例如，在 Lane 1 的纵向移动 10 m 处，通过改变路径，使之进入 20 m 的相应的邻近 Lane 2 的纵向移动，Lane 1

的正确的纵向移动空间是多少？例如，从一条直线上开到另一条 Lane，在这条 Lane 的路口有没有交通信号灯或人行道。

（6）地方交通法规。如限制车速、能否在红灯时右转等。

自动驾驶车辆的行为判断模型，基于以上的信息，可以对车辆的行驶进行决策。由此可以看到，在无人驾驶车辆中，行为判断模块是一个集资讯于一体的场所。因为要考虑到这么多的不同的信息，以及在特定的条件下，所以很难用单一的数学模型来解决行为决策问题。通常，更好的解决方案是采用某些先进的软件工程思想来进行规则系统的设计。

8.3.5.3 跟踪控制

A 模型预测控制

模型预测控制（MPC）采用滚动时域控制技术，在每个取样时间点以系统的当前状态为起始条件，采用动态预报模式，在有限时间域内，根据优化目标的性能指数，解决最优问题；利用该方法，获得一系列的控制序列，然后在下一次取样时间内使用新的控制量来解决最优问题；这样就形成了一个封闭的循环控制体系。该方法的目标是使系统的期望输出和期望输出的跟踪偏差最小，这是一种具有反馈特性的控制方法，该方法可以对不稳定状态下的系统进行补偿，并能有效地解决多个变量的问题。

B 多点跟踪纯粹跟踪算法

Pure Pursuit 是一种基于 Pursuit 的轨迹跟踪控制算法，它是 1985 年由 R. Wallace 首先提出的一种基于 Pursuit 的横向控制算法，它具有很好的抗外部干扰能力。该系统利用计算角度的方法，将机器人从目前的位置移动到预先瞄准的位置。假设直线速度不变，机器人的直线速度自然可以任意改变。该方法根据机器人的当前位置，将预瞄准点在路径中运动，直至到达路径的末端，就像是一个机器人在追赶着前方的一个点，参数 Look Ahead Distance 决定了预瞄准点的位置。

C PID 控制算法

PID 控制是一种很常用的控制算法，如图 8-20 所示。从控制单元的温度到控制无人驾驶车辆，PID 控制器都能实现。PID 实际上就是比例、积分、微分的控制。

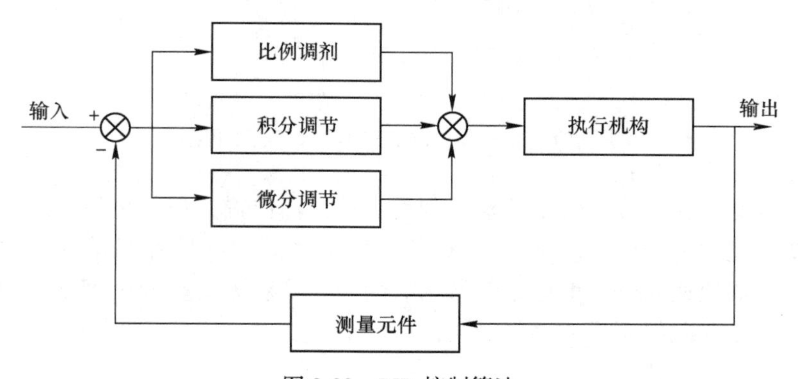

图 8-20 PID 控制算法

8.3.5.4 避障控制

避障控制是智能车安全行驶的基础，它指车辆对周围环境感知，并生成控制命令，使车辆安全地绕过障碍物，以便在障碍物周围实现安全驾驶。MPC 算法是被研究人员广泛采用的控制算法，并且已经有学者证明，MPC 算法可以使车辆在自动驾驶过程中成功避障。然而，这些基于 MPC 的避障算法只适用于结构化道路环境，并且车辆在这种结构化道路环境下需要遵守交通规则。与此相反，本节介绍的是在非结构化道路环境中的自动导航系统。在非结构化环境中没有可用的环境地图，车辆的任务是从初始位置安全而快速地移动到设定的目标位置。因此，车辆将会高速行驶，很少进行减速。并在初始位置和目标位置之间，存在位置、大小和形状未知的障碍物，当障碍物进入激光雷达传感器的范围内时会被检测到。

基于 MPC 的车辆避障算法流程图如图 8-21 所示。该算法不仅考虑车辆动力安全性，还优化了高速避障对纵向速度和转向控制的要求。

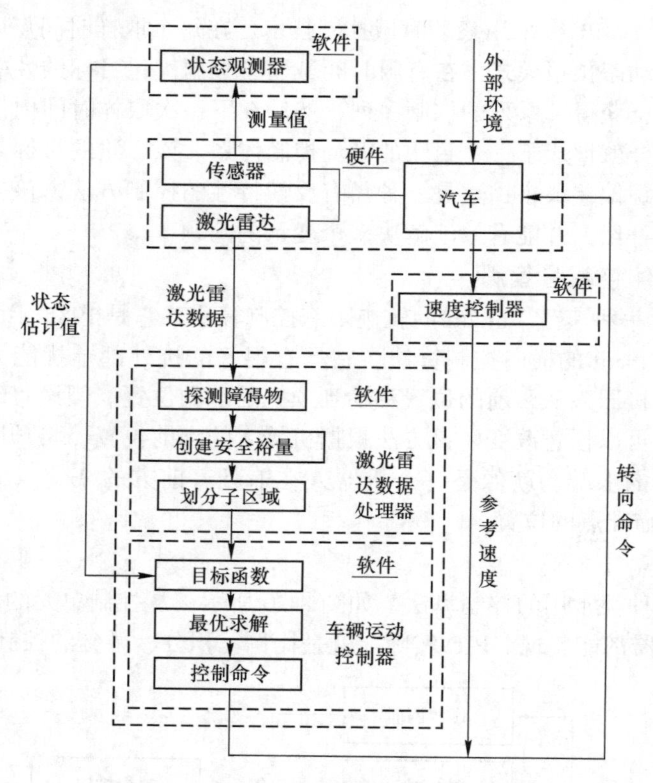

图 8-21 基于 MPC 的车辆避障算法流程图

车辆的任务是从初始位置安全地移动到设定的目标位置，在两个位置之间存在着未知的障碍物，要求速度尽可能快。基于 MPC 的车辆避障算法的任务就是利用激光雷达采集到的数据，使车辆快速而安全地通过障碍物。因此，算法需要有两个安全约束：一个是避开障碍；另一个是要确保车辆的动态安全性。

8.3.5.5 动作控制

在决策层面的下游是动作计划，它的工作是把行动决策的宏观指示转化为一条具有时间信息的轨道，从而使底层的反馈控制能够真正地操纵车辆。在此，无人驾驶车辆的运动规划可以被视为一种特别的情况。在机器人运动规划中，无人驾驶车辆的运动规划问题是比较容易解决的问题。这是由于汽车的运动轨迹是与二维平面相联系的。在方向盘和油门的控制下，车辆的运动轨迹比一般的机器人要简单得多。从 DARPA 无人驾驶车比赛开始，无人驾驶车动作规划便逐渐成为一个相对独立的模块，尝试在城市道路行驶及停车等综合条件下解决路径规划的问题，也有一些在特定场景下的路径规划问题的解决方法。

随着这些研究的开展，路径模块需要解决的问题也逐渐明晰：几乎所有动作规划都试图解决在一定的约束条件下优化某个范围内的时空路径问题。这里所谓的“时空路径”是指车辆在一定时间段行驶的轨迹。该轨迹不仅包括位置信息，还包括整条轨迹的时间信息和车辆姿态，即到达每个位置的时间、速度，以及任何可能的和时间相关的运动变量如加速度、曲率、曲率的高阶导数等信息。由于车辆控制是一个不和谐的系统，车辆的实际运行轨迹总是呈现出属于平滑的类似螺旋线的曲线簇的属性。因此，轨迹规划这一层面需要解决的问题，往往可以非常好地抽象成一个在二维平面上的时空曲线优化问题。考虑动作规划这个层面的优化问题所需要的两个要素：一是需要优化的函数（Object)/代价（Cost）目标；二是边界条件的限制（Constraint)。这里的优化目标函数，往往以 Cost 函数的形式呈现，优化的目标是找到满足边界条件限制的最小 Cost 的曲线。这里的 Cost 和如下几个重要因素紧密相关。第一，是上游的行为决策输出的决策结果。作为下游直接规划无人驾驶车路线曲线的动作规划，其优化目的必须满足达到行为层面的要求。这些要求往往体现在曲线的长度不能超过某一停止线，曲线横向位移不能触碰到需要避让的物体等。第二，由于着重考虑在城市综合道路（Urban Road）上的行驶，车辆行驶的曲线要考虑和道路的关系，即动作规划的曲线要满足能够沿道路行驶的路线往往需要更多考虑的是反馈控制模块。例如，车辆的转向由方向盘控制导致车辆的曲率和曲率二阶导变化受到一定的限制，车辆的油门加速同样限制车辆的加速度的变化率不可能过大等。

8.3.5.6　反馈控制

在自动驾驶汽车的反馈控制中，通常使用的是自行车模型。该模型所表示的汽车姿态是在二维平面坐标系中进行的。可以通过车辆所处的位移和车体与坐标平面之间的角度来充分地描述交通工具的姿势。在此模式下，汽车的前后轮由一根固定的刚性轴相联结，在这种情况下，汽车的前轮可以在一定的角度范围内自由旋转，而汽车的后轮与车体之间的平行关系是不能旋转的。在实际的汽车控制中，前轮的旋转与方向盘的旋转相对应。该自行车模型的一个主要特点是：汽车在侧向位移时不能做不向前运动，这个特性也被称为不完整限制。在汽车模型中，由于采用的坐标系的不同，这些约束常常表现为不同的运动姿态微分方程。此外，在此基础上，应考虑汽车惯性和轮胎与地面的摩擦，以简化模型的计算。在低速条件下，由于惯性作用引起的误差很少；然而，在高速运动过程中，由于惯性作用的存在，反馈控制系统的性能受到了很大的影响。在高速条件下，考虑惯性的汽车动力模式更为复杂，此处不进行论述。

关于车辆的自行车模型所代表的车辆姿态，这里使用一个基于 x-y 的二维平面，其中 $\hat{\boldsymbol{e}}_x$ 和 $\hat{\boldsymbol{e}}_y$，分别代表其 x 和 y 方向的单元向量。向量 $\dot{\boldsymbol{p}}_{\mathrm{r}}$，和向量 $\dot{\boldsymbol{p}}_{\mathrm{f}}$，分别代表车辆后轮和前轮与地面的接触点。车辆的朝向角 θ 代表车辆和 x 轴的夹角。方向盘转角 δ 定义为前轮朝向和车辆朝向角的夹角。其中前后轮与地面接触点的向量 $\dot{\boldsymbol{p}}_{\mathrm{f}}$ 和 $\dot{\boldsymbol{p}}_{\mathrm{r}}$ 之间满足：

$$
\begin{aligned}
&(\dot{\boldsymbol{p}}_{\mathrm{r}} \cdot \hat{\boldsymbol{e}}_y)\cos\theta - (\dot{\boldsymbol{p}}_{\mathrm{r}} \cdot \hat{\boldsymbol{e}}_x) = 0 \\
&(\dot{\boldsymbol{p}}_{\mathrm{f}} \cdot \hat{\boldsymbol{e}}_y)\cos(\theta+\delta) - (\dot{\boldsymbol{p}}_{\mathrm{f}} \cdot \hat{\boldsymbol{e}}_x)\sin(\theta+\delta) = 0
\end{aligned}
\tag{8-22}
$$

式中 $\dot{\boldsymbol{p}}_f$，$\dot{\boldsymbol{p}}_r$——车辆前后轮在和地面接触点处的瞬时速度向量。

考虑车辆的后轮速度在 x-y 轴的投影标量 $x_r = \boldsymbol{p}_r \cdot \hat{\boldsymbol{e}}_x$ 和 $x_y = \boldsymbol{p}_r \cdot \bar{\boldsymbol{e}}_y$，以及后轮的切向速度 $v_r = \dot{\boldsymbol{p}}_r \cdot (\boldsymbol{p}_f - \boldsymbol{p}_r) / \| \boldsymbol{p}_f - \boldsymbol{p}_r \|$，那么上述的向量 $\boldsymbol{p}_f$ 和 $\boldsymbol{p}_r$ 之间的关系限制在后轮相关分量上的表现形式为：

$$\begin{aligned} \dot{x}_r &= v_r \cos\theta \\ \dot{y}_r &= v_r \sin\theta \\ \theta &= v_r \tan\delta / l \end{aligned} \tag{8-23}$$

式中 l——车辆前后轴中心间距。

类似地，用车辆前轮相关分量的表现形式为：

$$\begin{aligned} \dot{x}_f &= v_r \cos(\theta + \delta) \\ \dot{y}_f &= v_r \sin(\theta + \delta) \\ \theta &= v_f \sin\delta / l \end{aligned} \tag{8-24}$$

这里前后轮的切向速度标量大小满足：$v_r = v_f \cos\delta$。

在上述车辆模型下，反馈控制需要解决的问题之一便是找到满足车辆动态姿态限制的方向盘转角 $\delta \in [\delta_{min}, \delta_{max}]$ 及前向速度 $v_r \in [\delta_{min}, \delta_{max}]$。值得一提的是，为了简化计算，往往直接考虑朝向角的变化率 ω 而非实际的方向盘转角 δ。这样便有 $\tan\delta / l = \omega / v_r = \kappa$，问题简化为寻找满足条件的朝向角变化率，而这样的近似常常被称为独轮车模型（Unicycle Model），其特点是前进速度 v_r 被简化为只与朝向角度变化率和轴长相关。

参考文献

[1] 刘雅雯．J公司合法化策略研究［D］．成都：电子科技大学，2022.

[2] 李娜．无人驾驶汽车交通事故侵权责任研究［D］．扬州：扬州大学，2022.

[3] 吕品，李凯，许嘉，等．无人驾驶汽车协同感知信息传输负载优化技术［J］．计算机学报，2021，44（10）：1984-1997.

[4] 王玉琼，高松，王玉海，等．高速无人驾驶车辆轨迹跟踪和稳定性控制［J］．浙江大学学报（工学版），2021，55（10）：1922-1929，1947.

[5] 占俊．轨道交通车辆基地无人驾驶改造设计方案［J］．城市轨道交通研究，2021，24（10）：127-133.

[6] 齐东润，陈刚．无人驾驶机器人多目标模糊操纵策略［J］．上海交通大学学报，2021，55（10）：1310-1319.

[7] 张超．无人驾驶时代临近：传统广播节目的破垒与发展——以FM107城市之声《汽车工作室》为例［J］．传媒，2021（17）：72-74.

[8] 项波，张志坚，钟梅茹．不同应用场景下无人驾驶汽车交通事故责任认定［J］．江西社会科学，2021，41（8）：156-168.

[9] 翟卫欣，王东旭，陈智博，等．无人驾驶农机自主作业路径规划方法［J］．农业工程学报，2021，37（16）：1-7.

[10] 马新舒．面向无人驾驶车的交通标志检测技术研究［D］．桂林：桂林电子科技大学，2021.

[11] 张恒．无人驾驶汽车转向控制研究［D］．锦州：辽宁工业大学，2021.

[12] 潘峰．基于驾驶员行为特性的无人驾驶汽车控制方法研究［D］．北京：北京化工大学，2021.

[13] 于向军，槐元辉，姚宗伟，等．工程车辆无人驾驶关键技术［J］．吉林大学学报（工学版），2021，

51（4）：1153-1168.

[14] 白国星，孟宇，刘立，等．无人驾驶车辆路径跟踪控制研究现状［J］．工程科学学报，2021，43（4）：475-485.

[15] 黄晓明，蒋永茂，郑彬双，等．基于路表摩擦特性的无人驾驶车辆安全制动原理与方法［J］．科学通报，2020，65（30）：3328-3341.

[16] 葛亚明，胡一博，雷乔治，等．ROS无人驾驶创新实验课程研究与教学实践［J］．实验技术与管理，2020，37（6）：221-224.

[17] 张振珠，何娜．基于总线的无人自动驾驶仪决策系统设计［J］．中国工程机械学报，2020，18（3）：220-224，230.

[18] 汪全胜，宋琳璘．无人驾驶汽车与我国道路交通安全法律制度的完善［J］．中国人民公安大学学报（社会科学版），2020，36（3）：107-115.

[19] 贾会群．无人驾驶车辆自主导航关键技术研究［D］．北京：中国科学院大学（中国科学院长春光学精密机械与物理研究所），2019.

9 机器视觉技术

第9章课件

人工智能技术在应用方面主要体现在语音类、视觉类、自然语言处理类以及硬件基础类等多项技术。其中，机器视觉是一项最基本的功能性技术，是机器人自主活动的先决条件，它可以完成计算机系统对外部环境的观察、识别和判断，这在人工智能的发展中有着举足轻重的地位，是人工智能范畴最重要的前沿分支之一。机器视觉是一种利用光学设备和无接触传感器来实现对目标图像的自动接收和处理，从而获取信息实现机器人的移动控制技术。简单来说，就是用机器来替代人类的眼睛，对环境进行衡量和判断。

9.1 应用场景

机器视觉技术是利用计算机对人的视觉功能进行仿真，对目标图像进行提取、处理和感知，最后用于对真实环境进行检测和控制。从根本上说，机器视觉就是将影像分析技术运用于工厂的自动化，利用光学系统、工业数字相机和图像处理设备，模拟人类的视觉，并做出相应的决策，这些决策是由某个特定的装置来完成的。可以看出，机器视觉能够应用于社会的生产和人类的生活中，在人类的劳动生活中，一切人类的眼睛都能看到和判断的东西，机器视觉都可以代替人类进行大量重复动作的工作。当前，很多机器视觉技术都已被产品化和实用化，如指纹识别、车牌识别、智能监控、人脸识别、工业产品在线监测等。可以说，在信息时代，机器视觉技术的作用日益突出。

9.2 机器视觉的结构和原理

9.2.1 机器视觉系统的构成

机器视觉系统是利用机器视觉产品，如图像采集设备CMOS与CCD，将检测对象转化为图像信号，然后在图像处理系统中进行处理，通过像素分布、亮度、色彩等信息，将其转化为数字信号，由图像处理系统进行多种运算操作，以提取目标物体的特征，并根据识别结果对现场的设备进行控制。

机器视觉系统一般包括传感器检测系统、光源系统、光学系统（镜头）、采集系统（相机）、图像处理系统（软件）、图像测控系统（控制软件、运动控制等）、监视系统、通信/输入输出系统、执行系统和警报系统等子系统，如图9-1所示。

机器视觉系统可以被具体地划分为一个产品群体：

（1）传感器检测系统，传感器及其与之相匹配的传感控制器等；

（2）光源系统，光源和与之相匹配的光源控制器等；

（3）光学系统，镜头、滤镜以及光学接口等；

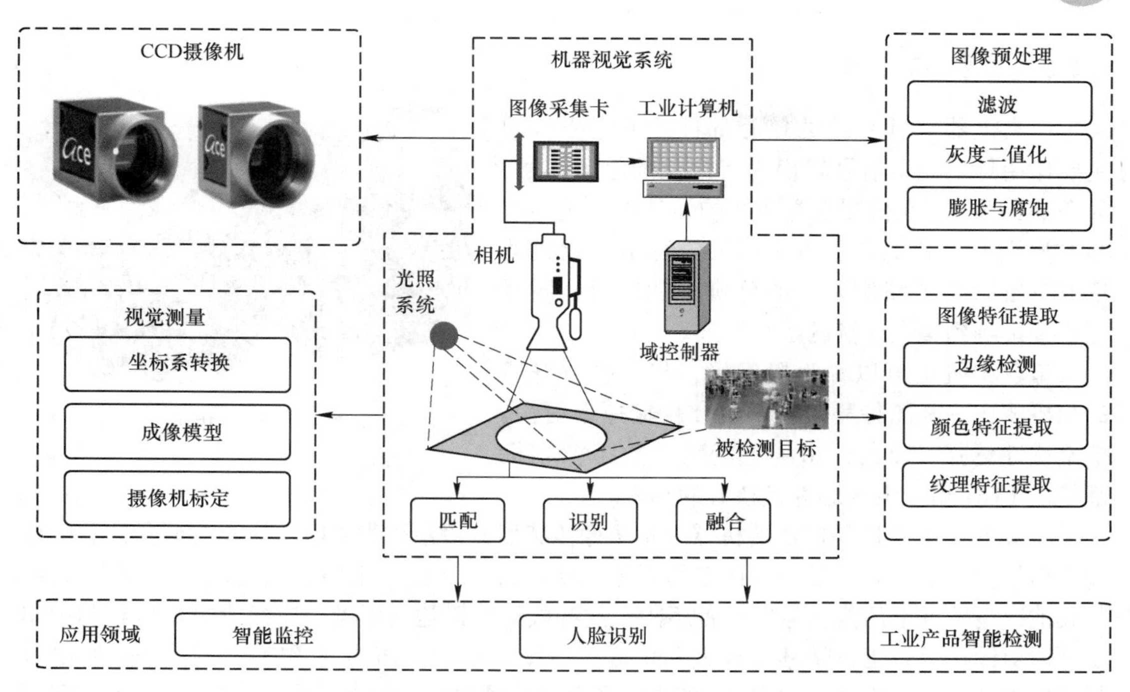

图 9-1 机器视觉系统构成及应用领域

(4) 采集系统，数码相机、CCD（Charge-coupled Device，电荷耦合元件）、CMOS（Complementary Metal Oxide Semiconductor，互补金属氧化物半导体）、红外相机、超声波探头、图像采集卡和数据控制卡等；

(5) 图像处理系统，图像处理设备、计算机视觉系统等；

(6) 图像测控系统，控制软件、运动控制等图像测试控制辅助软件；

(7) 监视系统，监视器、指示灯等；

(8) 通信/输入输出系统，通信链路或输入输出设备；

(9) 执行系统，机械手及控制单元；

(10) 警报系统，警报软件和控制装置。

这些产品群中具备的机器视觉系统产品主要包括光源、镜头、相机、图像采集卡、数据控制卡各类软件和机械手等，如图 9-2 所示。

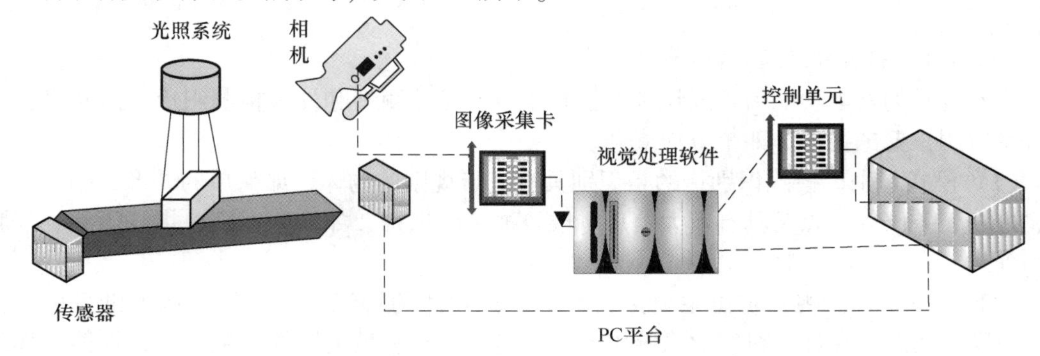

图 9-2 机器视觉系统产品

9.2.2 工业相机

作为机器视觉系统的核心部件，工业相机的主要作用是把光学信号转换为有序化的电子信号，如图 9-3 所示。在机器视觉系统的设计中，选用适当的相机也是其中必不可少的关键环节。相机的选取直接影响到图像采集的分辨率和质量，同时还直接影响到整个系统的运行模式。

图 9-3 工业相机

工业相机也可以称为摄像机，与大多数普通的相机相比，其图像稳定性更高，传输速率更快，抗干扰性更强。目前，市场上的大多数工业相机都是以 CCD 和 CMOS 芯片为核心的相机。

CCD 是当前使用最广泛的机器视觉图像传感器，该系统集光电转换及电荷存储、电荷转移信号读取于一体，是一种典型的固体成像设备。CCD 的主要特点是以电荷作为信号，与其他以电流或电压为信号的设备不同，这种成像装置是利用光电变换成电荷包，利用驱动脉冲对图像信号进行转移、放大和传输。传统的 CCD 相机主要包括光学镜头、时序及同步信号发生器、垂直驱动器、模拟/数字信号处理电路等，是一种功能器件，与真空管相比，其特点是无灼伤、无滞后、工作电压低、功耗低等。

CMOS 图像传感器的研发始于 20 世纪 70 年代初，直至 90 年代初，由于超大规模集成电路（VLSIC，Very Large Scale Intergrated Circuites）制造工艺技术的发展，使得 CMOS 图像传感器得以快速发展。CMOS 图像传感器将光敏元阵列、图像信号放大器、信号读取电路、模-数转换电路、图像信号处理器及控制器整合到一个芯片上，其特点是能够实现对局部像素的编程任意访问。CMOS 图像传感器具有集成性良好、功耗低、传输速度快、动态范围大等优点，已被广泛地用于高速、高分辨率的场合。

9.2.3 机器视觉原理

机器视觉是利用成像技术对测量对象进行图像采集，并对其进行图像处理和识别，通过采集到的目标图像，得到目标的尺寸、方位、光谱结构、缺陷等信息，实现对产品的分类、分组、装配线上的机器运动导向，零部件的识别和定位，以及生产过程中的过程监测和反馈。

9.2.3.1 机器视觉基本功能

机器视觉的基本功能由模式识别、视觉定位、尺寸测量和外观检测组成。近年来，机器视觉应用主要围绕着这四个方面展开。

（1）模式识别。模式识别指的是识别具有一定规则的物体，如简单的外形、颜色、图案、数字、条码等，以及具有较大信息量或较抽象的识别，如人脸识别、指纹识别、虹膜识别等。

（2）视觉定位。视觉定位主要是通过对目标物体的辨识，能够准确地提供目标的位置、角度等信息。在计算机视觉系统中，定位是最基本和最关键的一项，它的性能好坏和定位算法有很大关系。

（3）尺寸测量。尺寸测量主要是将采集到的图像像素信息，按一般的度量单位进行标定，并在图像上准确地求出所需的几何大小。其优点是精度高、通量高、形状复杂。比如，一些高精度的商品，人类的眼睛难以进行检测，过去只能检测，而在机器视觉的帮助下，就能够进行全面的检测。

（4）外观检测。外观检测主要是对产品的表面进行检测是否缺陷，最常见的有表面组装缺陷（如漏装、混料、错配等）、表面印刷缺陷（如多印、漏印、错配等）以及表面形状缺陷（如崩边、凸起、凹坑等）。由于产品的外观瑕疵通常是多种多样的，所以在机器视觉领域，其检测是比较困难的。

从技术实施的难度上来说，识别、定位、测量和检测的难度都会随着对测绘测量技术的复杂应用而增加，而以4个基本功能为基础，衍生出的众多细分功能，其实施的困难程度也有所不同。目前，三维视觉是当今计算机视觉技术发展的前沿领域。

9.2.3.2　机器视觉成像过程

机器视觉的成像过程如图9-4所示。机器视觉的成像过程具有引导、检验、测量、识别等基本功能。

（1）引导（Guide）。实现生产自动化，提供灵活性，提供质量和产量的一个需求。通过提取到的信息来指导执行结构进行下一步的逻辑运动。

（2）检验（Inspect）。针对设定目标与实际目标进行对比，然后实施OK（是）或者NG（否）判断功能。

（3）测量（Gauge）。在精度要求高或者速度要求快，并且需要非接触式测量时，会运用到机器视觉，并且占比相对较大。

（4）识别（Identify）。用于对产品信息的追溯，如读取代码字符、通过颜色形状或者装配进行识别，主要是对条形码、二维码的读取，再结合数据库的功能实现物料流程可控。实现可追溯性和收集重要数据，也是目前很重要的应用之一。

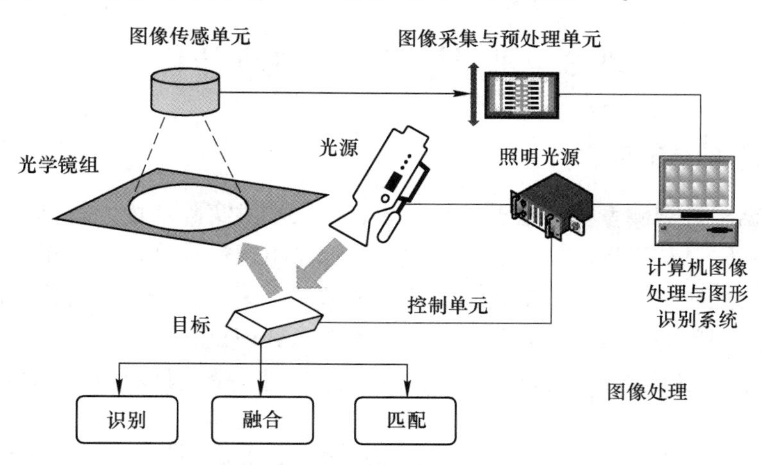

图9-4　机器视觉的成像过程

引导系统可分为标定工具、视觉软件、视觉硬件、运动机构四大部分。机器视觉首先进行信息采集，视觉硬件采集到信息之后，使用视觉软件对视觉硬件采集到的图像信息进行数据分析和处理，再将信息传递给运动机构，引导其完成应执行的逻辑任务。在执行的过程中，必须使用标定工具。使用标定工具的意义在于，将机器视觉读取到的信息与执行机构的物理信息相结合，找到其相关联的一部分，因为视觉采集到的信息，并不是直接的物理信息，所以需要对其进行处理，将其与外部物理信息相关联。因此，这个关联的产生就是靠使用标定工具来实现的。

引导的几大组成部分是依靠视觉硬件进行信息的采集，通过视觉软件来进行分析处理，最后通过运动机构来实现的一个过程，而运动机构是视觉信息的联合，最终需要通过标定工具来实现。引导系统的组成如图 9-5 所示。

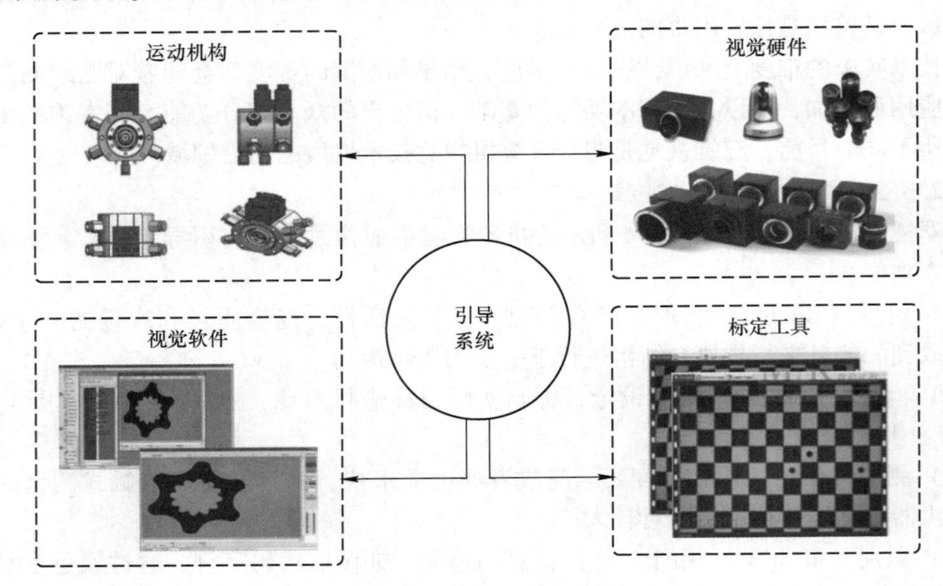

图 9-5　引导系统的组成

9.3　机器视觉技术处理流程

9.3.1　图像处理的基本知识

图像是根据多种观测系统，通过多种方式、手段观测实际环境而得到的，它能直接或间接地作用于人眼，从而形成视觉实体。数字图像是指通过计算机处理图像时，必须将连续图像的全标与性质空间分别离散化，而这些离散后的图像就是数字图像。图像中将每一个基本单元称为图像的元素，也就是像素。数字图像处理是利用计算机对已有的数字图像进行合成、变换，以获得一种新的效果，再将经过处理的图像输出，简称计算机图像处理。

在许多影像系统中，每个像素传输 256 级数据（8 位），取决于发光强度。在处理单色（黑白）时，将“0”识别为黑色，而将白色识别为“255”，如图 9-6 所示，因此，可以把每一个像素所接收到的发光强度转化成数值数据。即，CCD 中的所有像素值都是在 0（黑色）至 255（白色）之间。比如，含有半黑半白的灰色就会变成“127”。利用 CCD 捕获的图像数据是构成 CCD 的像素数据集，并且像素数据作为 256 级的对比度数据会被再现。

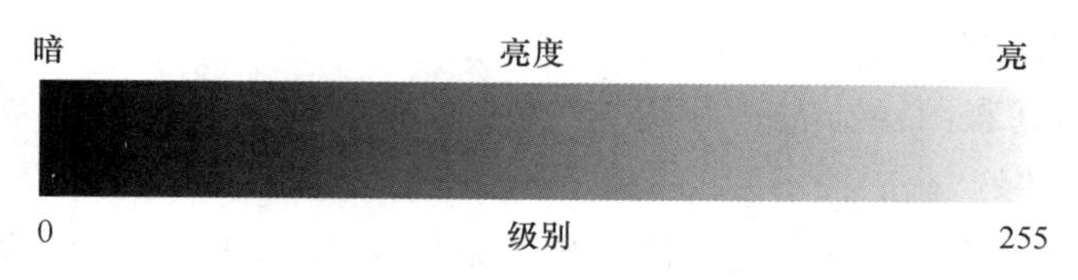

图 9-6 0~255 级亮度的图像

如图 9-7 所示，该图像数据由 0~255 之间的各个值显示，图像按其所表示的信息的不同，可划分为二值图像、灰度图像、RGB 图像等。

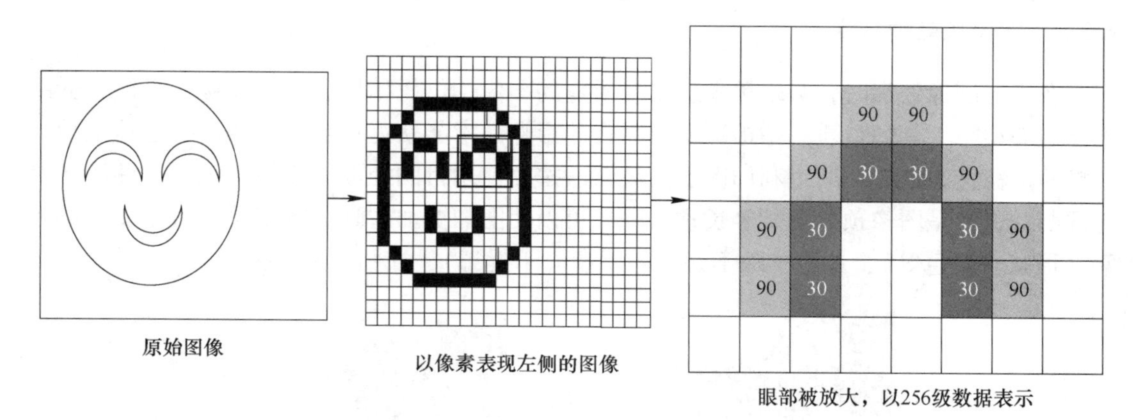

图 9-7 图像处理示意

9.3.1.1 二值图像

二值图像是指图像上的每一个像素只有两种可能的取值或灰度等级状态，也就是说，图像中的任何像素点的灰度值均为 0 或者 255，人们经常用黑白、B&W、单色图像表示二值图像。二值图像是指图像上每个像素存在的两种不同的数值或灰度级别状态，即图像中任意一像素点的灰度值都只能是 0 或 255。二值图像可以通过黑白、B&W、单色图像来表示。

9.3.1.2 灰度图像

灰度图像是二值图像的演化版，它是彩色图像的劣化版，也就是说，它所包含的信息虽然不如彩色图像多，但是却多于二进制图像。在一般情况下，灰度图像仅含有一个通道的信息，而彩色图像则含有两个通道的信息，单一通道可以看作是一种单一波长的电磁波，因此，通过红外遥感和 X 断层成单一通道电磁波产生的图像，也可以称为灰度图。同时，由于灰度图的易采集、可传送等特点，使得基于灰度图像的开发算法十分丰富。

在灰度图像中，每一个像素仅有一种采样颜色，这种图像的色彩一般由最深的黑色到最亮的白色，虽然理论上这种采样可以有各种不同深浅的颜色，甚至可以有不同的亮度上的不同颜色。与黑白图像相比，在计算机图像领域中，黑白图像仅有黑白两种颜色；然而，在黑白两种颜色之间，灰度图像仍有很多级别的颜色深度。灰度图像通常是通过在单一的电磁波频谱，例如在可见光内测量的各个像素的亮度而获得的，而用来显示的灰度图像，一般用 8 位的非线性尺度来存储，因此，可以有 256 级灰度；若使用 16 位的非线性尺度来存储，则可以有 65536 级灰度。

9.3.1.3　RGB 图像

RGB 图像也称真彩图像，它是利用 R、G、B 三个分量来识别一个像素的颜色，R、G、B 分别代表红、绿、蓝三种不同的基本颜色，这三个基本颜色能够组合出任意不同的颜色。因此，对于 $N \times M$ 尺寸的彩色图像，必须储存 $N \times M \times 3$ 的多维数据数组，在这些数组中，每个像素的红、绿、蓝颜色值都由这些数组中的元素来决定。该图形文件格式将 RGB 图像作为 24 位图像进行存储，其中红、绿、蓝各占 8 个位，因此从理论上讲，RGB 图像具有 224 种色彩。

9.3.2　图像预处理技术

在进行图像处理时，必须预先获得高质量的图像。仅凭拍摄获得的图像，可能会受到光源的类型、工具的材质、拍摄环境等因素的影响而不能获得理想的图像，甚至造成检测结果的不稳定。这样，通过利用图像滤波器，按照使用目的处理（变换）图像，使图像符合预期，这就是图像预处理。经过预处理，可以使图像更加清晰，突出符合特定要求的元素（形状、颜色等），并且排除不必要的元素（干扰源），如图 9-8 所示。

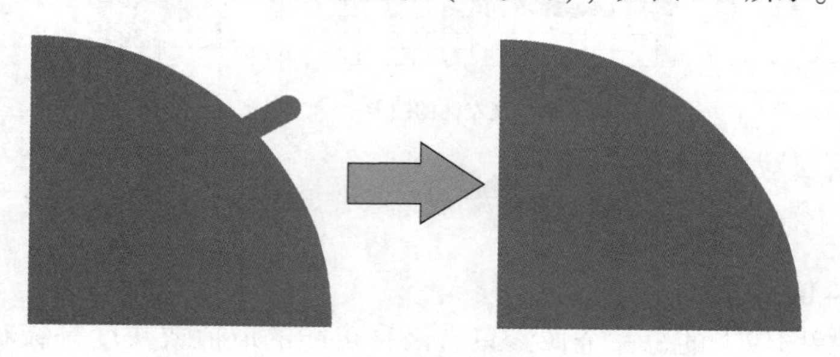

图 9-8　图像预处理

采用图像滤波器进行的预处理可以利用在图像处理装置或计算机的照片修饰软件等很多方面。滤波器有很多种，充分理解它们各自的特性、使用适当的滤波器是非常重要的。用滤波器对原图像进行预处理时，图像越大，处理时间就越长。因此，指定必要的范围再用滤波器进行处理是非常重要的。

在预处理中，采用的典型的滤波器系数包括［3×3］、［9×9］、［16×16］。常用的［3×3］滤波系数是指参照纵、横 3 像素的图像数据，对中心像素进行滤波器处理。例如，当图像规格是横 320 像素、纵 240 像素时，所实施的滤波器处理为 320×240＝76800 次。在进行图片滤波时，将原图像 3×3＝9 的像素值分别乘以 1/9，其合计值即为施以滤波器处理之后的值，如图 9-9 所示。

1/9	1/9	1/9
1/9	1/9	1/9
1/9	1/9	1/9

图 9-9　对图像进行均一化处理时采用的滤波器系数

由于是对该滤波器系数一列一列地依次计算的，所以就可得到施以滤波器处理之后的图像。图 9-10 为采用滤波器系数进行的计算示例。

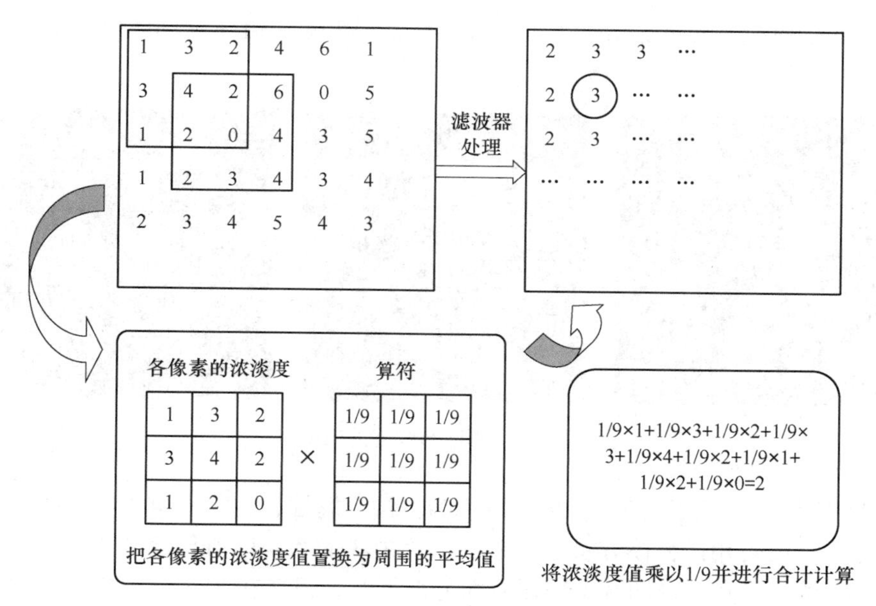

图 9-10 滤波器计算示例

9.3.2.1 图像预处理的主要滤波器

实际应用中主要是把多个滤波器组合起来使用，以得到预期效果的图像。

（1）膨胀滤波器。膨胀滤波器是一种用于去除具有瑕疵的干扰源成分的滤波器。具体来说，就是将中心像素 3×3 的浓度值替换成 9 个像素中浓度最高的浓淡度值，如图 9-11 所示。

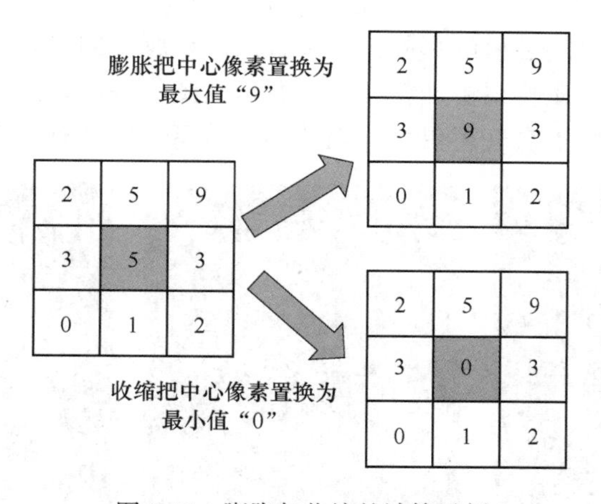

图 9-11 膨胀与收缩的计算示例

在黑白图片上应用膨胀滤波器时，如果在中心像素的四周有一个白色像素，那么 9 个像素都会转换成白色。膨胀和腐蚀的结果如图 9-12 所示，最左边的图像是对原始图像进行二值化之后的结果图，中间的图像是一个 3×3 矩形结构元膨胀的图，最右边的图像是经过腐蚀后的结果图。可以看出，原本图像的线条有几处狭窄的裂缝，经过膨胀之后，笔画变得更加粗壮，然后断裂消失了。在腐蚀以后，笔画会越来越细，而且笔画的断裂也会越来越大。在膨胀图中，噪点也增大了，尽管噪点已经消除，但在腐蚀图像中的笔画却是断续的。

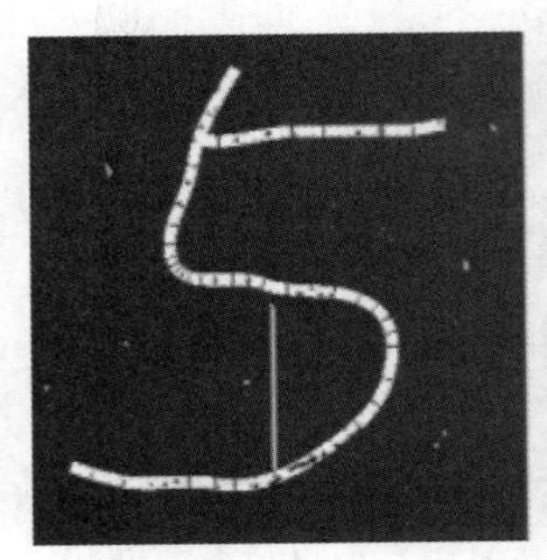

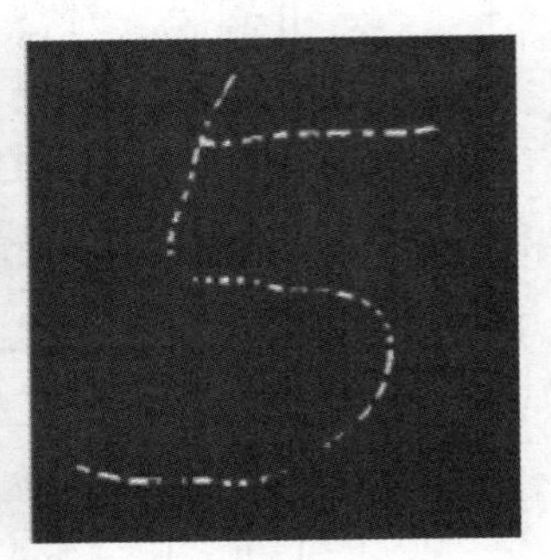

图 9-12 膨胀与收缩的效果

（2）收缩滤波器。收缩滤波器也可以称为侵蚀、腐蚀，也是可以去除干扰源成分的滤波器。与膨胀滤波器相比，该方法是将中心像素 3×3 的浓淡度值替换成 9 个像素中浓淡度最低的浓淡度值。当在黑白图片上使用收缩滤波器时，只要在 3×3 的中心像素附近有一个黑色像素，9 个像素都会被替换成黑色。

（3）打开滤波器。打开滤波器也称为开运算，是对图像先进行收缩滤波器运算，再进行膨胀滤波器运算，通过这种方式可以过滤消除图像毛刺、凸起这类干扰，如图 9-13 所示。

（4）关闭滤波器。关闭滤波器也称为闭运算，是对图像先进行膨胀滤波器运算，再进行收缩滤波器运算，通过这种方式可以过滤消除图像内部空洞、凹陷这类干扰。采用 3×3 开操作和闭操作的效果如图 9-13 所示，最左边的图像是原始图的二值图，中间的图像是经过开操作后的结果，是腐蚀后的膨胀，可以看出，在腐蚀的过程中，图中的噪点已经被清除了，膨胀操作后的线条变得更加粗壮。最右边的图像是经过闭操作后的结果图，是膨胀后的腐蚀，膨胀后的噪点会变得更大，因此即使被腐蚀也会有噪声。

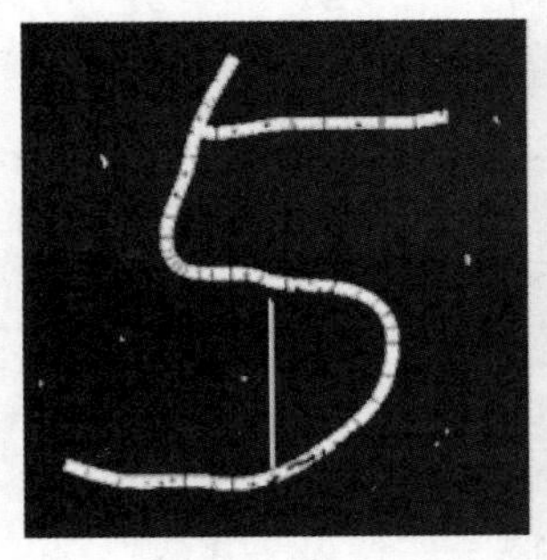
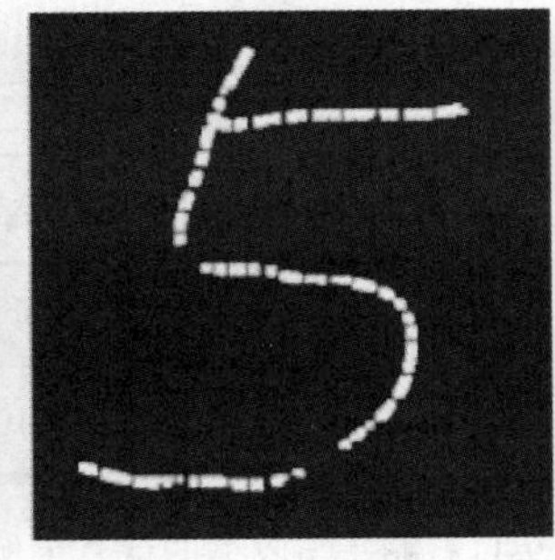
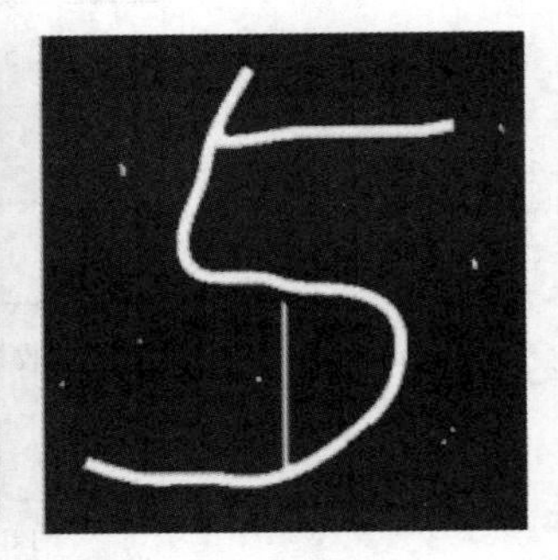

图 9-13 从原始图像依次做打开、关闭后的效果

当图像出现缺陷，例如瑕疵等微小的干扰源成分时，利用上述膨胀、收缩、打开或关闭滤波器等方法进行运算，可以消除干扰源，提高图像的效果，使其成为漂亮的图像。

（5）平均滤波器。平均滤波器是一种用于将图像的浓淡度均衡（模糊）化的滤波，是用于提高图像效果的滤波器。将周边 9 个像素（包括中心像素）的浓淡度值进行了平均化。对图像进行模糊化处理，可以降低干扰源成分的影响，能实现对工件的范围检测和模式搜索等位置检测的效果的稳定性，然而，要想达到更自然、更均衡的处理效果，必须采用加权平均滤波器。

（6）中值滤波器。中值滤波器是对周围 9 个像素（包括中心像素）的浓淡度值进行归整（排列），并且将中心值（中值）用作中心像素浓淡度值的滤波器。与均一化滤波器相比，无须对图像进行模糊处理就可以消除干扰源的成分，尤其是能消除与周边像素的浓淡度值不同的一粒一粒的干扰源。

（7）Sobel 滤波器。Sobel 滤波器是一种帮助边缘提取的滤波器，在对比度不高的情况下，能使边缘更加清晰，如图 9-14 所示。另外，经过这种滤波器的处理，图像看起来更自然，在进行边缘提取时，除了使用 Sobel 滤波器外，可以采用 Prewitt、Roberts、Laplacian 等各种滤波器。

(a)

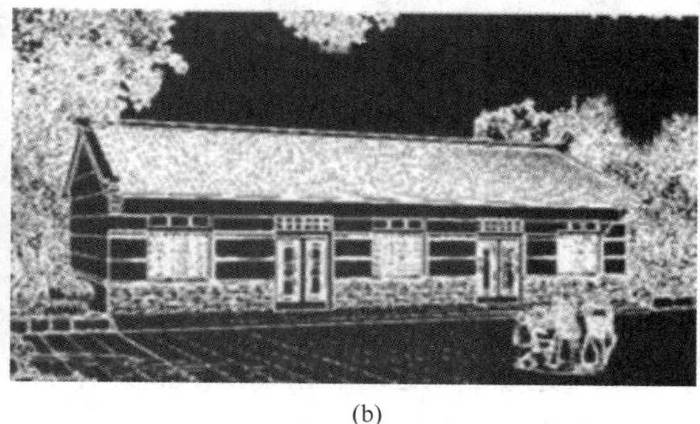
(b)

图 9-14 Sobel 滤波后的图像
（a）原图像；（b）Sobel 滤波后图像

9.3.2.2 彩色图像处理技术

A 颜色抽取

彩色图像的信号是用 R（红）、G（绿）、B（蓝）等数字数值表示，以此为基础抽取特定颜色要素的处理即为颜色抽取。通过处理，各像素就分化为被抽取的像素或未被抽取的像素两种数值，如图 9-15 所示。因此，除了较暗的颜色也能够实现稳定地抽取外，由于应处理的颜色信息量非常少，可较快地进行后处理。

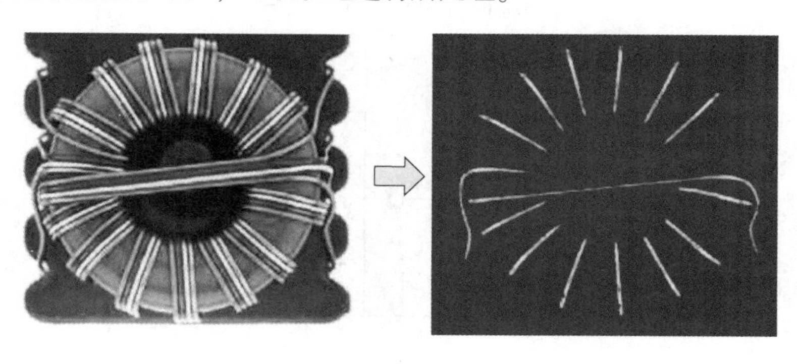

彩图

图 9-15 颜色抽取

B　灰度处理

灰度处理也称为浓淡处理，是取得用 CCD 相机拍摄的图像数据的浓淡信息的处理。具体方法是把像素的浓淡分割成 8bit（=256 灰度），并将该信息灵活使用，从而大大提高了工件的检测精度，如图 9-16 所示。特别是在黑白二值处理中，在检测难以判别的工件等方面，其效果格外显著。

图 9-16　彩色转灰度

9.3.3　图像形态学处理

图像形态学首先用于处理二值图像，它将二值图像看成集合，并用结构元素来探测。二值图像的形态学算法基于腐蚀与膨胀两个基本运算，并推导出几种常用的数学形态学运算，如开运算、闭运算、击中击不中变换等。

9.3.3.1　二值化处理

为了测量目标的参数，首先需要通过二值化处理（binarization），把目标从图像中提取出来。二值化处理的方法有很多，最简单的一种称为阈值处理（thresholding），即在输入图像的每个像素的灰度值等于或低于一定设置值时，将相应的输出图像的像素赋予相应的白色（255）或黑色（0）。

在实际处理中，只有在光照条件很稳定的状况下才有可能设定固定阈值，一般情况下都会需要通过一种方法来自动获得阈值。最常用的方法就是通过直方图（histogram）计算阈值。如图 9-17 所示，直方图直接代表了灰度值为 i 的像素在图像中的个数或者比例。

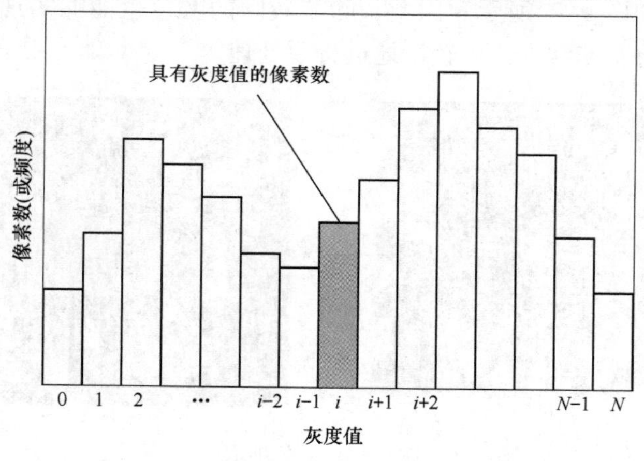

图 9-17　直方图

在背景单一的图像中，在直方图上通常会出现两个波峰：一个是背景的峰值；另一个是目标物量的峰值。图 9-18（a）是其直方图，直方图左侧的高峰是背景峰，像素数比较多，右侧的小峰是籽粒，像素数比较少。对于这种具有明显双峰在直方图上的图像，把阈值设在双峰之间的凹点，即可较好地提取出目标物。

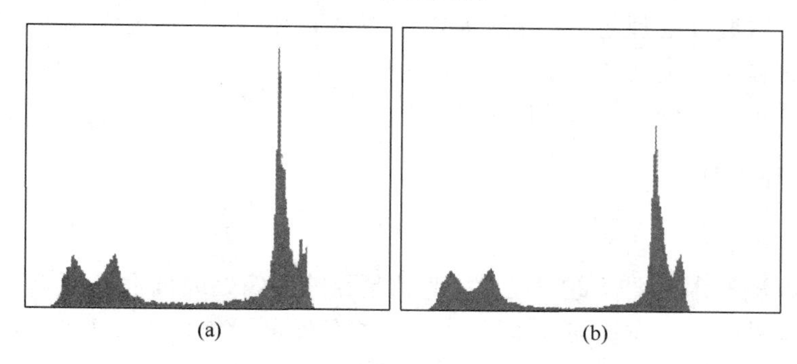

图 9-18 直方图平滑化
（a）原始直方图；（b）平均化的直方图

当原始图像的直方图出现剧烈起伏时，往往很难找出波谷的位置。为了更好地识别出波谷，通常采用在直方图上对相邻区域点进行平均化处理，以提高其稳定性。图 9-18（b）是图 9-18（a）由五个相邻域点进行了平均化之后的直方图，该直方图更容易通过算法编写来找到它的波谷位置。这种把直方图中的波谷作为阈值的方法称为模态法（mode method）。

在确定阈值的方法中，除模态法外，还包括 p 参数法（p-tile method）、判别分析法（discriminant analysis method）、可变阈值法（variable threshol-ding）、大津法（Otsu method）等。p 参数法是一种当已知物体占整个图像的比例为 $p\%$ 时，在直方图中，从暗灰度（或者亮灰度）一侧开始的累计像素数占总像素数 $p\%$ 的地方作为阈值的方法。判别分析法是将直方图分割为物体和背景时，利用这两个部分的统计数据来确定阈值的方法。可变阈值法适用于背景灰度变化较大的背景下使用，并根据图像的不同位置设定不同的阈值。

9.3.3.2 膨胀与腐蚀处理

从图 9-19 的二值图像可以看出，除了籽粒的白色像素之外，还有一些因光线不均等原因产生的白色区域，这些目标之外的区域被称为噪声（noise）。在进行目标测量之前，必须对这些噪声进行去除。对于这些二值图像的细小噪声，也称椒盐噪声（salt and pepper noise），一般可以采用膨胀与腐蚀来消除。

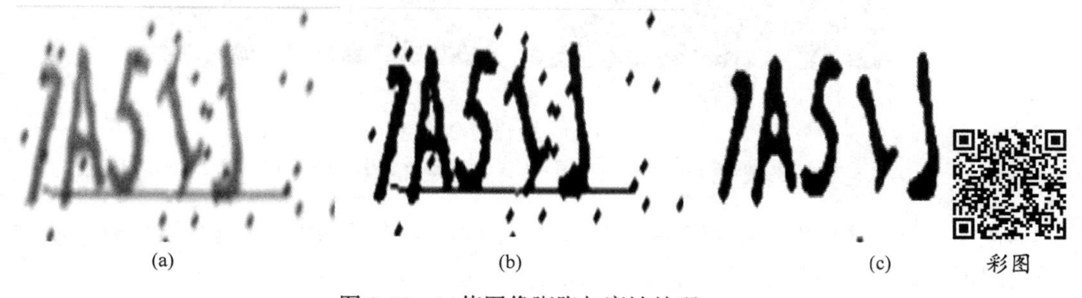

图 9-19 二值图像膨胀与腐蚀处理
（a）原始图像；（b）二极化图像；（c）膨胀和腐蚀后图像

膨胀（dilation）是指在某像素的邻近区域中，当一个像素是白色像素时，这个像素就从黑色变成白色，而其他的都是相同的。腐蚀（erosion）是指在某个像素的邻近区域中，当一个像素是黑色像素时，这个像素就从白色变成黑色，而其他的都是相同的。图 9-19（c）是对图 9-19（b）进行腐蚀和膨胀处理的结果。

可以看出一次腐蚀处理之后，把细小噪声去除了，同时籽粒也瘦身了一层像素；再一次膨胀之后，籽粒基本上又恢复了原来的大小。因此，膨胀和腐蚀的不同组合，在去除椒盐噪声的同时，可以起到修复二值图像的作用。

9.3.4　图像特征提取

9.3.4.1　边缘检测

利用边缘检测技术对图像进行尺寸检验，是目前图像处理技术发展的一个新方向。边缘模式为检测零件位置、宽度与角度提供了一种简便、可靠的方法。图 9-20 为边缘检测的几种类型。

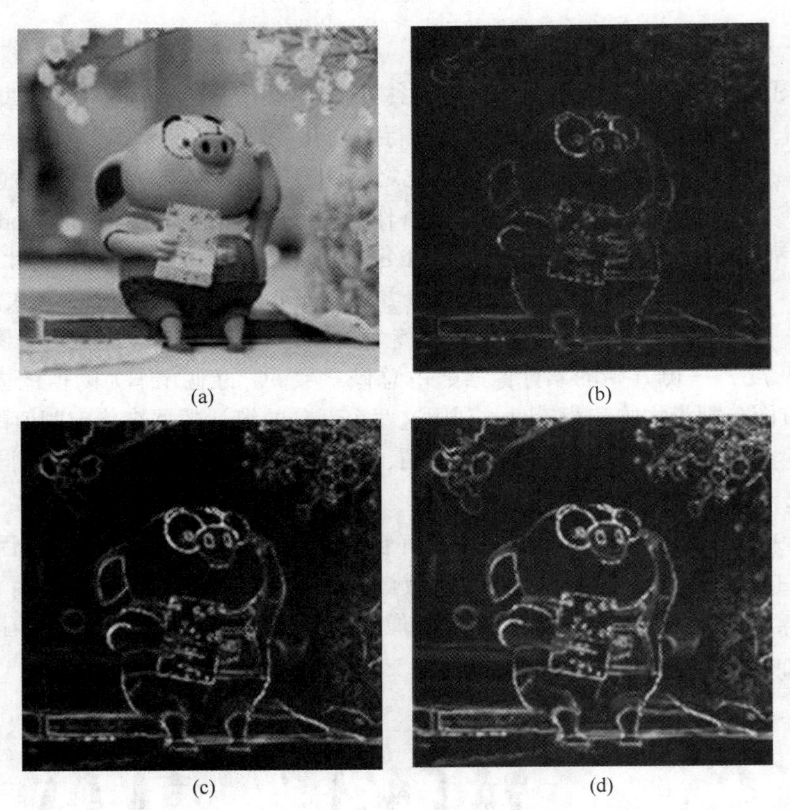

图 9-20　边缘检测类型

（a）原始图像；（b）Roberts 算法；（c）Prewitt 算法；（d）Sobel 算法

边缘是将图像中明、暗两个区域分隔开的边界。要想实现检测边缘，就需要在这些不同的阴影中进行边界的处理，可以用下面几个处理步骤来获得。

（1）执行投影处理。对垂直扫描图像进行投影处理，以得到各投影线的平均灰度，如

图 9-21 和图 9-22 所示。每个投影线的平均强度波形称为投影波形。需要注意的是，通过投影处理得到的平均灰度，减少测量区域中的噪点会导致检测失败。

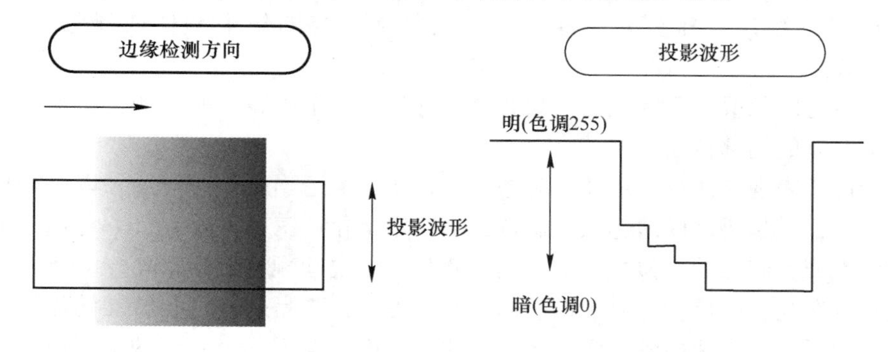

图 9-21　每列像素的投影

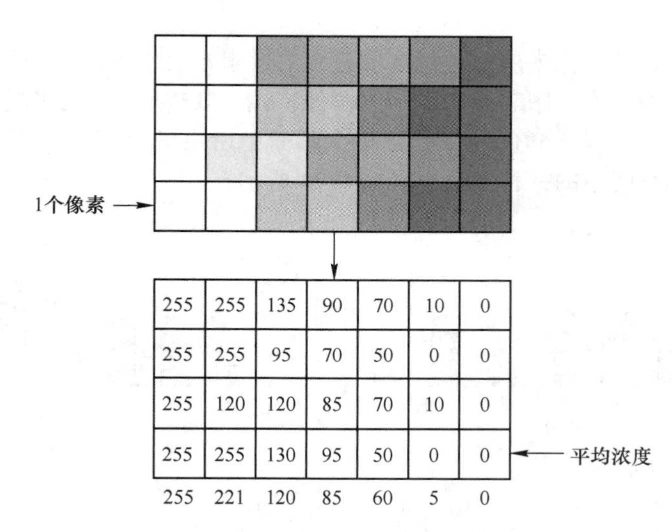

255	255	135	90	70	10	0
255	255	95	70	50	0	0
255	120	120	85	70	10	0
255	255	130	95	50	0	0
255	221	120	85	60	5	0

图 9-22　像素灰度投影示意

（2）执行微分处理。在进行微分处理时，投影差别越大，得到的偏差值就越大，如图 9-23 所示。在阴影不改变的情况下，其绝对强度值为 0。当颜色从白色（255）变为黑色（0）时，改变的量为 −255。

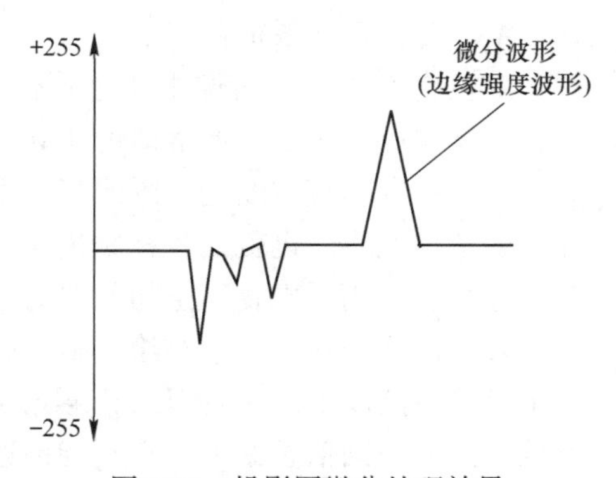

图 9-23　投影图微分处理效果

9.3.4.2　颜色特征提取

在图像的底层视觉特性中，色彩是最重要、最可靠、最稳定的视觉特性，在很多时候，其是描述一幅图像最简单、最有效的特性。由于人们在一张图片上的最初印象，是色彩在空间上的分布，所以色彩特征是人识别图像一种重要的视觉感知特性。

色彩特征是一种全局特征，它反映了图像或图像区域相对应的物体的表面特性，色彩特性通常是以像素的特性为基础的，而在这个时候，所有属于图像或局部区域的像素都有各自的贡献。与几何特性相比，色彩对于图像中物体的尺寸、方向和视角的改变并不敏感，因此它的稳定性很好。与此同时，色彩常常与图像中物体或场景有着密切的关系。

由于颜色对图像或局部区域的方向和尺寸等的改变不敏感，所以颜色特征不能很好地捕捉图像中对象的局部特征。

颜色特征的表现应注意以下几个问题：一是要选取适当的色彩空间，以进行色彩特性的描述与计算；二是要正确地选取色彩特征进行定量化；三是需要定义一种用于测量图片色彩的相似性或不同点的相似性准则，用来衡量图像之间颜色上的差异。

颜色直方图是一种反映彩色图像色彩分布的方法，它是反映色彩特性的最常见的一种方法。它描绘了一张图片中各种颜色所占的比重，而不考虑每个颜色的空间位置，也就是不能描绘出画面中的目标和物体。颜色直方图是一种非常适合于对色彩图像难以进行自动分割的处理的方法。

颜色直方图是统计图像中用一种特定的色彩的像素数目组成的不同颜色的一种直方图表示，其特点是不同的直方图表现出不同的图像特性。其横轴代表了颜色等级，纵轴代表了在某个颜色等级上具有该颜色的像素在整个画面中所占的比例。在直方图色彩空间中，每个刻度代表色彩空间中的一种颜色，如图 9-24 所示。

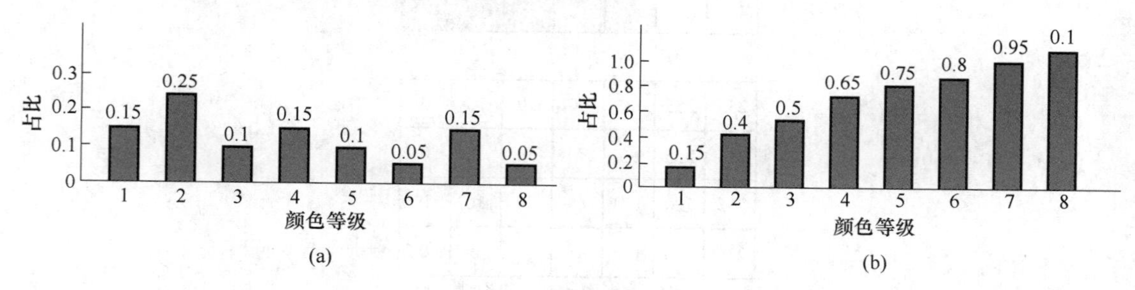

图 9-24 颜色直方图示例

（a）统计直方图；（b）累计直方图

A 颜色直方图的特点

颜色直方图含有图像中的色彩信息，能反映色彩的数量特性，其优势在于：计算简便，只需遍历图像中的像素即可建立；对于平移、旋转、尺度变化和部分遮挡等情形，均有不变性；利用直方图进行图像相似度的计算是一种简便的方法；能够较好地描述一张图片中的整体色彩，也就是各种颜色在整个图片中所占的比重，尤其适合于对图像难以进行自动分割和不用考虑物体空间位置的图像。

其不足之处在于：它描绘了整个画面中各种色彩在整幅图像中所占的比重，而忽略了各个色彩在空间上的位置以及色彩成分间的关系，由于无法准确地反映物体的空间特性，导致图像的空间信息丢失；它不能描述一幅图片中颜色的局部分布和每个颜色在空间上的位置，也就是说，它不能描述图像中的某一个特定的对象或物体。

B 颜色直方图和灰度直方图的区别

彩色图像变换成灰度图像的公式为：

$$g = \frac{R + G + B}{3} \tag{9-1}$$

式中 R，G，B——彩色图像的3个分量；

g——转换后的灰度值。

直方图是对一个变量的统计图形，而颜色不是一个变量，无法画成一元函数形式的图，因而颜色直方图的概念不是最清楚的。但可以改用颜色的某个参数（如亮度、波长等）就可以产生直方图。一般的彩色图像的直方图都是亮度的直方图，也就是灰度的直方图。

可以取颜色的编码（索引值）作为变量来画直方图。当调色板中的颜色为灰阶值时，就是灰度直方图；否则，由于索引值是任意的，故从直方图中就看不出自变量和其对应函数值的关系了。另外，这只能适用于索引模式的图像，对于RGB图像是不适用的。

C 颜色直方图的建立

在颜色直方图的建立中，要注意选取合适的颜色空间。大多数数字图像是以RGB色彩空间表示的，RGB颜色空间是最常见的。但是RGB空间的空间结构与人对主观色彩相似度的主观判断有很大的差异，不符合人的视觉感知，因此可以把RGB空间转化成HSI空间、LUV空间、LAB空间等视觉一致性的空间，这些空间更贴近人的主观认知，因此在颜色直方图中使用最多的是HSI空间。除此之外，还可以采用一种更简单的颜色空间：

$$\begin{cases} C_1 = \dfrac{R + G + B}{3} \\ C_2 = \dfrac{R + (\max - B)}{2} \\ C_3 = \dfrac{R + 2 \times (\max - G) + B}{4} \end{cases} \tag{9-2}$$

式中，max = 255。

在选取好颜色空间后，再进行颜色量化，即把颜色空间分成几个较小的颜色区间，每一区间都是直方图的一个bin（柱状图中每个柱所在的区间）。再根据颜色分布在各个小区域中的像素数目来求出颜色直方图。

颜色量化方法主要有量化方法、聚类方法或者神经网络方法等。最常见的方法是将颜色空间的各个分量（维度）进行平均分割。相比之下，聚类方法则充分考虑了图像空间中色彩特征的分布，避免了局部区域中某些bin的像素的稀疏现象，提高了量化的效率。此外，若该图像为RGB格式，且该直方图为HSI空间，则可在该量化RGB与该量化HSI空间之间预先建立查找表，以加速该直方图的运算过程。

全图的颜色直方图算法太过简单，这就造成了许多问题，比如，两个基本不相同的图片，具有完全一样的颜色直方图，其颜色直方图不能反映出颜色位置信息；或者，两张图片的颜色直方图近似，仅互相错开了一个bin，此时若使用欧氏距离来求其相似性，则相似性极低。要克服以上缺点，研究者提出了若干改进方法。比如，把图片分成几个子块，既能给出一定程度的位置信息，又能增加用户所关注的子块的权重；或根据相似但不相同的颜色之间的相似度，可以使用二项式距离。或者提前平均处理颜色直方图，也就是说，每个bin中的像素也会影响到邻近的数个bin。这种类似但不同颜色之间的相似性也有助于直方图的相似度的提高。

选择适当的颜色小区间（即直方图的 bin）数量和颜色量化方法，涉及特定的应用中的性能和效率的需求。通常情况下，当颜色小区间的数目较多时，该直方图具有较好的色彩识别性能，而 bin 数目较大的颜色直方图则会加重运算负担。一种有效地降低直方图 bin 数量的方法是，仅选择具有最大值（也就是最多像素数目）的 bin 作为图像特征，这是因为它们代表了主要色彩的 bin 可以代表图像中大多数像素的色彩。因为忽略了小数的 bin，所以颜色直方图对噪声的敏感性也有所下降。

9.3.4.3 纹理特征提取

纹理与灰度、颜色等图像特性不同，它是由像素及其周边空间邻域的灰度分布来表示的，也就是局部纹理信息；局部纹理信息具有一定的可重复性，也就是全局纹理信息。一般而言，纹理是由许多相互接近的、相互交织的元素组成的，而且往往是有规律的，比如皮肤的纹理，以及毛发、天空、水、织物、树木的纹理等。

对纹理的认识或定义决定了提取纹理特征采用的方法，由于难以对纹理给出一个精确和统一的定义，使纹理分析更为错综复杂。

这里着重于对一张图片中物体的纹理度量。当物体内部的各个部位的灰度级都是恒定的，或接近于常量，则表示物体没有任何纹理。当物体内部的灰度级发生了显著的改变而非单纯的影调改变时，则物体具有纹理。为了度量纹理，试图度量物体内部的灰度性质。

图像的纹理特征提取分为图像预处理、灰度级量化以及计算特征值三个阶段。

（1）图像预处理。在采用基于灰度共生矩阵的纹理分析方法提取图像的纹理特性时，必须首先将选定的图像转化为具有 256 个灰度级的灰度图像。然后对灰度图像进行灰度均衡，即直方图均衡法，其主要目标是利用点运算将图像变换成在每一个灰度上都具有同一像素的输出图像，从而改善图像的对比度，同时转换后图像的灰度分布也趋向一致。

（2）灰度级量化。在实际应用中，一张图片的灰度级数通常为 256 级，在计算灰度共生矩阵时，通常不会对图像的纹理特性造成影响，为了减少共生矩阵的尺寸，通常先将原图像的灰度级压缩到 8~16 级的较小的范围来共生矩阵的尺寸。然后，在实际应用中，根据要求选择 D 和 O，分别求出各参数下的共生矩阵，并推导出特征量，将这些特征量进行排序，从而得出图像或纹理到数字特征之间的对应关系。

（3）计算特征值。对经过预处理和灰度级量化的图像进行了灰度共生矩阵计算，以及二次统计特征量，作为图像的特征值，用于后续的图像分类与识别。

灰度共生矩阵反映了灰度的空间相关性，也就是说，在一种纹理模型中，像素的灰度空间分布关系，尤其适合于对微小纹理的刻画，便于理解和运算，而矩阵的尺寸仅取决于灰度级数的最大值，而不取决于图像的尺寸。

但其不足之处在于，该矩阵中没有包含任何形状的信息，因此不能很好地刻画包含大面积基元的纹理。而在图像的局部纹理特征的提取方法中，最常用的就是灰色共生矩阵。

利用灰度共生矩阵所抽取的纹理特性，一般用来对整个区域或整幅图像进行每一方向的灰度共生矩阵的分析和分类，均能计算上述特征量；针对四个方向的灰度共生矩阵，各特征都具有四种不同方向的纹理特征值，为了减小其特征空间维数，通常采用四个方向获得的平均纹理特征值作为图像特征进行后续的分类。

9.3.5 视觉测量

视觉测量的目的是实现被测物体空间几何信息的获取，普通成像过程是三维空间到二维空间的变换，丢失一维信息，单纯依靠一幅图像不能提供充分几何约束，无法恢复三维信息。根本的解决途径是在单个摄像机成像以外，通过测量方法设计，引入（补充）其他几何约束，共同构成充分条件，并解出空间信息。本节主要针对视觉测量的原理和技术进行介绍。

9.3.5.1 视觉测量坐标系

视觉成像建立在目标空间与图像空间之间的坐标转换关系中，为了精确地描述成像过程，必须建立世界坐标系、摄像机坐标系、像平面坐标系和图像坐标系四个基本坐标系，如图 9-25 所示。

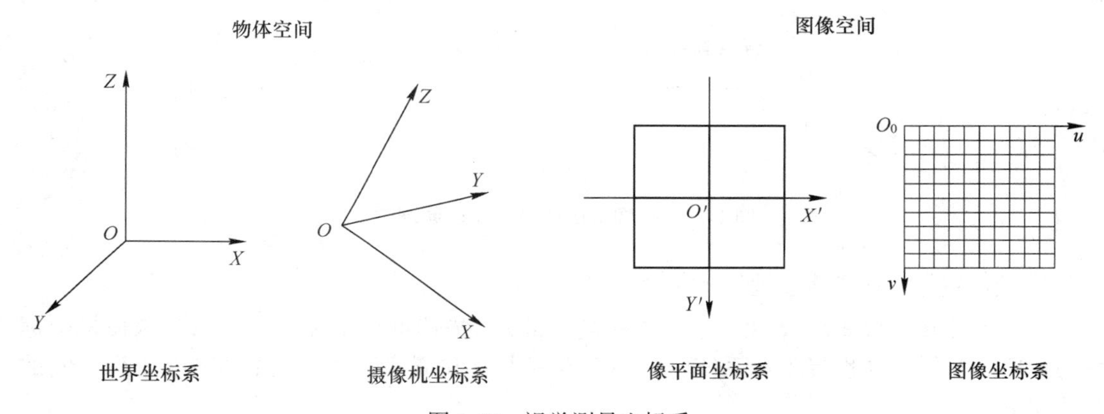

图 9-25 视觉测量坐标系

（1）世界坐标系。世界坐标系是由绝对坐标系来代表客观世界中的三维场景。相机可以放置在摄影环境中的任何地方安装，因此可以使用世界坐标系统来描述相机的位置，并将其用于描述周围环境中的被拍摄物体的位置。

（2）摄像机坐标系。摄像机坐标系（x，y，z）是以摄像机为中心形成的坐标系统，通常用摄像机的光轴作为 z 轴，摄像机的光心作为坐标原点。

（3）像平面坐标系。像平面坐标系（x'，y'）通常是与摄像机坐标系统 x-y 平面相平行的平面，x 与 x'轴、y 与 y'轴分别是平行的，将平面的原点定义在摄像机光轴上。光轴与像平面的交点是像平面坐标系的原点 O'，$\overline{O'O}$ 的长度为摄像机的有效焦距 f。

（4）图像坐标系。像平面坐标系与图像坐标系（u，v）既是有差别的，也是相互关联的。二者都用来对视觉场景的投影图像进行描述，其同名坐标轴对应平行，但使用的单位、坐标原点是不同的。图像坐标系，其原点定义在图像矩阵的左上角，以像素为单位；而像平面坐标系是连续坐标系，其原点定义在摄像机光轴与图像平面的交点（u_O，v_O）处，以 mm 为单位。

9.3.5.2 四个坐标系间的变换关系

在图 9-26 所示的摄像机成像坐标变换原理图中，设空间物点 P 成像之后的像点是 p，f 是摄像机有效焦距，在不考虑成像畸变的理想透视变换情况下，四个不同坐标系之间的坐标转换关系如下。

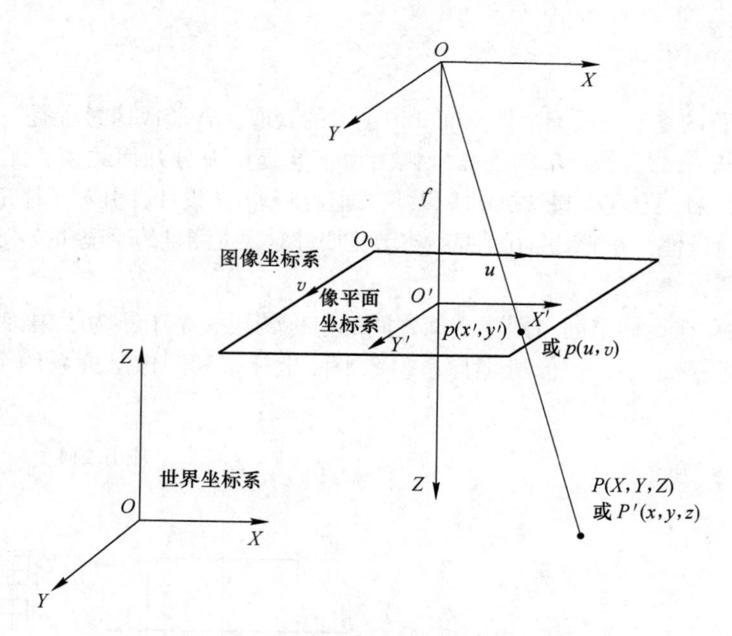

图 9-26 摄像机成像坐标变换原理图

A 世界坐标与摄像机坐标之间的变换关系

用一个旋转变换矩阵 $\boldsymbol{R}$ 和一个平移变换向量 $\boldsymbol{t}$ 来描述世界坐标系中的点到摄像机坐标系的转换。这样，在世界坐标系统中，一个空间点 P 和摄像机坐标系中的齐次坐标之间的关系如下：

$$\begin{bmatrix} x \\ y \\ z \\ 1 \end{bmatrix} = \begin{bmatrix} \boldsymbol{R} & \boldsymbol{t} \\ \boldsymbol{0} & 1 \end{bmatrix} \begin{bmatrix} X \\ Y \\ Z \\ 1 \end{bmatrix} \tag{9-3}$$

式中 $\boldsymbol{R}$——3×3 正交单位矩阵；

$\boldsymbol{t}$——三维平移向量，其形式为 $\boldsymbol{t} = [Tx,\ Ty,\ Tz]$ 矩阵；

$\boldsymbol{0}$——零向量，$\boldsymbol{0} = (0,\ 0,\ 0)^{\mathrm{T}}$。

旋转矩阵 $\boldsymbol{R}$ 的具体形式为：

$$\boldsymbol{R} = \begin{bmatrix} r_1 & r_2 & r_3 \\ r_4 & r_5 & r_6 \\ r_7 & r_8 & r_9 \end{bmatrix}$$

B 像平面坐标与摄像机坐标之间的变换关系

$(x',\ y')$ 为像点 p 的图像坐标；$(x,\ y,\ z)$ 为摄像机坐标系下的物点 P 的坐标，两者之间的透视投影（perspective projection）关系也可以用齐次坐标来表达；

$$\begin{bmatrix} x' \\ y' \\ 1 \end{bmatrix} = \begin{bmatrix} f/z & 0 & 0 & 0 \\ 0 & f/z & 0 & 0 \\ 0 & 0 & 1 & 0 \end{bmatrix} \begin{bmatrix} x \\ y \\ z \\ 1 \end{bmatrix} \tag{9-4}$$

C　像平面坐标与图像坐标之间的变换关系

如图 9-27 所示，$(u,\ v)$ 代表了计算机像坐标系的坐标，以像素为单位；$(x',\ y')$ 代表像平面坐标系的坐标，以 mm 为单位。

在 x'-y'坐标系中，原点 O'定义在摄像机光轴与图像平面的交点处，也就是主点，如果 O' 在 u-p 坐标系中的坐标为 $(u_O,\ v_O)$，在 x'轴与 y'轴方向上，每一个像素的物理尺寸为 d_x 和 d_y，那么，图像中任意一个像素在两个坐标系下，则有

$$\begin{bmatrix} u \\ v \\ 1 \end{bmatrix} = \begin{bmatrix} 1/d_x & 0 & u_O \\ 0 & 1/d_y & v_O \\ 0 & 0 & 1 \end{bmatrix} \begin{bmatrix} x' \\ y' \\ 1 \end{bmatrix} \tag{9-5}$$

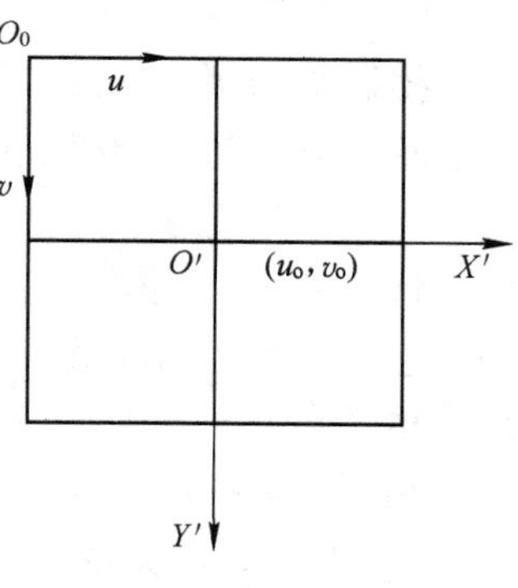

图 9-27　图像坐标系与像平面坐标系

D　图像坐标与世界坐标之间的变换关系

将式（9-3）代入式（9-4），再代入式（9-5），则得出以世界坐标表示的 P 点坐标与其投影点 p 的坐标 $(u,\ v)$ 的关系：

$$z\begin{bmatrix} u \\ v \\ 1 \end{bmatrix} = \begin{bmatrix} \frac{1}{d_x} & 0 & u_O \\ 0 & \frac{1}{d_y} & v_O \\ 0 & 0 & 1 \end{bmatrix} \begin{bmatrix} f & 0 & 0 & 0 \\ 0 & f & 0 & 0 \\ 0 & 0 & 1 & 0 \end{bmatrix} \begin{bmatrix} \boldsymbol{R} & \boldsymbol{t} \\ \boldsymbol{0} & 1 \end{bmatrix} \begin{bmatrix} X \\ Y \\ Z \\ 1 \end{bmatrix}$$

$$= \begin{bmatrix} a_x & 0 & u_O & 0 \\ 0 & a_y & v_O & 0 \\ 0 & 0 & 1 & 0 \end{bmatrix} \begin{bmatrix} \boldsymbol{R} & \boldsymbol{t} \\ \boldsymbol{0} & 1 \end{bmatrix} \begin{bmatrix} X \\ Y \\ Z \\ 1 \end{bmatrix} = \boldsymbol{M}_1\boldsymbol{M}_2\boldsymbol{W}_\mathrm{h} = \boldsymbol{M}\boldsymbol{W}_\mathrm{h} \tag{9-6}$$

式中　$a_x = f/d_x$；

$a_y = f/d_y$；

$\boldsymbol{M}$——3×4 矩阵，称为投影矩阵；

矩阵 $\boldsymbol{M}_1$——摄像机内部参数矩阵，由仅与摄像机内部结构相关的参数 a_x、a_y、u_O 和 v_O 来确定，称摄像机内部参数；

矩阵 $\boldsymbol{M}_2$——摄像机外部参数矩阵，包含 6 个外部参数，仅与摄像机相对于世界坐标系的方位有关；

W_h——在世界坐标系统中的齐次坐标的空间点。

需要注意的是，在某些文献中，内部参数矩阵的形式为：

$$\boldsymbol{M}_1 = \begin{bmatrix} a_x & \mu & u_O \\ 0 & a_y & v_O \\ 0 & 0 & 1 \end{bmatrix} \tag{9-7}$$

式中　μ——u 轴和 v 轴的不垂直因子，则矩阵 $\boldsymbol{M}_1$ 由 a_x、a_y、μ、u_O 和 v_O 5 个参数来确定。

式（9-6）也表示当世界坐标、摄像机坐标、像平面坐标和图像坐标均独立并且不考

虑畸变的影响时的通用摄像机模型。

9.3.5.3　摄像机成像模型

摄影机利用成像透镜把三维场景投影到摄影机的二维影像上，此投影可以用成像变换来表示，被称为摄像机成像模型。

A　针孔模型

针孔模型（pin-hole model）又称为线性模型，是目前应用最广泛的一种理想状态模型。它在物理上与薄透视镜成像相似，其最大的优势在于其成像关系为线性的，简单实用，精度高。

利用透镜成像来描述照摄像机的成像原理，如图 9-28 所示，由几何光学高斯定理，物距 z、像距 z' 以及焦距 f 三者之间满足如下关系：

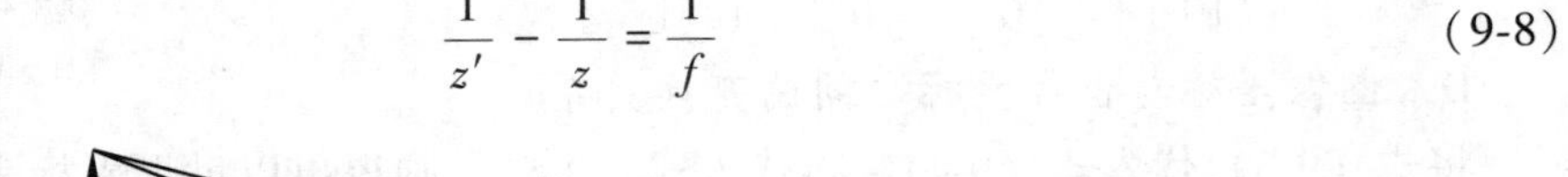

$$\frac{1}{z'} - \frac{1}{z} = \frac{1}{f} \tag{9-8}$$

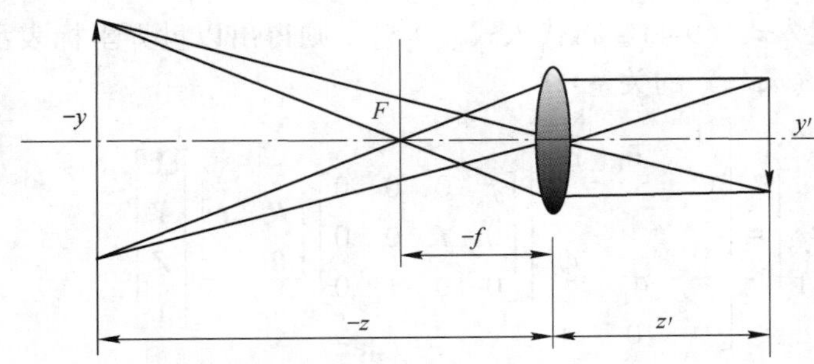

图 9-28　透镜成像原理

一般情况下，$z \gg f$，即 $z \to 0$，所以 $z' \approx f$，也就是像距接近于焦距。在实际应用中，针孔成像模型在计算机视觉中应用最广泛，是一种非常理想的投影成像模型，也称为针孔模型。

B　透视投影

计算机视觉依赖于针孔模型模拟透视投影的几何学，但是忽略了景深的影响，基于一个事实：只有一定深度范围内的那些点被投影在图像平面。透视投影假设可视体（view volume）是一个有限的金字塔，被顶点、底面以及在图像平面上的可视矩形的边所限定。

图像几何学（image geometry）将确定物点被投影在图像平面中的什么位置。物点在图像平面的投影模型如图 9-29 所示。

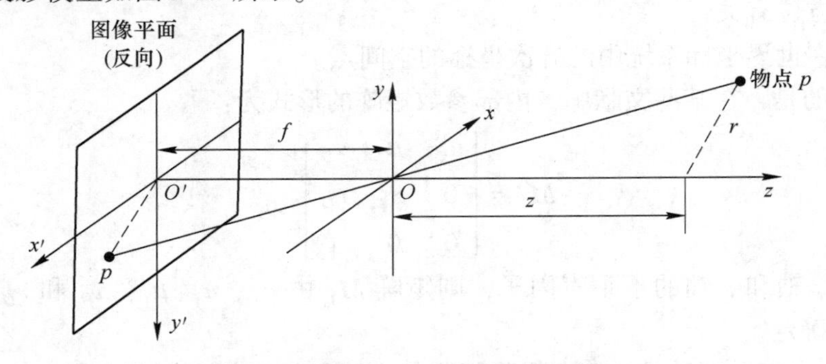

图 9-29　物点在图像平面的投影模型

图像平面与三维坐标系统的 x-y 平面平行，且与投影中心的距离等于 f，并且投影图像是逆向的。一般情况下，为了避免这种逆向，常假定图像平面在针孔之前，也就是说，图像平面位于如图 9-30 所示的投影中心的前面，也就是虚拟图像的位置。

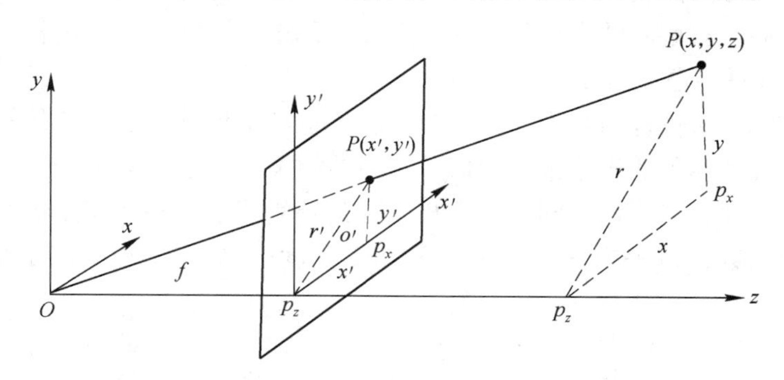

图 9-30　由物点计算投影点图解

C　摄像机镜头畸变

实验表明，在实际情况下，由于光学元件（镜头）材料素质的差异，成像的图像与原图之间不可避免地存在畸变，特别是在使用广角镜头时畸变尤为明显。镜头畸变有径向畸变（radial distortion）和偏心畸变（eccentric distortion）。

径向畸变是指矢量端点沿长度方向发生的改变 Δr，即矢量的变化，如图 9-31 所示。径向畸变是在图像点相对理想位置上产生向内或向外的位移，也就是所谓的对称的径向失真或桶形失真。这种畸变主要是由透镜曲面上的瑕疵导致的，存在着正和负两种偏差效应。负的径向畸变导致了外部的点向内部集中，从而使其尺寸减小。反之，正的径向畸变会导致外部的点不断地向外扩展，从而使其尺寸随之增大。径向畸变关于光轴是完全对称的。

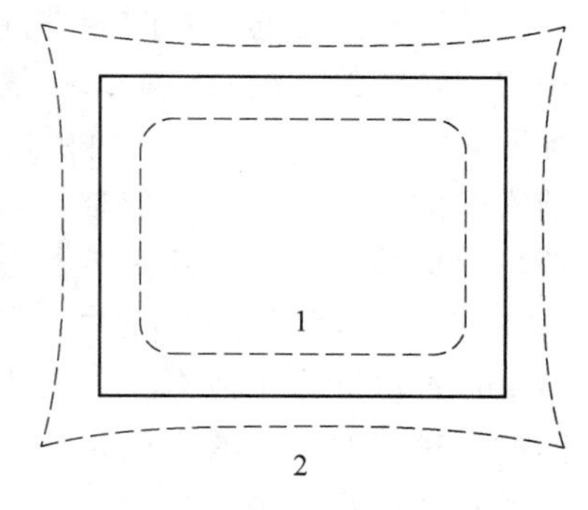

图 9-31　径向畸变

1—桶形畸变；2—枕形畸变

偏心畸变，也就是所谓的图像中心点偏移失真，是指光心在成像面横轴和纵轴方向的位置偏移量。这种畸变主要是由于成像面不平整而产生的失真，例如透镜的光轴与摄像机的面阵平面之间存在倾角误差。成像面不平整会影响摄影系统三角剖分的精度，可以看作是入射光线角度在成像过程中的函数。因此，当使用相机普通镜头和长焦距的情况下，这种类型的误差很小。但是，如果使用广角镜头和短焦距对物体近距离拍摄时，就会产生很大的误差。

9.3.6　图像匹配、识别与融合

9.3.6.1　图像匹配

在图像处理领域中，图像匹配是最普遍的基础问题，它是通过在变换空间中寻找一种或多种不同时间、不同传感器或不同角度对同一场景的两幅或多幅图像进行空间一致性变换。图像匹配方法通过匹配算法的基本思想可分为基于区域的匹配方法和基于特征的匹配方法两大类。

A 基于区域的匹配方法

基于区域的匹配方法的基本原理是逐像素地把一个以一定大小的实时图像窗口的灰度矩阵，与参考图像的所有可能的窗口灰度阵列，按某种相似性度量方法进行搜索比较的匹配方法，理论上就是采用图像相关技术。

基于区域的匹配方法也称为灰度匹配，该算法的主要思想是：从统计的角度把图像看作二维信号，利用统计相关的方法来寻找信号之间的相关性。通过对两个信号之间的相关性分析，判断其相似性，从而得到同名点。灰度匹配是使用了某些相似度的测量方法，如相关函数、协方差函数、差平方和、差绝对值和等测度极值来判断两个图像之间的对应关系。

采用灰度信息匹配算法最大的缺点就是需要大量的计算量，而且由于应用场合通常对速度有一定的要求，因此很少采用这种方法。目前，已经提出的有关的快速算法有幅度排序相关算法、FFT 相关算法和分层搜索的序列判断算法等。

B 基于特征的匹配方法

特征匹配就是一种将两个或多个图像的特征，如点、线、面等特征分别提取出来，对特征进行参数化描述，并利用特征参数进行匹配的一种算法。基于特征的匹配所处理的图像通常包括颜色、纹理、形状以及空间位置等特征。

特征匹配是通过对图像进行预处理，以获得高层次的特征，并在此基础上建立两幅图像之间特征的匹配对应关系。常用的特征元素有点特征、边缘特征和局部特征。在进行特征匹配时，必须使用到矩阵的运算、梯度的求解、傅里叶变换和泰勒展开等数学运算。目前常用的特征提取与匹配方法有统计方法、几何法、模型法、信号处理法、边界特征法、傅里叶形状描述法、几何参数法和形状不变矩法等。

基于图像特征的匹配方法能有效地解决图像灰度信息匹配的缺点问题，由于图像中的特征点数量远小于像素点，因此可以极大地降低匹配过程的计算工作量；而且，特征点的匹配度量值对位置的变化非常敏感，能够极大地改善匹配精度；同时，特征点的提取过程能够有效地降低噪声对图像的干扰，具有良好的灰度变化、图像形变和遮挡等性能的适应能力。因此，所使用的特征基元如点特征（明显点、角点、边缘点等）和边缘线段等，在实际生活中得到了广泛的应用。

9.3.6.2 图像识别

图像识别是近 20 多年发展起来的一种新型技术科学，其主要内容是对某些特定物体或过程进行分类和描述。图像的含义很广，它的本义是指各种图像（图画、影像包括浓淡、色彩），后来又将它归入图像，即声音图像等。具体地说，它可以是各种物体的黑白或彩色绘画、手写字符、遥感图像、声波信号、X 射线透视胶片、指纹图案、空间物体等。

图像识别系统包括数据获取、预处理、特征提取和选择以及分类决策四个部分组成。

A 数据获取

为了让计算机能对不同的现象进行分类和鉴别，必须使用能被计算机操作的符号来表达被研究的物体。一般情况下，输入对象的信息有如下三种类型。

（1）二维图像。如文字、指纹、地图、照片等此类对象。

（2）一维波形。如脑电图、心电图、机械振动波形等。

（3）物理参量和逻辑量。前者包括病人在诊断时的体温和各项检查资料；后者对某个参数是否正常或是否存在的症状有无的描述，例如疼与不疼，可以用逻辑值 0 和 1 来表达。在引入模糊逻辑的情况下，这些值也可能包含一些模糊的逻辑值，如很大、大、比较大等。根据测量、采样和量化，二维图像或一维波形可以用矩阵或向量来表示。这就是数据采集的过程。

B 预处理

预处理的目标是消除噪声、增强有用信息、恢复由输入测量设备和其他因素引起的退化现象。数字图像的预处理过程是将之前提到的图像恢复、增强、变换等技术用于图像的处理，以改善图像的视觉效果，并对各项统计指标进行优化，从而达到图像高质量的特征提取。

C 特征提取和选择

从图像或波形得到的数据量巨大。比如，一幅文字图像可能包含几千个数据，一幅心电图波形可能包含有几千个数据，一幅卫星遥感图像可能包含更加大量的数据。要想有效地完成分类和识别，必须将原始数据进行转换，从而获得最能体现分类本质的特征。这是一个特征提取和选择的过程。

通常，由原始数据构成的空间称为测量空间，由分类识别所依赖以进行的空间称为特征空间，利用转换可以将具有高维数的测量空间所表示的模式转化为具有低维度的特征空间表示的模式。在特征空间中，一个模式经常被称为一个样本，它可以被用来描述一个向量，也就是在特征空间中的一个点。

D 分类决策

分类决策就是利用特征空间内的统计方法，将已识别的物体归入特定的范畴，其基本原理是根据样本训练集的基础上来决定特定的判定规则，从而减少由该判定准则所导致的误识率或减少所带来的损失。

9.3.6.3 图像融合

图像融合技术是一门综合了传感器、图像处理以及人工智能等学科的交叉研究领域，Pohl 和 Genderen 对其定义为："图像融合就是通过一种特定算法将两幅或多幅图像综合成为一幅新图像。"它使新的图像更符合人类的视觉感受，或更符合图像处理的特定需求。

A 图像融合层次

根据融合处理所处的不同阶段，图像融合处理通常可在三个不同层次上进行，即像素级融合、特征级融合、决策级融合，如图 9-32 所示。

（1）像素级融合。将多个相同目标的多个传感器图像进行合成，得到复合图像。所得到的复合图像可以更加准确、全面、可靠地描述物体。这是一种在原始数据层上直接进行的合并。一些文献中提及的图像融合通常是指像素级图的融合。

（2）特征级融合。首先，对原始多传感器图像中的有用特征进行提取，然后对其特征信息进行全面的分析和处理。这是一个介于目标状态与信息的融合。其典型特征包括线型、边缘、纹理、光谱、相似亮度区域、相似景深区域等。

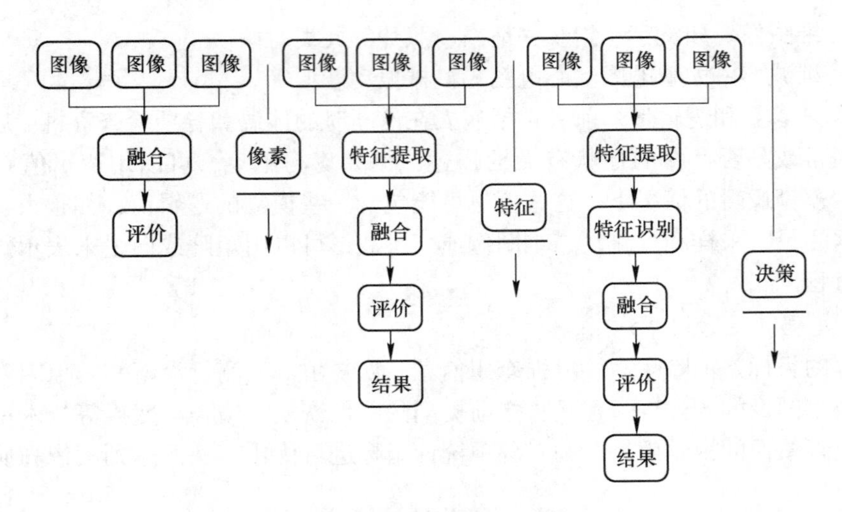

图 9-32 图像融合的不同层次

(3) 决策级融合。在进行融合之前，首先要对来自不同传感器获得的源图像进行预处理、特征提取、识别或判决，从而得出对同一物体的初始判决结果；然后，通过对各个传感器的决策进行融合，得到一个统一的判决结果，这是一个在信息表达的最高层面上实现的融合。

图像融合的三个层次不但可以单独进行，还具有紧密的联系，并且可以同时作为一个整体进行分层次的融合。前一步的融合结果作为后一级的输入。

B 像素级多传感器图像融合

在三个层次上的图像融合中，像素级多传感器的图像融合是直接在采集到的原始图像上进行的，在没有对各种传感器的原始数据进行预处理之前，就对其进行数据综合和分析，是最低层次上的融合。其采集的信息量最多，检测性能最好，应用范围也最广泛。同时，基于像素层次的多传感器图像融合技术为特征级与决策级图像融合奠定了基础。所谓像素级多传感器图像融合技术，是利用某种方法，将多个传感器采集到的相同区域或相同的对象的图像数据，将各个图像数据中所含的信息优势相结合，生成新的图像数据的技术。

像素级融合是指在一定的匹配情况下，对各个传感器的输出信号进行信息的综合分析。像素级的图像融合是基于基础层上实现的信息融合，这种融合的精确度最高，可以为其他层次上的融合处理提供更多的细节信息。融合的图像可以是多种不同类型的图像传感器，也可以是一个单一图像传感器。单一图像传感器所提供的图像可以来自不同的观察时间或空间（角度），也可能是同一时间、空间，不同光谱特性的图像。

与单个传感器得到的图像相比，像素级图像融合后的图像包含的信息更加丰富、准确、可靠、全面，更便于对图像进行分析、处理和理解，例如场景分析/监视、图像分割、特征提取、目标识别、图像恢复等。在像素级图像融合中，像素级别的图像融合技术可以方便地进行图像的实时采集和分析，是实现多个传感器的最基本的重要手段。像素级图像融合具有最小的信息损失，但是它所处理的信息量最大，处理速度最慢，设备要求更高。图 9-33 显示了像素级图像融合的结构。

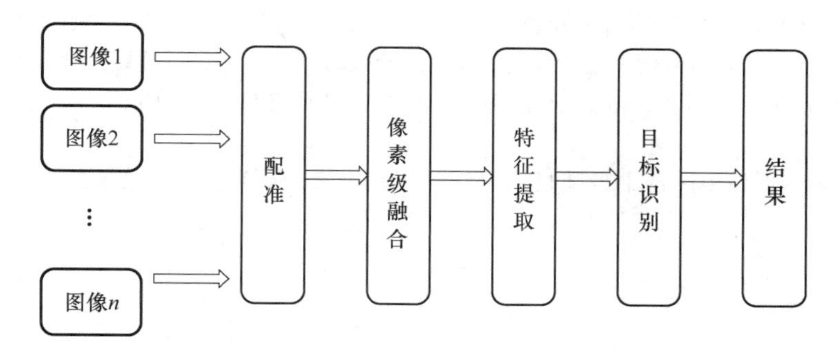

图 9-33 像素级融合示意图

通常，像素级图像融合由三个步骤组成：首先，对图像进行匹配，图像融合的最基本步骤是对不同来源的图像进行高精度配准，其准确性直接影响到图像融合的效果；其次，图像融合算法的实现，利用不同的传感器获取的图像特征，可以选择不同的融合算子；最后，对融合效果进行评估，在实际应用中，可以针对不同的目标、不同的图像来源，采用不同的检测手段。

像素级多传感器图像融合是一种有效的信息整合方法，它可以降低或消除单一信息在被感知物体或环境中可能存在的多义性、不完整性、不确定性和误差，使不同的信息资源得到最大程度的利用，从而大大提高了特征提取、分类和目标识别的效率。同时，由于多传感器图像的冗余信息，使信噪比得到改善，系统的可靠性得到提高，同时也减少了对单一传感器的性能需求。图像融合并非单纯的重叠，而是包含更多有价值的信息，从而达到“1+1>2”的效果。当前，像素级多传感器图像融合，主要是为了产生具有更好特征的、更符合人和机器视觉特征的图像。该图像可以应用于视觉识别和图像的后续处理，如图像分割、目标检测、识别和跟踪等。

参 考 文 献

[1] 北渡南归．科创板丨天准科技：中国机器视觉第一梯队企业［EB/OL］．［2019-05-29］．https：//www. qianzhan. com/analyst/detail/329/190529-ac6a23ed. html.

[2] 陶瑞莲，周韦琴．基于 VisionPro 的人脸识别检测系统［J］．工业控制计算机，2019，32（1）：109.

[3] 张进猛，杨会兰，朱德军．图像处理边缘检测技术的应用探索［J］．通讯世界，2018（8）：217-219.

[4] 周传宏，陈郭宝，王怀虎，等．OpenCV 在条烟视觉检测系统中的应用［J］．机械设计与制造，2011（11）：72-74.

[5] 熊丽丽，王诺．计算机人工智能技术的应用及未来发展探微［J］．电子元器件与信息技术，2020，4（6）：77-78.

[6] 花有清．基于机器视觉的智能手语识别翻译器设计与实现——评《机器人学、机器视觉与控制：MATLAB 算法基础》［J］．中国科技论文，2020，15（10）：1226.

[7] 张婷婷．基于粒子滤波的机动目标跟踪方法研究［D］．西安：西安电子科技大学，2009.

[8] 刘世与．基于目标跟踪的全方位视觉自引导车动态定位技术［D］．天津：天津理工大学，2008.

[9] 熊志．基于双目立体视觉的大尺寸测量系统的研究［D］．秦皇岛：燕山大学，2006.

[10] 刘雪绞．面对面的小间隙机器视觉系统研究［D］．太原：太原理工大学，2009.

[11] 杨镇宇. 基于机器视觉和SVM的花椒外观品质检测技术研究 [D]. 重庆：西南大学，2010.
[12] 李彦文. 基于计算机视觉的墙地砖颜色色差检测分级的研究 [D]. 秦皇岛：燕山大学，2006.
[13] 房加强，何建萍，王付鑫，等. 视觉传感技术的应用研究与发展趋势 [J]. 电焊机，2013，43 (4)：46-50.
[14] 石文杰. CMOS图像传感器中列随机电报噪声影响因素的研究 [J]. 电子技术，2019，48 (1)：47-49.

10 智能室内机器人定位导航技术

第 10 章课件

智能机器人定位导航技术是人工智能和智能控制界的前沿课题，也是机器人学研究的热点和难点问题之一。在部分已知和完全未知的环境下，机器人由于缺乏足够的信息，无法精确定位自身的位置，因此，机器人需要借助传感器进行环境探测、获取信息、构建地图，并且应用所生成的增量式环境地图完成对环境的自动定位。这种不需要先验地图的导航方法称为同步定位与地图构建（简称 SLAM），是机器人实现自主操作的重要基础。

10.1 应用场景

室内移动机器人能够在复杂的室内环境中完成环境感知与自主导航，进而完成智能清洁、智能家居以及智能医疗等工作，能够取代传统生产生活中简单并且重复的劳动活动，降低了人力成本，提高了工作效率。随着人工智能的发展和位置服务的发展，室内移动机器人作为室内智能服务的高新技术之一，为人们的工作和生活提供了很大的便利，如图 10-1 所示。移动机器人在复杂的室内环境中运动，必须要有对未知环境的感知能力和自主探索能力，这是综合了定位导航、目标跟踪和地图构建等多个功能的复杂任务。实现移动机器人的自主导航，其实质是要解决以下三个问题：一是感知周围环境；二是确定自身位置；三是根据已知起始地和目的地规划出一条能够主动避开障碍物顺利达到终点的路径。SLAM 是实现移动机器人自主导航的核心技术，它可以利用传感器探测到周围未知的环境，并在此基础上对机器人进行定位，同时建立环境栅格地图。对于室内场景而言，环境感知是移动机器人研究领域中最关键的部分，这决定了机器人的智能化程度，是实现移动机器人自主导航等功能的先决条件。

10.2 智能机器人结构和原理

10.2.1 智能机器人系统的构成

智能移动机器人属于典型的机电控制系统，机器人的结构提供了其组织控制系统的原则性方法，因此，采用何种控制结构非常重要，其优劣直接决定了智能移动机器人的性能。目前最先进的控制结构为慎思/反应混合系统结构，即三层体系结构——控制层、执行层、感知层，如图 10-2 所示。这一结构实际上反映了智能移动机器人类人的特点。

图 10-1 应用场景

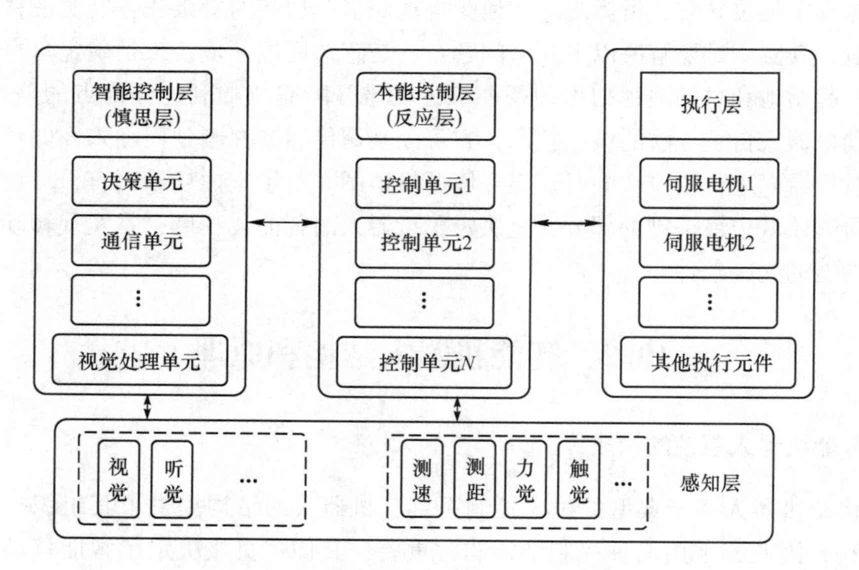

图 10-2 智能移动机器人的三层体系结构

感知层用于智能移动机器人感知自身及周围环境的信息变化，是智能移动机器人与外部环境进行互动交流的窗口。例如，机器人轮子编码器感知机器人运动位移及速度变化，电机电流传感器感知电流（力矩）变化，在机器人的周围，设置红外传感器或超声波传感器，可以探测到周围环境中的障碍物信息。而一些具有更高智慧的机器人，则配备了视觉传感器和听觉传感，例如，RoboCup 家庭组服务机器人可以通过听觉传感器感知主人的声音、依靠视觉传感器辨别主人的脸部特征等。

控制层对于机器人检测到的各种信息进行处理及决策，并发出控制指令给执行层，进而做出相应的反应。按照控制层智能程度的不同，又可分为本能控制层和智能控制层。本能控制层处理一些低级的反应（如人的触觉弧反应、膝跳反应等），其优点是反应链路短，因而反应迅速，不依靠决策就能做出动作，主要用于一些基本的或需要紧急处理的动作（如碰撞检测等），在反应的同时通知智能控制层，但大多在反应层处理完后，智能控制层才收到信息，可见反应层处理速度之快。智能控制层则处理更高级的反应，包括多传感器的信息融合与分析、视觉及语音的处理，以及按照任务级目标的不同，主动进行策略分析及思考如何动作和反应等。智能控制层可利用的资源较多，智能程度很高，处理速度相对较慢。控制层的划分是为不同级别及要求的任务服务，互为补充、互相依靠，与人类的思考及智能模型非常契合。因此可以看出，机器人设计实际上是在模仿人类的某些特征，但外观可能完全不像人，它只是人的功能的外延和拓展，但又服务于人，可以用“似人非人替代人”7 个字来高度概括机器人的特征。

执行层是指机电控制系统在做出决策后，替代用户对目标进行控制，反馈到底层模块执行任务。其中，各个操控系统都需要能够通过总线与决策系统相连接，并能够按照决策系统发出的指令精确地控制目标行为。

智能移动机器人控制平台一般由三大核心子系统构成，分别是车载控制子系统、移动子系统、传感和检测子系统，对于部分有特殊要求的用户，还可以增加遥操作子系统。这几个系统实际上分别对应机器人的控制层、执行层、感知层以及感知层的扩充层。平台设计是基于 PC 或者笔记本电脑作为智能控制层的硬件平台和应用软件开发平台，通用性好，可以随着计算机技术的不断发展而自动升级，并且享有 PC 上的全部界面和软件资源，如图 10-3 所示。

智能移动机器人的智能表现为能够独立地执行特定的任务，要想让它在非结构化环境中进行自主的响应，其核心问题是必须能够持续地感知和检测周围环境的变化，并且能够实时地对得到的信号进行处理。因此，如何进行科学、准确的感知与探测成为智能移动机器人的关键。随着现代的传感技术的全面发展，智能移动机器人可以自由选择各种类型的传感器和发射器。一般有下列类型的传感器：

（1）测距传感器，如激光测距传感器、超声波测距传感器、红外测距传感器；

（2）视觉传感器，如云台视觉传感器、双目视觉传感器、USB 视觉传感器、全向视觉传感器；

（3）定位传感器，如 GPS、室内北斗定位系统；

（4）语音传感器，如麦克风；

（5）方位传感器，如电子罗盘、陀螺仪、加速度计；

（6）其他传感器。

各类传感器、探测器都是通过 PC 接口和总线接口与 PC 相连，可供选择的接口有

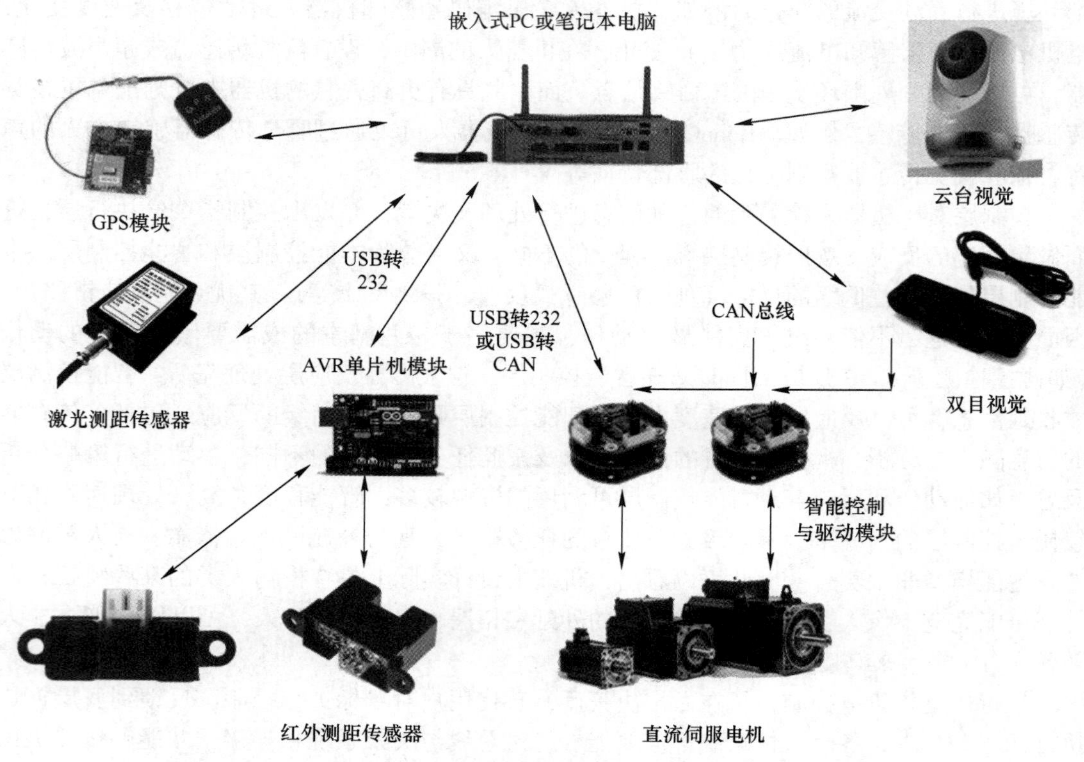

图 10-3 基于 PC 的智能移动机器人系统开发平台框图

USB2.0、RS-232/485/422、1394 接口、PCI 总线、ExpressCard 接口、RJ45 接口和 Audio 接口等。在某些简单的传感器中，其输出一般是模拟值，并可由数据采集卡或智能控制器的 A/D 输入端接收，然后通过以上的接口输入到 PC 中。

10.2.2 智能机器人技术原理

10.2.2.1 智能移动机器人导航与定位

智能移动机器人是一种利用车载传感器对周围环境和自身状况进行感知，可以在具有道路标志和障碍物的工作环境中，实现对目标的自主运动，从而实现具体的操作功能的移动机器人系统。智能移动机器人在已知局部信息的情况下，根据预先构建的环境地图或已知的环境特性信息能够对周围环境进行定位和感知。但是在完全未知的环境下，既没有已知的目标信息，也没有先验地图信息，而且在动态、时变的环境中，智能移动机器人的运动行为会表现出复杂的动态特征，而且在位姿（包括位置和方位角）等测量和环境地图等方面都存在着不确定因素。若仅根据内部传感器自身状态信息进行定位与环境构建，则会造成较大的误差累积。为了克服以上缺点，确保定位和地图构建的精度，智能移动机器人需要借助精确修正系统误差的辅助工具，对导航系统进行校正辅助导航，通过自身所携带的传感器来感知环境和建立地图，从而实现精确定位和路径规划，有效地完成特定任务。

目前，智能移动机器人的常用传感器主要有两类：一类是惯导（INS）、陀螺仪、里程计等，机器人系统通过传感器来感知自身的运动信息，并将其与机器人的运动模型相结合，根据航位推算方法来进行自身位置的预测估计。但是，这些传感器本身就具有一定的漂移误差，而且随着时间的推移，这些漂移误差会随着时间的推移而逐渐积累，使得其定位精度下降。另一类是激光雷达、毫米波雷达、声呐、视觉系统及全球定位系统等，能够准确地探测机器人周边环境，实现精确感知。智能移动机器人利用第二类传感器的辅助导航功能，对机器人系统定位进行累计误差修正，从而达到准确的环境建模和定位。常用感知外部环境的移动机器人传感器主要有以下几种。

（1）全球定位系统。全球定位系统（GPS，Global Positioning System）具有全天候、全球性的特点，能连续地提供具有精度限制的三维定位导航数据。但在现代化城市中，由于建筑物、立交桥、高大树木、路标等因素的影响，往往会导致GPS接收到的信号错误和多路径效应。特别是在特定的时间和地点，GPS只能捕捉到4颗以下的卫星，这就造成了GPS无法提供实时的定位导航信息。

（2）毫米波雷达。毫米波雷达（MMWR，Millimeter Wave Radar）的工作原理是利用电磁波的发射和接收，来测量传感器到物体与物体之间的距离，如图10-4所示。毫米波雷达测量具有长程、高精度以及无气象条件限制等优点，但是其体积大、造价昂贵，其衰减速率略高于激光雷达。

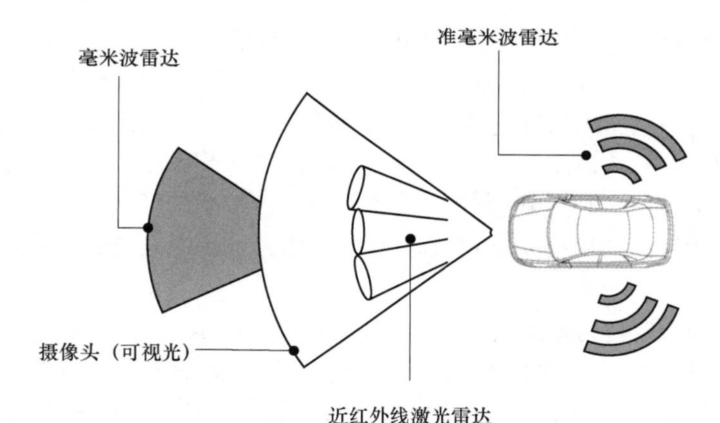

图10-4　毫米波雷达示意图

（3）声呐系统。声呐系统是利用发射脉冲声波和检测回波来确定各传感器与目标物体之间的距离。声呐具有价格低廉、在任何光照条件下均可使用的优点，但其回波信号较弱、波束宽、角分辨率低、测量范围窄等缺点，因此，其适用范围是有限的。声呐系统如图10-5所示。

图10-5　声呐系统

（4）视觉系统。视觉系统由单目视觉系统、双目视觉系统和全景视觉系统组成。它是利用摄像机来完成对周围环境的感知，具有较大的信息获取能力，可以对周围环境的三维信息进行探测。然而，由于图像中的距离信息需要大量的运算，并且在光线不足的情况下不能应用，所以视觉效果并不理想。

（5）激光测距仪。激光测距仪（见图10-6）具有探测范围广、采样的频率高、激光数据点间隔小、距离探测精度高、不受电磁干扰影响、抗干扰性好、不受光照条件影响、昼夜均可工作等优点。由于激光具有较小的发散角和较强的能量密度，因此具有较高的探测灵敏度和分辨率，其波长非常短，可以使天线和系统尺寸减小。激光测距仪是一种非常适合搭载移动机器人的仪器，能够实现环境目标的距离探测。

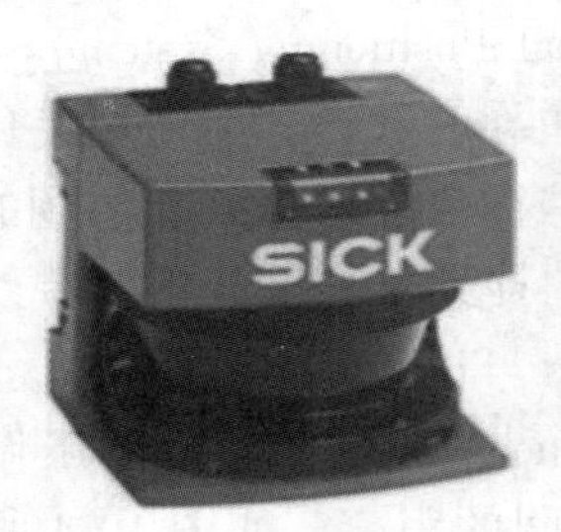

LMS 200室内型

LMS 220室内型

LMS 211室内型

图10-6　激光测距仪

机器人导航可以分为两种类型：一种是基于已知地图的导航；另一种是基于地图构建的导航与无地图导航。在局部或完全未知环境信息的情况下，机器人的导航属于第二类，因为没有足够先验信息，无法确定机器人自身位置，所以需要借助自身装载的传感器来探测环境、获取信息、构建地图，再通过所生成的增量式环境地图来完成完备的自主定位。移动机器人的自主定位与环境地图的建立密切相关，精确的环境地图取决于其定位的精确，而精确的自我定位则需要精确的环境地图构建，这也是建立同步定位和地图构建的基础。

移动机器人同步定位与地图构建（SLAM，Simultaneous Localization And Mapping），是指在机器人在自身位置不确定的情况下，在局部或完全未知环境的情况下运动时，通过位置估计和传感器探测信息，实现自主定位并建立增量式地图。这种构建地图同时利用地图进行自主定位和导航的能力，被认为是机器人真正实现自主导航的核心和基础。

10.2.2.2　SLAM技术及其发展

SLAM技术是一种基于已知系统运动模型、不知道初始位姿的移动机器人在多个道路标志的二维环境中运动时，通过自身搭载的传感器来检测机器人的位姿信息和周围的环境信息，从而检测环境路标特征的二维的位置坐标和自身三维的位姿向量的导航和定位技术，如图10-7所示。

最经典的SLAM研究方法是基于概率的SLAM方法，是利用概率原理把机器人的所有可能存在的位置都表示为一个概率的分布区域。机器人系统在环境中的移动过程中，会持续地获得周围的环境信息，并利用相关的算法对其位置的概率分布进行动态的更新，使得姿态估计的不确定性趋向于动态降低，而预测的准确度也趋向于动态提高。接下来将对此进行深入的对比分析，以便更清楚地了解SLAM的含义。

假定机器人在不确定的环境中移动，那么机器人对于周围环境的影响作用就是“控制”机器人系统自身的行为；环境对于机器人的作用，就是“观测”周围的环境信息。

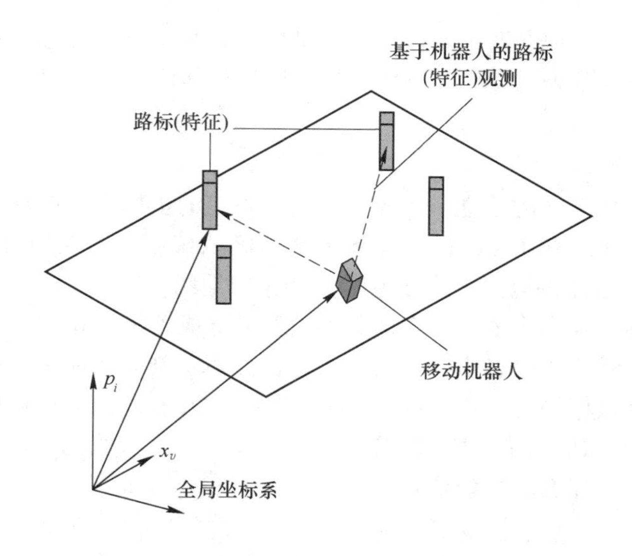

图 10-7 移动机器人 SLAM 技术

而“控制”与“观测”都会被噪声所影响，SLAM 在此背景下既要处理自身定位又要处理地图构建的双重问题。

从整体上看，移动机器人 SLAM 技术主要包含导航定位关键技术、地图构建关键技术、特征提取关键技术及数据关联关键技术四个方面。

A 导航定位关键技术

导航定位是实现移动机器人自主导航的关键。其目的就是确定机器人相对于世界坐标系自身的位置及运动方位角（即位姿）。精确的位姿估计是实现移动机器人自主导航的必要条件。

移动机器人定位可分为三类：

（1）相对定位（Relative position measurement），是指机器人通过传感器的感知到的位置信息，计算其自身在当前控制测量周期内的相对位移量及相对运动方向变化值；

（2）绝对定位（Absolute position measurement），是指机器人根据传感器感知信息，获取其自身在全局坐标系中的位置；

（3）组合定位（Combined position method），是相对定位的航位推算（DR，Dead Reckoning）与绝对定位的信息校正结合起来的方法。

相对定位最经典的方法就是航位推算，是在已知机器人初始位姿的情况下，若能求出机器人在每一时刻的位移量，则可以由位移向量的累加计算，依次获得机器人后续各个时刻的位姿向量。航位推算是按照运动位置累加原理得到新时刻位置，同时，位置累加过程也会导致测量误差和计算误差的累积，从而造成定位精度下降。传统的航位推算方法是利用惯性传感器测量位移和航向角，采用里程计和加速度计来测量位移，采用角速率陀螺仪、磁罗盘和差动里程计来测量航向。

绝对定位，一般是指 GPS 定位、信标定位和地图匹配定位，其可靠性强，覆盖范围广，一般只适于户外宽敞、开阔的环境和遮蔽环境。GPS 定位和失信标定位方法采用三角定位原理实现定位，由于求解非线性方程，因此计算复杂度较高，并且使用时一般需要掌握足够的先验环境信息。地图匹配定位方法就是机器人利用机载传感器感知环境，构建地图，再将构建的地图与预先已存储在系统中的地图进行匹配，进而获取机器人的位置和方位角。

B 地图构建关键技术

移动机器人 SLAM 地图的建立，首先要标记出对应的坐标系统中环境特性的位置，也就是准确环境模型，然后利用精确的环境地图来精确地校正机器人的自定位。SLAM 构图主要有尺度地图（包括栅格地图、特征地图）和拓扑地图。

栅格地图是一种二维栅格地图，它把周围的环境分成若干个相同尺寸的栅格单元，对每一个栅格单元进行赋值，以表明栅格的状态是否被环境路标特征所占用；若该栅格被环境路标所占用，则称该栅格为占有（Occupied）状态；若该栅格未被环境路标所占用，则称该栅格单元为空闲（Unoccupied）状态。若栅格单元为占有状态，其分配值为 1；如果栅格单元是空闲状态，那么其分配值就是 0。

特征地图是由点、直线、圆周等几何原型来表示环境特征。例如，室内环境可用线段表示墙面；户外环境可用点特征表示环境中树木的位置；越野环境可用曲面表示不平坦的路面。但对于非常复杂的环境，该方法需要配合其他地图表示方法才能达到完备的效果。

拓扑地图中没有尺度信息，只是选取特定地点来描述周围的环境。拓扑地图中的节点是地图构建者出于某种考虑而特意选定的地点，而弧线则代表了连接这些地点的路线。拓扑地图虽然更适用于结构化环境，但建图过程比较复杂。

由于尺度地图和拓扑地图都各具优势，但又都有不足，因此提出混合地图，即二者互为补充。混合地图是在拓扑地图中加入尺度信息，使其既具备拓扑地图简洁明了的特点，又具备尺度地图的精确信息。这类地图采用拓扑结构框架，用尺度信息表示具体的区域、路径及相互位置的关系。

基于状态空间的 SLAM 方法是目前常用的一种方法，是通过对联合状态向量（包括机器人位姿向量和静态环境特征的位置向量）估计来解决移动机器人地图构建问题。这种方法由于联合状态向量维数高，系统的计算复杂度较高，因此一直是 SLAM 的难点之一。目前，主要有局部更新（Partional update）方法、稀疏信息滤波（Sparse information filter）方法及子地图（Submap）方法等三种方法。

（1）局部更新方法。SLAM 算法在获得新的观测数据后，往往要对包含机器人位姿和地图特性在内的整个状态向量进行更新，在这种情况下，如果有大量的环境特征数目，则需要大量的计算量。而局部更新方法提出，每次获取到新的观测量时，只对环境中与当前观测量相对应的范围较小的局部区域做更新，而全局地图更新则限制在较小的频次范围之内。局部更新方法可以分为两类：一类是全局地图中的局部区域更新，即在全局坐标系下进行更新，如压缩 EKF（CEKF，Compresses EKF）算法、延迟算法（Postponement algorithr）等；另一类生成短时间内的子地图，在这个子地图的局部坐标系中进行更新。

（2）稀疏信息滤波方法。由于扩展卡尔曼滤波 SLAM 的协方差矩阵的逆矩阵中，非对角线的很多元素都接近于零，稀疏扩展信息滤波（SEIF，Sparse Extended Information Filter）方法在此基础上进行构建。这种方法虽然有一定的研究价值，但是它的每个步骤都需要从信息形式恢复到状态向量估计均值及方差的形式，这需要大量的计算，其运算性复杂度高，因此其应用受到了限制。

（3）子地图方法。子地图方法是指在每个子地图上分别定义相应的局部坐标系，并在相应的局部坐标系统中估算周围环境特征。每个子地图采用最优 SLAM 算法，全部子地图形成次优的全局地图。该方法由全局子地图方法和相对子地图方法组成，在全局子地图方法中，所有的各个子地图都使用相同的全局坐标系，相对子地图方法中的各子地图，并不具有统一的参考坐标系统，而在子地图仅记录相邻子地图的相对位置，全部子地图相互连接，形成一个总的地图网络。

C 特征提取关键技术

目前，SLAM 算法通常是根据特征地图表示环境，不仅需要确定路标的位置，而且还要对路标的几何特征（如点特征、线特征、圆特征等）进行提取，这就称为 SLAM 特征提取。SLAM 特征提取最常用的方法是基于 Hough 变换的特征提取算法（Feature extraction based on Hough transform）和尺度不变特征换算法（SIFT，Scale Invariant Feature Transform）。

a 基于 Hough 变换圆弧特征参数拟合方法

假设圆的方程可以表示为：

$$(x-a)^2+(y-b)^2=r^2 \tag{10-1}$$

式中 x，y——自变量；

(a,b)——圆心坐标；

r——圆的半径。

设以 x 和 y 为自变量的空间为 x-y 空间，以 a、b 和 r 为自变量的空间为 a-b-r 空间，而拟合的圆弧则是 x-y 空间。若进行圆弧拟合的所有激光数据点都在同一条圆弧上，则相应的参数 a、b 和 r 必然相等，反映在 a-b-r 空间，也就是 Hough 空间中，所有以 x 和 y 为参数，a、b 和 r 为自变量的直线或曲线会相交于一点，从而就可以提取出圆弧特征参数。

b 尺度不变特征变换算法

对于视觉传感器环境信息探测，Lowe 提出了尺度不变特征变换的特征提取方法，即应用三目视觉将多余的 SIFT 特征弃除，并计算已选为路标的余下的 SIFT 特征的 3D 坐标。

D 数据关联关键技术

SLAM 中的数据关联（Data association），就是为每个观测量值寻找一个地图中已存特征，并把这些特征确定为一一对应的关联匹配关系。但由于系统中存在很多不可预知的因素，使得数据关联不易实现。数据关联算法通常由两部分组成：一是检验每个观测量值与已存特征之间是否满足相容性条件；二是从满足相容性条件的已存特征中选出最佳匹配对象。常用的数据关联算法如下。

（1）最近邻（NN，Nearest Neighbor）数据关联算法。最近邻数据关联算法以 Mahalanobis 距离作为单一相容（IC，Individual Compatibility）检验条件，再从满足条件的地图已存特征中，唯一选出与其 Mahalanobis 距离最短的特征作为相应观测量的最佳关联特征。NN 算法由于采用的是单一兼容检验条件，没有考虑到各个关联匹配对之间的相容性，因此抗干扰性较差，且极易产生关联的不确定性。

（2）联合概率数据关联（JPDA，Joint Probabilisnc Data Association）算法。联合概率数据关联算法认为对于每个满足相容性检验条件的观测量值，都有可能与任何一个已存特征关联匹配，该方法通过计算各个概率的加权系数及其加权和，进行状态更新。由于算法计算量大，因此应用受限。

（3）多假设跟踪（MHT，Multiple Hypothesis Tracking）数据关联算法。每个关联假设都会产生轨迹跟踪，最后综合形成渐增的假设树（Hypothesis tree），由于每个粒子都是对机器人运动路径的一种估计，基于这个路径估计又辐射出一系列独立的地图特征估计，因此很适合应用 MHT 进行数据关联。在 MHT 算法中，关联假设的个数随时间呈指数增长，因此不适合实时应用。

（4）联合兼容分支定界（JCBB，Joint Compatibility Branch and Bound）数据关联算法。该方法考虑了各个量测特征匹配对的相容性以及机器人与特征之间的相关性，但由于联合相容数据关联方法，需要不断地判断归一化联合信息向量方差是否满足联合相容性检验条件，因此该算法的计算量非常大，以至于对 SLAM 实时应用影响很大。

10.3　智能机器人定位导航

10.3.1　智能机器人的定位

智能移动机器人的定位问题主要研究如何通过内外部传感器获取周围环境的信息，从而确定机器人自身在其作业环境中的位置和姿态。目前，利用 GPS 进行户外机器人的定位已获得一定的成功，但是受限于环境、任务等因素，室内智能移动机器人大多采用车载传感器进行定位。位姿跟踪是指在运动时，机器人的位置和姿态的估计过程。在二维环境下，一般采用三元组（x，y，θ）来表示移动机器人的位姿，其中（x，y）是指移动机器人相对世界坐标的位置，而 θ 表示其方位。当机器人的工作环境中没有任何明显的路标时，可以使用航位推测法及其他导航传感器估算机器人的位姿。如果机器人在全局地图的初始位姿（x_0，y_0，θ_0）已知，同时，还掌握了机器人的运行状态，也就是机器人的三个速度分量以及运动时间，则可以计算出机器人的当前位姿，这种方法经常被称为航位推测法。

电机编码器是机器人的内部传感器，它可以直接测量电机或轮子的转动角度，从而达到机器人自定位的目的。电机编码器的输出信号可以代表电机的运行方向、运行速度以及与该编码器连接的驱动轮已经旋转了多大角度。在理想情况下，通过编码器、减速器和驱动轮之间的物理参数，可以将所检测到的脉冲数转换成机器人相对于某一参考点的瞬时位置。

当机器人的采样周期足够短时，可以认为机器人的左右轮的速度 v 为常数，假定在 n 时刻内，机器人的运动状态为（x_n，y_n，θ_n），当考虑机器人在某个较短时间 Δt 内的运动时，机器人在 $n+1$ 时刻的位置等于其在 n 时刻的位置加上 Δt 时间内的平移，而机器人的朝向则表示为 n 时刻的角度加上 Δt 时间内的旋转角度。进一步细化，可以得到如下公式。

$$\begin{aligned} x_{n+1} &= x_n + v_n \Delta t \cos\theta_n \\ y_{n+1} &= y_n + v_n \Delta t \sin\theta_n \\ \theta_{n+1} &= \theta_n + \omega_n \Delta t \end{aligned} \tag{10-2}$$

式中　Δt——较短时间，$\Delta t = t_{n+1} - t_n$；

ω_n ——n 时刻角速度，机器人每经过 Δt 的时间就更新变量 v 和 ω 的值。

10.3.2 智能机器人的路径规划

机器人的路径规划主要目标是搜索一条从起始状态到目标状态的无碰路径，它是智能移动机器人实现在未知环境中自主工作的基本前提。

路径规划的方法有两种：一种是全局路径规划，它是基于环境信息完全已知的路径规划；另一种称为局部路径规划，这种情况下环境信息是未知的或者部分未知的，机器人的行为必须通过传感器在线对工作环境进行探测，以获取障碍物的位置、形状和尺寸等信息进行实时控制，进而无碰撞地到达目的地。

10.3.2.1 基于 A * 算法的全局路径规划

全局路径规划是在环境地图的基础上为机器人规划出一条可以避开障碍物安全到达目标点的最佳路径。A * 算法是 1968 年由 Hart 等学者在 Dijkstras 算法的基础上提出的，结合了 Dijkstras 算法与局部最优算法（BFS，Best-First Search）的优点，是目前最为流行的一种图搜索算法之一。

A * 算法包含了 Dijkstra 算法与局部最优算法的优点，不仅可以提高启发式搜索算法的效率，而且可以通过评估函数算出最小代价，规划出一条最佳的路径。估价函数见式(10-3)：

$$f(n) = g(n) + h(n) \tag{10-3}$$

式中，评估函数 $f(n)$ 由实际代价 $g(n)$ 和估算代价 $h(n)$ 两者相加可得，从起始点到当前点 n，根据不同的评估方式变化而变化。

A * 算法通过估价函数在每次迭代中搜索评估函数值中最小的点，以该节点作为起始点，进行下一轮的搜索，具体算法步骤如图 10-8 所示。

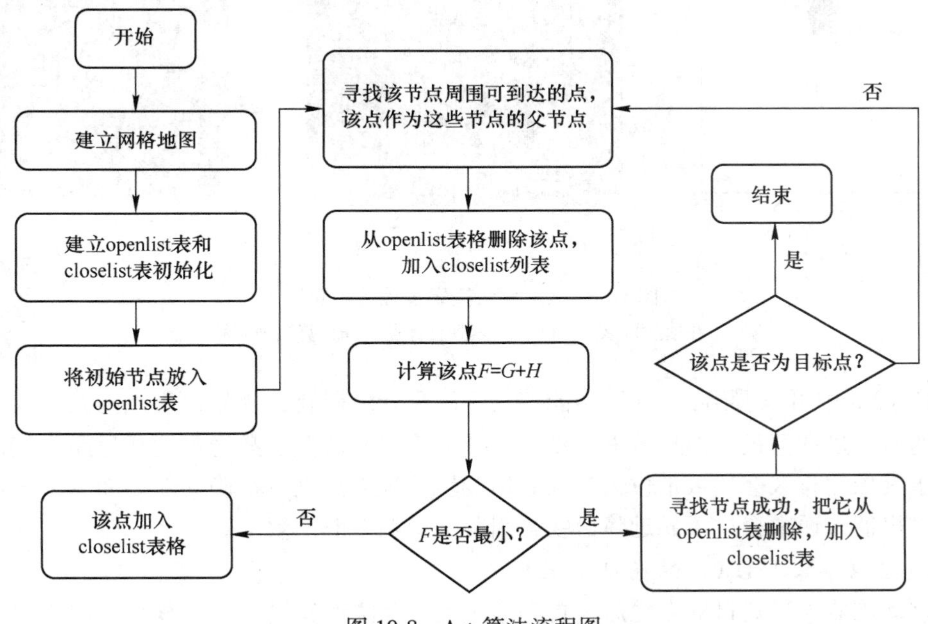

图 10-8 A * 算法流程图

A＊算法是通过创建 openlist 表和 closelist 表两个集合来实现的，openlist 表是将起始点及其周围区域的子节点进行保存，closelist 表则是将遍历过的代价值较小的节点保存起来。将 openlist 表进行遍历之后，可以搜索到目标点，从起始点到目标点之间可以得到一条最优路径。该算法详细步骤如下。

（1）创建 openlist 表和 closelist 表两个集合并进行初始化，将起始点及其周围区域的子节点存储到 openlist 表中。

（2）以起始点作为父节点添加到 closelist 表中，根据估价函数计算出 openlist 表中 $f(n)$ 值的估价值最小的节点作为当前节点，放进 closelist 表中。

（3）检查当前节点的相邻节点是否存在 openlist 表中，若不在，则将其加入 openlist 表，作为当前节点的子节点，算出父节点到子节点的 $g(n)$ 值与 $f(n)$ 值；如果相邻节点存在 openlist 表，则对从父节点到子节点的 $g(n)$ 值与原先 $g(n)$ 值的大小进行比较，如果 $g(n)$ 值减小，就设置该节点的父节点为当前节点，再对 $g(n)$ 与 $f(n)$ 值进行重新计算；反之，则保留 $g(n)$ 和 $f(n)$ 值及该节点的父子关系。

（4）重复循环以上步骤，直至终点添加进 openlist 表中，表示已探索出路径，算法停止；若 openlist 表为空，没有探索出终点，表示路径规划失败，则算法停止。当路径找到时，以终点为起点，沿着每个节点的父节点进行连线，该路线即为最优路径。

图 10-9 为 A＊算法搜索过程的示意图。图 10-9 中绿色部分和黄色部分分别表示机器人路径规划的出发点和目标点，黑色部分表示障碍物，红色部分表示已经被搜索访问过的地图区域，蓝色部分表示即将要搜索访问的边界区域，灰色部分为规划的路径。

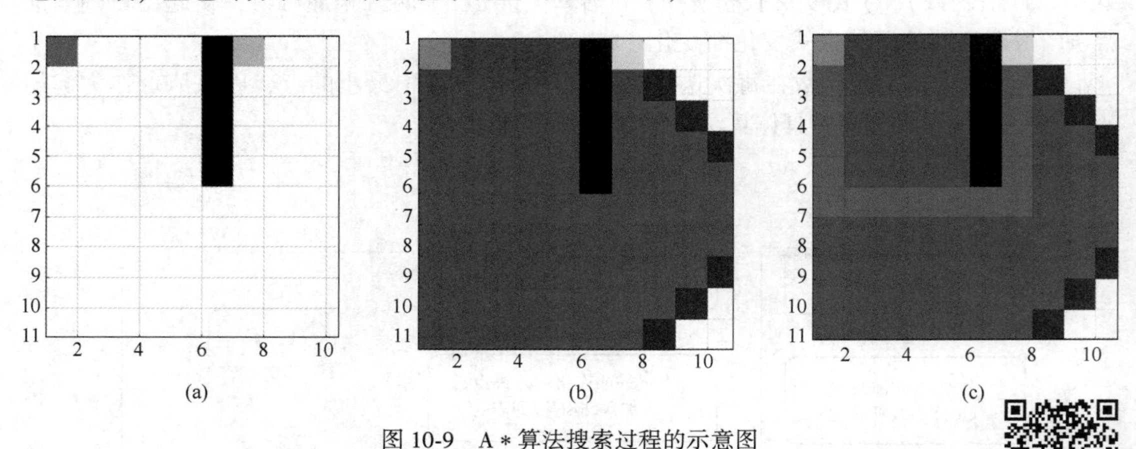

图 10-9　A＊算法搜索过程的示意图
（a）正在搜索目标点；（b）搜索到目标点；（c）算法规划的路径

彩图

从图 10-8 中可以看出，A＊算法能够较好地避开障碍物，规划出起点与终点之间的一条最佳路径，而且搜索速度快，搜索范围小。但是激光雷达在近距离接触物体时，由于其探测盲区会导致定位失效在原地旋转，故无法进行精确导航，而 A＊算法在规划路径时机器人通常会过于靠近障碍物，因此会影响导航的效率。

10.3.2.2　基于 DWA 的局部路径规划

给移动机器人设置目标点之后，首先通过 A＊算法对其进行全局规划，以求出起始点与指定目标点之间的最佳路线。但是在真实环境下，当机器人按照规划的路径进行行驶时，可能会碰到一些可移动的障碍物，比如误入的行人或者被移动的椅子等易移动物体，这些不确定性因素会影响移动机器人的路径规划。因此，移动机器人需要在动态环境下具备主动避开障碍物的能力，利用局部路径规划算法，帮助机器人感知周边环境信息，并自动规避障碍物，成功抵达目的地。

在目前的局部路径规划算法中，动态窗口算法（DWA，Dynamic Windows Approach）的应用最为广泛，该算法的核心思想是在满足一定约束条件的速度空间基础上，对移动机器人的速度 v 和旋转角速度 ω 进行多组采样，并利用运动学模型进行轨迹模拟预测，获得多组轨迹，然后利用评估函数对所估计的轨迹进行评估，选择性能指标最好的一组作为移动机器人的输出速度，从而实现机器人的运动。

在计算机器人轨迹时，首先考虑短时间内两个相邻时刻，假定机器人的运动路线是一条直线，机器人沿坐标系 x 轴方向即直线前进方向运动的距离，投影在世界坐标系下的横纵坐标轴中，可以获得相邻两时刻机器人在世界坐标系下移动的位移增量如图 10-10 所示。

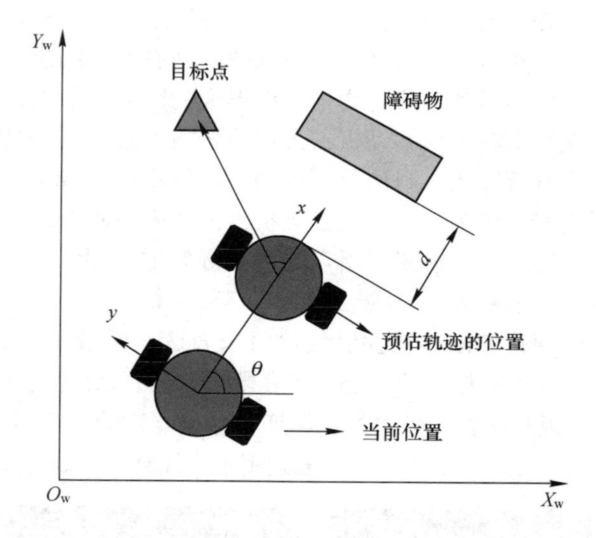

图 10-10　动态窗口算法预估轨迹模拟示意图

图 10-11 为 DWA 算法搜索过程的示意图，图 10-11（a）中的圆圈为机器人起始点，红色菱形为目标点，蓝色圈表示障碍物，最下方的两个蓝色圈为动态障碍物，能够左右移动，其余为静态障碍物，绿色线条为 DWA 算法规划的路径，能够绕过动态障碍物安全到达目的地。

从图 10-11 中可以看出，机器人在栅格地图中通过 DWA 算法不断规划路径，根据红色端计算出的各组速度矢量对路径进行预估，然后通过评价函数选择出最佳路径，绕过障碍物。动态窗口算法能够实现起点与终点之间的最佳路径规划，但是该算法对速度向量进行大量计算会影响规划速度，时间效率不高。

10.3.2.3　代价地图构建

机器人根据激光雷达数据构建的二维环境地图称为代价地图（costmap），机器人路径规划就是在代价地图的基础上实现的，用来评估路径是否可通行。移动机器人在导航时，

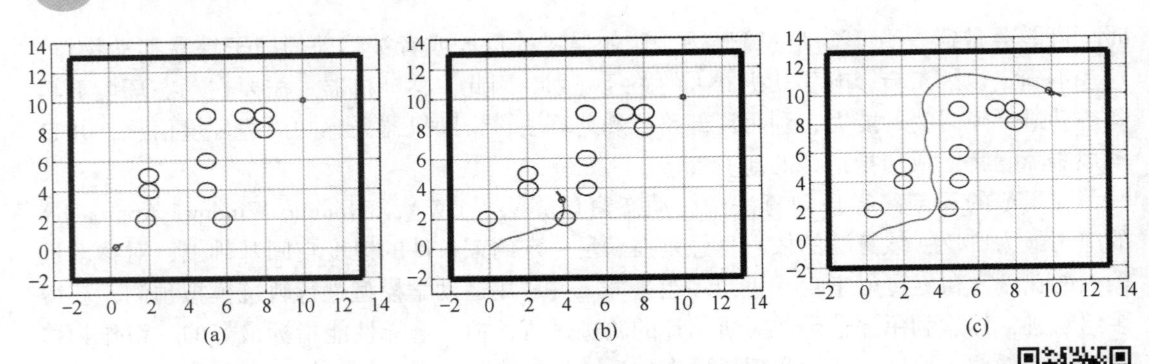

图 10-11　DWA 算法搜索过程示意图

(a) 正在搜索目标点；(b) 避开动态物体；(c) 算法规划的路径

彩图

需要先在地图上通过规划算法规划出一条可通行的路径。costmap 主要由静态图层、动态障碍图层以及膨胀图层三个图层叠加形成。SLAM 系统构建的初始栅格地图即为静态图层，顾名思义，静态图层是一张静态的全局环境地图，在移动机器人路径规划与导航过程中，静态图层也会实时获取信息并更新地图。动态障碍图层是基于栅格地图的基础上，根据激光雷达传感器扫描到的障碍物信息而形成的图层。该图层将传感器获取到的障碍物信息记录在内，能够实时更新移动机器人周边环境信息的动态变化。而膨胀图层则是把障碍图层中的障碍物进行膨胀，障碍物膨胀到一定的距离形成障碍物膨胀图层。在路径规划过程中，可以把机器人视为一个质点，当机器人与障碍物距离过近时，由于机器人自身的体积问题，会与障碍物进行碰撞，所以通常在静态地图层和障碍地图层中，机器人会以半径作为边界来膨胀，避免发生碰撞。

在代价地图中，通过栅格的困难程度以代价值来表达，栅格单元的分布值区间在 0~255 之间，其中代价值 0 表示栅格开放，254 代表栅格占据，255 代表栅格未知。语义信息可以帮助机器人在导航时规避动态的障碍物，保证移动机器人的安全运动。图 10-12 中，代价地图有全局代价地图与局部代价地图两类，分别用于全局路径规划与局部路径规划。

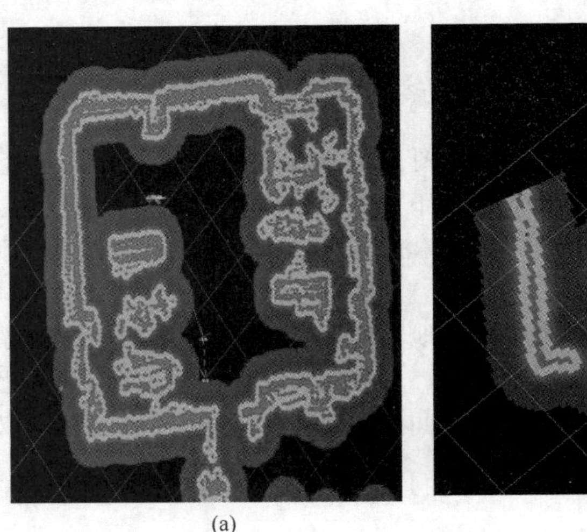

(a)

(b)

彩图

图 10-12　代价地图

(a) 全局代价地图；(b) 局部代价地图

在代价地图中，紫色区域为传感器检测到的障碍物，蓝色区域表示障碍物的膨胀层，是以机器人的内切圆为半径进行膨胀得到的。机器人在行驶过程中，若是发生与包含障碍物的单元格相交或者出现在障碍物膨胀区的情况，就代表机器人与障碍物发生了碰撞，所以必须避免出现以上情况。代价地图中每个单元都由255个不同的代价值组成，用来表示占用、空闲和位置三个状态，每个状态都对应有特殊的代价值，会被分配到代价地图中。总的来说，代价地图既可以将传感器检测到的障碍物信息添加进地图，也可以在地图中消除障碍物信息。

10.3.3　智能机器人的导航

机器人导航技术是指通过传感器引导移动机器人绕开静态或动态障碍物，使其达到预定目标或沿着预定路线在周围环境中行驶的技术。自主导航技术是实现机器人感知与运动的重要手段。基于高效的定位算法的基础上，移动机器人的自主导航还包含构建地图和路径规划两个方面。图10-13为栅格机器人导航流程图。

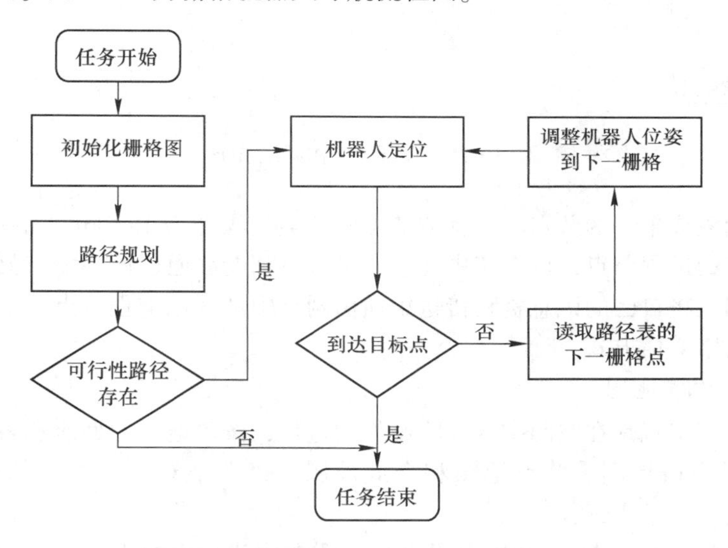

图10-13　栅格机器人导航流程图

10.3.3.1　机器人操作系统ROS

ROS（Robot Operating System）是一个适用于机器人功能开发的开源的元操作系统，它提供了程序库、功能包和开发工具，能够用于获取、编译、编写和跨计算机运行代码所需的工具和库函数，如图10-14所示。其最有价值的是在不改动代码的情况下在不同的机器人平台上实现代码复用。

ROS主要构建在Linux系统之上，能够提供类似于传统操作系统的诸多功能，如硬件抽象、底层设备控制、常用功能实现、进程间消息传递与转发、程序软件包管理等。ROS包含了文件系统级、计算图级和开源社区级三层体系架构。

ROS的内部结构、文件结构和所需的核心文件都属于文件系统级；开源社区级主要用于ROS资源的获取与共享，是一独立的网络交流社区；机器人复杂功能的实现离不开进程之间或者节点之间的通信。在运行过程中，ROS将所有的参与设备、传感器、控制器、

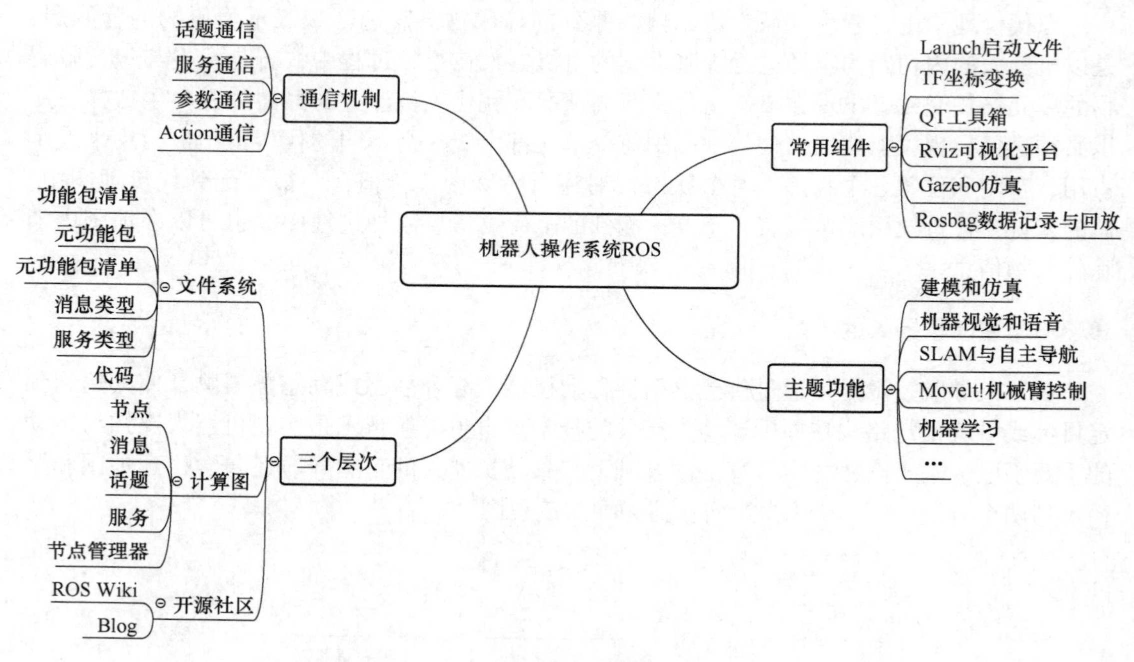

图 10-14　机器人操作系统 ROS

执行机构等都抽象成单一的节点。进程或节点间的通信媒介为 ROS 建立的一个通信网络，该网络连接所有的进程节点，该系统中任意一个节点都能够通过该网络与要建立联系的节点通信交互，同时将自己的讯息资料传送给通信网络中供其他进程节点获取，计算图级是一种点对点的网络通信方式。

10.3.3.2　构建地图

地图的构建其实就是在空间中寻找障碍物的过程，按照地图的性能和表现形式，地图可分为三种，即栅格地图、节点地图和合成地图，接下来对三种形式的地图做简单的介绍。

（1）栅格地图（Grid Map）。顾名思义，地图在构建过程中用多个不同的小方格来标记机器人周围的环境，如果有障碍物，就标记1，如果无障碍物，则标记为 0，如图 10-15 所示。然而，在实际应用中，由于要提高地图显示的精确度，故不能简单地将障碍物的判断直接将传感器一次性返回的信号转换成 0 或 1，而将其转化为表示存在障碍物的一个概率值，通过几次传感器返回的概率判断出有没有障碍物。该算法可以有效地降低传感器误差，而且所绘制的地图更加准确，能够更全面地表达周边环境，更适用于构建中等规模或小规模的环境地图。

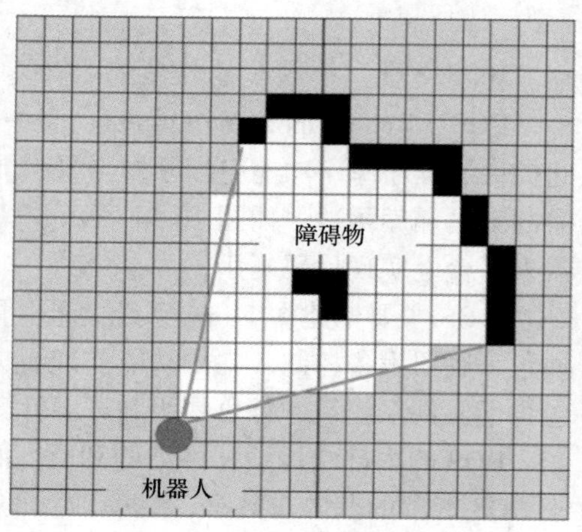

图 10-15　栅格地图

（2）节点地图（Topology Map）。节点地图更适用于大规模甚至超大规模的场景环境，以一个点来表示具有相同特征的局部环境，整个地图就是一张节点图，即地图中每个城市都可以用点来表示，如图 10-16 所示。与栅格地图相比，节点地图的优势在于它可以节约存储和运算资源，但对于细节的描述却显得有些不足。

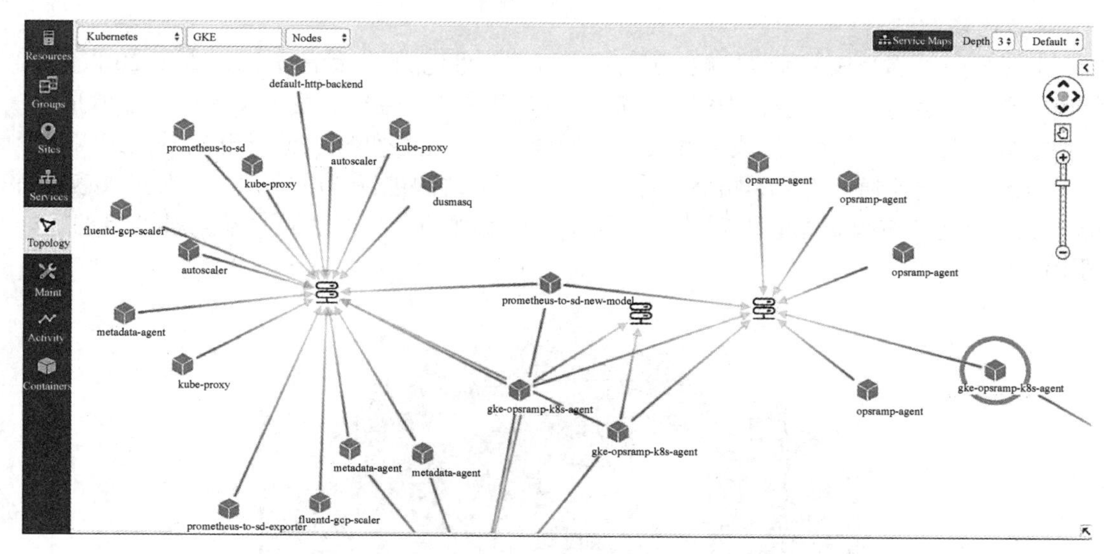

图 10-16　节点地图

（3）合成地图（Hybrid Map）。合成地图结合了栅格地图和节点地图的优点，局部环境以栅格地图的方式呈现，全局环境以节点地图的方式呈现，从理论上讲，是两者优势互补的组合，然而，当前最大的问题在于如何将这两张地图进行有效整合。

10.3.3.3　导航方式

移动机器人的导航（Navigation）方式有很多种，通过环境信息的完整程度、导航指示信号的类型等因素，可以将移动机器人的导航划分为在已知情况下的导航和在未知情况下的导航。

在已知的环境条件下，移动机器人的导航也可称为路径规划，即先描述出移动机器人与工作环境，再规划连接两个指定地点之间的移动路线，以达到移动机器人与工作环境的几何学和运动学要求，尤其是避免与周围障碍物的碰撞，并依据所设计的路线，给出相应的控制结果。

当环境不明的时候，移动机器人的导航就是根据事先给出的指令，对周围的环境进行感知，根据环境的变化，进行各种正确的决策，不断地调整自身位姿，让自身在安全的环境下，进行正确的操作。因此，机器人必须具备以下三个智力模块：一是对自身的位姿的感知能力；二是对局部环境的感知能力；三是自主导航的实时性。

移动机器人是通过多种不同的传感器和信息进行处理和融合来实现对自身位姿和局部环境的感知，因此，移动机器人是在此基础上利用各种算法来实现其导航的。由于移动机器人在室内和户外活动环境中的活动环境是非常复杂和多变的，其环境可能是已知的，也有可能是未知的，甚至是时变的，因此，移动机器人在导航方面存在着诸多问题，引起了众多学者的关注。机器人在进行自主导航时，首先要解决的是应该使用何种导航模式，也就是使用何种传感器来感知外部环境，并引导其进行下一步的操作。目前常用的移动机器人导航方法有电磁导航、光反射导航、GPS 导航、环境地图模型匹配导航、路标导航、视觉导航、SLAM 导航、多传感器融合导航等。

A　电磁导航

电磁导航又称为地下埋线导航，最早出现在 20 世纪 50 年代的美国，直到 20 世纪 70 年代，它发展迅速，并在生产中得以灵活运用。目前，电磁导航技术发展已经非常成熟。这种方法是在 AGV 的运动路线上埋设金属导线，再加上载低频、低压电流，在其四周形成一个磁场，电流通过不同的频率进行流动，从而对线圈进行感应检测电流来获取感知信息。AGV 上的感应线圈能够识别并追踪导航磁场的强弱，从而达到自动驾驶的目的，如图 10-17 所示。

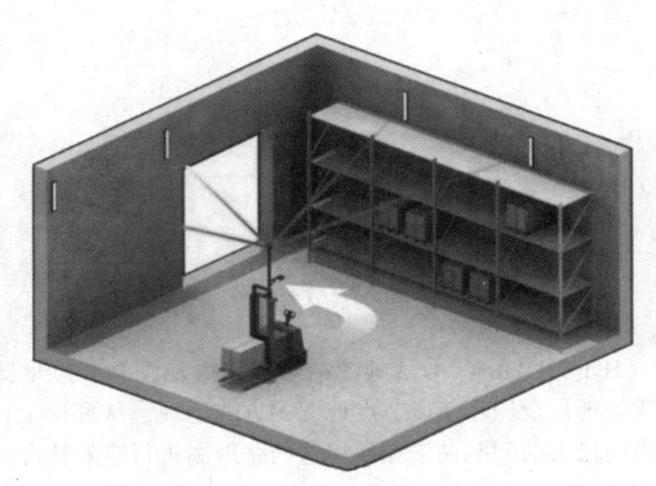

图 10-17　电磁导航

电磁导航的优势在于：导线隐蔽，不易受到污染，不易损坏，导引原理简单，通信控制方便，声音和光线对其没有干扰，投资费用低廉。

电磁导航的不便之处在于：更换或延伸路线比较烦琐，而且引导线布置起来比较困难。变更或延伸路径和后期维修都很麻烦，而且 AGV 小车只能按照既定的线路行驶，不能进行智能规避，也不能通过控制系统对任务进行实时修改。

B　光反射导航

在光反射导航定位中，采用了激光、红外等多种传感器进行测距。激光和红外均采用光反射技术来实现导航与定位。它的原理就是沿着路径铺设光反射条，就像是电磁导航一样，这一技术已经非常成熟。激光全局定位系统通常包括激光器旋转机构、反射镜、光电接收装置和数据采集与传输装置等。

工作时，激光经过旋转镜面机构向外发射，在探测到由后向反射器组成的合作路标时，反射光经光电接收器件处理为检测信号，并使用数据采集程序获取旋转机构的码盘数据，将其通过通信传输至上位机进行数据处理，通过已知路标的位置和所探测到的信息，计算出传感器当前在路标坐标系下的位置和方向，实现进一步导航定位。

虽然激光测距波束窄，平行性好，散射小，测距方向分辨率高，但也容易受到周围环境的影响，因此在使用激光测距时，如何对信号进行降噪处理，是一个很大的问题，而且由于激光测距的盲区，很难通过激光来进行定位，这就导致了激光测距的局限性。

红外传感技术通常被用于移动机器人的避障系统中，用于构成大型机器人的“敏感皮肤”，它覆盖于机器人的手臂表面，能够探测到机器人手臂运动时所碰到的各种物体。一般的红外传感器由可以发射红外光的固态发光二极管和一个用作接收器的固态光敏二极管组成，通过红外光敏管来接收被测物体反射的外调制信号，并通过信号调制和特殊的红外滤光片来消除周围的红外线干扰。假设输出信号 V_o 为反射光强度的输出电压，则工件间距离的函数为：

$$V_o = f(x, p)$$

式中 p——工件反射系数，与目标物表面颜色、粗糙度有关；

x——探头至工件间距离。

当工件为 p 值一致的同一对象时，则 x 和 V_o 相对应。x 可以用近距离测量的不同对象的试验数据进行插值。通过这种方式，利用红外传感器可以检测到机器人与目标之间的距离，并利用其他的信息处理技术来实现对机器人的导航和定位。

尽管红外定位技术具有灵敏度高、结构简单、成本低等特点，但其适用范围很小，不适合于动态变化环境中的移动机器人导航。由于其角分辨率较高，而距离分辨率较低，故可作为近觉传感器，用于检测靠近或突然的运动障碍，方便机器人的及时停障。

C GPS 导航

目前，在智能机器人的导航定位技术应用中，一般采用伪距差分动态定位法，用基准接收机和动态接收机共同观测 4 颗 GPS 卫星，按照一定的算法即可求出某时某刻机器人的三维位置坐标。差分动态定位消除了星钟误差，对于在距离基准站 1000 km 的用户，可以消除星钟误差和对流层引起的误差，因而可以显著提高动态定位精度。

GPS 是一种用于地面交通工具的导航系统，在狭窄的城市环境中，如何实现持续的位置信息的传递是一个很大的挑战。在获取目标位置信息时，需要依赖 4 颗卫星。但在市区，由于高楼的 GPS 信号常常被堵塞，导致大量的空间不能接收到 GPS 信号，因此不能进行逐点定位。由于 GPS 接收机的定位精度不仅受到卫星信号、路面情况的影响，同时受到时钟误差、传播误差、接收机噪声等多种因素的影响，使得单独使用 GPS 会导致定位精度低、可靠性低。因此，在实际的导航中，一般都采用磁罗盘、光码盘、GPS 的数据来辅助导航。此外，GPS 导航系统也不适合用于室内、水下机器人和需要高精度定位的机器人系统。

D 环境地图模型匹配导航

环境地图模型匹配导航是指利用机器人自身的多种传感器对周边环境进行检测，并根据所获得的局部环境信息，将其与预先储存在其内部的完整地图相匹配。通过对其进行定位，并利用一条事先规划好的全局路径，以及路径追踪与相关的障碍规避技术，达到导航的目的，如图 10-18 所示。

机器人在进行导航任务时，会先对周围环境进行探测，然后对其进行内部的描述。在该研究领域中，主要从空间拓扑特征的角度来探讨如何在基于图形的空间描述中构造节点，如何区分相邻节点，以及如何考虑传感器的不确定性影响等相关问题。但是，区分相邻节点和传感器影响的过程都存在一个很大的缺陷，那就是很难对先前的节点进行识别。

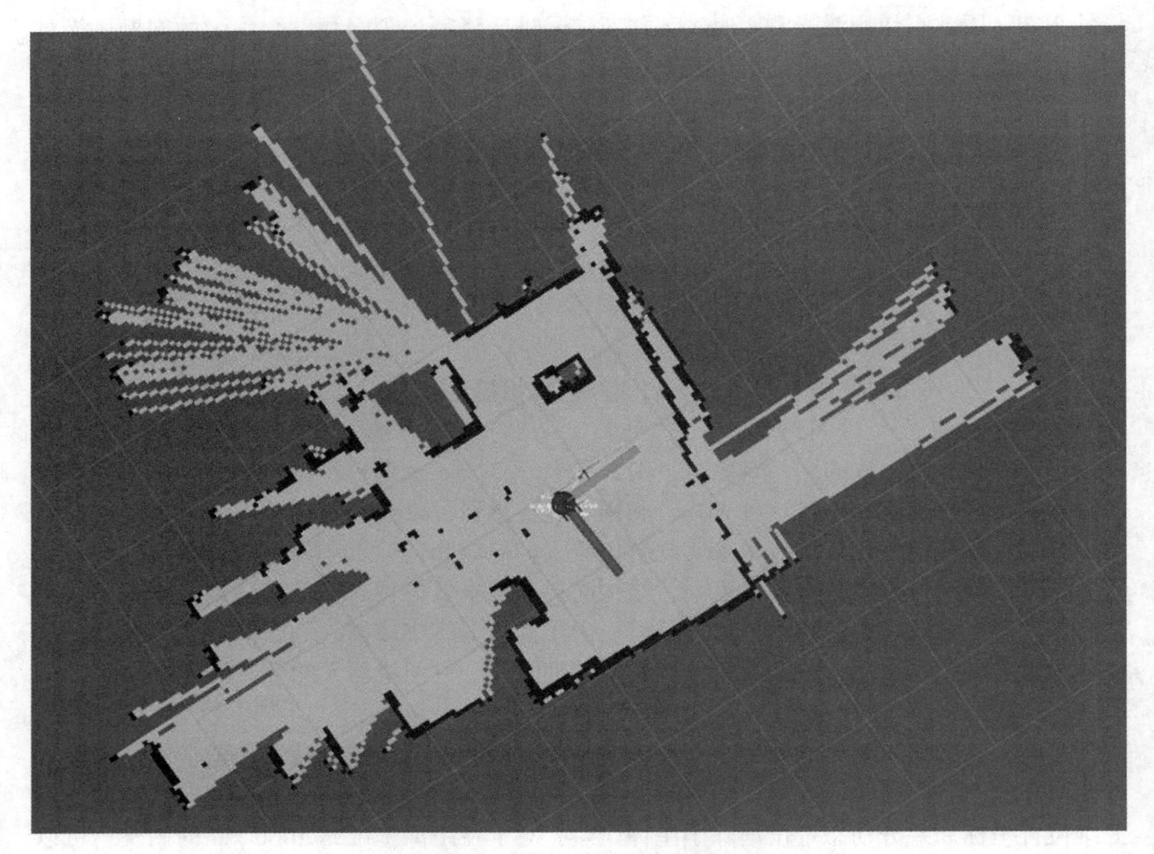

图 10-18 环境地图模型匹配导航

该领域的其他的研究方法还有基于占据栅格的表示，采用全景视觉的方法，以及综合占据栅格方法和拓扑结构方法。此外，还包含了其他几种以地图为基础的导航系统，例如基于可视化声呐的系统或基于局部地图的系统。该系统主要是采集导航过程中的环境信息，并构造出局部地图，以支持在线的安全导航。该局部地图包含特定障碍信息和特定的空间数据信息，但这个方法必须要有一个准确的环境模型的描述，才能保证路线行驶安全。

E 路标导航

路标导航是指路标在环境中的坐标，由移动机器人自身的传感器，将其信息输入到特定的环境中，从而识别出特殊的环境标志。这些标志自身的定位是固定的，可能是几何图形，也可能是字母和二维码，如图 10-19 所示。在已知形状等特征的基础上，机器人可以根据路标的探测来定位自己的位置，并将整个路径分解成路标和路标信息，然后一步一步地实现导航。根据机器人所使用的标志类型，可以将其划分为两种类型：人工路标导航和自然路标导航。尽管人工路标导航更易于实现，但是人为地改变了机器人的工作环境；自然路标导航不会对工作环境产生任何影响，但是机器人必须在工作环境中识别出自然特征，从而实现导航。在使用此算法时，要解决的关键问题是路标探测的稳定性和鲁棒性。

人工路标导航是指预先为机器人的运行路径做好标记，通常使用特殊的色彩或纹理结构、信息图案等，而这种图案通常是由纸张印刷而成，由周围光线照射使摄像机感光成像。

彩图

图 10-19 路标导航

这样，机器人就可以在环境中设置一条特定的路径，虽然该方法易于实现，但是它会受到周围光线的变化和不稳定的影响。

而自然路标导航则是指机器人在不改变原路径的情况下，以其自身的自然特性为基础，对周围环境进行识别来实现导航，主要是采用地图几何特征，抽取 Voronoi 图交叉点作为显著地点的方法。虽然这种方法在不影响原始环境的情况下，具有较好的通用性，但计算复杂，鲁棒性差。这是由于自然路标的检测与抽取工作较为烦琐，往往要将机器人视野内的全部图像资料保留下来，再从中提取、存储、检测、匹配等。由于一个典型的室内场景中有大量的特征点，或是在室内导航时检测到相似的场景，同时由于本地的特征点维度等诸多因素，会导致应用程序所需要的运算复杂度较高。

机器人在对周边环境还不太熟悉的情况下，会采取基于地标的导航策略，即将环境中有显著特点的场景储存到机器人体内，由机器人根据地标进行定位，将整个路径分解为地标与地标之间的片段，然后进行一系列的地标探测和地标制导来完成导航任务。

F 视觉导航

视觉导航的探测范围广，信息采集完整，是未来机器人的重要发展方向。在视觉导航方法中，最常用的方法仍然是将车载摄像机安装到机器人身上的基于局部视觉的导航方式，并将其全部的计算设备和传感器加载到机器人身上。图像识别和路径规划等高级决策都是通过车载计算机来实现的，因此，车载计算机处理起来比较麻烦，而且存在着很大的时延问题。为了提高导航的实时性，提高导航的准确率，还需要进一步探索一种更为合理的组合导航方法。

在移动机器人的避障控制中，一般都是通过视觉系统对周围环境进行检测，然后通过图像信号的分析和处理获取环境信息来指导机器人的动作。利用视觉系统进行导航，能够得到更全面的环境信息，是对环境进行检测与识别的重要功能。

视觉导航的优势：它能提供探测范围较广的信号，能够更全面地获取信息，更灵活，更易于更改和扩展路线，路径铺设也相对简单，导引原理更简单、可靠，更方便通信的控制，比激光导航更便宜，但比电磁导航价格更高。

视觉导航的不足之处：实时性差，定位精度低，对光线的干扰比较敏感，路径也要进行维护。

G　SLAM 导航

现在，各种机器视觉和激光雷达都在资本市场上广泛应用。同时定位与地图构建（SLAM，Simultaneous Localization And Mapping）对机器人或其他智能体的行动和交互能力非常重要，因为 SLAM 技术代表了这种基本的能力：知道自己的位置，了解周围环境的情况，并知道下一步该如何自主行动。也就是说，只要是拥有一定行动能力的智能体，都会拥有某种形式的 SLAM 系统。在未来的 SLAM 系统中，激光 SLAM 和视觉 SLAM 将会是研究最多、最有可能实现大规模应用的两种 SLAM，它代表了三代 AGV 导航技术的发展趋势。其中，激光 SLAM 是最常用的 SLAM 技术，起源于以超声和红外单点测距为基础的定位技术。由于激光雷达的测距精度高、误差模型简单、运行稳定，且其反馈信息具有直接的几何关系，从而为机器人的轨迹规划与导航提供了便利。激光 SLAM 的理论研究也比较成熟，在应用方面的产品比较丰富。利用激光雷达观察到的场景，实时生成地图，并自动调整机器人的位置，无须人工设置二维码、色带、磁条等标记，能够真正实现对工作环境的“零”改造。同时，利用激光雷达实时探测障碍物，可以有效地进行路径规避，从而提高了人机交互场景的应用和安全性，如图 10-20 所示。

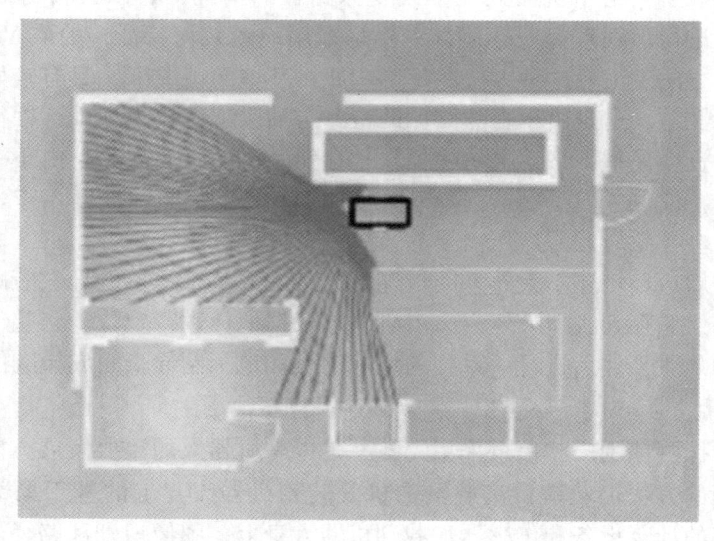

图 10-20　激光 SLAM 导航

激光 SLAM 导航的灵活性要比一般的导航系统更好，精度更高。但是，它的造价很高，对周围的环境，比如光线、地面、能见度都有很高的要求。视觉 SLAM 是一种能够从环境中获取大量的、富于冗余的纹理信息，具备出色的景物识别能力的技术。早期的视觉 SLAM 是以滤波原理为基础的，其误差模型和庞大的计算量已成为其实现的瓶颈。近几年，非线性优化理论（Bundle adjustment）以及相机技术、计算性能的发展使实时运行的视觉 SLAM 已经成为了现实。

H　多传感器融合导航

尽管目前移动机器人的自主导航技术已经有了一定的进展，但还未真正实现应用，存在着很多问题。因此，如何增强系统的鲁棒性、柔性、容错性，增强系统的自学习能力和智能决策等方面还需要深入研究。在实际应用中，为了获得最佳的导航效果，常常需要使用多种不同导航方式进行组合。由于视觉导航的信息量大、探测范围广，所以它将成为机器人的主要发展方向。但是，由于其本身的缺陷，使得基于多个传感器的信息融合技术被广泛应用。目前，以视觉和非视觉传感器的组合导航已经成为一种行之有效的方法。例如，通过超声波传感器和视觉传感器的结合，将超声数据与图像数据结合，利用预先训练好的神经网络对障碍物进行定位，使其在非结构化动态环境下实现自主导航。

多传感器信息融合技术的不断完善，为实现机器人智能化奠定了基础。多传感器信息融合的方法有很多，但是大部分的融合算法都建立在以线性正态分布的平稳随机过程的基础上。因此，如何发展和完善信息融合技术，以进一步改善多传感器融合系统的性能，是目前信息融合领域的一个重要课题。另外，多层传感器的融合与自适应多个传感器的融合，使多传感器的性能得到了极大改善。目前，多传感器信息融合技术大多局限于室内结构化环境中，因此，非确定性环境下移动机器人导航技术是目前机器人技术研究的热点。

参 考 文 献

[1] 曲丽萍．移动机器人同步定位与地图构建关键技术的研究［D］．哈尔滨：哈尔滨工程大学，2013.
[2] 马海锋．基于 iBeacon 的室内精确定位技术研究［D］．成都：电子科技大学，2017.
[3] 王古超．基于 ROS 的全向移动机器人系统设计与研究［D］．淮南：安徽理工大学，2019.
[4] 黄辉，邹安安，胡鹏，等．基于 Rao-Blackwellized 粒子滤波器移动机器人 SLAM 研究［J］．测控技术，2021，40（6）：46-50.
[5] 刘淑华，冀芒来，朱蓓蓓，等．小型智能家居机器人的设计与实现［J］．吉林大学学报（信息科学版），2017，35（2）：170-174.
[6] 徐跃．基于超声波测距的机器人定位与避障［D］．济南：齐鲁工业大学，2013.
[7] 张立奇，李韧，姚杰．基于飞思卡尔的摄像头自主寻迹小车的设计［J］．电子制作，2014（11）：20-21.
[8] 王展妮，张国亮，武浩然，等．融合自主漫游及远程监控的图书馆移动机器人系统设计［J］．华侨大学学报（自然科学版），2017，38（3）：391-396.
[9] 谭伟美，梁远君．教育机器人在教育产业发展进程中的应用研究［J］．教育界，2020（12）：18-19.
[10] 张健欣．基于多传感器融合的移动机器人定位系统研究［D］．天津：天津农学院，2021.
[11] 许桐．基于多源感知信息融合的移动机器人同步定位与建图［D］．大连：大连海事大学，2020.
[12] 王琨，骆敏舟，赵江海．室内移动机器人导航中信息获取方法研究综述［J］．机器人技术与应用，2010（2）：38-42.
[13] 徐振凯．基于车载的 GPS/INS 组合导航定位系统的关键技术研究［D］．南京：东南大学，2015.
[14] 齐炜胤，尤政，张高飞，等．激光测距技术在空间的应用［J］．中国航天，2008（5）：38-42.
[15] 李雪．动态环境中移动机器人室内自主导航［J］．太原学院学报（自然科学版），2020，38（4）：51-57.
[16] 张玉龙，张国山．基于关键帧的视觉惯性 SLAM 闭环检测算法［J］．计算机科学与探索，2018，12（11）：1777-1787.

[17] 张彤，冯磊．移动机器人地面目标导航定位仿真研究［J］．计算机仿真，2018，35（8）：231-234，292.
[18] 彭晟远．基于激光测距仪的室内机器人 SLAM 研究［D］．武汉：武汉科技大学，2012.
[19] 周武．面向智能移动机器人的同时定位与地图创建研究［D］．南京：南京理工大学，2009.
[20] 崔展博，景博，焦晓璇，等．基于联邦卡尔曼滤波器的容错组合导航系统设计［J］．电子测量与仪器学报，2021，35（11）：143-153.